中外建筑史

Architectural History of World

李之吉 著

中国建筑工业出版社

图书在版编目（CIP）数据

中外建筑史 / 李之吉著. —北京：中国建筑工业出版社，2015.3（2023.9重印）
ISBN 978-7-112-17724-0

Ⅰ.①中… Ⅱ.①李… Ⅲ.①建筑史–世界 Ⅳ.①TU–091

中国版本图书馆CIP数据核字（2015）第022503号

责任编辑：李　鸽
责任校对：李美娜　刘梦然

中外建筑史
Architectural History of World

李之吉　著

*

中国建筑工业出版社出版、发行（北京海淀三里河路9号）

各地新华书店、建筑书店经销

北京雅盈中佳图文设计公司制版

北京富诚彩色印刷有限公司印刷

*

开本：880×1230毫米　1/16　印张：18　字数：603千字

2015年2月第一版　2023年9月第十三次印刷

定价：108.00元

ISBN 978-7-112-17724-0

（26919）

前 言

　　这本书是在我 2007 年出版的《中外建筑史》教材基础上修改、完善而成的。目前，国内许多高校的环境设计、城乡规划、园林和风景园林等专业都开设了建筑史课程，但由于所学课时相对较少，加上又缺少一本适合专业自身特点的教材，教学效果和教学质量都受到很大影响。

　　本人多年从事"中外建筑史"课程的教学工作，能够编辑出版一本既简明扼要，又具较强实用性的建筑史教材是我多年的夙愿。经过十多年的积累与艰苦工作，新版《中外建筑史》终于编辑制作完毕与读者见面，也有许多感悟与读者分享：

　　结合多年的教学体验，我觉得一些建筑史书籍文字晦涩难懂且过于学术化和专业化，读者往往敬而远之，也就渐渐失去了学习的兴趣。让历史回归社会、回归大众，在历史与现实之间架起一座沟通的桥梁是本书编写的初衷。

　　本书是目前国内唯一彩色版本的中外建筑史书籍，色彩是建筑不可缺少的重要组成部分，彩色图片既最大限度地还原了建筑自身，又增加了阅读的信息量。

　　在本书的编写视角上，我们还希望从设计师的角度来观察和审视建筑的发展与变化，同时关注建筑结构、建筑技术、建筑材料以及自然条件和社会文化等因素在建筑发展中的影响及作用，在突出主流建筑的同时，也关注边缘建筑的发展。

　　古代建筑是传统文化和民族精神命脉的重要组成部分，弘扬优秀传统文化、解读世界文化遗产是本书编写的目标。"文明因交流而多彩，文明因互鉴而丰富，文明交流互鉴，是推动人类文明进步和世界和平发展的重要动力。"建筑历史就像是一座桥梁，连接着过去和未来，从前人的思想和作品中汲取营养，是学习设计和进行创作的基本方法，不了解历史的设计师，不可能成为一个优秀的设计师。

目　录

第一篇　中国古代建筑史

第一章 木构架建筑的特征与演变

中国是世界文明古国之一，古代中国建筑与古代埃及建筑、古代西亚建筑、古代印度建筑、古代爱琴海建筑、古代美洲建筑共为世界六支原生的古老建筑体系。与其他古代文明相比，东方的古代中国地理位置独特，这里或为大洋所隔，或为漫长的陆地、沙漠、高山所阻。这种特殊地理位置加上众多的人口，使中国古代文明一直没有遭受到外族人毁灭性的入侵。虽然也有改朝换代，但异己或被驱逐，或被同化，以至于像佛教这种外来的世界性宗教也被加进了许多本地域、本民族的色彩，而趋向本土化。外来影响和冲击的减弱，必然带来内部发展的迟缓和衰落，甚至故步自封，所有这一切是导致中国古代建筑一脉相承、连续而缓慢发展的重要外因。

中国古代的木构架建筑体系，在汉代已经基本形成，到唐代时达到成熟阶段。"在世界建筑史上是一支历史悠久、体系独特、分布地域广阔、遗产十分丰富、延绵不断，一直持续发展完整演变，并经历了古代全过程的重要建筑体系。"[1] 由于中国幅员辽阔，各地气候、地貌、自然资源和生活习俗等情况千差万别，这些因素使中国古代建筑除了占主体地位的木构架体系之外，还并存着干阑式、井干式、生土建筑（窑洞）、土楼、碉房等其他建筑体系。

中国木构架建筑是中国古老而灿烂的历史文化的一个重要组成部分，在其几千年的发展历程中，形成了自身鲜明的形式特征，在世界建筑体系中别具一格，它不仅迥异于世界上任何一个建筑体系，也曾对整个人类社会产生深远影响。

大约在一万年前，中国进入新石器时代后，原始先民的定居生活促进了房屋的营建。中国原始建筑不仅集中显现于华夏文明的中原大地，而且在北方古文化、南方古文化的许多地域留下了重要遗迹。发现于内蒙古赤峰敖汉旗的兴隆洼遗址是距今八千年的原始部落，这里发掘出半穴居遗址 170 余座，被誉为"华夏第一村"。南方古文化建筑也由于余姚河姆渡遗址的发掘而引人注目，这里发掘出新石器时代的干阑式建筑遗存，在石制、骨制、木制工具的条件下，已能采用榫卯结构，并已具备多种榫卯类别。"这表明早在七千年前，长江下游和杭州湾地区的木结构已经达到惊人的技术水平，这一时期的原始建筑是中国土木相结合的建筑体系发展的技术渊源。"[2]

第一节 木构架建筑的优势与缺陷

中国古代木构架的结构体系从形成与发展到逐渐衰落经历了几千年的历程，作为一种主流的建筑类型，必然有其优势所在。

一、木构架建筑的优势

1. 材料来源广泛

在自然界中，木材的来源非常广泛，特别是在古代，大量茂密的森林树木为木构架建筑提供了取之不尽的原材料，同时木材还是一种可以再生的资源，这是其他建筑材料无法比拟的。

2. 木构架的抗震性能优异、适应性强

由于木构架采用榫卯构造连接方式，在地震力的作用下允许有一定的变形，加上木材本身的柔韧性，能够最大限度地消减地震力的破坏，使建筑能够长久地完好保存，又由于在木构架建筑中，分隔空间的隔墙是自承重墙体，可以进行自由的分隔，灵活性大、适应性强。穿斗式结构就更为灵活，既可以凹凸进退，又可以高低错落，能够适应平原和山地等不同的地形和地貌。

3. 高度定型化、便于施工

中国木构架从唐代以后就进入了成熟期。唐宋以后使用了类似今天的建筑模数制的方法（宋代用"材"，清代用"斗口"），各种木构件的式样也已定型化。因此，木构架的很多组合构件可以作为标准件分别加工，然后再进行组装，由于是采用构件组装，加上木材本身的重量较轻，便于施工过程中的起吊和安装，使施工的速度大大加快。建造速度比较快，在客观上也极大地促进了中国古代社会的经济繁荣和社会发展。

4. 便于加工和运输

木材是一种最容易加工和运输的建筑材料，一般的利器就可以进行砍伐和简单的加工，随着青铜工具，特别是后来铁制工具的使用，木材的加工水平得到了很大的提高。除了采用陆路运输外，木材还可以采用水路运输。

5. 利于迁移和维修

由于木构架体系是采用构件组合的形式进行装配式施工的，加上节点采用榫卯构造连接方式，所以木构架建筑体系的可拆卸性非常强。维修过程中受损木构件的替换也很容易。

二、木构架建筑的缺陷

受到材料、建造方法等因素的影响，中国古代木构架建筑也存在许多明显的缺陷，甚至一些缺陷是伴随优势同时存在的，这些缺陷在一定程度上影响了中国古代木构架的发展。

1. 大型木材逐渐减少

由于木材的生长需要一定的时间，特别是特殊材质的大型木材越来越稀少，宋代时，建造宫殿所需的大型木材已深感紧缺。因此，《营造法式》用法规的形式规定大料不能小用、长料不能短用、边角料用作板材、柱子可以用小料拼接等一系列节约木材的措施。

2. 容易遭受自然和人为的侵袭

由于材料本身的特点，使木材极易遭到白蚁的侵害，以及水灾、腐朽的损害，火灾的毁坏性就更大。由于以上这些原因，与石造建筑相比，古代木构架建筑遗存的数量不多，年代也不是很久远。我国现存最早的木构架建筑是山西五台山南禅寺大殿，建于唐建中三年（782年），距今1200余年。

3. 受材料和结构所限难以建造大型建筑

由于受材料自身特性的影响，木材承受荷载的能力有限，所以木构架建筑的体量和高度与石材建造的建筑相比受到的限制就比较大。

4. 建筑的维护成本较高

为了维护木构架的结构构件，使其免受风雨的剥蚀，需要经常对结构构件和装饰构件表面的油漆、彩绘进行护理甚至重新修缮，日积月累，所需成本会很高。

5. 大量木材的使用给环境带来很大影响

随着对森林的大量砍伐，生态环境不断恶化，水土流失，河水断流，虽然木材是可再生资源，但古代人们还缺少足够的认识。我国历史上许多曾经繁荣的都城周围，如今其生态环境资源往往都已近枯竭。

第二节 木构架建筑的结构特色

中国古代木构架的结构体系，到东汉时期，已明确形成抬梁式和穿斗式两种基本的构架形式。南方许多地区经常采用抬梁式与穿斗式相结合的结构形式，建筑底层人员活动多，需要较大的室内空间，所以使用抬梁式的结构形式，上面阁楼空间往往用于住人和储物，则可以使用穿斗式的结构形式。有时，建筑中部使用抬梁式，两侧山墙使用穿斗式。此外，民间还有一些变体的结构形式，例如盛产木材地区的"井干式"建筑。

一、抬梁式木构架

抬梁式又称"叠梁式"，它是在台基的柱础上立柱，柱上放置横梁，梁上再立短柱（瓜柱），短柱上再置梁，梁两侧的端部（梁头）上搁置檩条，这样层叠而上，梁的总数可以达到3~5根，当柱上采用斗栱时，梁头就搁置于斗栱上。由于屋顶的荷载是通过层层叠叠的梁柱下传到两端的木柱上，所以抬梁式木构架可以提供比较开敞的室内空间。这种结构体系多用于宫殿、庙宇等规模较大的建筑物，北方地区民居等小型建筑也多采用这种结构形式。但由于其结构受力不尽合理，梁柱的材料断面都较大，特别是最下层的横梁尺寸硕大，浪费材料（图1-1）。

二、穿斗式木构架

穿斗式又称"串逗式"、"立贴式"，由柱距较密、柱径较细的落地柱与短柱直接承载檩条上的下传荷载，柱子之间没有梁，而是用穿枋进行水平的拉接，以增强其稳定性

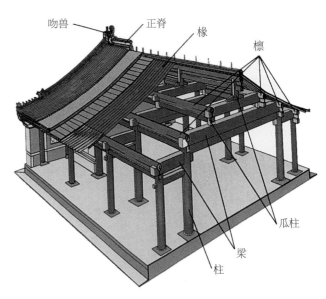

图 1-1 抬梁式木构架示意图

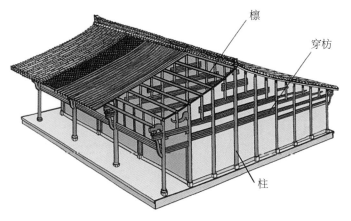

图1-2　穿斗式木构架示意图

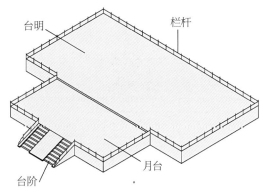

图1-3　台基轴测图

和刚度，它可以用挑枋承托屋檐的出挑。由于屋顶的荷载大部分是直接通过立柱传到柱础上，其结构受力非常合理，穿斗式木构架充分利用了木材支撑能力强而抗剪能力差的力学特性。穿斗式木构架的材料断面小，节省木材，结构体系的整体性强。穿斗式木构架每一榀屋架的柱子都直接落地，为减少柱子对室内空间的影响，通常用隔墙将柱子掩饰起来，并同时起到分隔空间的作用，这种结构体系难以提供比较开敞的室内空间，它通常用于南方一些地区的民居中（图1-2）。

第三节　木构架建筑的组成——台基

单体建筑的立面可以划分为"三分"，北宋著名匠师喻皓在所著的《木经》中说："凡屋有三分，自梁以上为上分，地以上为中分，阶以下为下分。"这个三分法反映在立面上，可以说"上分"就是屋顶部分；"中分"就是屋身部分，包括墙、柱和外檐装修；"下分"就是台基，它们是单体建筑立面的三大组成部分，我们也可以通过这三大组成部分来详细介绍中国古代木构架建筑的组成及其形式特征。

作为中国古代建筑立面的三个组成部分之一，台基的作用是非常重要的，台基最初是为了防水、防潮而抬高室内地面。后来，台基逐渐演变为体现外观尺度和建筑等级的需要，特别是在一些重要的殿堂中，台基所起的造型作用十分显著，高耸而宽大的台基既增加了建筑的体量，又增强了建筑造型的稳定感。西周时期开始盛行高台建筑，现存汉代未央宫前殿台基残高达到14米，唐长安大明宫含元殿的台基更是高达15.6米，高台基的营造形式一直沿

用了两千多年。台基通常由台明、台阶、月台和栏杆四个部分组成（图1-3）。

一、台明

台明是台基的主体部分，从形式上分为普通式（平台式）和须弥座两大类型。普通式台基由于包砌材料的不同，又分为两种：一种是台帮部分用砖砌筑，称为"砖砌台明"；另一种是整个台明，包括台帮全用石材，称为"满装石座"。砖砌台明通常为普通建筑使用，属于低等次台基。满装石座是相对高级的做法，主要用于重要建筑群的一般殿堂，属于中等次台基，而须弥座则是最隆重的做法。须弥座是从佛像底座演变而来的，象征用须弥山作为佛座，以表示佛的崇高，其形式和装饰纹样比较复杂，主要用于重要建筑群的重要殿堂，以及塔和幢的基座，属于高等级台基。这样，根据台明的形式和做法，就形成了高、中、低三个等次，以满足不同等级建筑的需要。

须弥座最早的实例见于北朝时期的石窟，起初比较简单，到唐代时变得非常华丽和复杂。如果说中国古代建筑的许多构件和装饰都是由最初的简单到后来的繁琐（例如斗栱和彩画），那么，须弥座的形式则是由初期的简单到中期的华丽和复杂，再到后来的庄重和简化。这可能是因为须弥座最初也是木质的，后来由佛座向台基转化，变为砖石材料时，延续了原有的结构逻辑，但多而密集的线脚与装饰图案使其表面容易损坏，突出的线脚部分容易积水而产生污迹和冻害。形式繁琐的基座也会对上面的建筑产生喧宾夺主的效果，这些都导致了后期须弥座形式的演变。如果我们将现存的宋代与清代须弥座加以对比，就不难看出两者之间显著的差别。

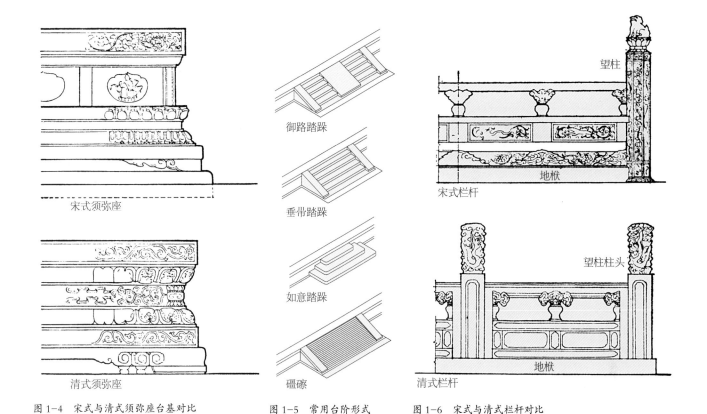

宋式须弥座

清式须弥座

图1-4　宋式与清式须弥座台基对比

御路踏跺

垂带踏跺

如意踏跺

礓磋

图1-5　常用台阶形式

望柱

地栿

宋式栏杆

望柱柱头

地栿

清式栏杆

图1-6　宋式与清式栏杆对比

宋代的须弥座有明显的仿木痕迹，因此，宋式须弥座层次多，线脚细腻，主次分明，强调壸门的主体尺度和细腻雕刻，束腰小，个别线脚的构造不尽合理。宋式须弥座给人的总体感觉是：清秀、细腻而精致。

清代须弥座分层少，线条粗犷，上下基本对称，主次不分明，束腰变宽，线脚的构造关系更加合理，既便于雕刻，又经久耐用，不易损坏。清式须弥座给人的总体感觉是：庄重、成熟而壮硕（图1-4）。

二、台阶

台阶又称踏道，是上下台基的阶梯，通常有阶梯形踏步和坡道两种类型。

1. 阶梯形踏步

阶梯形踏步至少在新石器时期的半穴居建筑中就已经出现，它通过挖掘原生土后形成阶梯状，供人上下使用。阶梯形踏步又可以分为垂带踏跺和如意踏跺两种形式。在踏跺两旁设置垂带石的踏道，最早见于东汉的画像砖。不用垂带石的踏跺做法称为如意踏跺，一般用于住宅和园林建筑。阶梯的高宽比一般为1：2。唐长安大明宫含元殿前的台阶共分为7折，长达70余米，为中国古代建筑台阶之最。

2. 坡道

坡道又称礓磋或慢道，是用砖石露棱侧砌形成的斜坡道，可以有效地防滑，一般用于室外高差较小的地方，《营造法式》中规定：城门慢道高与长之比为1：5，厅堂慢道为1：4。

斜道（又称辇道、御路、陛石）是坡度很平缓的、用来行车的坡道，通常与阶梯形踏步组合在一起使用（称为御路踏跺）。汉代历史文献中就有相关的记载，在唐代壁画和宋代界画中，已经将斜道置于台阶之间。后来斜道更多是留有空间，在上面运行人抬的轿子，这时斜道表面因为雕刻云龙水浪而逐渐走向表现等级和装饰化。从等级上看，御路踏跺高于非御路踏跺，垂带踏跺高于如意踏跺（图1-5）。

三、栏杆

栏杆又称勾阑，古代称为"阑干"，横木为阑，纵木为干。栏杆"起到防护安全、分隔空间、装饰台基的作用，主要用于台基较高，体制较尊的建筑基座，也用于桥梁、湖岸等需要维护和美化的地方。"[3]

早期的栏杆大多是木制的，后来逐渐使用石材。在台基的程式化演进中，栏杆充当了一个敏感的因素，各个时期的栏杆在定型格式上都有明显的不同。梁思成先生在比较宋代和清代的栏杆时作出过精辟的分析："这古今两式之变迁，一言以蔽之，就是仿木的石栏杆渐渐脱离了木的权衡及结构法，而趋就石质所需的权衡结构。"下面我们就将宋代和清代的石栏杆加以对比（图1-6）。

1. 宋式石栏杆

宋式石栏杆是由零散的部件采用榫卯结构进行连接，望柱间距比较大，寻杖细长，与盆唇之间的距离大而通透。望柱直接落于台基之上，加上望柱的断面为八边形，望柱柱头所占的比例又小，显得格外细高。宋式栏杆整体样式的风格为：空透、纤细、轻快。

2. 清式石栏杆

清式石栏杆每隔一块栏板都要设立一个望柱，这样望柱的间距就比较小。除望柱和地栿外都制成整体式的栏板，寻杖与面枋的距离缩小，地栿采用通长的做法，望柱又立于地栿之上，降低望柱高度的同时又加大了望柱柱头的比例，望柱的断面为四边形。这样，清式栏杆整体样式的风格为：粗壮、结实、厚重。

园林建筑的栏杆形制比较自由，材料也更加丰富，可以使用木、竹子等材料。临水建造的亭台楼阁通常在临水一面设置带有曲线靠背的座椅，南方称之为鹅颈椅或飞来椅、美人靠、吴王靠。

四、月台

月台又称"露台"或"平台"，它是台明的扩大和延伸，有扩大建筑前活动空间及壮大建筑体量和气势的作用，其形式和做法与台明相同。根据月台与台明的关系，月台可以分为"正座月台"和"包台基月台"。正座月台的高度比台明低"五寸"，也就是一个踏级，而包台基月台要比台明低得多。

月台、台阶、栏杆都是台基的附件，并非台基所必有的，只有高体制的台基才用月台和栏杆，当台明很低矮时，则连台阶也可以不用。

五、铺地

铺地可以分为室内铺地和室外铺地两大类。早期人们使用烧、烤的方式来使室内地面硬化，以便于使用和阻隔潮气。最早在晚周时已使用砖来铺地，在东汉的墓室中发现了使用磨砖对缝的地砖，唐长安大明宫地砖的侧面已经被磨成斜面，以保证铺地时地面看不到缝隙。

室外铺地主要用于防水和防滑，早期人们使用河卵石竖砌的方式，到了唐代就完全用预制的地砖了。为了有效地防滑，地砖表面往往做出各种花纹，如秦代的回纹、汉代的四神纹、唐代的宝珠莲纹等。而明清园林建筑中铺地材料的使用和形式就更加丰富了，如砖、瓦片、卵石、片石，甚至是一些边角余料。

第四节　木构架建筑的组成——屋身

在中国古代木构架建筑中，把由柱、梁、枋、檩等组成的主要结构部分统称为大木作。相对于大木作而言，装修部分则被称为小木作。

一、大木作

在官式建筑的构筑形制上，大木作又区分为大木大式建筑和大木小式建筑。大式建筑主要用于坛庙、宫殿、苑囿、陵墓、城楼、府第、衙署和官修寺庙等建筑群的主要、次要殿堂，属于高等级建筑；小式建筑主要用于民居、店肆等民间建筑和重要建筑群中的辅助用房，属于低等级建筑。大、小式建筑在建筑规模、建筑形式、部件形制、用材规格、做工精粗、油饰彩绘等方面都有明确区别，形成鲜明的等级关系，用以体现建筑的等级制度。其主要区分标志是：

间架：大式建筑的开间数可以达到九间，特例可达十一间；通进深可以达到十一架，特例可达十三架。

小式建筑开间只能做到三间或五间，通进深不多于七架，一般以三架至五架居多。

出廊：大式建筑可用各种出廊形式，包括前出廊、前后廊、周围廊；小式建筑最多只能用前后廊，不许使用周围廊。

屋顶：大式建筑可以用各种屋顶形式和琉璃瓦件；小式建筑只能用硬山、悬山或卷棚式屋顶，不许使用重檐，不许用筒瓦和琉璃瓦件。

构件：大式建筑可以用斗栱，也可以不用；小式建筑不许用斗栱。在梁架构件中，大式建筑增添了飞椽、随梁枋、角背、扶脊木等构件，小式建筑不得使用。

1. 开间

木构架建筑正面相邻两柱之间的距离叫"开间"（又称面阔），一座建筑所有开间的总和叫"通面阔"。各开间的名称也不同，正中一间叫明间（宋称当心间），明间相邻的开间叫"次间"，再外叫"梢间"，最外叫"尽间"。各开间的尺寸在夏、商代的宫殿建筑中都是等同的，后来端部开间的尺寸变窄，例如五台山佛光寺大殿。宋代以后出现当心间最宽、次间变窄，也有从当心间到尽间其开间尺寸递减的做法。"建筑的开间数在汉代以前有奇数也有偶数的，汉代以后多用十一以下的奇数。十分隆重的用九开间，至于十一开间的建筑，除了唐大明宫含元殿、麟德殿遗址和北京清故宫太和殿以外，还没有见到其他的实例。"[4]

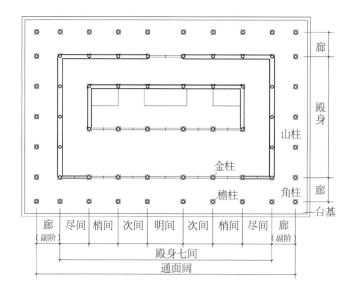

图 1-7　通面阔九间（殿身七间）的重檐建筑平面图（左）
图 1-8　山西天龙山石窟前廊（550—559年开凿）（右）

2. 进深

檩之间的水平投影距离叫做"进深"，在清代叫"步"，各步尺寸的总和或侧面各柱距尺寸的总和叫"通进深"。宋代进深尺寸有相等、递增或递减以及不规则排列等多种形式，到了清代，各步距离都相等（图1-7）。

3. 柱子

柱子主要分为外柱和内柱两大类，根据其在木构架中的位置又可细分：檐柱、金柱、中柱、山柱、角柱、童柱。早期的半穴居建筑中，已经有木柱出现，其端面多为圆形。"秦代已有方柱，汉代石柱更增加了八角、束竹、凹楞、人像柱等形式，柱身也有直柱和收分较大的两种。"[5]《营造法式》对柱子的端面、高度与建筑尺度的关系都有严格的规定，并对梭柱的构造做法有所规定，将柱身一分为三，上段有收杀，中、下段平直，这种形式在现存皖南民居和祠堂建筑中非常多见。

生起：宋、辽建筑的檐柱由当心间向两端逐渐升高，角柱比当心间两柱高二至十二寸，使檐口呈半缓的曲线，这种做法在《营造法式》中叫做"生起"。

侧脚：为了增加建筑形式和结构的稳定性，宋代规定，建筑的外檐柱前后均向内倾斜柱高的千分之十，在两山均向内倾斜柱高的千分之八，而角柱则两个方向都倾斜，这种做法叫"侧脚"。

移柱造：宋、辽、金、元时期的建筑，为争取更自由的室内空间，常将室内的柱子移位，这种做法叫"移柱造"。

减柱造：宋、辽、金、元时期的建筑也有减少部分室内柱子的做法，叫"减柱造"，如佛光寺金代所建的文殊殿，只有内柱四根。

无论是移柱造还是减柱造都破坏了原有结构的受力状态，使结构的安全性、稳定性和耐久性都受到很大影响，这一点从现存的移柱造或减柱造的建筑实例中木构架的损伤程度上可以看得很清楚。

副阶周匝：在建筑主体外部，附加一圈回廊，这种做法在《营造法式》中叫做"副阶周匝"，它一般用于大殿、塔等比较隆重的建筑，如应县木塔。

4. 檐枋

檐枋是连接柱列并承受垂直荷载的水平构件。"当有斗栱时，称为额枋，当无斗栱时，称为檐枋。额枋又有单额和重额做法，这样就形成了重额、单额和檐枋三个等次。"[6]唐代额枋的端面高宽比约为2：1，侧面略呈曲线，称为琴面。

雀替：雀替是位于额枋和檐柱交接处的水平短木（宋称绰幕枋），最初的雀替是两个连做，在柱头两侧承托住额枋，以减小额枋的跨度和承受的剪切力，增强与额枋的拉接。后来雀替改为单做，插接到柱头处，完全变成了一种装饰构件。雀替的长度为该间面阔的1/4，每个开间雀替的高度相同。比较窄的廊间改用"骑马雀替"。

5. 斗栱

斗栱是中国古代木构架建筑特有的结构构件，其形成和发展经历了漫长的演化过程。斗栱由方形的斗、升和矩形的栱，斜的昂组成。斗栱最早的形式见于西周青铜器上，汉代的画像砖石、壁画、明器，以及后来的石窟建造上也多有记载（图1-8）。

斗栱的作用是承托和出挑屋檐部分的重量，它扩大了柱头支座的受力面积，增加了支点，减小了梁的弯矩和剪力。在唐宋及以前的木构架中，斗栱的结构作用十分明显，斗栱的数量较少，多为一至两朵，且尺寸硕大。到了

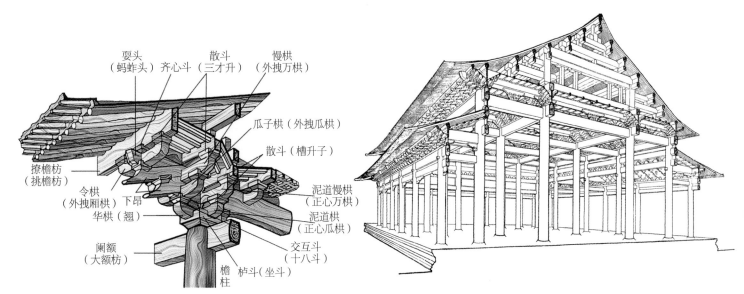

图 1-9　斗栱主要构件名称（括号内为清代名称）　　　　图 1-10　北京故宫太和殿梁架结构示意图

明清时期，由于官式建筑普遍以砖墙取代土墙，墙体的防水性能有很大提高，已不需要过大的挑檐，使屋檐出挑的深度明显减小，加上梁架节点的逐渐简化，斗栱的结构作用逐渐减弱，已更多流于装饰和标志等级。斗栱的排列也变得非常密集，用料和尺寸变小，但其结构作用（承托屋檐）仍未完全丧失。中国古代建筑的许多构件和做法常常是由最初的有明确意义的功能性而逐渐演化成标志性和装饰性，斗栱就是最典型的实例，它经历了早期的硕大和晚期的纤小，直观反映出中国古代建筑的演变过程。

斗栱在宋代也称作"铺作"，在清代称为"斗科"，或"斗栱"。斗栱更深层次的作用还体现为它是当时社会中森严的建筑等级制度的象征和建筑尺度的衡量标准。斗栱一般使用在高等级的官式建筑中，普通民居是不能使用的。主要分为外檐斗栱和内檐斗栱两类，由于斗栱所在位置不同又分为柱头斗栱（宋代称为柱头铺作，清代称为柱头科）、柱间斗栱（宋代称为补间铺作，清代称为平身科）、转角斗栱（宋代称为角铺作，清代称为角科）（图 1-9）。

斗：在两层栱之间用方木块相垫，因其形如斗，故因此得名。位于一组斗栱最下面的斗叫坐斗（又叫大斗，宋代称栌斗，汉时称栌）。平身科坐斗正面的槽口叫斗口，在清代作为衡量建筑尺度的标准。

栱：栱是置于坐斗口内或跳上的弓形短木，其转角处的形式有矩形、曲线形、折线形以及曲线和折线混合形，是结构出挑的主要构件。唐代开始统一式样，宋《营造法式》对各种栱的长度、卷杀等已有明细的规定。

昂：昂是斗栱中斜置的构件，它起到杠杆的作用，可分为上昂和下昂。现存唐代的佛光寺大殿柱头斗栱中的批竹昂是现知最早的实例。

6. 屋架

屋架是放置在柱子之上，承托整个屋顶荷载的结构构件，在不同类型的构架中呈现出不同的特征，也是最能反映中国古代木构架建筑智慧的地方。

举架（宋代称举折）：举是指屋架的高度，需根据建筑的进深和屋面材料的不同来确定。《考工记》中即有"匠人为沟洫，葺屋三分，瓦屋四分"的记载，这表明至少在战国时已对草顶和瓦顶屋面规定了不同的坡度。唐代南禅寺大殿和佛光寺大殿举高与进深之比约为 1：6，宋代建筑为 1：4 至 1：3，清代的一些建筑竟达 1：2。

推山与收山：推山是庑殿（宋代称四阿顶）屋顶处理的一种特殊手法。收山是歇山（宋代称九脊殿）屋顶两侧山花自山面檐柱中线向内收进的做法。

梁（宋代称梁或栿）：梁是向柱头传递垂直荷载的水平木构件，其端面尺寸往往是所有木构件中最大的，由于其所在的位置不同而有不同的名称。通过外观可以将梁分为直梁和月梁，月梁在汉代又称虹梁，其特征是梁肩呈弓形，梁底向上凹入，梁的侧面做成琴面或进行雕刻，这种做法在徽州民居建筑实例中经常见到。

檩、椽：檩是垂直于梁架，并将椽上的荷载传递到梁架上的水平木构件。椽是垂直放在檩上，直接传递屋面荷载的木构件，其端面多为方形，民间也有圆形和其他形状（图 1-10）。

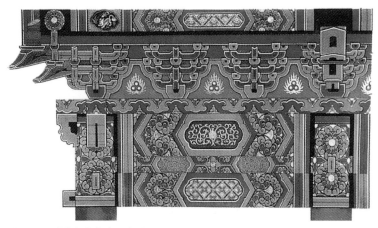

图1-11　墨线大点金旋子彩画

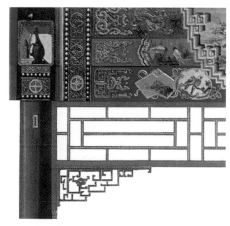

图1-12　金琢墨苏式彩画

二、小木作

宋代将装修称为小木作。在中国古代木构架建筑中，装修占有非常重要的地位，除具有分隔室内外空间、采光、通风、保温、防护等作用外，还能烘托建筑形式和风格，更能表现不同地区和民族的风格特征。

装修分为内檐装修和外檐装修，内檐装修包括分隔室内空间的各种门、罩、窗、隔断、天花、藻井等。外檐装修主要是外墙的门、窗、檐廊的构件等。除此之外，中国木构架建筑还有大量的金属饰件，主要有铜、铁的构件，金、银的绘贴彩画。家具与陈设也是体现中国古代建筑特色的一个重要环节。

装修是最能表现中国木构架建筑风格内涵的因素，也正是这一原因，直到现在，许多设计元素和符号还大量地被运用到设计当中。

三、彩画

彩画是中国古代木构架建筑中最具特色的装饰手法，它从最初的朴素到后期的华美，也体现出不同时期形式和风格的差异。也正是彩画使中国古代木构架建筑色彩斑斓绚丽，同西方古典建筑形成巨大的反差。

中国古代木构架建筑早在战国时就已经饰以彩画，官式木构架建筑的柱、枋自汉代起大都以红色为基调，汉代彩画的题材常采用云气、植物和动物等图案，六朝时多用莲瓣，唐、宋多采用几何图案和植物花纹，色调也由红转向青、绿，并开始使用退晕的表现方式。

宋代中期，彩画开始被定型和规格化，被分类应用到不同等级的建筑上。明、清时将彩画归纳为和玺彩画、旋子彩画和苏式彩画三大类，其中和玺彩画、旋子彩画多用于宫殿建筑，故合称"殿式彩画"。和玺彩画的等级最高，多用于宫殿、坛庙、陵寝的主体建筑；旋子彩画在等级上

图1-13　北京故宫乾清宫门廊金龙和玺彩画

次于和玺彩画，多用于官衙、寺庙的主殿，宫殿、坛庙、陵寝的配殿和牌楼建筑；苏式彩画等级最低，因起源于苏州，故得名，传入北京后演变为官式彩画的一种，常用于住宅和园林建筑以及亭榭门廊。南方民居和园林建筑的木构件大多使用深棕色或黑色，整个建筑色调对比强烈，与官式建筑华丽的色彩形成鲜明对比（图1-11～图1-13）

四、墙体

木构架建筑的墙体是自承重墙体，它只起到围护的作用，所以民间有"墙倒屋不塌"的说法。根据位置不同，墙体分为山墙、檐墙、槛墙、廊心墙等；按照所使用的材料来划分，墙体又分为土墙、砖墙、木板墙、石墙、编条夹泥墙等。

1.土墙

土墙主要有夯土墙和土坯墙，其中夯土墙历史最为久远，又称为"版筑"。土墙的保温性能和隔声性能都很好，

可以就地取材，造价低，施工简便，特别是在北方干旱地区，应用非常广泛。

2. 砖墙

我国古代使用青砖，根据其形式不同可分为条砖、空心砖、饰面砖等。空心砖主要用于墓室的建造。

条砖墙：条砖在各个历史时期，其尺寸大小都有很大差别。宋代以后，砖的砌筑开始普遍使用石灰浆，为了增加强度，有时还掺入糯米浆。为了进一步提高砖砌体的质量，"磨砖对缝"被广泛使用。条砖实墙的保温和隔声效果都比较好。

空斗墙：空斗墙是采用立砖砌筑和水平拉接相结合，砌成盒状的空心墙，既可以节约大量的砖，又可以利用中间的空气层起到隔热的作用。但空斗墙的整体性、强度以及保温、隔声效果都比较差，主要用于南方气候炎热的地区。

3. 木板墙

木板墙是用木板作为木构架建筑的外墙和内墙，加工容易，但保温和隔声效果都很差，只有气候炎热的地区才使用。

五、雕刻

中国古代木构架建筑中的雕刻按使用材料不同主要分为木雕、砖雕和石雕，这些雕刻大都是在建筑构件上进行的，与建筑的联系非常紧密，许多雕刻的题材反映了不同区域的民俗和历史。

木雕在木构架建筑中占有很大的比重。早在战国时代，木雕开始应用到建筑装饰上。随着人们对结构受力知识的深入了解，大量受力小而装饰性强的木构件雕刻有高浮雕甚至透雕，这在民间建筑中体现得最明显。

砖雕是伴随着黏土砖的进一步使用而出现的。砖雕最迟在汉代就已经出现，到了明代，先烧制后雕刻的技艺逐渐盛行。由于材料的区别，砖雕和木雕相比，砖雕的题材和使用范围比木雕更广泛。

石雕由于其材料的特性，常被用于台基、抱鼓石、牌楼夹杆石、门鼓石、石碑、石牌楼、石狮等单件作品上。现存最早的建筑石雕和石刻出现于汉代，为我们提供了许多珍贵的资料，弥补了木结构建筑缺失的不足。

第五节　木构架建筑的组成——屋顶

中国古代建筑的屋顶形式是非常丰富的，也是最能体现中国古代建筑形式特征的重要元素。据史料记载，汉代建筑的屋顶檐口呈直线状，角部也没有起翘；北魏时期的建筑檐口依然平直，但是角部已经起翘；唐代建筑的檐口则有明显的檐口曲线。中国古代官式建筑的屋顶高度程式化，而且等级森严，园林建筑和民居建筑相对灵活一些。中国古代建筑的屋顶形式主要有庑殿顶、歇山顶、悬山顶、硬山顶、卷棚顶、攒尖顶、盝顶、单坡顶、平顶、囤顶等多种形式，实例中还有一些变体。

在中国古代木构架建筑的演变过程中，屋顶是最具标志性的部分。从早期平缓的屋顶曲线，巨大的檐口出挑距离，到后期的陡峻的屋顶形式，都反映出中国古代建筑屋顶的演变过程。

1. 庑殿顶

庑殿顶（宋代称四阿顶），因其有五条脊，又称五脊殿，是中国古代建筑中等级最高的屋顶形式。现存最早的庑殿顶建筑实例是唐代的佛光寺大殿，建于元代的芮城永乐宫无极门、三清殿都是庑殿顶建筑的重要代表（图1-14）。中国现存最大规模的庑殿顶建筑为故宫的太和殿和明十三陵长陵的祾恩殿。

2. 歇山顶

歇山顶（宋代称九脊殿）的出现要晚于庑殿顶，其等级仅次于庑殿顶，在汉代的明器以及北朝的石窟中已经出现。中国现存最早的木构架歇山顶建筑实例是唐代的南禅寺大殿和始建于唐大和五年（831年）的芮城广仁王庙正殿（图1-15）。

图1-14　庑殿顶（山西永乐宫无极门）

图1-15　歇山顶（山西广仁王庙正殿）

图1-16　悬山顶（建于元代的陕西韩城禹王庙）

3. 悬山顶

悬山顶是两坡屋顶的一种，其特点是所有的檩子都伸出山墙以外，又称作挑山或出山，檩头上钉博风板，在山墙砌筑时裸露梁架的做法叫"五花山墙"（图1-16）。汉代明器中已经出现悬山式屋顶，它常用于民居建筑和等级不高的殿堂建筑中。

4. 硬山顶

硬山顶也是两坡屋顶的一种，其特点是山墙到顶，这种做法在宋代时已经出现，硬山顶一般都采用砖石作为墙体材料。

5. 攒尖顶

攒尖顶（宋代称斗尖）常用于亭、阁、塔等规模不大的建筑，攒尖顶最早见于北魏石窟的石塔雕刻。

第六节　重要建筑著作

中国古代时期留下了许多建筑营造、造园方面的著作，为我们研究中国古代时期的建筑发展留下了宝贵的资料，其中最为重要的有宋代的《营造法式》、清代的《工程做法》和明代的《园冶》。

1. 宋代《营造法式》

宋代《营造法式》是官方修订的一部建筑典籍。北宋绍圣四年（1097年），时任将作监的李诫奉旨进行修编，元符三年（1100年）完成修编，于崇宁二年（1103年）颁布。《营造法式》包括释名、诸作制度、功限、料例和图样五大部分，共计36卷。编书的目的主要是制定一套建筑工程的制度、规范，作为朝廷指令性的法典，用以"关防工料"，防止工程管理人员的贪污和物料的浪费。

《营造法式》是中国现存时间最早、最完善的一部古代建筑技术专著，它向我们展现了宋代的建筑设计、做法、施工等方面的系统知识。梁思成先生对《营造法式》有很高的评价，认为其在中国文化遗产中占有重要位置，是我们研究中国古代建筑的一部最重要的著作。

2. 清代《工程做法》

清代《工程做法》是官方修订的一部建筑法典，也叫做《工程做法则例》。该书由清代工部与内务府主编，于清雍正十二年（1734年）颁布，是继宋代《营造法式》之后又一部官方颁布的、较为系统完整的中国古代建筑营造专著。《工程做法》全书共74卷，分为"做法"和"用料用工"两大部分。该书编修的目的是"确定官工建筑形制，统一房屋做法标准、用料标准、用工标准，加强工程管理制度，便于主管部门规范建筑等级，审查工程做法，验收核销工料经费"。[7]

《工程做法》建立了严格的以"斗口"为模数的清式建筑模数体系，提供了一整套明清建筑的制度和做法，是我们研究明清建筑最重要的历史文献。

3.《园冶》

《园冶》是明代的一部造园专著，也是目前我国第一部系统总结园林艺术与技术的理论著作。作者为计成，江苏吴江人。《园冶》完成于明代崇祯四年（1631年）。全书共有3卷，主要论述造园、相地、立基、屋宇、铺地、选石、借景等共计13个部分，是中国古代造园理论中，最完整、最具学科深度的一部专业著作。它为人们了解中国古代造园的理论与实践提供了宝贵的资料，其中对中国古典园林所作出的"虽由人作，宛自天开"的高度概括，至今还被人们引用。

本章注释：

[1] 侯幼彬.中国建筑美学［M］.哈尔滨：黑龙江科学技术出版社，1997：1.

[2] 侯幼彬，李婉贞编.中国古代建筑图说［M］.北京：中国建筑工业出版社，2002：1.

[3] 侯幼彬.中国建筑美学［M］.哈尔滨：黑龙江科学技术出版社，1997：26.

[4] 潘谷西.中国建筑史［M］.北京：中国建筑工业出版社，2004：250.

[5] 潘谷西.中国建筑史［M］.北京：中国建筑工业出版社，2004：257.

[6] 侯幼彬.中国建筑美学［M］.哈尔滨：黑龙江科学技术出版社，1997：32.

[7] 侯幼彬，李婉贞.中国古代建筑图说［M］.北京：中国建筑工业出版社，2002：170.

第二章　城池、民居、园林建筑

第一节　城池防御建筑

城池的兴建源于防御功能，中国历史上各王朝无不耗费大量财力、人力、物力建造坚固的城池，以巩固王权，因为重要都城的兴衰往往代表一个王朝的盛衰成败。

随着社会的发展，城池的性质也发生了变化。从早期的防避野兽和其他部族的侵袭，逐渐发展成为"筑城以卫君，造郭以守民"的目的，城池起着保护国君、看守国民的职能。从河南偃师二里头发现的大规模宫殿遗址到郑州商城遗址，城池里都已经出现了宫殿区、手工业作坊和居住区，说明这一时期城市的雏形已经形成。

春秋至汉代，随着铁器时代的到来，地方势力的崛起，各诸侯国分别建造了规模浩大的都城，促成了中国历史上首次城池建造的高潮，一时间"千丈之城，万家之邑相望也"。出于专制统治的管理要求，这时期的城池内被分割成若干封闭的"里"（北魏以后又称为"坊"）作为居住的单元，手工业作坊和商业区也被限制在一些定时开闭的"市"中。宫殿和衙署都用城墙加以防护，"里"和"市"也都围以高墙，设有里门和市门，由吏卒和市令把守管理，全城实行宵禁。这一时期城池内的街道景观封闭、冷寂而缺少生气。一直到汉代，封万户侯者才允许单独向大街开门。

战国初期的《考工记》中所记载的周王城的制度是这样描述的："匠人营国，方九里，旁三门，国中九经九纬，经涂九轨，左祖右社，前朝后市，市朝一夫。"其大意是：工匠在建造城池时，城池为方形，每边长九里，每边各开三座城门；城内有九条纵街、九条横街；纵街的宽度要能够容九辆车并行；王宫居中，其左右分别是宗庙和社稷；宫前为外朝，宫后为市场。市和朝的面积为"一夫"，即100亩。虽然目前尚未发现一处城池完全按照《考工记》中所描述的规制进行建设，但它的确对后来中国历代城池的规划、建设产生了极其深远的影响（图2-1）。

三国至唐时，这种里坊制的管理模式又得到进一步发展。从曹魏邺城（东汉末年魏王曹操建造的王城）的平面布局来看，道路为棋盘式的格局，宫殿区位于城北中部。唐长安城堪称这一时期城市的典范，虽然仍沿用高墙围护的里坊制，并实行宵禁制度，但一些里坊中已经是"昼夜喧呼，灯火不绝"。一些商业发达的城市如扬州、苏州已是"十里长街市井连，夜市千灯照碧云"。

宋代是中国古代城池建设的转折点。到北宋都城东京汴梁时，由于取消了宵禁和里坊制，城池中出现了大量商店、酒肆、货栈、店铺，从宋代张择端的《清明上河图》中描绘的繁华景象就可以略见一斑，它彻底改变了城池内各个空间封闭、相互独立的状态，使各部分有机地联系和结合起来（图2-2）。

中国古代城池内大都建有钟鼓楼，它主要起到报时的作

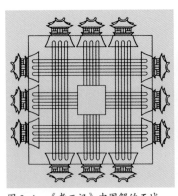

图2-1　《考工记》中图解的王城

图2-2　《清明上河图》中对宋代开放式街道空间的描绘

用，即所谓的"晨钟暮鼓"，钟鼓楼一般都占据城中的中心位置，且相邻设置，也容易成为标志性建筑。现存规模较大、保存较完整的钟鼓楼有西安钟鼓楼和北京钟鼓楼。西安钟楼始建于明洪武十七年（1384年），它位于古城南北轴线道路交叉点处的圆广场上，高达36米，是我国目前保存最完整、规模最大的钟楼。鼓楼位于钟楼的西侧，始建于明洪武十三年（1380年）（图2-3）。北京钟鼓楼则位于古城中轴线的北端，鼓楼在前，钟楼在后，北京钟鼓楼始建于明永乐十八年（1420年），清乾隆十年（1745年）重建，后经历多次重修和大修。

图2-3 西安古城钟楼（远处为鼓楼）

通过长期的实践，中国古代城池建设在选址、风水、防御、规划、管理、绿化、防洪、排水等多方面都积累了丰富的经验。随着时间和岁月的流逝，加上自然环境的变化，许多历史上曾经繁荣一时的古城已经荒废甚至神秘地消失了。

1. 隋大兴城、唐长安城遗址

581年，隋王朝建立，隋文帝命宇文恺负责新都的规划和营建。宫殿、衙署大都从西北部的汉长安城拆建，第二年即建成宫室。因隋文帝在北周时被封为大兴公，新都即定名为大兴城。大兴城东西宽9721米，南北长8652米，它是当时世界上最大的城市。

唐代继续以大兴城为都城，改名为长安城。长安城基本沿袭隋大兴城的格局，主要的改造是在城北墙外增建大明宫，城东建兴庆宫，城东南角整修曲江名胜游览区。"唐长安城以恢宏的规模，严整的布局，壮观的宫殿，封闭的坊、市，宽阔而冷寂的街道（明德门内的朱雀大街宽度达150米）和星罗棋布、高低起伏的寺观塔楼，充分展现了中国封建鼎盛期的都城风貌。"[1]当时日本的古都平城京、平安京等都模仿唐长安城的规划布局（图2-4）。

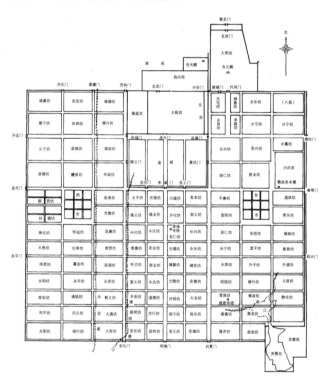

图2-4 唐长安城遗址复原总平面图

2. 北宋都城东京汴梁遗址

汴梁亦称汴京，位于今河南开封，城内河道纵横，有汴河、蔡河、金水河、五丈河贯通，故此有"四水贯都"的美誉，水运交通十分发达。由于河道的影响，汴梁城的平面并不是规则的方形，而是由皇城（宋称大内）、内城（里城）、外城（罗城）三城相套。外城总长达29180米，城内人口近百万，它应该是我国历史上第一个人口达百万的城市。汴梁城最大的变化是由封闭的里坊制走向开放的街巷制，而街巷制给汴梁城带来了自由、亲切、繁华的城市景象，标志着中国城市发展史上的重大转折（图2-5）。

3. 明清北京城遗址

北京城是明清两代的都城，它是在元大都的基础上改建、扩建而成的。元大都是当时世界上著名的大都市，在

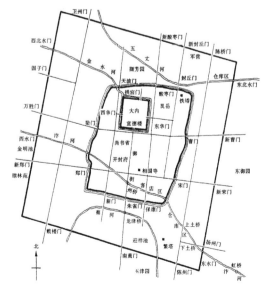

图2-5 北宋东京汴梁城遗址总平面推想图

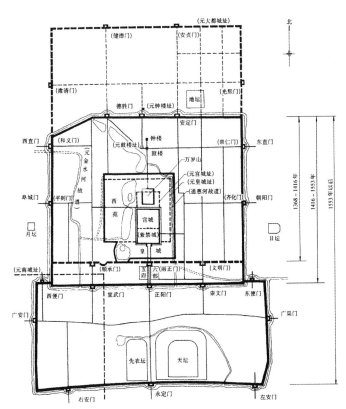

图 2-6　元、明两代北京城发展示意图

图 2-7　北京城正阳门箭楼

图 2-8　北京城正阳门城楼

中国城市发展史上具有重要的地位，意大利人马可·波罗曾称赞其城市规划：划线整齐、有如棋盘。

元大都始建于元世祖至元四年（1267 年），历时近 30 年。明洪武元年（1368 年）明军攻陷元大都后，为消灭元朝"王气"，将元旧宫全部拆毁。明永乐十八年（1419 年），明朝从南京正式迁都北京，新建宫城"规制悉如南京，而高敞壮丽过之"。明嘉靖三十二年（1553 年），为巩固京师防卫，计划扩建外城，后来限于财力等原因，仅完成了南部的扩建，并由此奠定了北京城凸字形的平面布局，北京城的规划布局完全符合"左祖右社，前朝后寝"的规制。清代北京城的城市格局没有大的变化。

从元大都的规划开始，其城市规划布局就集中体现了封建社会儒家的"不正不威"的传统思想。北京城的规划布局主次分明，强调中轴线的规划手法，形成了宏伟壮丽的城市景观。

"明清北京城是中国古代最后一座都城，它集中国古代城市规划、城市设计和建筑设计之大成，不仅在城市布局、建筑艺术等方面，而且在城市引水、排水等工程建设方面，都有突出的成就。"[2] 英国城市学家培根曾盛赞道："也许在地球表面上人类最伟大的单项作品就是北京了"（图 2-6）。

从 20 世纪 50 年代开始，为了适应现代城市发展的需要，北京陆续拆除了原有的城墙和大部分城门，也使北京逐渐失去了古城的风貌（图 2-7、图 2-8）。

4. 山西平遥古城

平遥县位于山西省中部，原为西周古城，现存的平遥古城重建于明洪武三年（1370 年），后来又经历了 10 次大的补建和修葺，1562 年，用砖包砌城墙。1997 年，平遥古城被联合国教科文组织列入《世界文化遗产名录》。平遥古城是国内现存规模最大、保存最完整的明清时期的古城之一。

平遥古城平面略呈斜方形，东西、南北均为 1500 米，南侧随河流呈曲线状。城周长约 6000 米，城墙高 6～10 米，有马面 72 座，据说与城墙上三千垛口一起象征孔子七十二贤人和三千弟子。城墙东南角处建有一座魁星楼，色彩斑斓的魁星楼在平遥古城满城的灰色调中显得格外醒目。全城共设六座城门，均带有瓮城，下东门关厢处加筑东关城。城内以通向城门的东、西、南、北四条大街为干道，但南大街略偏东，与北大街不对直。在南大街靠东大街处建市楼，这一带是全城商业店铺最集中的地方。平遥地少人多，"晋商"以善于经商而闻名海内外，清中叶的中国第一家票号日升昌就出现在这里，是全国驰名的票号业中心。平遥城墙和商号、民居保存完好，有"华夏五千年，平遥第一城"的美誉。（图 2-9～图 2-12）

图 2-9 平遥城内的市楼

图 2-10 平遥城城墙

图 2-11 平遥城魁星楼

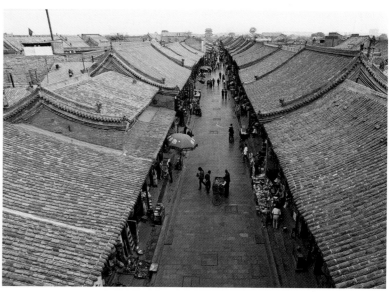

图 2-12 从市楼俯瞰平遥城

图 2-13 气势磅礴的万里长城

5. 明代长城

城池仅仅是保护一个点状的城市，而始建于春秋时期的长城则是保护着整个国家。在那些年代里，长城可以有效地防御北方游牧民族对中原的侵袭，这种防御工事不仅在军事上能够很好地抵御骑兵的冲击，在心理上也会给人们极大的安全感。

中国的长城始建于春秋、战国时期，因其长达上万里而得名，在秦、汉、北魏、北齐、隋、金各朝代都有修筑，早期多用生土夯筑而成，明代大量使用砖石砌筑。遗留至今，保存最完整、工程最雄伟的就是明长城（图2-13）。

明代奉行"高筑墙"的国防政策，修筑的长城主要为防御蒙古部族的南侵。由国家文物局和国家测绘局合作

图 2-14　苏州盘门

图 2-15　西安古城墙南门——永宁门

开展的明长城资源调查最新数据显示：明长城东起鸭绿江畔的辽宁虎山，西至甘肃嘉峪关。从东向西行经辽宁、河北、天津、北京、山西、内蒙古、陕西、宁夏、甘肃、青海等 10 个省（自治区、直辖市）的 156 个县域，总长度为 8851.8 公里，其中人工墙体的长度为 6259.6 公里，壕堑长度为 359.7 公里，天然险长度为 2232.5 公里。调查结果还显示，明长城现存敌台 7062 座，马面 3357 座，烽火台 5723 座，关堡 1176 座，相关遗存 1026 处。

明长城的城墙选址往往在"外陡内缓"的高地、陡崖、山脊处，尽量利用地势增加防御性，城墙的高度为 3 ~ 8 米，上面宽度一般为 4 ~ 6 米。大部分城墙都采用条石为基础，外侧为砖石包砌，内侧则是夯土或碎石。每隔 30 ~ 100 米，修筑实心或空心的敌台。为加强纵深防御，每间隔 1500 米左右，在高处建立烽火台。在险要地带和交通要道处还设有关隘，著名的关城有山海关、嘉峪关、居庸关、雁门关等。

长城游走于群山峻岭之间，以其规模宏大的气势、延绵壮美的画面被列为世界建筑历史上的七大奇迹之一，也成为中华民族不屈不挠精神的象征。1987 年，万里长城被列入《世界文化遗产名录》。

中国古代建造的城池防御建筑在近现代遭到大量的损毁，目前保存比较完整的还有：号称世界第一大城池的南京古城墙（建于 1366—1386 年），西安古城墙（明洪武七年，1374 年），大理古城（始建于明洪武十五年，1382 年），有纳西族古文化活化石之称的云南丽江古城（距今已有八百多年历史），苏州盘门（始建于公元前 514 年，1351 年重建，为水陆两用城门，民间曾经有"南看盘门、北看长城"的说法）（图 2-14、图 2-15）。

第二节　民居建筑

用于满足居住需要的建筑应是人类历史上最早出现的建筑类型。由于我国幅员广阔，各地的经济、文化、民族、宗教、习俗等社会因素和气候、地貌、生态、资源等自然因素的差别十分巨大，这些都导致了我国民居建筑形式的千差万别和种类的繁杂。

民居建筑容易随着社会的发展而不断变化和更新，加上战乱等人为因素的影响，我国现存的传统民居以清代建造的为主，明代古民居较少，另有一大部分属于近代的乡土建筑。因此，我们只能根据文献记载、考古发掘来了解古代民居建筑发展的概况。

远古时期，原始人最早是居住在天然的洞穴之中，以抵御外来的侵袭，在北京周口店就发现了约 50 万年前原始人居住的洞穴。由于天然的洞穴并不是随处可遇的，于是，原始人开始建造人工居所，干燥地域的穴居、半穴居，潮湿地域模仿鸟巢的巢居等建筑形式开始出现。

西安半坡遗址的发掘已经显现出居住建筑由半穴居向地面建筑演化的过程。在距今六七千年的浙江余姚河姆渡聚落遗址中，其梁、柱等构件的榫卯构造连接已经相当成熟，表明木构技术已取得很大进步，民居建筑类型已趋于成熟。

汉代墓葬中出土的画像砖、画像石和明器陶屋为我们提供了大量的形象资料，从中可以看到汉代居住建筑的大体状况。广州出土的汉代明器中，住宅的平面有一字式、曲尺式、三合式和日字形平面，多数采用木构架结构、夯土墙，屋顶多采用悬山顶。

汉代的住宅已有不同等级的名称，列侯公卿者称为"第"，"食邑不满万户，出入里门"者称为"舍"。成都出土的庭院画像砖生动地展示了汉代中型住宅的建筑形式和生活状况。汉代住宅已经盛行有前后进的庭院式布局，且开始将树木栽种在庭院中。汉代大型住宅多采用一种城堡式的建筑形式，即坞壁，也称坞堡，坞壁有很强的防御性，坞主多为地主豪强，结坞自保在当时非常盛行。甘肃武威出土的陶楼院平面为方形，四周建有高墙并有两层的角楼，院内中间建有高达5层的望楼。

从古代的石刻中，我们可以看到，北魏和东魏时期的住宅已与园林结合起来，用庑殿式屋顶和鸱尾，并建有大型的厅堂和回廊。

隋、唐、五代时期的民居，仅能从敦煌壁画和传世卷轴画中有所了解。唐代住宅已经建立严密的等级制度，门屋的间架数量、屋顶形式、细部装饰等都有明确的限定。在唐代住宅的布局中，虽然廊院式还在延续，但已明显向合院式发展。唐代继承魏晋以来崇尚自然山水的风气，将山石、园池、竹木引入院庭的做法在文人名士住宅中也很普遍。

宋代时里坊制解体，城市的结构和布局发生了很大的变化。王希孟的《千里江山图》和张择端的《清明上河图》中对宋代的住宅形式和市井生活都有生动的描绘。小型住宅多用长方形平面，屋顶为悬山式或歇山式，瓦屋面已经被大量使用。为了增加居住面积，多用廊屋代替回廊，合院式的布局形式逐渐开始占主流地位。"南宋江南住宅庭院园林化，依山就水建宅筑园，对后世江南城市住宅和私家园林的建造有很大的影响"[3]（图2-16）。

明、清时期城市的数量大大增加，城市和乡村的住宅形式更加多样化，并遗留下大量的实例，我们现在所看到的许多优秀的民居大部分是清代建造的。

中国长期以宗法制度为主的封建社会体制对传统民居产生了巨大的影响："家庭经济以自给自足的农业生产为基础，以血缘纽带来维系。而维持社会稳定的精神支柱则是儒家伦理道德学说。这种学说提倡长幼有序、兄弟和睦、男尊女卑、内外有别等道德观念，并崇尚几代同堂的大家庭共同生活，以此作为家庭兴旺的标志。对民居建筑来说，它对内要满足生活和生产的需要，对外则采取防止干扰的做法，实行自我封闭，尤其对妇女的活动严格限制在深宅内院之中。宗法制度的另一重要内容则是崇祖祀神，提倡对家族或宗族祖先的崇拜，祭祀各种地方神祇。这种宗法制度和道德观念对民居的平面布局、房间构成和规模大小都有着深刻的影响。以阴阳五行学说为基础的风水观对民居建筑的选址择向、平面布局和空间构成也有较大影响。"[4]

关于中国传统民居建筑的分类，国内学术界有很多方法，

图2-16　宋代绘画中的民居

但是，每一种方法都存在不同的缺陷。因为受地域、气候、自然环境和资源、社会习俗、宗教信仰等因素的影响，加上幅员广阔、民族众多，各地传统民居建筑种类繁多，差异巨大。

传统民居的形式都是人们通过千百年来生活经验的不断积累而逐渐形成和发展的。其中有自然环境因素的影响，如贵州侗族的干阑式民居可以避免潮湿，而新疆维吾尔族的阿以旺则可以使人们在干旱和酷热的环境下生存；还有地理特点的影响，如湖南等地的吊脚楼；也有生活习惯的影响，如朝鲜族以地炕为特点的民居形式等等，难以一一列举。因此，我们在这里只是选择一些现存的有代表性的民居实例加以介绍。

1. 皖南民居

现今研究民居的学者经常讲："南皖南、北山西。"皖南民居是南方民居中的典型代表。皖南民居以组群空间取胜，聚落成村的皖南古村落择址于青山绿水之间，生态环境十分优越。白墙黑瓦，天井院，再加上高低错落、鳞次栉比的马头墙，犹如一幅美丽的水墨画。

皖南民居的形成与徽商的发展密不可分，徽州地区黄山山脉绵延，田少人多，徽州人不得不弃田经商，故民间有"十室九商"的说法，当时徽商致富后返乡大建宅院蔚然成风。皖南民居多以天井院为中心，形成三合院或四合院，并可串联成多进的组合院落，平面布置比较随意，没有严格的轴线。天井院比较狭窄，四周的屋面都坡向天井院，谓之"四水归堂"。

由于男人大多经商在外，许多皖南民居很少开设外窗，采光、通风和排水都依赖天井。天井院四周的正、厢房大都建有两层的楼房。明代以二楼的"楼上厅"为起居空间，清代以后起居空间转到楼下，二楼的高度就变得很低矮。

图 2-17　宏村村口

图 2-18　西递村民居门扇细部

图 2-19　西递村村口

图 2-20　西递村民居门扇细部

皱南民居的结构主体为穿斗式木构架，厅堂位置为了形成更大的空间，常采用抬梁式和穿斗式结合的方法。民居建筑中有大量的木雕，主题丰富，雕工精美，砖石雕刻相对较少。

在皖南民居中，宏村和西递村保存得最为完整，是古徽州民居的代表，常被形容为"中国画里的村落"。2000年，以西递、宏村为代表的安徽古村落被列入《世界文化遗产名录》（图 2-17 ～图 2-20）。

2. 山西民居

山西民居是北方民居的代表，它的形成、发展以至衰落同晋商的命运息息相关。同皖南民居的自由和充满诗意相比，山西民居要严谨和端庄得多；而与皖南民居的精致木雕相比，砖石雕刻是山西民居的一大亮点。山西民居以窄长的庭院布置为主要特征，这种窄院空间的形成，既可以遮蔽阳光的直接照射，又可以防阻风沙和节约用地。山西传统民居规模庞大，建造精美。山西也是我国现存传统民居数量最多的地区，现存传统民居中，王家大院的规模最大，乔家大院最为精美，当地民间曾有"王家归来不看院"的说法。

山西民居以"一正两厢"为基本单元，加上垂花门、过厅、外厢房组成二进和多进院落，也可以并联侧院。山西民居多为砖木混合结构，硬山式屋顶为主，单坡顶、卷棚顶为辅，一些大宅院还结合高墙设置一些平屋顶。磨砖对缝的青砖墙以及精细的砖、石、木雕刻使山西民居显得非常精致（图 2-21 ～图 2-24）。

由于现存实例许多是近代时期改扩建的，因此普通商人的宅院建筑中出现了斗栱、垂花门等古代禁止普通民居使用的形式和构件。

3. 北京四合院

北京四合院是庭院式住宅的典型代表，由于其处于京城的特殊位置，使其各个方面都更加程式化，严谨有余而变化不足。

四合院是由正房、厢房、耳房、倒座、垂花门、影壁、大门等单体建筑组合而成，有单进、二进、三进和多进院落，也可以在旁边加设跨院。低品官和普通百姓的正房不得超过三间。"当正房坐北朝南时，大门就处在东南角上，

图 2-21　规模庞大的王家大院

图 2-22　两层厢房组成的院落空间更为紧凑

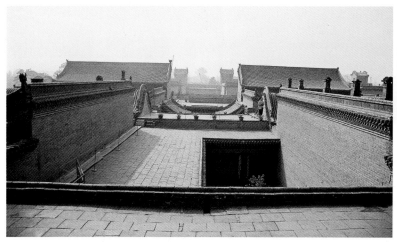

图 2-23　乔家大院四通八达的屋顶空间

图 2-24　乔家大院一角

按八卦方位，这是最理想的'坎宅巽门'。"[5]大门的对面设置影壁墙，需转折后才能进入庭院里。在东南角设置大门是北京四合院院落布局的一大特点（图 2-25）。

无论正房还是厢房，大都采用卷棚式屋顶，单体建筑更注重彩绘，而轻视砖雕和木雕，石雕只在局部起点缀作用。

4. 客家土楼

客家先民原是居住在黄河、淮河和长江流域的汉人。东晋时，为躲避天灾和战乱，辗转迁徙，陆续定居于闽、粤、赣交界的广袤山区，经历了千年的风风雨雨，形成了独特的客家文化。

客家的传统居住形态以家族聚居为突出特色，防御性极强是影响其形式的决定性因素。客家土楼平面形式以方楼和圆楼居多，最大的圆楼直径达 70 余米，现存最早的土楼建于明代。土楼平面布局以中间的祠堂为中心，其结构采用夯土和木构架相结合的形式，外围分层夯筑的土墙厚达 1 米多，十分坚固，是世界上独一无二的山区大型夯土民居建筑（图 2-26 ～图 2-29）。

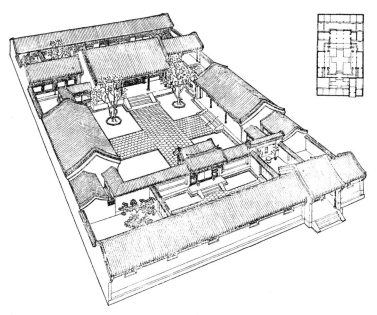

图 2-25　北京四合院民居示意图

图 2-27　承启楼内部

图 2-26　福建田螺坑村土楼鸟瞰

图 2-28　福建承启楼鸟瞰

图 2-29　承启楼内部环廊

图 2-30　山西平陆县天井窑

类型，即靠崖窑、天井窑和覆土窑。靠崖窑是直接依山靠崖挖掘横洞，挖掘量小，施工简便。天井窑即下沉式窑洞，也称为地坑窑、地窨院，是在平原地带下挖地坑，在地坑侧壁上再挖掘横洞（图 2-30）。覆土窑是用土坯或砖石砌出拱形空间，上面再覆土掩盖。窑洞具有冬暖夏凉、节约材料、造价便宜、保护生态环境等优点。

第三节　园林建筑

如诗如画的中国古代自然山水式园林博大精深，是中华传统文化的结晶，被赞誉为"世界园林之母"。同西方的几何构图式园林、伊斯兰规整式园林一起被公认为世界古典园林三大体系。

我国自古就有崇尚自然的传统，不论是儒家的"上下与天地同流"还是道家的"天地与我共生，而万物与我为一"都把人与天地万物联系在一起，这种"天人合一"的思想是中国古典园林的精神所在。中国古代的造园与诗词书画紧密相联，正所谓"诗中有画，画中有诗"。而造园是将诗词书画的内容真实再现出来，园林建筑中也融合了大量的诗词书画作品。孔子所说"智者乐水，仁者乐山。智者动，

客家土楼就地取材，因地制宜进行改造，其独特的居住形态体现了当时的社会环境，以及聚族而居的中国传统文化，更是移民文化在民居中的典型表现。2008 年，中国福建土楼被列入《世界文化遗产名录》。

5. 窑洞

在中国西部的黄土高原，至今还有许多人居住在窑洞里。我国的黄土资源十分丰富，其土质黏度很高，加上这一地区降雨量少，便于挖筑窑洞。窑洞通常分为三种基本

图 2-31　《龙池竞渡卷》中所表现的园林建筑景象

仁者静"常被后来的帝王和普通文人引为依据，游山玩水，葺治园林也就合乎"圣人之道"了。中国古典园林可以分为皇家园林、私家园林、寺庙园林、城市和近郊风景点四种主要类型。我国现存古典园林建筑实例多为明清时期建造，由于地理位置上的巨大差异，又形成了北方园林、江南园林、岭南园林、闽台园林等诸多风格流派。然而，最能代表中国古典园林气质的当属气势恢宏的北方皇家园林和小桥流水的江南私家园林。

从商、周帝王营建苑囿开始到明清古典园林再次出现建设高潮的三千多年里，中国古典园林的发展经历了萌芽期、形成期、成熟期和高潮期。

商至汉代是中国古典园林的萌芽期，以帝王和贵族兴建用于狩猎的苑囿为主，规模和占地都很大。秦、汉时期已经出现了人工挖池、堆造假山的设计加工活动。

魏、晋、南北朝是中国古典园林的形成期，也是中国古典园林发展的转折阶段，对自然美的挖掘和追求是这一时期造园艺术发展的推动力，从此奠定了自然山水式园林的基础。苑囿的占地面积逐渐缩小了，将狩猎等内容排除在外，突出了园林的艺术观赏价值。与此同时，私家园林、寺庙园林以及城市和近郊的风景点也开始出现。"多向、普遍、小型、精致、高雅和人工山水的写意化"[6]是这一时期的发展趋向。

隋、唐、五代是中国古典园林的成熟期，也是全面发展时期。唐代时中国古代社会发展到鼎盛阶段，"贞观之治"和"开元之治"，使经济繁荣，思想活跃。园林建筑上，首先是帝王宫苑的大量兴建。二是各地私家园林的兴建日趋频繁，以长安和洛阳两地为最盛。除城里的宅院外，乡间山野建造别墅在当时也颇为时尚，例如王维的辋川别业和白居易的庐山草堂。三是城市和近郊风景点也有快速发

展，各地的风景名胜吸引了许多文人墨客，其中被称为江南三大名楼的滕王阁、黄鹤楼、岳阳楼最为知名，并由此产生了许多著名的诗句，如王勃的《滕王阁序》，李白的"故人西辞黄鹤楼，烟花三月下扬州"。

两宋时期中国古典园林的发展首次进入高潮期，造园活动已经相当普及。造型秀丽多样是宋代园林建筑的特色。当时，北宋京城汴梁和西京洛阳的园林最为兴盛。汴梁仅帝王宫苑就多达九处，其中艮岳全园的面积达 750 亩。大臣贵戚的私园总数不下一二百处，园林建筑已与商铺酒肆连为一体。从元代白描大家王振鹏绘制的《龙舟竞渡卷》中，我们可以看到当时园林建筑的景象（图 2-31）。

汉代至唐，堆土成山为其主流，宋代艮岳寿山使用大量的山石组成土石混合的山体。以石叠山的技巧在当时已非常成熟，植物的栽培、嫁接和盆景的培育也都有很大发展，仅洛阳园林中的花木就多达千种，其中以牡丹最为有名。春天到来时，一些私家园林向游人开放也成为一种社会时尚。"两宋时风景园林已广泛渗入城市各阶层的生活，成为社会文化活动的重要组成部分，这是宋以前未曾出现过的现象。"[7]

经过元代的迟缓发展后，明清两代中国古典园林的建设再次达到高潮，也是我国古典园林的最后兴盛时期。明清两代兴建的众多皇家园林和私家园林也为我们留下了宝贵的遗产。

明初的园林建筑仍处于停滞状态，因为朱元璋曾规定百官第宅制度："不许于宅前后左右多占地，构亭馆，开池塘，以资游眺"（《明史·舆服志》）。到正德、嘉靖年间，奢靡之风日渐盛行，江南名园——苏州拙政园、无锡寄畅园、南京瞻园都建于这一时期。明末江南园林发展迅猛，仅绍兴城内就有园亭 192 处。随着园林的大量兴建，也造

图 2-32   承德避暑山庄——金山

图 2-33   北京圆明园西洋楼

就了一批能工巧匠。

清代皇家园林发展的数量、规模使历代帝苑相形见绌，北京著名的"三山五园"以及承德避暑山庄都是这一时期建造的。经历元、明、清三个朝代建设的三海（北海、中海、南海）是最靠近宫城的大型皇家园林（图 2-32、图 2-33）。

一、皇家园林

在北京城西北郊，于清乾隆年间形成了规模庞大的皇家园林组群，其中规模最大的有五处，称为"三山五园"，即香山静宜园、玉泉山静明园、万寿山清漪园（颐和园）、圆明三园、畅春园。香山静宜园是带有浓郁山林野趣的大型山地园。玉泉山静明园是以山景为主，兼有小型水景的天然山水园。畅春园是康熙首次南巡后，全面引进江南造园艺术的皇家大型人工山水园。圆明园包括圆明、长春、绮春（万春）三园，占地 347 公顷，是三山五园中规模最大的，有大小建筑群 120 余处，号称"万园之园"，咸丰十年（1860 年）被英法联军劫掠焚毁。清漪园（颐和园）是三山五园中最后建成的大型天然山水园，同样于1860 年被英法联军焚毁，后经重建，改名为颐和园。"可以说三山五园会聚了中国风景式园林的全部形式，代表着后期中国皇家宫苑造园艺术的精华。"[8] 它们集中体现了中国古代大型山水园的造园成就。目前，保存相对完好的皇家园林有：北京颐和园、三海和以山林景色为主的承德避暑山庄（始建于清康熙年间）。

北京颐和园

北京颐和园位于三山五园的中部，原名清漪园，始建于清乾隆十五年（1750 年），为了给皇太后祝寿，在瓮山圆静寺旧址建大报恩延寿寺，历时 15 年建成了清漪园。

1860 年英法联军侵占北京，清漪园被毁。1886 年慈禧挪用海军军费整修，1888 年改名颐和园。1900 年又遭八国联军毁坏，1902 年再次重修。虽然颐和园的许多修复与重建是在近代完成的，但它仍是中国古代至今留存最完整的大规模皇家园林，全园占地 290 公顷，主要有三个分区：

（1）宫廷区

宫廷区位于万寿山的东部，与主入口东宫门直接相连，包括"外朝"、"内廷"、德和园戏楼和茶膳房等辅助建筑。外朝以仁寿殿为主殿，殿庭用巨型太湖石为屏，种植松柏，散置湖石，尽力渲染庭园气氛。内廷的玉澜堂、宜芸馆为帝、后寝宫，乐寿堂为太后寝宫。

（2）前山前湖景区

前山即万寿山南坡，东西长约 1000 米，南北约 1200 米，山势陡峭，佛香阁、排云殿建筑群雄踞于前山的核心位置，是整个颐和园的景观构图中心。前湖为昆明湖，水面广阔，是清代皇家园林中最大的水面。仿照杭州西湖的规划手法，由西堤及其支堤将湖面划分为里湖、外湖、西北水域三个部分，设置了南湖岛、治镜阁、藻鉴堂三个大岛和知春亭、凤凰墩、小西泠三个小岛。

（3）后山后湖景区

后山即万寿山的北坡，后湖即后山与北宫墙之间曲折相连的后溪河，后溪河全长 1000 米，它仿照苏州城内的河道，利用河道的收放开合以及两岸林木后建筑的忽隐忽现，创造出"山重水复疑无路，柳暗花明又一村"的艺术境界。后山建筑不多，除中央位置建有仿藏式的大型佛寺须弥灵境外，均为小型建筑。清漪园被毁后，这些建筑大部分仅存遗址，未经修复。后山东部有以水景取胜的谐趣园和以石景为主的霁清轩，是典型的园中园。

北京颐和园是三山五园中最后建成且保存最为完整

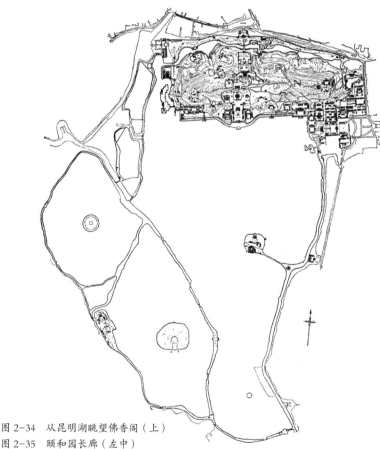

图 2-34　从昆明湖眺望佛香阁（上）
图 2-35　颐和园长廊（左中）
图 2-36　从鱼藻轩借景玉泉山（左下）
图 2-37　颐和园总平面图（右下）

的皇家园林。颐和园的整体景观"既有像前山中部那样的仙山琼阁，也有像后山后湖那样的'世外桃源'；既有浓墨重彩的雍容华贵，也有清淡宁静的山林野趣；既有山峦重叠的远山借景，也有一望无际的碧波连天；既突出'海阔天空'的风景主题，也包容小桥流水的清幽境界。可以说把皇家园林所需要的宏大气度和精丽细致，与天然山水园所擅长塑造的壮阔气势和深邃静谧，融合得十分合拍。"[9] 它是中国古代皇家园林的最佳代表。1998年，北京颐和园被列入《世界文化遗产名录》（图 2-34 ～图 2-37）。

图 2-38　美国纽约大都会博物馆中的"明轩"

图 2-39　拙政园香洲与倚玉轩

图 2-40　拙政园小飞虹

二、私家园林

中国古代的私家园林多聚集在江南，苏州、无锡、杭州、扬州一带的私家园林最具有代表性，例如始建于明代正德年间（1506—1521 年）的无锡寄畅园，始建于清咸丰年间的杭州郭庄，始建于清嘉庆年间的扬州个园。苏州私家园林以其数量众多、建造精美、人文内涵丰富扬名海内外。沧浪亭、狮子林、拙政园、留园被称为苏州四大名园，也分别代表了我国私家园林宋、元、明、清四个朝代的艺术风格与造园成就。

苏州私家园林精于将有限的空间巧妙地组合成变幻莫测的景致，在营造过程中，充分体现了"自然山水"的造园理念，运用借景、对景、障景等手法形成园林中曲折多变、以小见大、虚实相间的独特艺术效果。通过叠山理水、培植花木、配置精巧建筑，形成充满诗情画意的写意山水园林，是中国历史文化遗产的重要组成部分。园林中大量的匾额、楹联、书画、雕刻、碑石、家具陈设、各式摆件为苏州园林留下了浓厚的文化气息，古代的名人墨客更为苏州园林增添了历史文化内涵。鼎盛时期，苏州有私家园林二百余处，也为苏州赢得了"人间天堂"的美誉。1997 年，苏州古典园林被列入《世界文化遗产名录》。

中国古典园林也经常作为中华文化的象征，在美国、日本、德国、加拿大、新加坡、澳大利亚等国家建造了三十余座具有典型中国古典园林意境的示范项目，向现代人展示中国古老而悠久的历史文化。建于美国纽约大都会博物馆的"明轩"就是其中的代表，"明轩"位于美国纽约大都会博物馆的北翼，占地 460 平方米，于 1980 年 4 月竣工，为中国古典园林走向海外的开山之作（图 2-38）。

1. 苏州拙政园

拙政园位于苏州市娄门内东北街，是苏州最大的一处私家园林，为苏州四大名园之首。拙政园始建于明正德年间（1509—1513 年），最初是明御史王献臣的私园。当时失意归乡的王献臣取晋代文人潘岳的"拙者为政"之意，取名"拙政园"，后屡易园主，园名也几次更改。

拙政园的东、中、西三部相互隔离、自成一局，东部曾于明末划出另建"归田园居"，西部曾于光绪年间割为"补园"，仅中部延续拙政园格局。现三园回归为一园，分别成为拙政园的东、中、西三个部分，总占地 62 亩。

拙政园中部占地 18.5 亩，是全园的主体和精华所在。突出山水主体，拙政园中部园内水面约占 1/3，其总体布局以水池为中心，临水建堂、轩、亭、舫。主体建筑远香堂和南轩位于水池南岸，隔池与主景东西两岛相望。岛上各建一亭，西为雪香云蔚亭，东为待霜亭，两处对景四季景色各有不同。园内由南向北望，林木苍翠的山体，掩映于大片水池之中。精心设计对景，透过晚翠洞门，位于枇杷园内的嘉实亭和西山顶部的雪香云蔚亭，构成绝妙的对景，还可以通过树木掩映远眺园外西部的北寺塔，极大地延长了空间视野。宋代李格非在《洛阳名园记》中说

图 2-41 拙政园远香堂

图 2-42 拙政园建筑内部

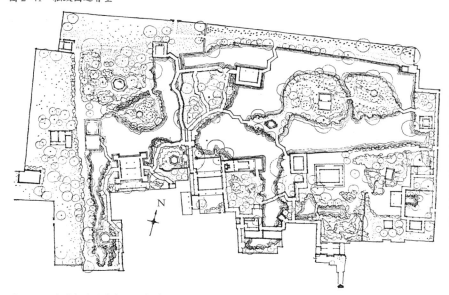

图 2-43 苏州拙政园中部、西部总平面图

图 2-44 拙政园建筑窗棂局部

"园圃之胜不能相兼者六：务宏大者少幽邃、人力胜者少苍古、多水泉者艰眺望。" 拙政园兼具六方面之长，堪称中国私家园林的范例（图 2-39 ~ 图 2-44）。

2. 苏州留园

留园位于苏州城西北的阊门外，原是明嘉靖年间太仆寺少卿徐泰时的东园。清嘉庆三年（1798 年），刘恕在原已破落的东园旧址基础上改建，并以"竹色清寒，波光澄碧"命名为"寒碧庄"，因园主姓刘，俗称刘园。清道光年间，园林开始对外开放。太平天国时期，园林逐渐荒废。同治十二年（1873 年），湖北布政使盛康购得此园，进行了大规模的维修和改建，并更名为"留园"。民间曾把北京颐和园、承德避暑山庄、苏州拙政园、留园并称为中国四大古典园林。

留园以建筑精湛，奇石众多，古树繁茂而著称，其

图 2-45 留园冠云峰

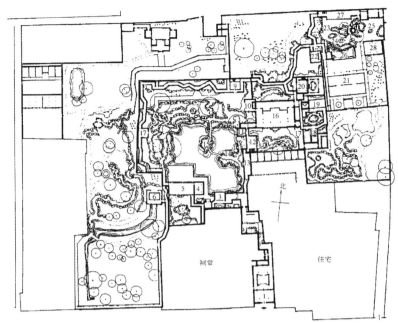

图 2-46　留园总平面图

图 2-47　留园林泉耆硕之馆室内

图 2-48　留园明瑟楼和涵碧山房

图 2-49　留园入口过厅

中最著名的还属园中的假山奇石，留园中的奇石之首是位于东园的冠云峰，高达 6.5 米的冠云峰为太湖石中的极品，它集"瘦、皱、漏、透"于一身，为江南三大名石之一。整个园林占地达 50 亩，共分中、东、西、北四部分，中部即为"寒碧庄"旧址，该区域经营时间最久远，为全

园的精华所在。园内最重要的建筑为中部的"五峰仙馆"，因其梁柱全部采用珍贵的楠木建造，又俗称"楠木殿"，为苏州园林厅堂建筑的代表。

从入口处的曲折，到中间的遮掩，再到中部的开朗，留园将中国传统园林中的空间艺术处理运用到了极致，是中国传统园林以小见大、曲折多变的空间艺术处理手法的最佳典范（图 2-45 ～图 2-49）。

本章注释：

[1] 侯幼彬，李婉贞．中国古代建筑图说［M］．北京：中国建筑工业出版社，2002：49.

[2] 侯幼彬，李婉贞．中国古代建筑图说［M］．北京：中国建筑工业出版社，2002：126.

[3] 潘谷西．中国建筑史［M］．北京：中国建筑工业出版社，2004：82.

[4] 陆元鼎，杨谷生．中国美术全集．建筑艺术篇（袖珍本）·民居建筑［M］．北京：中国建筑工业出版社，2004：20.

[5] 侯幼彬，李婉贞．中国古代建筑图说［M］．北京：中国建筑工业出版社，2002：192.

[6] 潘谷西．中国美术全集．建筑艺术篇（袖珍本）·园林建筑［M］．北京：中国建筑工业出版社，2004：14.

[7] 潘谷西．中国美术全集．建筑艺术篇（袖珍本）·园林建筑［M］．北京：中国建筑工业出版社，2004：28.

[8] 侯幼彬，李婉贞．中国古代建筑图说［M］．北京：中国建筑工业出版社，2002：159.

[9] 侯幼彬，李婉贞．中国古代建筑图说［M］．北京：中国建筑工业出版社，2002：162.

第三章　宗教建筑

宗教建筑是人们举行宗教仪式的主要场所，它往往随着宗教形式和内容的发展、变化而不断演变。我国古代社会曾经出现过多种宗教形式，其中对社会影响比较大的有佛教、道教和伊斯兰教，其他还有祆教、景教、摩尼教、天主教、基督教等。其中，佛教最为昌盛，祆教、景教、摩尼教的建筑遗迹已无从考证，而天主教、基督教在我国主要是以近代发展为主。

第一节　佛教建筑

佛教是世界主要宗教之一，相传为公元前 6 ~ 前 5 世纪古印度的迦毗罗卫国（今尼泊尔境内）王子乔达摩·悉达多（即释迦牟尼）所创，佛教大约是在西汉末年传入中国。

最早见于记载的佛教寺院是东汉永平十年（67 年）建于洛阳的白马寺。《魏书》中有这样的记载："自洛中构白马寺，盛饰佛图，画迹甚妙，为四方式，凡宫塔制度，犹依天竺旧状而重构之。"这说明白马寺还是按照古印度和西域以佛塔为中心的廊院式布局形式建造的。

三国、两晋和南北朝时期，佛教得到广泛流传，建造了大量的佛寺、佛塔和石窟造像。仅当时北魏都城洛阳就有佛寺 1300 余所，著名的敦煌、云冈、龙门、麦积山等石窟寺的开凿都始于这个时期（图 3-1）。

隋、唐、五代至宋是中国佛教的另一个大发展时期，其中隋、唐时期最为重要。佛寺不仅仅是宗教活动中心，也是市民的公共文化中心。佛寺建筑、佛寺园林、佛像雕塑、佛殿壁画都得到了快速发展。

佛寺数量和规模的快速发展，对当时社会各个方面都产生了很大的影响，甚至影响到了国库的收入。于是在唐武宗会昌五年（845 年）和五代后周世宗显德二年（955 年），先后进行了两次灭法。武宗灭法期间，几年内就拆毁官寺 4600 余所，私寺 46000 余所。这两次灭法虽然同南北朝时北魏太武帝、北周武帝时期的两次灭法一样，时间短暂，而且很快就恢复，但对隋、唐、五代的佛寺殿塔的破坏是

灾难性的。以至于唐代建筑留存至今的只有五台山的南禅寺大殿、佛光寺大殿、芮城的广仁王庙正殿和平顺的天台庵正殿等四座木构建筑和若干砖石塔，后两座木构建筑虽然是唐代的梁架，但外观已经过后来的多次改建。

唐代时西藏地区吐蕃王朝从中原和古印度传入佛教，同当地的本教相结合，形成藏传佛教，俗称"喇嘛教"，藏传佛教是中国佛教的重要一支，其寺院建筑具有浓郁的地方特色。藏传佛教和流传于广大汉族地区的汉传佛教均属于大乘佛教，而南传小乘佛教的分布范围比较小，仅限于我国云南西双版纳等地，其建筑形式与中原大相径庭。

北宋时，我国北方契丹族建立的辽朝推崇佛教，其早期佛寺延续了许多唐代风格。其中，北京潭柘寺、天津蓟县独乐寺观音阁和山门、应县木塔都是重要的代表建筑。善化寺普贤阁和佛光寺文殊殿则是金朝的代表建筑。

元朝奉藏传佛教为国教，封西藏宗教首领为法王，在西北地区兴建了大量藏传佛教的寺院和佛塔。清朝为了进一步联系藏族和蒙古族，也大力提倡藏传佛教，清顺治二年（1645 年）重建和扩建了西藏布达拉宫。

图 3-1　龙门石窟奉先寺（672—675 年开凿，主像为卢舍那佛）

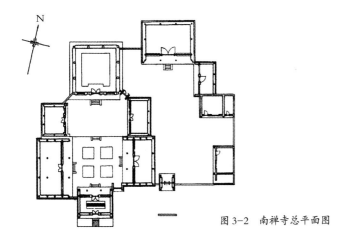

图 3-2　南禅寺总平面图

图 3-3　南禅寺大殿

图 3-4　南禅寺大殿转角斗栱

一、佛寺

1. 山西五台山南禅寺大殿

山西五台山在唐代就已经是我国的佛教中心。南禅寺位于今山西省五台县李家庄，寺区四周山势环抱，是一座规模不大的山区寺院，全寺坐落在一个坚实的黄土台地上，南部有高差较大的断崖，居高临下，通风良好，排水通畅。

南禅寺的创建年代不详，根据大殿内梁上的墨书题记，可得知大殿重修于唐建中三年（782 年）。唐武宗会昌五年（845 年）的灭法事件，全国佛寺拆毁殆尽，而南禅寺大殿却奇迹般地幸免于难，这可能与其地处偏远，规模较小有关。南禅寺大殿是我国现存最早的木构架建筑，寺内的其他建筑均为明清时期所建。由于受地震的影响，大殿曾经发生倾斜，1973 年进行了复原性整修。

南禅寺大殿面阔、进深各三间，通面阔 11.62 米，通进深 9.67 米，平面近方形。"据发掘，它的台基前方原先还有月台，与台明连接为一个整体的、前窄后宽的、倒梯形的大砖台，整个台基高 1.1 米。"[1] 大殿内有长方形砖砌佛坛，高 0.7 米，现有大小泥塑像 17 尊，绝大部分都是唐代的原塑，是现存唐代塑像的精品。大殿整体结构十分简练，周围列柱 12 根，殿内无柱。柱子均有显著的"侧脚"和"生起"，角柱比明间柱高起 6 厘米，各柱侧脚 7 厘米。大殿不用补间铺作，仅在明间正中的柱头枋上隐刻驼峰，上置散斗。大殿用材明显偏大，显现出唐代建筑的粗犷风格。

大殿外观形式简洁，建筑立面以柱高为模数，通面阔即为 3 倍的柱高。后檐墙与山墙均为土坯垒砌，内外抹灰。前檐明间设板门，两侧为木棂窗。屋顶为单檐歇山灰色筒板瓦顶，屋面坡度是已知古代木构架建筑中屋顶坡度最平缓的（图 3-2 ～图 3-6）。

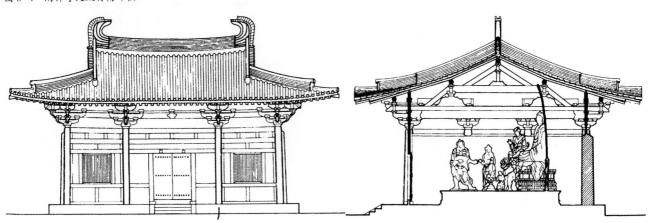

图 3-5　南禅寺大殿正立面图　　　　　　图 3-6　南禅寺大殿横剖面图

2. 山西五台山佛光寺大殿

佛光寺位于今山西省五台县佛光村（原豆村）的佛光山中。寺址坐落在半山坡上，坐东朝西，寺院依山势走向呈东西向轴线布局。从山门向东，依地势形成三重台地院落。第一层台地院落空间开阔，有唐僖宗乾符四年（877年）建造的陀罗尼经幢。北侧有金天会十五年（1137年）建的文殊殿。第二层台地院落上建有南北两个跨院。第三层台地院落利用山势形成高差达8米的高台，中间可以穿门洞沿踏步而上，高台上的大殿就是著名的佛光寺大殿。殿前立有唐大中十一年建的经幢，东南角有祖师塔。从天王殿进入寺院，空间豁然开朗，高台之上，古树后面的大殿若隐若现，大殿高踞山腰台地，可俯视全寺。佛光寺容晚唐大殿、金代配殿、北朝墓塔和两座唐幢于一寺，堪称中国第一寺庙。

佛光寺大殿建于唐大中十一年（857年），大殿面阔七间，进深八架椽（四间），长34米，深17.66米。殿身平面柱网由内外两圈柱子组成，这在宋《营造法式》中叫做"金厢斗底槽"。大殿正面中部五间为板门，两端尽间和山面后间设置直棂窗。

大殿为殿堂型构架，由下层柱网层、中层铺作层和上层屋架层水平层叠而成。这组构架是现存唐宋殿堂型构架建筑中时间最早、尺度最大、形制最典型的一例。大殿共用七种斗栱，外檐补间铺作每间仅施一朵，斗栱尺度硕大。外檐柱头铺作出挑达2米，显现出斗栱支撑挑檐的作用。殿内设有佛坛，供奉佛像三十余尊，皆为精美的唐代泥塑（图3-7～图3-14）。

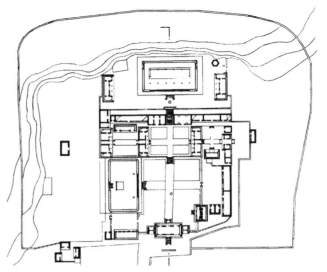

图3-7 佛光寺总平面图

图3-8 佛光寺大殿

图3-9 佛光寺大殿鸱尾

图3-10 佛光寺大殿室内

图3-11 佛光寺大殿正立面图　　　　　图3-12 佛光寺大殿横剖面图

图 3-13　佛光寺文殊殿（左）
图 3-14　佛光寺文殊殿室内（右）

图 3-15　保国寺大雄宝殿

图 3-16　保国寺大雄宝殿木构架及藻井

3. 浙江宁波保国寺大殿

保国寺位于浙江宁波市灵山山麓，主要建筑有山门、天王殿、大雄宝殿、观音阁、藏经楼和钟鼓楼。保国寺始建于东汉，唐武宗会昌五年（845 年）灭佛时被拆毁，广明元年（880 年）重建，并改名为保国寺。

保国寺大雄宝殿重建于北宋大中祥符六年（1013 年），为长江以南历史最悠久、保存最完整的木结构佛教建筑。大殿原为面阔三间，通面阔为 11.83 米；进深三间，通进深为 13.38 米，单檐歇山式屋顶。现存寺院建筑中除大雄宝殿外，其他建筑多为清代所建。

大殿于清康熙二十三年（1684 年）扩建，加建了重檐，形成了现在面阔与进深各为五间的形式。大殿的进深大于面阔，形成纵向的长方形。柱子采用四段拼合式的瓜棱柱，柱身有明显的侧脚。在前槽天花板上有三个镂空藻井，阑额做月梁形。斗栱硕大，组合复杂，为典型的宋代建筑（图 3-15、图 3-16）。

4. 天津蓟县独乐寺山门、观音阁

独乐寺位于今天津蓟县城内。寺院始建年代无法考证，寺内现存山门和观音阁都建于辽统和二年（984 年）。整个寺院的空间沿主轴线进行布局，依次为山门、观音阁、佛殿、法堂，四周环绕庑廊，东西庑上对峙建阁。独乐寺山门面阔三间，进深四架椽，通面阔 16.16 米，通进深 8.62 米，单檐庑殿顶，采用分心斗底槽殿堂构架。山门台基低矮，斗栱硕大，出檐深远，外形舒展，整体建筑形象雄健、壮观。

观音阁位于山门的北面，是一座典型的殿阁型构架的建筑，平面为金厢斗底槽形式，面阔五间，进深八架椽，总面阔 20.23 米，总进深 14.26 米，高 22.50 米。它的结构形式与应县木塔类似，整体结构在竖向上由三个柱网层、三个铺作层，加上一个屋架层，共七个构造层层叠而成，经历了历史上多次地震的考验。观音阁内高达 16 米的观音立像是辽代的原作，也是国内现存最高的泥塑像，信徒只有抬头仰视才能看到佛像全貌，加上顶部采光只照亮佛像头部，产生了佛法无边的独特感受。同时，观音阁在尺度处理上也十分严谨。形式上延承了唐风的雄健，反映出辽代早期官式建筑的风貌，是辽代建筑的一个重要实例（图 3-17、图 3-18）。

图 3-17　独乐寺观音阁（左）
图 3-18　独乐寺观音阁内部及观音像（右）

图 3-19　西藏布达拉宫鸟瞰

图 3-20　西安大雁塔（楼阁式砖塔）

5. 西藏拉萨布达拉宫

在西藏拉萨市西部的布达拉（普陀）山上，有一座依山势建造、红白相衬、气势雄伟、规模浩大的建筑群，这就是著名的布达拉宫，它是历代达赖喇嘛摄政居住、理政、礼佛的地方，也是一组规模最大的喇嘛教寺院建筑群。

相传布达拉宫始建于 7 世纪的松赞干布时期，是吐蕃王松赞干布为迎娶文成公主而建，后毁于战火。清顺治二年（1645 年），五世达赖喇嘛重建，工程历时 50 年，以后又有增建，前后达 300 年之久。它是政教合一的产物，具有寺庙与宫殿的双重性质。布达拉宫总体包括山上的宫堡群，山前安置行政建筑和僧俗官员住所的方城，山后挖池建立的龙王潭花园等三个部分组成，共占地 40 余公顷。

布达拉宫依山而建，从山腰开始建筑，主楼 13 层，宫顶离地面 117.19 米，建筑群主要由上部的红宫和下部的白宫组成，以上部的红宫为主体。红宫因为外墙涂成红色而得名，外观看起来为 9 层，下面 4 层以地垄结构层与内部岩体取平。第五层中央的西大殿，是达赖喇嘛举行坐床（继位）及其他重大庆典的场所。红宫藏式平顶上又建

金殿三座和金塔五尊，阳光下金光灿烂的镏金铜板瓦更加突出了该建筑的显赫位置。红宫以东的白宫，为达赖喇嘛理政和居住的寝宫。红宫以西的白宫，是僧人住所。白宫、红宫前面分别建有东、西欢乐广场。1994 年，拉萨布达拉宫被列入《世界文化遗产名录》（图 3-19）。

二、佛塔

塔又叫"塔婆"、"浮屠"、"浮图"，俗称宝塔。由于其高度较高，往往成为一个区域的标志性建筑。佛塔原是佛教信徒顶礼膜拜的对象，它的概念和形制来源于印度的"窣堵坡"。窣堵坡是为藏置佛的舍利和遗物而建造的，由台基、覆钵、宝匣和相轮组成。"窣堵坡"经犍陀罗传入中国后，很自然地就以中国固有的重楼作为塔身，将覆钵、宝匣、相轮大大缩小，作为标志性的塔刹。佛塔在中国的长期发展中逐渐形成了自己的特色，主要分为大乘佛教的楼阁式塔、密檐塔、单层塔、喇嘛塔和金刚宝座塔，以及小乘佛教的佛塔等多种类型（图 3-20）。

楼阁式塔是中国佛塔的典型，它模仿我国的多层木构

图 3-21　山西应县佛宫寺释迦塔（应县木塔）　　图 3-22　大理三塔

图 3-23　嵩岳寺塔　　　　　　图 3-24　少林寺塔林　　　　　　图 3-25　佛光寺无垢净光禅师墓塔

建筑。2 世纪末，在徐州兴建浮屠祠时"上累金盘，下为重楼"的记载是有关中国楼阁式木塔的最早记述。楼阁式塔除藏置佛的舍利和遗物外，还可以登临远眺。南北朝时期，楼阁式木塔盛行，唐代以后，砖石塔逐渐取代木塔。在唐朝以前，塔的平面大都是方形的，五代开始八角形渐多。现存最早的楼阁式木塔是建于辽清宁二年（1056 年）的山西应县佛宫寺释迦塔（图 3-21），该塔是现存中国古代独立的木构架建筑中高度最高的实例。楼阁式砖塔以五代时期（959 年）的苏州虎丘云岩寺塔为先。

密檐塔因其层层密檐而得名，密檐塔大多不能登临，底层有较高的实墙，与上部密檐形成强烈的对比。现存最早的密檐塔实例是建于北魏正光四年（523 年）的河南登封嵩岳寺塔、建于武则天执政时期的陕西西安荐福寺小雁塔。多个组合的密檐塔还有建于 836 年的云南大理崇圣寺的"大理三塔"。而河南登封少林寺塔林保存有从唐代至

今的 230 余座墓塔，有单层塔、密檐塔、喇嘛塔等多种形式（图 3-22 ~ 图 3-24）。

单层塔顾名思义只有一层，大多用作墓塔，塔的平面有方形、六角形、八角形，例如建于大齐河清二年（563 年）的河南安阳宝山寺双石塔，建于隋大业七年（611 年）的山东历城神通寺四门塔，建于唐代的佛光寺无垢净光禅师墓塔等（图 3-25）。

喇嘛塔多在西藏、内蒙古一带，内地也少有存在，主要用作墓塔。最为著名的是北海白塔（图 3-26），历史最悠久的是建于元至元八年（1271 年，又说 1279 年）的北京妙应寺白塔，建于元大德五年（1301 年）的五台山塔院寺白塔高达 75 米，最为奇特的喇嘛塔是青铜峡 108 座喇嘛塔群。

金刚宝座塔是在高台上再建五座小塔，小塔为密檐塔或喇嘛塔，这种形制只在明清两代出现过，数量极少，例

图 3-26 北京北海白塔（左）
图 3-27 北京香山碧云寺金刚宝座塔（右）

如建于明成化九年（1473 年）的北京大正觉寺塔，建于清乾隆四十七年（1782 年）的北京西黄寺清净化成塔，建于清代乾隆十三年（1748 年）我国现存最高的金刚宝座塔——北京香山碧云寺金刚宝座塔等（图 3-27）。

三、经幢

经幢是宣扬佛法的纪念性建筑，它很像古罗马时期的纪功柱。经幢一般为八角形石柱，上面镌刻经文，始建于唐，一般由基座、幢身、幢顶组成。例如山西五台山佛光寺经幢（建于唐乾符四年，877 年），高度为 4.9 米。河北赵县北宋景佑五年（1038 年）建造的陀罗尼经经幢高达 15 米。

第二节 道教建筑

道教是起源于我国的传统宗教形式之一，由东汉张道陵创立，道教尊称张道陵为天师，故又称"天师道"。道教奉老子为教主，尊称其为"太上老君"。道教是一种多神教，在我国传统宗教中居第二位，道教所倡导的阴阳五行、冶炼丹药和东海三神山等思想，对我国古代社会的历史与文化发展曾经起过相当大的影响，一些影响一直延续到现在。

道教建筑通常叫作宫、观、院。其规划布局和建筑形式与宫殿、佛寺和传统民居都非常相似。南北朝时道教开始逐渐盛行起来。明朝时道教得到朝廷的大力扶植，明成祖时，曾经动用 30 万军民大修武当山道观，历时七年，建成庞大的道观建筑群。现存最早的道教宫观建筑实例是始建于元代中期的山西芮城县永乐宫，永乐宫也是目前国内保存最完整的一组元代建筑群。

永乐宫是道教全真派的重要宫观，在建筑形式、建筑装饰和壁画方面有许多创新之处。永乐宫原址在山西省永济县永乐村，传说这里是道教仙人吕洞宾的故乡。唐代时这里就建有吕公祠，元中统三年（1262 年）重建"大纯阳万寿宫"，1358 年各殿内的壁画完成，之后历代虽有修缮，但其主体部分仍维持原貌。1959 年因修建黄河三门峡水库，永乐宫迁建于现址——山西芮城北部的龙泉村，永乐宫的迁建也成为我国现代规模最大的古代木构建筑迁移工程。

永乐宫在纵深轴线的最南端为山门，之后依次为无极门（也称龙虎殿）、三清殿、纯阳殿、重阳殿四座殿宇，均属元代官式建筑。各殿都有宽大的月台和高起的甬道相连，没有东西配殿和连廊，构成一处规模恢宏、气势雄伟、别具一格的宫观建筑组群（图 3-28 ～图 3-30）。

从山门进入院落开始，殿堂前均设有巨大的坡道，而不设台阶，形式十分独特，虽然采用礓磋的砌筑方式，遇到冰雪或雨水时仍很湿滑。除了建筑之外，永乐宫壁画更是闻名于世，各殿四壁及扇面墙上满绘巨幅元代壁画，共达 960 平方米。画中人物形态生动，色彩艳丽而又不失和谐，技法和构图都达到相当高的水平，在中国乃至世界绘画史上都占有极其重要的地位。

三清殿是永乐宫的主殿，面阔七间，进深四间，总面阔 34 米，总进深 21 米，为单檐庑殿顶。殿内减柱很多，仅用八根内柱。立面比例和谐，"侧脚"、"生起"明显。檐口及正脊都呈曲线，外观柔和秀美。殿内绘"朝元图"壁画，场面开阔，气势磅礴，线条流畅，为元代壁画的代表作（图 3-31）。

图 3-28　永乐宫三清殿（左上）

图 3-29　永乐宫三清殿藻井（右上）

图 3-30　永乐宫纯阳殿（左下）

图 3-31　三清殿内的《朝元图》壁画（右下）

第三节　伊斯兰教建筑

伊斯兰教是世界主要宗教之一，7世纪初由阿拉伯人穆罕默德创立。伊斯兰教在唐代就已传入我国。伊斯兰教建筑称为礼拜寺或清真寺，其规划布局和建筑形式与佛寺、道观有所区别。我国伊斯兰教建筑形式主要有两种类型：一种是受外来文化的影响，沿用阿拉伯传统建筑形式和风格，例如新疆喀什艾提尕尔清真寺（始建于1442年）、吐鲁番苏公塔礼拜寺（1778年）等；另一种则是采用中国传统木构架建筑样式，这类建筑一般建造时间比较晚，但是数量最大，如建于明代的西安化觉巷清真寺等。

1. 吐鲁番苏公塔及礼拜寺

苏公塔又称额敏塔，位于吐鲁番市东郊2公里的木纳村，由吐鲁番郡王额敏和卓的儿子苏来曼为了报答清乾隆皇帝对其父亲和家族的恩惠于乾隆四十二年（1777年）建成，因此俗称苏公塔。塔高37米，全部用土黄色砖砌成，塔内有螺旋形台阶可以通到塔顶，塔身共设有14个窗口，表面分层砌出三角纹、四瓣花纹、水波纹、菱格纹等多种几何图案，具有浓厚的伊斯兰建筑风格。苏公塔于1985年被列为国家重点文物保护单位。

苏公塔礼拜寺，也称额敏塔清真寺，与苏公塔相邻，是吐鲁番地区规模最大的清真寺。该寺大殿为方形，土木结构，面宽九间，进深十一间。结合当地炎热的气候，屋顶表面也全部用泥土建造，并设有天窗通风和采光，顶光洒在幽暗的大殿里，充满了宗教的氛围，所有门窗全都做成尖拱状，具有典型的伊斯兰教风格。苏公塔礼拜寺为新疆维吾尔自治区重点文物保护单位（图3-32、图3-33）。

2. 西安清真寺

该清真寺位于西安市鼓楼北侧北院门化觉巷内，因此又叫做西安化觉巷清真寺。该寺始建于明洪武二十五年（1392年），明嘉靖、万历和清乾隆年间多次重修。全寺坐西朝东，前后共有四进院落，东西长246米，南北宽48米，占地面积13000多平方米，是现存中国传统形式的清真寺中规模最大、保存最完整的一座。

从东北侧主入口开始，中轴线上依次布置了砖雕影壁、三间四柱三楼的木牌坊、大门（五间楼）、石牌坊、砖雕门楼、省心楼、雕砖门楼、亭式木牌坊（一真亭，俗称"凤凰亭"），以及月台上的三座石坊，中轴线的末端是大礼拜殿。南北两侧厢房为浴室、客房和讲堂。

大礼拜殿是全寺的主体建筑，殿前建有宽大的月台，

图3-32　吐鲁番苏公塔礼拜寺（左）
图3-33　吐鲁番苏公塔礼拜寺邦克楼局部（右）

图3-34　西安清真寺内院

图3-35　西安清真寺省心楼

图3-36　西安清真寺大礼拜殿（左）
图3-37　西安清真寺大礼拜殿前廊（右）

殿身分前殿、后殿。前殿面阔七间，进深十五架，上覆勾连搭歇山顶。后殿也称窑殿，是面阔、进深各三间的抱厦。前后殿坐西面东的布局，满足了教徒礼拜时须面向麦加圣地方向的需要。西安清真寺"从总体布局、单体建筑、建筑小品到建筑装饰的汉化程度，都充分反映出中国清真寺建筑的本土化深度"[2]（图3-34～图3-37）。

本章注释：

[1] 侯幼彬，李婉贞.中国古代建筑图说［M］.北京：中国建筑工业出版社，2002：56.

[2] 侯幼彬，李婉贞.中国古代建筑图说［M］.北京：中国建筑工业出版社，2002：153.

第四章　宫殿、坛庙、陵墓建筑

在中国古代社会，宫殿建筑、坛庙建筑和陵墓建筑都是等级最高、形式最隆重、营造品质最好的建筑，它们都耗资巨大并代表了当时所能够达到的最高技术与艺术成就。

第一节　宫殿建筑

在中国古代，"宫室"是居住建筑的通称，后来逐渐演变为王侯居住建筑的专称，"殿"通常是指最高大的建筑。汉代以后"宫殿"成为帝王议政和居住场所的专称。

历国历代的宫殿建筑都是当时特定社会条件下最为隆重、奢华的建筑，它往往集中了当时最优秀的工匠、最成熟的建造技术和艺术成就，不惜人力、物力、财力，耗时多年建造起来。除技术和艺术因素之外，中国古代宫殿建筑的布局和形式也在很大程度上反映了封建礼制的深远影响。

在周代，宫殿建筑的布局就有了比较完整的规制。《周礼·六宫》中就有"六宫六寝"制度的记载，所谓"六寝"是指帝王本人日常活动和起居的场所；而"六宫"即为后宫，是后妃生活的地方。另外，还有周代的"三朝五门"制度，"三朝"即"外朝、治朝、内朝"，亦称"大朝、常朝、日朝"。外朝是"用以决国之大政"，即指接见诸侯的地方。治朝是"王及群工治事之地"，即指与群臣商政议事的地方。而内朝则是"图宗人嘉事之所也"，即日常听政的地方。宋代聂崇义所描绘的"前朝后寝"的"周代寝宫图"，更是对后来宫殿建筑布局产生了深远的影响。隋代以后的宫城大多模仿周制，设立三朝。

我国目前已知最早的宫殿建筑遗址，是河南偃师二里头1号宫殿遗址，这一时期的宫殿建筑还处于"茅茨土阶"的原始阶段。陕西岐山凤雏村西周建筑遗址是迄今为止所知最早使用瓦的建筑，它标志着中国古代建筑已经突破"茅茨土阶"的原始阶段，开始向"瓦屋"过渡。

春秋至战国时期，宫殿建造盛行高台建筑，"高台榭、美宫室"的做法是以台阶形的夯土台为核心，逐层建造木构房屋。高台建筑充分利用夯土台来扩大建筑的体量感，

克服了木构架建筑体量受限的缺点，使建筑显得高大雄伟，非常适合宫殿建筑的形式要求。高台建筑影响深远，一直到明清时期，主要殿堂仍然建在高大的台基之上，例如北京故宫三大殿。

从中国古代宫殿建筑的发展来看，"如果说秦汉时是凭借规模巨大的宫殿建筑，占有广阔的面积和自然变化的地形，显示帝王的威势，表达'非壮丽亡（无）以重威'的思想；到了明清，则是以庄严富丽的宫殿建筑，把都城与宫城连成一气的规划部署，创造出雄壮宏伟的气魄，取得帝王宫殿至高无上的艺术效果。"[1]

1. 河南偃师二里头1号宫殿遗址

这座晚夏时期的遗址是已发掘的最早的大型宫殿遗址，堪称"华夏文明第一殿"，也是院落式宫室布局最早的实例。整个院落略呈折角正方形，东西长108米，南北宽100米，四周柱廊环绕。院落北部正中的大殿，东西宽30.4米，南北深11.4米，下面有宽大的夯土台基，大殿面阔八间、进深三间。依据遗址中檐柱外规律性分布的小柱坑，大殿被复原成重檐四坡顶的形式。但也有学者认为，小柱坑是支撑廊下木地板柱子的遗迹（图4-1）。

2. 唐长安大明宫遗址

大明宫位于唐长安城外东北部的高地龙首塬上，居高临下，可以俯瞰全城。大明宫始建于唐太宗贞观八年（634年），经唐高宗等陆续扩建，成为唐代主要的朝会之所。

大明宫宫墙用夯土筑成，只有宫门、宫墙转角等处表面砌砖。宫城的东、北、西三面建有夹城。宫城四面均设有城门。大明宫的总平面为南宽北窄的不规则梯形。宫城周长7628米，占地面积为明清紫禁城的4.5倍。大明宫遗址大部分已经过考古发掘，共探得亭阁遗址30余处。宫城轴线南端，依次坐落着外朝含元殿、中朝宣政殿和内朝紫宸殿。含元殿两翼伸展出翔鸾、栖凤两阁，阁下为钟鼓楼。紫宸殿后部就是皇帝后妃居住的内廷。

宫城的北部地势低洼，开辟了以太液池为中心的园林景区，池中建有蓬莱山。池西高地上建有一组大型建筑——

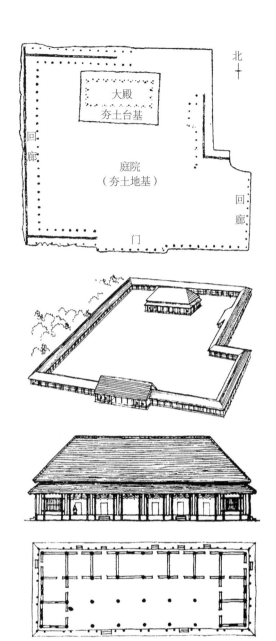

图 4-1 偃师二里头 1 号宫殿遗址复原推想图

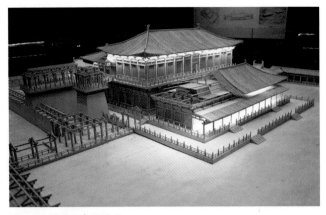

图 4-2 麟德殿复原模型

图 4-3 复建的丹凤门博物馆

麟德殿，该殿是皇帝宴饮群臣、观看乐舞的地方。麟德殿又称为三殿，由前殿、中殿、后殿三殿连接而成，坐落于龙首塬北坡之上，建筑面积达 5000 平方米，是中国历史上规模最大的单体建筑（图 4-2）。

含元殿是大明宫中轴线上的第一殿，始建于唐高宗龙朔二年（661 年），建成于龙朔三年四月。含元殿遗址在龙首塬的南缘，殿前空间广阔、深远，高台基址达 15.6 米。按以往的惯例"这里应该建门，但因龙首岗地势的高起，不适于建门，因地制宜地由门改殿，并由此开创了外朝三殿相重的布置方式，对后来的宫殿制度产生了深远影响。"[2] 含元殿殿身面阔十一间，加副阶共十三间，深 29.2 米，面积为 1966 平方米。含元殿为重檐庑殿式屋顶，遗址内出

土有黑色陶瓦（即青棍瓦）和少量绿琉璃瓦片。屋顶复原为黑瓦顶，带有绿色琉璃瓦屋脊和檐口"剪边"。殿基墩台前方有长约 70 余米的登台慢道遗址。含元殿规模庞大，气势恢宏，充分展现出大唐盛世的气度和精神风貌。

目前这一区域已经建设成为大明宫国家遗址公园，让人们感受到盛唐时期宫殿建筑的精神气质（图 4-3）。

3. 明清北京紫禁城

北京紫禁城是明清两朝的宫城，现通称北京故宫。紫禁城始建于明永乐四年（1406 年），建成于明永乐十八年（1420 年）。它位于北京内城中心，以明代南京宫殿为蓝本。其南北长 961 米，东西宽 753 米，占地面积 0.73 平方公里，周围城墙高 10 米，四周环绕宽 52 米、深 6 米的护城河。

紫禁城的建筑大体分为外朝和内廷两大区域。外朝在南部，是举行典礼、处理朝政的场所，以中轴线上的太和、中和、保和三大殿为主体。东西两侧对称布置文华殿、武英殿两组建筑群。内廷在北部，主要是皇帝及后妃生活的区域（图 4-4～图 4-6）。

目前，北京紫禁城正在进行为期 18 年，投资近 20 亿元的大修计划。到 2020 年，故宫建成 600 年时，将再现"康乾盛世"时的辉煌。

图 4-4　北京故宫鸟瞰

图 4-5　北京故宫航拍图

图 4-6　北京故宫太和殿及前面庭院

太和、中和、保和三大殿均始建于明永乐十八年（1420年），清乾隆三十年（1765年）重修。太和殿是举行最隆重庆典的场所，中和殿是庆典前皇帝的休憩处，在明代，保和殿是庆典前皇帝的更衣处，清代改为赐宴厅和殿试考场。三大殿共同坐落在一个巨大的工字形三层大台基上，联结成完整的建筑组群，成为整个宫城的建筑主体和核心空间。

太和殿面阔十一间、进深五间，面积达 2377 平方米。屋顶为黄色琉璃瓦重檐庑殿顶，三层汉白玉须弥座台基。斗栱为上檐九踩，下檐七踩，仙人走兽达 11 件，彩画为金龙和玺，均为最高形制。太和殿前有 3 万多平方米的巨大庭院，可以举行任何形式的大典，形成最佳的可视距离。左右有文华、武英两殿，突出了核心空间的最优越地位，借助附属建筑和陈列小品以衬托主殿的空间尺度。通过铜鼎、象征治理国家权力的日晷、嘉量，寓意龟龄鹤寿、江山永固的铜龟、铜鹤等，渲染至高无上的皇权圣境。太

和殿及其殿庭是综合了总体布局、环境烘托、空间层次、空间尺度、建筑规制、严谨构图、色彩装饰以至小品点缀所取得的综合效果。太和殿曾经遭受多次火灾的摧毁，从 2006 年 1 月 6 日开始，太和殿被关闭进行全面修缮，这是太和殿最后一次建造后三百多年来的第一次大修，整个修缮工作持续到 2007 年底结束。

北京紫禁城"以高度程式化的定型建筑单体，通过匠心独运的规划布局，充分满足了皇家复杂的功能要求，森严的门禁戒卫，繁缛的礼制规范，严密的等级制度和一整套阴阳五行、风水八卦的需要，充分表现出帝王至尊、江山永固的主题思想，创造出巍峨壮观、富丽堂皇的组群空间和建筑形象，堪称中国古代大型组群布局的典范作品。"[3] 1987 年，北京故宫被列入《世界文化遗产名录》。

4. 清沈阳故宫

沈阳故宫是清朝入关前努尔哈赤和皇太极两朝的宫殿，位于沈阳老城中心。它始建于后金天命六年（1621 年），

图 4-7 清沈阳故宫大政殿及十王亭

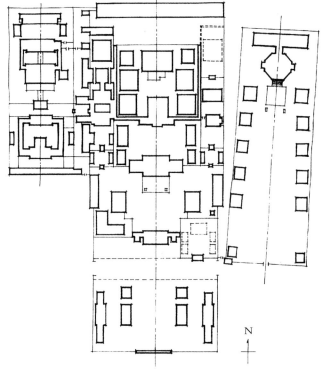

图 4-8 清沈阳故宫总平面图

至 1636 年基本建成,清乾隆年间陆续改建、扩建。宫城占地面积为 6 万平方米,共分为东路、中路、西路三部分。

东路的早期建筑为大政殿和十王亭,大政殿的屋顶形式为重檐八角攒尖顶,十王亭为歇山式屋顶,这组建筑建造时间最早,是努尔哈赤举行朝会的地方。中路为宫殿主体,中轴线上分布有大清门、崇政殿、凤凰楼、清宁宫。崇政殿是皇宫的主殿,为日常朝会和处理政务的地方,崇政殿面阔五间,前后出廊,硬山式屋顶。西路建造的时间最晚,文溯阁是乾隆年间为存放四库全书而建造的藏书楼。

沈阳故宫的早期建筑"带有浓厚的文化边缘特色,总体布局与建筑形制都偏离官式正统,体现的是汉、满、蒙的文化交流和融合。"[4]2004 年,沈阳故宫被列入《世界文化遗产名录》(图 4-7、图 4-8)。

第二节 坛庙建筑

坛庙建筑也可以称为"礼制建筑",它的出现源于祭祀活动。在中国古代社会,"礼"是帝王统治国家的主要思想,它对当时,甚至现今社会都有着深远的影响。

在古代建筑活动中,无论是宫殿还是普通民宅,也都贯穿着礼制的制约和束缚。与此同时,也产生了进行这些"礼制"活动的建筑类型,坛、庙、祠等类型的建筑都属于"礼制建筑"。

坛庙建筑在建筑活动中占有十分重要的地位,《礼记·曲礼》中记载有:"君子将营宫室,宗庙为先,厩库为次,居室为后。"这说明坛庙建筑的地位远在日常实用的建筑之上。

坛庙建筑是一个独特的建筑类型,它是中国古代建筑艺术中极其珍贵的文化遗产。坛庙建筑通常可以分为三类。第一类是由帝王主持祭祀活动的如"左祖右社"的太庙、社稷坛,"郊祭"古制的天、地坛等,以及由帝王派出官吏主持祭祀的岳庙、镇庙、渎庙等。第二类是先贤祠庙,如孔庙、关帝庙、武侯祠、司马迁祠等,其中孔庙数量最多,遍布各地。第三类是民间祭祀祖先的家庙,或称祠堂。

人类的祭祀活动起源很早,坛庙等祭祀建筑是随着祭祀活动的开展而逐渐发展起来的。《周礼·考工记》中的"左祖右社"不仅把祭祀祖先与社稷的坛庙作为都城建设的一个有机组成部分,而且规定了它们的所在位置。据考证,"除殷墟、二里头、周原等有可能是宗庙建筑遗址外,西安汉代长安故城南郊的礼制建筑,则为比较明确的宗庙建筑遗址。"[5]

目前,帝王祭祀祖先的宗庙仅遗留有北京太庙一处,北京太庙始创于明初永乐年间,明嘉靖年间重建,现存太庙大殿面阔十一间,规格与太和殿相同(图 4-9)。帝王祭祀社稷以北京的社稷坛为代表。

祭祀天地是中国古代每一个王朝的重要政治活动,祭天历来是帝王的特权,祭天的重要性要远大于祭宗庙。《左

图 4-9　北京太庙

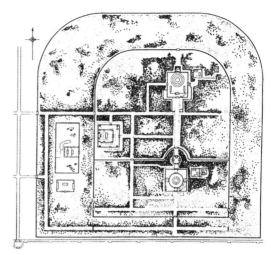

图 4-10　北京天坛总平面图

图 4-11　北京天坛鸟瞰

图 4-12　北京天坛祈年殿

传》中记载："春秋之义，国有大丧者止宗庙之祭，而不止郊祭，不止郊祭者不敢以父母之丧，废事天之礼也。"

　　经历明清两代扩建、改建的北京天坛是帝王祭祀建筑中最具有代表性的建筑群，堪称世界建筑史的瑰宝。对岳庙、镇庙、渎庙的祭祀则是对五岳、五镇、四海四渎的祭祀。

　　在先贤祠庙中，孔庙和关帝庙的影响最大，一般规模较大的城镇都建有孔庙和关帝庙。民间通常称孔庙为文庙，称关帝庙为武庙。孔庙是奉祀我国古代思想家、政治家、教育家以及儒家学派的创始人孔子的祠庙。孔子被追封为"大成至圣文宣王"的称号，从汉代以来一直被历代帝王所尊重。唐代称孔庙大殿为文宣王殿，宋代以后改称大成殿。山东曲阜孔庙的规模最大，并经历多个朝代的重建和扩建，到明弘治年间达到鼎盛规模。

　　坛庙建筑中，数量最多，分布最广泛的是家庙，家庙也称为"影堂"，《朱子家礼》中称其为祠堂，这种称呼一直使用至今。家庙主要用以祭祀对国家、宗族作出贡献并深受族人敬仰的列祖列宗。

1. 北京天坛

　　北京天坛是明清两代帝王祭天和祈求五谷丰登的地方，也是目前保存最为完整的占地面积最大的中国古代建筑群，堪称中国古代建筑空间组群的典范。1998 年，北京天坛被列入《世界文化遗产名录》。

　　天坛位于北京内城正阳门外的东南部，它有内外两层坛墙，外坛墙东西相距 1703 米，南北相距 1657 米，面积相当于北京紫禁城的 3.7 倍（图 4-10 ～图 4-12）。

　　内坛墙内偏东形成一条主轴线，轴线南段为祭天的圜丘坛建筑群，北段为祈祷丰年的祈谷坛建筑群，它们的祭祀内容不同而且各自独立。

圜丘坛是帝王每年冬至日祭祀昊天上帝的地方，坛的主体由三层圆台基构成，外围为方圆两重坛墙。圜丘坛为了营造出接近天际、超脱凡俗的氛围，将周围的坛墙做成1米的高度，以强调对比和衬托。圜丘坛的铺地石、栏杆以及坛的尺寸都为奇数，以对应天为阳的观念。明代圜丘坛用青色琉璃砖贴面，清乾隆年间全部改用汉白玉做坛基和栏杆。圜丘坛的北面有一组圆形院落，主殿皇穹宇是一座单层单檐攒尖顶圆殿，内供"昊天上帝"神版，著名的回音壁就是皇穹宇的圆形围墙。

祈谷坛建筑群包括祈年门、祈谷坛、祈年殿、配殿、皇乾殿、具服台、神厨、宰牲亭等。祈谷坛实际上成了祈年殿的大台基，与祈年殿融为一体。

沿着这根轴线，有一条连接南北两坛的甬道——丹陛桥。这条甬道长361.3米，宽29.4米，由于天坛地形南高北低，甬道北端已高出地面3.35米。高高凸起的丹陛桥成了强有力的纽带，把分布在南北两端的圜丘坛建筑群和祈谷坛建筑群连接成一个整体，大大突出了天坛主轴线的分量。在这条轴线的西侧，有一组供皇帝斋戒的建筑——斋宫，是皇帝在天坛斋宿的住所。

北京天坛经历过明清两代多次的扩建、改建，最初是明永乐十八年（1420年）创建的天地坛，其规制与南京的天坛相同。最初是天地合祭，到明嘉靖九年（1530年），因实行天地分祭，所以在天地坛的南面新建祭天的圜丘坛。明嘉靖二十四年（1545年），在拆毁的太祀殿旧址上建成了祈谷坛和祈年殿。

天坛的总体布局蕴含着中国古代大型建筑组群规划设计的杰出意匠："它以超大规模的占地，突出天坛环境的恢宏壮阔；它以大片满铺的茂密翠柏，渲染天坛坛区的肃穆静宁；它以圜丘坛、祈谷坛两组有限的建筑体量，通过丹陛桥的连接，组成超长的主轴线，控制住超大的坛区空间；它以高高凸起的圜丘坛、祈谷坛和丹陛桥，提升人的视点，拓展人的看天视野，显现出天穹的分外开阔，造就天的崇高、旷达、神圣的境界。"[6]

祈年殿建于明永乐天地坛的太祀殿旧址上。明嘉靖九年改为天地分祭后，太祀殿被拆毁，于明嘉靖二十四年（1545年）在原址建成三重檐攒尖顶的圆殿，称大享殿。清乾隆十六年（1751年）改为祈年殿，现存建筑为1890年重修。

祈年殿坐落在三重圆形台基组成的祈谷坛上，祈谷坛成了祈年殿放大的台基。高6米、底面直径达91米的祈谷坛大大增高和拓展了祈年殿的形象，台基、屋檐的层层收缩、上举，形成祈年殿强烈的向上动感，使其成为整个天坛建筑群的构图重心。最初祈年殿屋顶三重琉璃瓦的颜色由三种色彩组成，上檐为青色、中檐为黄色、下檐为绿色，用以象征天、地、万物。清乾隆十七年，将三重檐全部改成青色，这使祈年殿的色彩纯净而稳重，与天空协调和呼应。祈年殿的设计细节更是体现了中国古老农耕文化的影响：殿内的4根龙井柱象征四季，内圈12根金柱则象征十二月，外圈12根檐柱象征十二时辰，内外两圈金柱、檐柱之和象征二十四节气等。祈年殿的比例和谐、尺度精准、装修精美、色彩独特，堪称最优美的中国古代建筑。

2. 山西太原晋祠

晋祠位于山西省太原市西南郊悬瓮山麓，是为奉祀晋侯始祖叔虞建立的祠庙。晋祠依山傍水，在中轴线上布置有水镜台、金人台、献殿、鱼沼、圣母殿等建筑。其中金人台上三尊铸铁力神像神态威武，为北宋遗物。献殿建于金大定八年（1168年），是祭祀用的拜殿。大殿用于供奉叔虞之母，故称圣母殿，建于北宋天圣年间，崇宁元年（1102年）重修。殿内所供圣母、宫女、太监等41尊宋代泥塑，是中国古代雕塑史上的名作（图4-13～图4-15）。

圣母殿是宋代所遗留殿宇中规模最大的一座，面阔七间，进深六间，围廊式建筑，采用重檐歇山式屋顶。斗栱用料较大，角柱生起显著，檐口及正脊弯曲明显，外貌显得轻盈而优美。圣母殿前汇泉成方形鱼沼，上架十字形的桥梁，还起到圣母殿前平台的作用，被称为"鱼沼飞梁。"1996年，圣母殿历时3年完成落架大修。

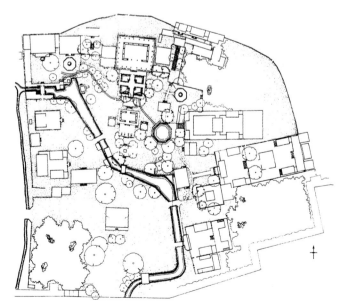

图4-13 晋祠总平面图

图 4-14　晋祠圣母殿及殿前的鱼沼飞梁

图 4-15　晋祠献殿

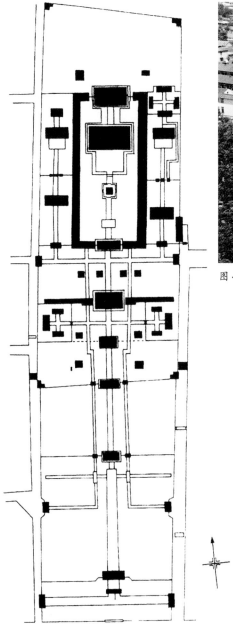

图 4-16　曲阜孔庙总平面图

图 4-17　曲阜孔庙鸟瞰

3. 曲阜孔庙

曲阜孔庙自鲁哀公十七年（前 478 年）由孔子旧居立庙祭祀以来，到东汉末年朝廷为孔子建庙，曲阜孔庙经历过历代重修、扩建，到明弘治年间达到鼎盛规模，距今已有 2400 余年，这组建筑是中国现有古建筑组群中历史延续最悠久的一处，现存建筑主要是明清所建。

孔庙呈纵深多进式院落布局，东西最宽处 153 米，南北最长处 651 米，占地近 10 万平方米。前三进院落是孔庙的前导部分，依次为圣时门、弘道门、大中门三重门庭。从大中门起为孔庙的主体部分，院落四周有墙围合，四隅建角楼。以大成殿为核心，殿庭前方有同文门、奎文阁和大成门前庭铺垫，形成主殿前方纵深排列五门的隆重格局（图 4-16 ～图 4-19）。

位于廊院殿庭中心的正殿——大成殿，不仅是核心庭院的主体建筑，也是整个孔庙的中心建筑。它创建于宋代，

图 4-18 曲阜孔庙大成殿

图 4-19 曲阜孔庙大成殿蟠龙石柱

原是七间重檐九脊殿。现存正殿是清雍正八年建成的，面阔九间，进深五间，黄色琉璃瓦重檐歇山顶，下面为两层汉白玉须弥座台基，月台宽大，以便于举行各种祭祀活动。正面檐柱采用十根高浮雕的蟠龙石柱，光影变化强烈，引人注目。每柱雕升龙、降龙各一条，增添了大成殿的华美壮丽，显示了大成殿高贵的地位和等级。

曲阜孔庙在中国古代坛庙建筑中处于极特殊的位置："其建筑规制介于天子与王国宗庙之间。它还包含有孔子故宅、孔族家庙和庙中设书楼等特殊因素。这使得它成为多种因素作用下发展起来的复合体，既不同于一般太学和州县学的庙制，也不同于天子和王国的宗庙，更有异于佛寺道观等宗教建筑，在中国建筑形制中有它别具一格的独特性。"[7]1994年，曲阜孔庙、孔府、孔林被列入《世界文化遗产名录》。

4. 祠堂

祠堂是中国古代建筑中非常独特的一种建筑类型，它一般邻近居住建筑，并在规划布局上处于重要位置，它是一个家族精神寄托的场所，也是一个家族凝聚力的象征。在中国古代社会中，"祠堂建筑，它如同一个宗族的象征，是族人的精神支柱，并且可以成为夸耀家族财力和地位的手段，因此每一个家族都潜心尽自己最大限度的财力和物力，来建造自己家族的祠堂。这类建筑不仅在建筑技术上可以成为当时当地发展水平的代表，而且在建筑艺术上也是地方建筑匠师所能达到水平的高限。"[8]

在中国传统社会中，祠堂遍布各地，数不胜数，随着时代的发展，原来宗族式的管理方式发生了根本的变化，很多祠堂也逐渐荒废。目前保存比较完好的祠堂建筑大多在传统聚落保护比较完整的地区，例如江苏、江西、安徽、福建、广东、山西等地。如始建于明代的江苏苏州王鳌祠

图 4-20 福建下梅村邹家祠堂

图 4-21 福建塔下村张氏家庙德远堂

堂，始建于清代的江西婺源金家祠堂，江西吉安梁家祠堂，福建下梅村邹氏家族祠堂，福建塔下村张氏德远堂，安徽棠樾村祠堂，安徽西递村胡氏宗祠"敬爱堂"，广州的陈家祠堂（又称陈家书院，1888—1894 年，已经具有近代建筑的技术特征与影响）等（图 4-20、图 4-21）。

第三节 陵墓建筑

陵墓是人类进入文明时代的重要标志之一。历史上不同地域、民族的人大都有重视丧葬的传统和习俗。中华民族自古就认为"万物有灵"，有较深的"事死如事生，事亡如事存"的传统理念。同时，在儒家"慎终追远"、"厚葬以明孝"的孝道观影响下，丧葬也成为体现"孝道"的重要环节。人们相信，辞世之后，人的灵魂不灭，仍然可以像生前一样生活，也可以自由往来于人世之间。由"厚葬"的观念而长期形成的丧葬习俗也是中国传统文化的一个重要组成部分。这样，经过漫长的历史演变，逐渐形成一种专供祭祀和安葬逝者的建筑类型——陵墓建筑。

中国古代的陵墓建筑也是礼制建筑的一个重要分支，由于古代社会等级森严，对陵墓建筑都有严格的定制，等级分明，不可逾越。帝王与臣民的陵墓在名称、规模、形制上都截然不同，例如帝王的陵墓称为"山"、"陵"、"陵寝"；而普通百姓的陵墓只能称为"冢"、"丘"、"坟墓"。

陵墓建筑在中国古代人心目中有多重意义：在"事死如事生"的思想影响下，汉代的陵墓还专设宫人像对待活人一样侍奉墓主；而祭祀活动更成为推崇皇权和巩固统治的一种重要手段。除此之外，陵墓建筑还有荫庇后人和显赫威势的作用，古人把死者墓地风水的优劣与其后代生者的富贵、贫贱、吉凶相联系。

陵墓建筑一般都由地上和地下两部分组成，地下建筑用来安葬逝者的遗体和遗物，地上建筑主要供后人进行祭祀活动。这种集安葬和祭祀于一体的建筑形制，也是陵墓建筑的基本特征。

根据考古发掘，早期的陵墓建筑可以追溯到仰韶文化时期，在距今四五千年的龙山文化遗址中已出现单葬和男女合葬的形式。到夏商时期，出现了埋深达十余米的土坑木椁大墓。春秋时期的陵墓开始出现地面封土，到战国时，地面封土逐渐增大，封土之上也开始出现用于祭祀的建筑。战国末年已开始出现用大块空心砖建造墓室，坚固耐久的砖石墓室逐渐取代了早期的木椁墓。这一时期出土的中山王墓兆域图对陵墓的规划布置已有详尽的图例和文字说明。

西汉以前，帝王和贵族普遍使用木椁建造墓室，由于木材承受荷载的能力有限，且在潮湿的环境下难以长期保存，所以后来逐渐开始使用石墓室和砖墓室。砖、石墓室也由初期单一的长方形逐步发展到后期的前、中、后室以及两侧多间耳室的布局形式。

图 4-22 长寿王陵墓

西汉中叶地下墓室开始使用拱形顶的形式，东汉以后成为墓室结构形式的主流。东汉时，墓砖逐渐由空心变为实心，并在上面进行雕刻，因为使用的材料和装饰形式的不同，可以分为"画像砖墓"、"画像石墓"和"壁画墓"等类型，这些雕刻和壁画具有极高的艺术和历史价值，对今天人们研究当时的历史、文化以及其他方面都非常有帮助。同时，自东汉起，石雕和石造建筑在陵墓建筑中被广泛应用。帝王之墓从汉代起专称为"陵"。

在中国古代陵墓建筑中，高句丽王陵及贵族墓葬的形式十分独特。建于 5 世纪的长寿王陵墓呈方形，边长 30.15 ～ 31.25 米，高约 13 米。陵墓内部填河卵石，外部用巨石砌筑（图 4-22）。

唐朝沿袭秦汉以来"封土为陵"以及魏晋和南朝"依山为陵"的做法。北宋共有八座皇陵聚集在洛河南岸的台地上，这是中国历史上集中式陵区的开端，但由于宋代有定制，帝后生前不建造陵寝，待驾崩之后，须在七个月之内建造陵墓并完成入葬。由于工期所限，宋代帝王陵墓形式雷同，而且规模远不如汉、唐。唐、宋墓室中已广泛使用叠涩的穹隆顶，拱形顶和穹隆顶为明清时期豪华地下墓室的出现奠定了结构基础。元帝流行深葬不坟的丧葬习俗，并且"万马蹴平"，不留痕迹。明清帝王陵墓在墓室上起圆形坟冢，称之为宝顶。

（1）黄肠题凑

"黄肠"是指柏木，因为柏木的树心为黄色，故得名。"黄肠题凑"就是用柏木段层层叠加起来，形成柏木墙，围绕中间的木制棺椁，这种墓葬形制是西汉时期帝王墓室的典型做法。

（2）汉代石阙

阙是一种表示威仪和等级名分的建筑，按照使用性质，又分为城阙、宫阙、墓阙、祠庙阙等。汉代盛行建造阙，石阙采用仿木结构的形式，有高达二十余丈的巨型阙，也

图4-23　高颐墓石阙

图4-24　规模庞大令人震撼的秦始皇陵兵马俑

图4-25　俯瞰明十三陵

有数米高的小阙。目前保持比较完好的是建于建安十四年（209年）的四川雅安高颐墓石阙，整个石阙造型和雕刻非常精美，距今1800多年，它应该是中国现存最早的地面建筑遗迹（图4-23）。

1. 秦始皇陵

中国古代的帝王都耗费大量的财力、物力和人力去建造陵墓。中国历史上第一个皇帝秦始皇就曾征发70万工匠，耗时30年为自己建造陵寝。秦始皇陵位于陕西临潼骊山北麓、渭河南岸的平原上，建成于公元前210年。现存陵墓封土为底边245米和350米的长方形夯土棱台，残高43米。多年来，在陵墓周围相继发掘出三个兵马俑坑和陪葬坑，还有铜车马和一些建筑遗址（图4-24）。

秦始皇陵"南屏骊山，北临渭水，苍茫起伏，以陵象山，浑然一体，雄伟壮观"。[9]它是中国历史上规模最大的陵墓建筑。据《史记》记载，秦始皇陵"穿三泉，下铜而致椁，宫观百官奇器珍怪徙藏满之，令匠做机弩矢，有所穿近者辄射之，以水银为百川江河大海，机相灌输，上具天文，下具地理。"

从被称为"世界第八奇迹"的数以千计的兵马俑军阵中就足可以看出秦始皇陵的宏大规模。1987年，秦始皇陵及兵马俑坑被列入《世界文化遗产名录》。

2. 明十三陵

明十三陵位于北京城北45公里的天寿山麓，建于15世纪初到17世纪中叶。明朝迁都北京后，从永乐到崇祯共14代皇帝，除景泰帝葬于北京西郊金山外，其他13位皇帝都葬于此，通称明十三陵。天寿山是燕山的支脉，山势在北、西、东三面环抱成一个广阔的、占地近40平方公里的小盆地，"南有抱、北有靠"，为绝佳的风水宝地（图4-25～图4-29）。

图 4-26　明十三陵入口的石牌坊

图 4-27　定陵地宫前殿

图 4-28　长陵祾恩殿

图 4-29　长陵祾恩殿室内

十三陵南部有长达 7 公里的总神道，最南端是建于明嘉靖十九年（1540 年）的石牌坊。这座五间十一楼，宽28.86 米的大牌坊是我国现存最大、最古的石牌坊。石牌坊向北，依次是大红门（陵园的大门）、碑亭、18 对石象生和棂星门。

长陵位于陵园的中心位置，是十三陵的主陵，始建于明永乐十一年（1413 年），是明十三陵中规模最大、建成最早的陵墓。长陵由三进院落和北面的圆形宝城组成，长陵的主体建筑祾恩殿面阔九间，宽度达 66.75 米，比太和殿宽近 3 米，与太和殿一起并列为我国现存古建筑中两座最大的殿堂。殿内与外檐共 62 根木柱全部用极其名贵的整根楠木制成，大殿正中的 4 根柱子，直径达 1.17 米，上面的梁枋、斗栱也全部使用楠木，这在中国古代大型木构殿堂中首屈一指。

明十三陵其他陵园的布局与长陵基本相似，都是由祾恩门、祾恩殿、方城明楼和圆形宝城宝顶组成，但各自规模差别很大。2003 年，作为"明清皇家陵寝"扩展项目的明十三陵和南京明孝陵被列《世界文化遗产名录》。

本章注释：

[1] 于倬云，楼庆西 . 中国美术全集 . 建筑艺术篇（袖珍本）· 宫殿建筑［M］. 北京：中国建筑工业出版社，2004：12.

[2] 侯幼彬，李婉贞 . 中国古代建筑图说［M］. 北京：中国建筑工业出版社，2002：52.

[3] 侯幼彬，李婉贞 . 中国古代建筑图说［M］. 北京：中国建筑工业出版社，2002：131.

[4] 侯幼彬，李婉贞 . 中国古代建筑图说［M］. 北京：中国建筑工业出版社，2002：135.

[5] 白佐民，邵俊义 . 中国美术全集 . 建筑艺术篇（袖珍本）· 坛庙建筑［M］. 北京：中国建筑工业出版社，2004：12.

[6] 侯幼彬，李婉贞 . 中国古代建筑图说［M］. 北京：中国建筑工业出版社，2002：137.

[7] 侯幼彬，李婉贞 . 中国古代建筑图说［M］. 北京：中国建筑工业出版社，2002：141.

[8] 白佐民，邵俊义 . 中国美术全集 . 建筑艺术篇（袖珍本）· 坛庙建筑［M］. 北京：中国建筑工业出版社，1995：23.

[9] 杨道明 . 中国美术全集 . 建筑艺术篇（袖珍本）· 陵墓建筑［M］. 北京：中国建筑工业出版社，2004：53.

第二篇　中国近现代建筑史

第五章 近代建筑的发展与演变

中国近代建筑史的时间断代是从 1840 年第一次鸦片战争开始。从此，无论是官方建筑，还是普通民居，甚至祠堂都或多或少地受到外来因素的影响，这些影响因素也直观地在建筑上表现出来。

鸦片战争爆发后，中国逐渐开始从封建社会向半殖民地半封建社会转化。与英、美、法等"早发内生型现代化"相比，中国是属于"后发外生型现代化"。因此，当中国建筑处于近代发展时期，西方建筑已经进入到近代后期和现代前期。特别是 1911 年清王朝覆灭后，官方系统的建筑活动全面终止，千百年积淀起来的一脉相承的建筑传统遭到毁灭性的打击而突然中断，由此带来的混乱是可想而知的。

其实，外来建筑进入中国最早可以追溯到唐代，由于基督教的传入，出现了西方建筑形式的教堂。到元代时，基督教则更为兴盛。但在 1840 年之前，这种进入是在严格限制的情况下进行的，圆明园的西洋楼也仅仅是皇家的"宠物"，普通人根本无法看到，其影响也就无从谈起。鸦片战争以后，外来建筑伴随着列强的炮舰大规模地涌入中国，对中国近代建筑发展产生了巨大的影响，其进入的方式主要是通过早期通商、教会传播和民间传播三个渠道。

从 1840 年到 1949 年，中国近代建筑在一百余年的时间里，其发展大致可以分为以下三个阶段：

一、初始期（1840—1900 年）

第一次鸦片战争后，清政府被迫签订一系列不平等条约。1842 年签订的中英《南京条约》规定开放广州、厦门、福州、宁波、上海五个通商口岸，历史上称其为"五口通商"。1858 年中英、中法《天津条约》签订，允许英、法公使长驻北京，并增设牛庄（后改营口）、登州（后改烟台）、台湾（后定为台南）、淡水、潮州（后改汕头）、琼州、汉口、九江、江宁（南京）、镇江为通商口岸。1860 年《北京条约》签订，割让九龙半岛南端"归英属香港界内"，增开天津为通商口岸。

至此，中国沿海和长江沿岸的重要地带都已开辟为通商口岸。各通商口岸区域内相继划定租界和外国人居留地，并攫取了领事裁判、土地租借、关税、传教、驻军等特权。租界区迅速扩张，形成独立的城市新区，大量的市政建设，以及领事馆、工部局、洋行、银行、教堂、商店、俱乐部、工厂、仓库、住宅等建筑使中国传统城市面貌发生了急剧的变化，出现了大量新的建筑类型、新的结构形式和建筑形式。这些建筑以二三层的砖木混合结构为主，由于年代久远，现存实物已不多。其形式主要有西方古典式和"殖民地式"，即由大进深的局部或连续的外廊形成的券廊式建筑。

1860 年开始的以"师夷长技以制夷"为指导思想的洋务运动在上海、天津、汉口、广州等城市催生了中国最早的一批工业建筑。颐和园的重建和最后几座皇家陵墓的修建，成为皇家建造的最后一批工程。

这一阶段为中国近代建筑活动的早期，新建筑的类型、数量、规模都十分有限。"但它标志着中国建筑开始突破封闭状态，迈开了现代转型的初始步伐，通过西方近代建筑的被动输入和主动引进，酝酿着近代中国新建筑体系的形成。"[1]

二、繁荣期（1900—1937 年）

1900 年八国联军发动的侵华战争迫使清王朝彻底屈服，1901 年清政府宣布变法，实行新政。至此，全面向西方学习成为中国社会的一种潮流和时尚，1901—1911 年间清政府的官方建筑全盘西化。新的政治变革带动了对新式建筑的需求，政府机构、学堂等官办建筑应运而生，引进西方建筑成为中国工商企业、宪政变革和城市生活的普遍需求。中国已从早期对西方建筑的被动输入过渡到这时的主动吸纳。这种全社会深层次的转变极大地推动了上海、广州、武汉、北京、南京、天津等近代主流城市的迅速发展。20 世纪 20 年代初期，我国赴欧美和日本留学的第一代建筑师相继回国。苏州工业专门学校在 1923 年设立建筑科，迈出了中国人创办建筑教育的第一步。

1900 年前后，伴随着通商口岸城市租界和外国人居留地内建筑的大规模建设，大量欧美和日本的专业建筑师来到中国，近代主流城市的重要公共建筑大都是由在华的外国建筑事务所设计。1927—1937 年的十年间是中国近代建筑发展的鼎盛时期，这主要源于以下因素：

（1）1927 年国民政府成立并迁都南京，结束了多年军阀割据的局面，取得了 10 年相对稳定的发展局势。当时的南京政府采取了一些发展经济的措施，1930 年达到第一个高峰期。上海、天津、汉口、广州等城市发展迅速，上海这时期出现了 30 座 10 层以上的高层建筑，1934 年建成的国际饭店为 24 层钢结构建筑，高达 86 米，是当时中国最高的建筑。

（2）快速的城市化进程使众多有钱人纷纷涌入大城市，他们在城市和租界内投资建厂或购置私人住宅，加快城市特别是租界建筑的急速发展。

（3）国民政府定都南京后，以上海为经济中心，南京为政治中心，1929 年分别制定了"首都计划"和"上海市中心区域规划"，明确指定政府和公共建筑等官方建筑要采用"中国固有形式"，促使中国建筑师进行"传统复兴"式建筑风格的探索，其代表性建筑首推吕彦直设计的南京中山陵（1929 年）和广州中山纪念堂（1931 年）。这段时间也是中国建筑师成长的最活跃期。

（4）1931 年"九一八"事变后，东北大片国土被日本占领。在日本关东军的一手策划下，于 1932 年成立了伪满洲国，将长春定为"首都"，后改名为"新京"。1932 年 12 月完成了规划区域为 100 平方公里的伪国都建设计划概要和预算案。在其后的一段时间内，以长春为中心进行了频繁的建筑活动。

三、停滞期（1937—1949 年）

1937 年，日本挑起全面侵华战争，抗日战争爆发。北平、天津、上海、南京、广州、武汉等重要城市相继沦陷，当时上海五千多家工厂中有两千多家被炸毁。从 1937 年到 1949 年，中国陷入了持续 12 年之久的战争状态，城市和建筑的发展趋于停滞。

第一节　西方复古主义、折中主义的影响

1900—1927 年，中国近代建筑发展的主流趋势为西方复古主义、折中主义建筑的克隆与传播。1901 年清政府宣布变法，实行新政后，清政府的官方建筑全盘西化。推崇西方建筑和西方生活成为中国社会的大趋势。直接影响这一发展趋势的重要因素是大批西方和日本的建筑师进入中国建筑设计市场，完全改变了 1900 年以前主要由传教士建筑师、土木工程师甚至业余人士参与建筑设计的状况。留学归国的中国第一代建筑师也对这一发展趋势产生了影响。

19 世纪末到 20 世纪初，西方建筑处于复古主义、折中主义建筑与新建筑思想并行发展时期。由于建筑文化传播的时间差，使西方学院派的复古主义、折中主义建筑在中国流行了三十多年，从而出现了西方复古主义、折中主义建筑杂陈并列的建筑现象。这些建筑形式完美，风格独特，形成近代中国城市的特色风貌，例如上海的万国博览式建筑、青岛的德国式建筑风格、东北近代西式建筑以及哈尔滨的俄罗斯式建筑风格。

随着西方职业建筑师数量的增加，为西方复古主义、折中主义建筑的克隆与传播创造了条件。以中国近代建筑的前沿上海为例，1880 年以前在上海开业的建筑师只有三人，1893 年增加到七人。在中国近代建筑史上重要性仅次于上海的天津在 1900 年以后陆续成立西方建筑师主持的设计事务所，天津重要的近代建筑多由这些事务所设计。

这一时期的西方复古主义风格的建筑主要有：上海最早的建筑实例是德国建筑师海因里希·倍高设计的华俄道胜银行（1901—1905 年），公和洋行（巴马丹拿在上海办事处使用的中文名称）设计的麦加利银行（1922—1923 年）、横滨正金银行（1923—1924 年）、上海汇丰银行（1921—1923 年）以及朝鲜银行大连支店（中村与资平，1920 年）、"满洲"中央银行（西村好时，1934—1938 年）等建筑。其中汇丰银行被誉为上海最精美的西方复古主义建筑作品，据说，其高昂的造价达到外滩全部建筑造价的 1/2（图 5-1、图 5-2）。

天津西方复古主义风格的建筑比上海晚一些，建筑规模相对也小一些。主要建造在当时的英法租界中街（今解放北路）。代表建筑有：同和工程司设计的天津汇丰银行（1924 年），两面有 3 层高的爱奥尼巨柱式门廊。景明工程司设计的麦加利银行（1925 年）、横滨正金银行（1926 年），以及华信工程司中国建筑师沈里源设计的盐业银行（1926 年）。汉口等地也建造了一些西方复古主义风格的建筑，大部分是银行建筑。

与西方复古主义风格建筑相比，西方折中主义风格建筑对中国近代建筑的影响就更大。其主要代表建筑有：德和洋行设计的上海先施公司（1917 年）、上海永安公司

图 5-1 上海外滩全景（1901—1936 年）

图 5-2 上海外滩夜景，中间有穹顶的建筑为汇丰银行旧址，其右侧为带有钟塔的江海关大楼

图 5-3 天津劝业场

图 5-4 中东铁路管理局办公楼局部

图 5-5 哈尔滨马迭尔旅馆

（1918 年），公和洋行设计的上海外滩江海关大楼（1925—1927 年）、天津劝业场（1928 年）（图 5-3），上海思九生洋行设计的汉口江海关大楼（1921—1924 年）。

第二节 新艺术运动的影响

新艺术运动开始于 19 世纪 80 年代的比利时布鲁塞尔，发展于欧洲和美国。新艺术运动从 1884 年开始迅速传遍欧洲，到 1906 年后逐渐衰落，发展的时间比较短暂。几乎与欧洲同步，新艺术运动建筑在哈尔滨和长春等地相继出现。1898 年随着中东铁路的修建，在作为铁路附属地城市的哈尔滨，由沙皇政府委派的中东铁路工程局开始大规模的规划与建设。新艺术运动是通过法国传到俄国，又由俄国传到哈尔滨，受当时沙俄政治和文化策略的影响，新艺术运动建筑在哈尔滨大量建造。因此，哈尔滨虽然远离欧洲新艺术运动的发源地，却出现了众多优秀的新艺术运动风格的建筑。其代表建筑有：哈尔滨火车站（1903 年，基特维奇）、哈尔滨中东铁路管理局办公楼

（1904 年，尼索夫）、莫斯科商场（1906 年）、马迭尔旅馆（1913 年）以及中东铁路管理局高级官员住宅等建筑（图 5-4、图 5-5）。

1905 年日俄战争结束后，长春成为南北满铁路的交会点，受当时哈尔滨新艺术运动的影响，由日本建筑师市田菊治郎、平泽仪平设计的长春大和旅馆也采用了新艺术运动的建筑风格。

如果说，欧洲新艺术运动更多地表现在建筑的室内装饰上，那么，在中国以哈尔滨为中心的新艺术运动则是建筑室内外相结合的艺术精品。

第三节 装饰艺术与现代主义的影响

装饰艺术运动源于 1925 年在法国巴黎举行的"装饰艺术与现代工业国际博览会"，博览会的指导思想是展示一种新艺术运动之后的建筑与装饰风格。与新艺术运动强调中世纪的、自然风格的装饰，强调手工艺制作的精美不同，装饰艺术运动反对历史的、自然的、手工艺的审美观念，

图 5-6　上海沙逊大厦和中国银行

图 5-7　上海百老汇大厦

图 5-8　天津渤海大楼

主张现代的机械制作之美。装饰艺术运动是工业化初期的产物，重视装饰的理念使其与同时期的现代主义建筑有本质的区别。装饰艺术运动虽然源于法国，但主要表现在艺术品设计领域。

装饰艺术运动传入美国后，主要体现在建筑、室内设计领域，并对 20 世纪 20、30 年代的美国建筑设计产生巨大的影响，成为当时高层建筑的流行样式。纽约的帝国大厦（1929—1931 年）、克莱斯勒大厦（1927—1930 年）都是装饰艺术运动风格的代表建筑。

中国近代装饰艺术风格的建筑主要集中在上海、天津等地，代表建筑有公和洋行设计的上海沙逊大厦（1929 年）、匈牙利建筑师乌达克设计的上海国际饭店（1934 年）、天津新华信托储蓄银行（1934—1936 年）、"关东州厅"地方法院（小园贞助，1933 年）、新哈尔滨旅馆（彼·斯维利洛夫，1937 年）等。其基本特征是：简化装饰，采用退台的形式处理高层建筑的顶部空间，强调垂直线条的装饰作用（图 5-6）。

同一时期还有从装饰艺术风格向现代主义建筑过渡的"简约"形式，代表建筑有上海百老汇大厦（1930—1934 年）、天津渤海大楼（1934—1936 年）等建筑（图 5-7、图 5-8）。

现代主义建筑在近代中国没有得到更好的发展，一方面是由于文化传播的"滞后性"，更主要的是中国当时缺少现代主义建筑成长的土壤。这一时期真正意义上的现代主义建筑只有太田宗太郎和小林良治设计的大连火车站（1935—1937 年）、中国建筑师奚福泉设计的上海虹桥疗养院（1934 年）、凯泰建筑事务所黄元吉设计的上海恩派亚大厦等少数建筑。

第四节　中国固有式建筑的发展

1925 年、1926 年吕彦直相继在南京中山陵和广州中山纪念堂方案设计竞赛中获头奖并付诸实施开始，中国建筑师掀起了一场"吾国固有之建筑形式"的设计热潮。"这次中国建筑民族形式的探索热潮，是在西方建筑师主要在教会大学校舍建筑领域探索中国建筑民族形式的早期尝试基础上继续发展的结果，但思路更开阔，涉及的建筑类型更多、更复杂，对中国传统建筑形式构成要素的运用也更自如、更正宗，并创作了一批极富创意的优秀的中国民族形式的建筑作品。"[2]

西方在华教会大学校舍建筑中，借鉴中国传统建筑形式的尝试最早可以追溯到 19 世纪末上海圣约翰大学的怀施堂（1894 年）和科学馆（1899 年）等建筑。当年开工，当年竣工，在美国完成设计的怀施堂是两层砖木结构建筑，其布局形式采用西方传统的处理手法。钟楼为四角攒尖式屋顶，高高翘起的四角与钟楼主体的插接和过渡关系显得非常生硬。上海圣约翰大学校舍建筑模仿江南传统建筑，屋顶四角的起翘过大，与下面稳重的西式建筑设计手法很不和谐，也与建筑的性质有一定差距。相对成熟的实例是成都的华西协和大学。该建筑设计方案是在美国、加拿大和英国举行公开的设计竞赛，最后选择了英国建筑师弗列特·荣特易的设计方案。与此同时期建设的还有南京金陵大学校舍。

其后，由美国建筑师墨菲相继主持设计的福州福建协和大学、南京金陵女子大学和北京燕京大学校舍（1921—1926 年）建筑也都采用中国传统建筑形式，其用钢筋混凝土模仿中国传统建筑的相似程度也逐渐提高。墨菲后来被热衷于推行"吾国固有之建筑形式"的南京国民政府聘为建筑顾问。后来墨菲还设计了岭南大学惺亭（1928年）、哲生堂（1930年）与陆佑堂（1930年），以及南京国民军阵亡将士纪念塔（今灵谷寺塔，1929年）。西方教会大学校舍建筑追求本土化的目的最初是为其顺利传教服务的，是传教的一种手段，教会大学早期的教育目的也是为了培养本地的传教士（图5-9）。

另外，在俄国人设计的中东铁路及南部支线一些站房建筑的屋顶局部和入口雨棚也有中国传统建筑的痕迹。由日本建筑师设计的满铁吉林东洋医院（1914年）采用了八角攒尖顶的形式，门前还有华表造型的灯具。但这些都还是个体或局部的现象，无法同前面的教会大学校舍建筑相比较，其影响面也比较小。

1925年3月12日，孙中山先生在北京逝世。葬事筹备委员会于同年5月15日登报公布《陵墓悬奖征求图案条例》，向国内、国际征集孙中山陵墓设计方案。中山陵设计方案国际竞赛是中国近代建筑史上最重要的一次设计竞赛，共收到国内外应征设计方案四十余件，最终吕彦直的设计方案获得头等奖。

广州中山纪念堂由广州市民和海外侨胞筹资兴建。1926年4月建委会登报征求设计方案，在近30名应征者中，吕彦直的设计方案再次获得头奖。设计于1927年4月完成，1931年10月10日工程竣工。

如果说吕彦直设计的南京中山陵和广州中山纪念堂仅仅是中国建筑师群体探索中国建筑民族形式的前奏的话，

1927年南京国民政府成立后对"中国固有文化"的提倡，则是以政府的行为来倡导"吾国固有之建筑形式"，这对掀起中国建筑民族形式讨论与实践的高潮奠定了坚实的政治和社会基础。

这一时期的主要建筑设计作品有：林克明设计的广州中山图书馆（1928—1929年）、广州市府合署（1930—1934年）、广州中山大学校舍二期工程（1933—1935年）；杨廷宝设计的中山陵园音乐台（1932年）、国民党中央党史史料陈列馆（1934—1936年）；董大西设计的上海市政府大楼（1931—1933年）、上海市图书馆（1934—1935年）、上海市博物馆（1934—1935年）；华盖建筑事务所设计的"简约仿古模式"的南京国民政府外交部办公大楼；兴业建筑事务所徐敬直、李惠伯设计，梁思成任顾问的南京国民党中央博物馆（1936—1948年）等建筑（图5-10）。

1929年，时任东北大学建系系主任的梁思成先生受邀请主持吉林省立大学校舍设计，校舍主要建筑为三座呈品字形布局的石头楼。主楼和配楼入口上方高起的女儿墙两端都用吻饰来收头。在配楼的檐部设有一斗三升和人字栱的装饰造型。这组由"梁思成、陈植、童寯、蔡方荫联合营造事物所"设计的建筑摆脱了中国传统屋顶形式的拖累，与当时流行的设计风格有很大的差别。最推崇中国传统建筑形式的梁思成先生却在当时民族形式被极力倡导的情况下，反其道而行之，采用这样一种设计方法，其中的原因很值得研究（图5-11）。

图5-9　北京燕京大学旧址（左上）

图5-10　上海市图书馆（右）

图5-11　原吉林省立大学校舍主楼（左下）

图 5-12　南京中山陵鸟瞰

图 5-13　广州中山纪念堂

在中国近代建筑史发展兴盛的后期，由中国新生的本土建筑师发起的"吾国固有之建筑形式"的创作热潮与初期教会建筑相比其产生的社会历史背景和动因是完全不同的。后者则是伴随着国家主权的统一以及政权的稳固而激发起的民族意识的觉醒，更是为了发扬中国传统建筑文化而作出的努力。

吕彦直（1894—1929 年）1913 年自清华留美预备学校毕业后，留学美国康奈尔大学，毕业后曾经在墨菲的建筑事务所工作，参与了由墨菲主持设计的南京金陵女子大学及北京燕京大学校舍建筑的辅助设计工作，这对他后来完成南京中山陵和广州中山纪念堂的设计产生了一定的影响。1921 年归国后，吕彦直与过养默、黄锡林开设上海"东南建筑公司"，同年吕彦直自己创立"彦记建筑事务所"。

吕彦直将中山陵陵园的围墙设计成钟形，暗喻孙中山唤醒民众起来革命的历史功绩。依山势而建的巨大台阶从陵门入口直达山顶的祭堂，气势恢弘。祭堂是整个陵园的主体建筑，也是各设计方案存在差别最大的地方。吕彦直的设计方案采用中西建筑文化交融的处理手法，四角的四个巨大墩台形成超大的实墙面，以体现纪念性建筑的特点。西方式的建筑体量组合构思与中国式的半个重檐歇山顶完美地结合在一起。更具创新的是陵园建筑的屋顶琉璃瓦没有选用传统皇家帝陵的黄色，而选择了与白色花岗石墙体形成强烈对比的宝蓝色琉璃瓦，在蓝天绿树的映衬下，整体建筑显得高雅而肃穆。1929 年吕彦直去世后，陵园管理委员会在祭堂西南角奠基室内为吕彦直立了一块纪念碑。南京中山陵是中国建筑师探索中国建筑民族形式的早期作品，也是最优秀的作品（图 5-12）。

广州中山纪念堂坐落在秀丽的越秀山脚下，与纪念堂同时建造的还有山顶的中山纪念碑，连同山腰的孙中山读书治事纪念碑共同构成一组纪念建筑群。纪念堂为八边形平面，中间是两层的观众厅，共有座位 4608 个。屋架采用钢结构，由李铿等负责设计。纪念堂的观众厅视线和音响效果都不太理想，但纪念堂的建筑形式是完美的，八边形的观众厅顶上为单檐八角攒尖式屋顶，形成了集中式形制的大体量、大空间的中国民族形式的主体建筑，八边形主体建筑的南、北、东、西四面都建有歇山顶的抱厦，南面主入口重檐抱厦为七开间，东、西两侧抱厦则为单檐歇山顶。中山纪念堂仍使用宝蓝色琉璃瓦屋顶，朱红色圆柱、斗栱、彩画、脊兽、宝顶都按照传统形制，但建筑的体量组合方式却使用了西方建筑的设计手法。其建筑形式构思借鉴了西方集中式建筑的建筑体量组合，结合近代建筑的功能要求，将中国传统建筑的八角攒尖顶置于大跨度、大空间的观众厅之上，创造了前所未有的全新的中国民族形式建筑。在西方建筑体量组合设计手法的基础上融合中国传统建筑的形式构成要素，这正是广州中山纪念堂设计构思的成功之处（图 5-13）。

第五节　近代居住建筑的发展

近代时期，建设量最大的建筑类型依然是居住建筑。广大乡村与集镇以及少数民族地区依然延续了传统的居住形态与建造方式。但是大城市周边以及经济发展比较快，对外交流比较频繁的地区，传统的建造方式依然受到外来因素的影响，例如广州陈家祠堂连廊的柱子已经由铸

图 5-14　蚬冈镇瑞石楼（1923 年）

图 5-15　建于 20 世纪 20 年代的广东赤坎镇上埠路碉楼与街景

图 5-16　伪满国务院旧址

图 5-17　伪满中央法衙旧址

铁材质替代了原有的木结构。从国外传入的新的居住建筑类型，例如别墅、联排住宅、多高层住宅以及公寓等集合式住宅大都是在大中城市。最有特色的是传统居住形态为了适应近代生活的需要，接受外来影响而出现的新的居住建筑类型，其中最有代表性的就是里弄住宅和侨乡的碉楼。

里弄住宅先后在上海、天津、汉口和南京等大城市出现，根据规划布局与建造方式的不同，里弄住宅又可以分为老式石库门、广式房屋、新式石库门、新式里弄、花园里弄和公寓里弄等类型。

被称为"碉楼之乡"的广东开平现存有一千多座碉楼，碉楼的发展与演变也开启了中国民间广泛主动吸纳外来文化的先河，这在中国近代建筑史上具有十分独特的意义。也正是这样的原因，2007 年 6 月 28 日，在第 31 届世界遗产大会上，中国广东的开平碉楼被批准列入《世界文化遗产名录》。开平碉楼的主要代表有塘口自力村碉楼群、蚬冈锦江里瑞石楼、百合镇雁平楼等（图 5-14）。

另外，为了躲避炎热而多雨的气候特征，在中国东南沿海地区出现了一种大进深，底层商铺，上部为住宅的骑楼建筑类型，也形成了这一区域独特的街道空间景观。（图 5-15）。

第六节　殖民地建筑风格的产生

1931 年"九一八"事变后，在日本关东军的一手策划下，成立了伪满洲国。提出了以"满洲式"建筑为主体，来表现伪满洲国"新国家"以及日、朝、满、蒙、汉"五族和谐"发展的政治需求，由此出现了一种具有强烈殖民色彩的新建筑形式——"满洲式"建筑。

从相贺兼介设计的"第二厅舍"（1932 年）开始，到雪野元吉设计的忠灵塔（1934 年）、石井达郎设计的伪满国务院（1934 年）、牧野正巳设计的伪满中央法衙（1936 年），直至建国忠灵庙（1936 年），"满洲式"建筑走过了一条发生、发展的道路，其建筑形式的"融合"与"重构"也"日臻成熟"（图 5-16、图 5-17）。

所谓的"满洲式"建筑就是将日本帝冠式建筑的设计手法加上中国传统建筑的构图与细节，融合成的一种新的建筑形式，具有强烈的殖民主义建筑特征，是中国近代建筑史中的一个"怪胎"。

本章注释：

[1] 潘谷西. 中国建筑史［M］. 北京：中国建筑工业出版社，2004：302.

[2] 杨秉德. 中国近代中西建筑文化交融史［M］. 武汉：湖北教育出版社，2003：260.

第六章　现代时期的建筑发展

第一节　改革开放前的建筑发展

由于受世界政治格局等多种因素的影响，除 20 世纪 50 年代初期受苏联等社会主义国家的影响外，从 20 世纪 50 年代末一直到 20 世纪 70 年代末的 20 余年里，中国内地的建筑设计创作处于相对封闭的状态，而这一时期恰恰是西方建筑从现代主义建筑盛期——国际风格建筑迈向后现代主义建筑的重要阶段。

1949—1952 年是三年国民经济恢复时期，1953—1957 年第一个五年计划期间，受苏联的影响，所倡导的建筑设计指导思想是"社会主义现实主义的创作方法"与"社会主义内容、民族形式"。这一时期的建筑主流形式是对于中国民族形式的再次探索。

1958—1965 年，中国的建筑市场经历了从"大跃进"运动到设计革命的过程。1958 年 2 月，《建筑》杂志发表社论：反对保守、浪费，争取建筑事业上的大跃进。1958 年 5 月，中国共产党第八次全国代表大会第二次会议，正式通过了毛泽东倡议的"鼓足干劲，力争上游，多快好省地建设社会主义"的建设总路线，开始了不切实际的高指标追求，北京"十大建筑"成为这一时期重要的代表性建筑。

1961 年工农业总产值比上一年下降 30.9%，1962 年继续下降，调整三年之后，至 1965 年，经济才全部恢复到历史最高水平。"大跃进"之后，经济衰落，大规模的建筑活动已力不从心。地域性建筑由于规模小，并可使用地方材料而有所发展。

在工业建设普遍压缩的局面下，石油工业出于政治和经济的双重考虑，为克服苏联停止援助后石油供应断绝的局面，成功开发了大庆油田。1964 年结合中央军委关于备战问题的报告和第三个五年计划的制定，中共中央决定建设战略大后方，即"靠山、分散、隐蔽"的三线建设战略决策，使不少工厂被再次肢解到相距若干公里的山沟中，运输费用大大增加，造成的消耗和浪费是惊人的。

1964 年 8 月起，毛泽东就经济领域提出了"企业管理革命"、"经济管理革命"以及"设计革命"等一系列领域需要革命的问题。由此，在全国各设计单位开展了"设计革命"运动。设计革命运动提倡设计人员"下楼出院"，到现场去，到群众中去，进行调查研究和现场设计。

1966—1976 年的"文化大革命"期间是全面停滞与局部突破的阶段，正常的建设基本停顿，全国的设计单位也处于瘫痪状态，业务骨干和学术权威几乎毫无例外地遭受到冲击。这时期的主要建设是围绕国防和战略布局的一系列工程，从氢弹、卫星到南京长江大桥，从宝成铁路、成昆铁路、葛洲坝工程到第二汽车制造厂等都在进行。另一方面，出于政治的考虑，一批援外工程、外事工程、窗口工程，如北京外交公寓、外国驻华使馆、广交会建筑、涉外宾馆、涉外机场等陆续建成。

1. 北京十大建筑

1958 年，"大跃进"在全国范围内展开，9 月 5 日有关部门确定国庆工程的建设任务，10 月 25 日主要工程进入施工程序。"除了组织北京的 34 个设计单位之外，还邀请了上海、南京、广州、辽宁等省市的 30 多位建筑专家，进京共同进行方案创作。"[1] 可以说是聚集了当时国内建筑设计领域的精英，仅用了一年的时间，就完成了中国革命历史博物馆（张开济）、人民大会堂（赵冬日、沈其）、北京火车站（杨廷宝、陈登鳌）、中国人民革命军事博物馆（欧阳骢、吴国桢）、北京民族文化宫（张镈、孙培尧）、全国农业展览馆（严星华）、北京工人体育场（欧阳骢、孙有明）、钓鱼台国宾馆（张开济、陈蔚）、北京民族饭店（张镈、曹学文）、华侨大厦（沈文英、叶平子，1988 年拆除）等十座建筑，总建筑面积达 63 万平方米，这是中国建筑史上的一个奇迹，它们后来被人们俗称为北京"十大建筑"，成为那个时期建筑的里程碑。

在建筑界，以北京"十大建筑"为标志，从设计到施工，都体现了一种在特定历史和社会环境下的高质量和高速度，这种影响当时辐射到全国各地。北京"十大建筑"

的整体设计和建造品质都达到了当时国内的最高水平，其中许多都已经成为北京的地标式建筑，甚至是国家的象征，例如人民大会堂、国家历史博物馆（原中国革命历史博物馆）等建筑（图6-1、图6-2）。

2. 广州宾馆

1968年建成的广州宾馆位于广州市珠江北岸，海珠广场的东北角，由广州市设计院林克明主持设计。广州宾馆采用框架剪力墙结构，高达27层，是当时广州市乃至全国最高的宾馆建筑。广州宾馆采用现代建筑设计手法，是国内板式高层建筑形式的引领者，对后来高层旅馆建筑的发展产生了深远的影响（图6-3）。

3. 浙江省人民体育馆

1965—1969年设计建造的浙江省人民体育馆位于杭州市中心，是一座多功能的体育馆，由浙江省建筑设计院唐葆亨主持设计，原国家建委建筑科学研究院负责悬索屋盖的结构设计。建筑面积12600平方米，建筑南北长125米，

东西宽104米，最高处为20.4米。主体建筑包括椭圆形比赛大厅，5420个座位的观众席、练习房和附属用房。

浙江省人民体育馆是中国第一座采用椭圆形平面和马鞍形预应力悬索屋盖结构的大型体育馆。虽然其形式与美国罗利市的牲畜展赛馆（1953—1954年）非常相似，但是在20世纪60年代，该建筑独特的双曲抛物面造型依然使人耳目一新。该建筑于1993年获"中国建筑学会优秀建筑创作奖"（图6-4）。

4. 北京饭店东楼

1974年建成的北京饭店东楼位于天安门的东侧，紧邻长安街，位置十分重要。该建筑地上20层，地下3层，由北京市建筑设计院张博、成德兰主持设计，是20世纪70年代初期北京建设的一批外交建筑的重要代表。建筑室内设计采用大量民族元素，以体现民族形式。建筑外部设置阳台，产生了丰富的阴影变化，加上典雅的细部与整体设计，使其成为那个年代的范例（图6-5）。

5. 上海体育馆

1975年设计建造的上海体育馆位于市区西南漕溪中路，总建筑面积47600平方米，包括比赛馆、练习馆及其他辅助用房，由上海市民用建筑设计院汪定增等主持设计。比赛馆的平面为圆形，直径达114米，屋盖最高点距地

图6-1　北京人民大会堂

图6-2　北京国家历史博物馆

图6-3　改造后的广州宾馆及珠海广场

图6-4　浙江省人民体育馆

图6-5　北京饭店东楼

33.6 米，建筑面积 3 万多平方米，最多可容纳观众 1.8 万人，观众席为双层看台，屋顶为网架结构。上海体育馆是当时国内容纳人数最多的体育馆，其设备和设施在当时都是一流的（图 6-6）。

6. 毛主席纪念堂

1976 年 9 月 9 日，毛泽东逝世，9 月中旬，北京、天津、上海等 8 省市的代表和美术家开始进行毛泽东纪念堂的选址和方案设计。不久，中共中央决定建立毛主席纪念堂，并最终选址在天安门广场，人民英雄纪念碑与正阳门之间的广场中轴线上。纪念堂平面为 105.5 米 × 105.5 米的正方形，高 33.6 米，采用十一开间的围廊式建筑，建筑立面由当时国家最高领导人确定。纪念堂与纪念碑一样都采用坐南朝北的布局形式，一层设瞻仰大厅，二层设陈列厅，地下室布置设备和办公用房。纪念堂的形式和尺度与天安门广场以及东西两侧的人民大会堂、历史博物馆非常协调。金黄色的琉璃檐口以及具有典型民族风格的浮雕装饰仍在延续 20 年前的设计手法。将纪念堂选址在天安门广场显然是受到红场上列宁墓的影响，而其整体造型又参考了林肯纪念堂的空间形式（图 6-7）。

第二节　对民族形式的追求

近现代时期，对于中国民族建筑形式的追求主要有三次大的运动思潮，一次是近代时期的"中国固有式建筑"的兴起，第二次就是新中国成立初期对民族形式的追求，第三次则是改革开放初期民族情感的再次爆发，尽管促成其发展的动因有所不同，但都对传统文化在近现代建筑创作中的思考起到了极大的推动作用。

1949 年，中华人民共和国成立后，经过三年的国民经济恢复，社会各方面开始步入正轨。随着 1953—1957 年第一个五年计划的实施，也拉开了新中国大规模建设的帷幕。

"一五"计划的重点是进行重工业建设，并以苏联援建的 156 个项目为中心，当时苏联曾经先后选派三千余名专家和顾问来华帮助建设。建筑工程部北京工业建筑设计院曾派三十多人的技术队伍到长春第一汽车制造厂实习，学习苏联的设计经验。因此，在当时，中国社会各个方面都受到苏联的深刻影响。

随着第一个五年计划期间大规模经济建设的开展，中国建筑民族形式的探索在政府的提倡与指导下有组织、有计划地开展，其探索趋势主要集中于"局部仿古模式与简约仿古模式"两大类。前者已总结出竖向三段（屋顶、屋身、基座）与横向五段（中部主体、突出的两个侧翼和连接体）的建筑基本构成模式，其影响一直延续到今天。当时建成的优秀建筑作品有：北京友谊宾馆与四部一会办公楼、长春地质宫、南京大学东南楼等。后者则在功能与形式的关系上更容易处理，更多地应用于功能性较强的建筑，如北京首都剧场、王府井百货大楼及北京天文馆等。这一时期在少数民族地区出现了有地方特色的民族风格建筑，如使用穹顶的新疆人民剧场，使用蒙古包式屋顶的内蒙古成吉思汗陵等。更有一些建筑师注意从民居中吸取营养，创作了如上海虹口公园鲁迅纪念馆那样具有江南民居风格的作品，这种尝试后来在 20 世纪 80 年代以后结出了丰硕的果实。这是继 20 世纪 20、30 年代所倡导的"中国固有之建筑形式"之后，中国建筑师第二次掀起民族形式建筑设计的高潮。

1954 年，建筑学报在创刊号上发表了梁思成先生的文章《中国建筑的特征》，这是一篇论述中国古建筑的文章，它对当时探索民族形式的影响不可低估，因为它概括出了可以认识并能具体操作的中国建筑九大特征：由台基、屋身和屋顶组成，围绕庭园和天井，木结构，斗栱，举折、举架，屋顶占着极其重要的位置，大胆用朱红色和彩画，木构件交接处加工成为装饰，用琉璃瓦、木刻花、石浮雕、砖刻装饰。

图 6-6　上海体育馆

图 6-7　北京毛主席纪念堂

梁思成在相距不久的另一篇论文《祖国的建筑》中，进一步发展了这一思想，他用自己所画的两张设计草图，表达了他心目中民族形式的设计构思。他这样解释这两张设计草图：这两张想象图，一张是一个较小的十字小广场，另一张是一座约35层的高楼。在这两张图中，我只企图说明两个问题：第一，无论房屋大小，层数高低，都可以用我们传统的形式和"文法"处理；第二，民族形式的取得首先在于建筑群和建筑物的总轮廓，其次在于墙面和门窗等部分的比例和韵律，花纹装饰只是其中次要的因素。梁思成先生在此次民族形式建筑的探索以及北京古城保护方面站到了全国的前列，也正是如此，使他在后来的运动中受到很大的冲击（图6-8）。

这一时期的主要代表建筑有：厦门集美学校（1950年，陈嘉庚）、南京大学东南楼（1953年，杨廷宝）、南京华东航空学院教学楼（1953年，杨廷宝）、北京地安门机关宿舍大楼（1954年，陈登鳌）、北京亚洲学生疗养院（1954年，张镈）、新北京饭店（1954年，戴念慈）、北京友谊宾馆（1954

年，张镈）、天津大学第九教学楼（1954年，徐中）、长春地质宫（1954年，王辅臣）、长春第一汽车制造厂生活区（1954年，王华彬）、厦门大学建南楼群（1954年，陈嘉庚）、西安人民剧院（1954年，洪青）、西北民族学院礼堂（1954年，周震）、重庆西南人民大礼堂（1954年，张家德）、北京四部一会办公楼（1955年，张开济）、长沙湖南大学图书馆和礼堂（1955年，柳士英）、鲁迅纪念馆（1956年，陈植）、鳌园（1961年，陈嘉庚）等建筑（图6-9～图6-11）。

1955年，"反对浪费"运动使大屋顶建筑的风潮告一段落。但到1959年，随着国庆十周年工程的建设，民族形式建筑又掀起了一次小高潮。这批国庆工程建筑规模宏大、功能复杂，因此影响意义更加深远。由于是集中了全国建筑设计界的精英，此次民族建筑形式的探索更为成熟，也标志着中国民族建筑形式的探索进入成熟期。由于国庆工程计划大体上包括了十个大型项目，故又称为"十大建筑"，其中大部分建筑都具有民族建筑的元素。这批中国民族形式建筑产生了示范性的影响，影响的范围遍及全国，影响的时间则一直延续到20世纪70年代，一些城市也相继建起了自己的"十大建筑"，甚至是小人民大会堂。

1963年，为了纪念鉴真和尚逝世1200周年，在扬州建立了鉴真大和尚纪念堂，纪念堂建筑面积只有187平方

图6-8　梁思成对未来民族形式建筑的构思草图

图6-10　第一汽车制造厂生活区

图6-9　北京地安门机关宿舍

图6-11　鳌园及陈嘉庚墓

米，以唐招提寺为蓝本，面阔五间，进深三间，由梁思成先生主持方案设计，1973 年建成（图 6-12）。

1978 年改革开放以后，中国建筑开始走出封闭的状态，步入健康发展时期。短短几年中，出现了西方建筑理论热、园林热、民居热。全国范围内研究建筑理论的热潮，使建筑师能在更高的理论层次上探讨中国建筑民族形式问题。更重要的是，国家经济建设的繁荣为建筑发展提供了雄厚的物质基础，也为建筑师提供了大量的实践机会。中国民族建筑形式的探索又一次成为建筑界的热点。

20 世纪 80 年代，大屋顶仍在建造，古典建筑装饰已经开始简化、变形，并且用新材料制作。更有意义的是，随着中国古典园林建筑与民居建筑研究工作的深入进展，建筑师不再仅仅通过宫殿庙宇建筑认识中国传统建筑。学术视野的开阔使中国古典园林与民居建筑的优秀设计创意与设计手法越来越多地应用于当代建筑设计，出现了一批体现地域建筑文化特色的建筑作品，如四合院民居格局的中国画院、园林建筑风格的江苏省国画院，以及云南傣族竹楼风格的竹楼式宾馆与西双版纳体育馆设计方案等。新疆出现的一批有新疆地方特色的民族形式建筑，在西北地区乃至全国产生较大的影响。这一时期特别引人注目的是两件一流水平的中国民族形式建筑作品：戴念慈设计的曲阜阙里宾舍与贝聿铭设计的北京香山饭店。它们都是受到普遍赞扬，也引起种种争议的建筑作品。

这一时期民族形式的建筑作品主要有：乐山大佛寺宾馆（1980 年，章光斗）、江油李白纪念馆（1982 年，张文聪）、陕西省历史博物馆（1984—1991 年，张锦秋）、西安唐华宾馆（1984—1988 年，张锦秋）、北京图书馆新馆（1987 年，杨芸）、武汉黄鹤楼（1978—1985 年，向欣然）、南京夫子庙古建筑群（1986 年，潘谷西）。同时，出现了许多从地方传统民居中吸取营养的优秀建筑作品，它们多是风景旅游景区的宾馆，如北京香山饭店（1982 年，贝聿铭）、福建武夷山庄（1980—1983 年，齐康）、山东曲阜阙里宾舍（1985 年，戴念慈）、福州西湖"古堞斜阳"（1985—1986 年，黄汉民）、无锡太湖宾馆（1984—1986 年，钟训正）、平度现河公园（1989—1994 年，彭一刚）、北京菊儿胡同新四合院（1990 年，吴良镛）、福建武夷山九曲宾馆（1993 年，齐康）、北京丰泽园饭店（1993—1995 年，崔愷），以及具有闽南风格的厦门高崎国际机场 3 号航站楼（1999 年，加拿大 B+H 建筑师事务所、华东建筑设计研究院）等建筑。吴焕加先生于 1986 年设计的闾山风景区大门则以"新颖的手法显现历史"，将蓟县独乐寺山门的轮廓"采用了图底倒转、虚实相生和计白当黑"等造型手法应用到设计中来，非常新颖独特（图 6-13～图 6-16）。

20 世纪 90 年代以后，突如其来的商品经济大潮的冲击使中国建筑陷入片面追求经济效益的迷途，也冲淡了建筑师对民族形式建筑的追求。加上老一辈建筑师大都退出

图 6-12　扬州鉴真大和尚纪念堂

图 6-13　陕西省历史博物馆

图 6-14　北京图书馆新馆（现为中国国家图书馆）

图 6-15　福建武夷山庄

图 6-16　北京菊儿胡同新四合院住宅

设计舞台，新一代的中青年建筑师对中国古代建筑文化的修养无法同老一辈建筑师相比，大量低水平甚至蹩脚的所谓"民族形式"的建筑充斥城市和乡村，各色琉璃瓦的檐口飞遍全国南北东西，"民族形式"再也不仅仅是高雅建筑的代名词，寻常百姓也可以任意使用。

另一个热门的话题就是 20 世纪 90 年代以来，为拍摄电影和电视剧的需要，许多影视基地建造了模仿中国古代城市和建筑的所谓"唐城"、"宋城"，甚至还有秦代的宫殿，使人们看到了以前无法看到的东西。虽然其中有许多夸张，甚至错误的成分，但也勾起了整个社会对古代文化的欣赏热情。一些复原工程都有著名的建筑历史研究工作者和建筑师参与，也创造了一些精品建筑。

如果说 20 世纪 30 年代和 50 年代两次对中国建筑民族形式的探索奠定了大型公共建筑设计中，如何直观体现中国古典建筑与近现代建筑的结合问题，那么，20 世纪 80 年代对中国建筑民族形式的探索的最大成就是从中国传统民居中吸取营养，创造了许多极为优秀的建筑作品，值得后人认真研究。

近现代以来对中国建筑民族形式的多次探索，都还是更多地关注中国传统建筑的外在形式和装饰细节，而忽视中国传统建筑的内在精神。将传统建筑的局部嫁接到现代建筑上去的设计手法显然是继承传统的初级阶段，甚至有悖于时代的发展。因此，对中国建筑民族形式的探索也就难免被冠以"复古主义"和"形式主义"的帽子。从南京中山陵突破最初估价的 8 倍，以及 1951—1955 年根据北京市的统计："大屋顶一项就浪费二百三十多亿元"来看，仅经济上的巨大支出就使这种建筑形式难以正常和健康地发展下去。

1998 年，在对中国民族形式建筑并不热切期盼的上海浦东新区，却耸立起由美国 SOM 建筑设计公司在建筑设计方案竞赛中中标，并完成方案设计后与上海建筑设计研究院合作设计的上海金茂大厦，成为举世公认的既体现中国建筑传统，又体现当代高科技成果的优秀建筑作品。可以说，SOM 给我们上了一节生动的示范课，这样的设计理念应该是我们今后探索中国建筑民族形式的主流方向。

1998 年在中国发生了一件引起建筑界乃至整个社会广泛关注与讨论的事情，这就是北京"国家大剧院"设计方案的评选，其产生的影响甚至持续到今天。北京"国家大剧院"建筑设计方案国际竞赛中，业主委员会以"一看就是个剧院，一看就是个中国的剧院，一看就是个建在天安门的剧院"这三句话表达了其对"国家大剧院"设计方案采用中国建筑民族形式的期盼。但法国巴黎机场公司建筑师安德鲁最终以"割断历史"的设计方案使界内外为之哗然。北京"国家大剧院"对中国建筑师惯用的探索中国建筑民族形式的方法与思路提出了质疑，这将促使其对此重新反省，这也许是这次竞赛意想不到的收获，热切期盼中国建筑民族形式的北京国家大剧院采用了全新的现代建筑形式。

进入新世纪后，随着人们文化自信意识的增强，越来越多的人开始关注历史文化对建筑的影响，出现了许多关注地域文化的建筑设计作品，这与前两次对民族形式的追求有根本上的不同，其差别就在于推动其发展的动力完全不同，即从外力的影响到自发与自觉。关注传统文化，热爱传统文化，并将其融入我们的生活才是未来民族建筑发展的方向。

1. 人民英雄纪念碑

1949 年 9 月 30 日，毛泽东在天安门广场为人民英雄纪念碑奠基，1952 年 8 月 1 日正式动工，1958 年 4 月落成，5 月 1 日举行了隆重的典礼仪式。人民英雄纪念碑的建筑设计由梁思成等人完成，主题雕塑由刘开渠等人完成。纪念碑总高为 37.94 米，底部为两层传统形式的汉白玉栏杆和台基。碑身下部台座四面镶嵌有 8 块高 2 米、总长达 40.68 米的汉白玉浮雕，表现自鸦片战争以来的重要历史事件。碑心石高 14.7 米、宽 2.9 米，重达 60 余吨，正背两面分别有毛泽东和周恩来所题的碑名和碑文。碑顶采用外形似庑殿顶的盝顶，体现传统特色，考虑到视觉效果，碑体采用了"卷杀"和"收分"的处理手法，使碑体呈外凸的曲线状，显得更加饱满和庄重（图 6-17）。

2. 北京火车站和民族文化宫

1958 年开始动工建设的北京"十大建筑"大多采用了

图 6-17 人民英雄纪念碑

图 6-18 北京火车站

图 6-19 北京民族文化宫

图 6-20 香山饭店

民族形式的设计元素,其中设计水平较高并具有典型民族风格的建筑为北京火车站和北京民族文化宫。

1959 年建成的北京火车站是北京"十大建筑"之一,也是当时国内规模最大、设备最完善的火车站。由南京工学院(今东南大学)杨廷宝先生和北京工业建筑设计院(今中国建筑设计研究院)陈登鳌主持设计。站舍地上 2 层,建筑面积近 5 万平方米。北京火车站采用对称的平面布局形式,入口处的中央大厅采用了当时先进的 35 米见方的预应力双曲扁壳。对称的钟楼采用重檐的四角攒尖式屋顶,比例和谐。北京火车站是在新功能、新结构的条件下,探索民族形式的可贵尝试(图 6-18)。

1959 年建成的北京民族文化宫位于北京西单西侧,建筑面积约 3 万平方米,由北京市规划管理局设计院(今北京市建筑设计院)张镈、孙培尧、周治良主持设计。建筑造型采用垂直与水平对比的构图形式,建筑中部的塔楼为13 层,高 67 米,上部为重檐四角攒尖式绿色琉璃瓦屋顶,比例完美,色彩明快,充分表现出梁思成先生对传统形式

与现代高层建筑相结合的设计构想(图 6-19)。

3. 北京香山饭店

1982 年建成的北京香山饭店位于北京西北郊的香山深处,共有 325 间客房,属于中型旅馆。带着国际建筑大师的威望,回到阔别多年的祖国,并在中国大陆设计一个建筑一直是贝聿铭梦寐以求的事情。他非常投入地进行方案前期的准备工作,多次亲自到香山踏勘地形,选择建筑的地址。考虑到香山幽静、典雅的自然环境,回想起幼年时居住在苏州"狮子林"的景象,贝聿铭决定不生搬硬套使用西方现代主义风格的建筑形式,而是采用中国传统建筑的精神和符号进行设计。他将建筑设计成低矮状态,以减少对四周环境的影响,他甚至不惜修改平面走向来躲过原有树木。色彩配置上采用中国传统的白色(抹灰墙面)、灰砖线脚,以灰、白两色为基本色调,以突出民族性。使用具有中国传统建筑特征的符号形式,并在建筑立面、内部、大门、照明灯具上反复使用(图 6-20)。

图 6-21　阙里宾舍

图 6-22　北京西客站

图 6-23　苏州博物馆入口

图 6-24　苏州博物馆庭院局部

香山饭店建成之后，在国际建筑界获得极高的评价，曾经获得 1983 年美国建筑师学会的优秀奖，但在国内建筑界却遭到很多批评，甚至在一段时间内掀起了评论香山饭店的热潮。

4. 山东曲阜阙里宾舍

1985 年建成的山东曲阜阙里宾舍位于山东曲阜城中心，建筑面积约 1.3 万平方米，由戴念慈、傅秀蓉、杨建祥等设计。由于阙里宾舍西邻曲阜孔庙、北邻孔府等文物保护建筑，在设计中尽量降低建筑的体量，以两层为主，采用传统的四合院式庭院布置，使用与周围建筑类似的传统民居式屋顶，在布局、体量、尺度和色彩等方面与其他建筑群融为一体。特别值得一提的是，配合建筑设计而展开的室内设计与陈设很好地附和了一致的设计风格，使建筑设计与室内设计相互衬托，相得益彰（图 6-21）。

5. 北京西客站

1996 年建成的北京西客站位于北京市莲花池东路，由北京市建筑设计研究院朱嘉禄主持设计。主站房建筑面积达 30 万平方米，在国内第一次把地铁站台与火车站结合在一起，可直接与火车站各站台进出口连通，成为集铁路、地铁、公交、出租车、自行车、通信、邮政、商业服务、环卫为一体的大型、现代化、多功能、综合性的交通枢纽站。

同时，西客站在国内建筑界也引起了很大的争议。"一是过多人流的集中和过长的交通路线和流线上的'瓶颈'现象，二是正面空门架上的三重檐古亭，不但花费 6000 万巨资，而且成为某些长官以'夺回古都风貌'为口号到处加设亭子的顶极之作。"[2] 也许从那时开始，北京保护"古都风貌"的提议就很少出现在专业界的议论中，刻意对民族形式的探求也逐渐消退（图 6-22）。

6. 苏州博物馆新馆

2006 年秋天，历时四年的苏州博物馆新馆建成开放，这是贝聿铭先生在香山饭店之后，对中国民族建筑形式的又一次尝试，体现了"中而新，苏而新"的设计思想，近 90 岁高龄的贝聿铭先生对这个项目倾注了巨大的热情，多次前往工地现场指导。苏州博物馆新馆位于苏州历史文化街区内，总建筑面积达 1.7 万平方米，新建建筑东侧邻忠王府，北侧即为拙政园的外墙。从项目选址、动迁开始就引起各界人士的广泛关注，一直争议不断。

新建建筑使用了大量的新材料、新技术，并体现出鲜明的贝氏风格。整个建筑外墙以白色为基调，配以黑灰色大理石，体现了苏式建筑与园林的空间特色，特别是放置在拙政园白墙下的一组假山石，让人感受到中国山水画的意境。新馆虽然造价昂贵，但却是一次成功的尝试（图 6-23、图 6-24）。

第三节 当代建筑的发展

1978 年 12 月在中国共产党的十一届三中全会上通过了将工作重心转移到经济工作上来，对内改革搞活经济，对外开放的方针，这次会议的一系列决定成为改革开放的重大标志。1979 年 7 月决定在深圳、珠海、汕头和厦门试办经济特区，1988 年增设海南省为经济特区。1984 年开始开放沿海 14 个港口城市，先后批准建立 32 个国家级经济技术开发区和 53 个国家级高新技术产业开发区。这一时期以林克明、莫伯治、佘畯南等为代表的岭南建筑大师的设计作品成为内地建筑师竞相学习的榜样。

当中国封闭已久的国门再次打开的时候，面对世界上异彩纷呈的现代主义建筑和后现代主义建筑，中国的广大建筑师处于迷茫甚至不知所措的状态，这对于没有完整经历过现代主义建筑洗礼的内地建筑师们来说，也许是非常正常不过的了。

20 世纪 80 年代改革开放以来，市场经济逐渐替代计划经济，建筑设计开始作为一种商业活动出现，建筑师不得不向业主妥协，其设计作品不免平庸媚俗，缺乏个性（建筑设计的水平高低在一定程度上也是社会审美水平的直观表现），但商业社会多元化的价值标准和取向也为多样化的建筑风格提供了生存空间，它使困扰中国建筑思想领域多年的艺术标准一元化思维模式终于让位于多元化思维，而多元化思维有利于整个建筑风格的异彩纷呈。在设计实践中，经常出现由领导和开发商左右和影响建筑设计形式和风格的情况，"三十年不落后"或"五十年不落后"成为当时主管领导最流行的设计要求和设计标准，致使一些城市涌现出大量"欧式风格建筑"和"亭子式建筑"等怪现象。

注册建筑师相互承认的管理制度并没有使中国内地的建筑师走出国门，却使大量在国外著名或并不知名的建筑师涌进中国内地，在给我们带来先进技术和理念的同时也使我们付出了高昂的学费。

三十多年中，中国建筑业内部发生了脱胎换骨的变化，不仅仅施工项目的投资与管理已通过市场招标、承包贷款等制度异于计划经济时代，建筑设计的体制也在 80 年代实行企业化管理。20 世纪 90 年代发展了集体所有制及民营的设计单位，21 世纪初已经开始推行股份制的有限责任公司。注册建筑师制度、注册工程师与规划师制度使设计师的地位和责任都发生了巨大的变化，推行了工程建设监理制度。尤其是房地产业从建筑业中分化出来，成为住宅

图 6-25 广州白天鹅宾馆

等建筑活动的杠杆，物业管理也成为促进设计水平提高的重要因素。

这三十多年，是中国建筑历史上思想最活跃、作品最丰厚、发展最迅猛的时期，当然，在快速建设的同时，许多设计水平低劣的建筑也充斥着城市和乡村，这也许是我们为发展所应该付出的代价。

1. 广州白天鹅宾馆

1983 年建成的广州白天鹅宾馆由广州市设计院佘畯南、莫伯治等人设计。该建筑地处广州市沙面岛南侧，南临珠江白鹅潭。根据珠江河道整治规划，筑堤填滩形成建筑用地，其周围的公园与沙面原有绿地连成一片。宾馆与城市交通联系自成系统，从沿江路人民桥下建 600 多米长的高架引桥，直达宾馆二层主入口大厅。建筑面积近 10 万平方米，客房 1014 间，地上 33 层，地下 1 层，高 100 米，主楼为剪力墙无梁双板混凝土结构。

白天鹅宾馆为 20 世纪 70 年代末"引进外资唯一由中国建筑师设计的现代化国际五星级旅游宾馆"。[3] 建筑主体平面为"腰鼓"形，"南北两个方向的阳台均由斜板构成，在阳光下产生明暗面，显得雅致轻巧，外墙白色喷涂饰面，颇有白天鹅羽翼重叠之意，使建筑与环境融为一体。"[4] 公共活动区域均布置在南侧，便于旅客欣赏沿江风光。建筑中庭布局与园林设计相结合，"故乡水"飞流直下，富有岭南庭院特色，勾起人们的思乡之情。广州白天鹅宾馆是当时内地为数不多的五星级旅游宾馆之一，引人注目（图 6-25）。

2. 北京长城饭店

1979—1983 年设计建造的北京长城饭店位于东三环北路的亮马河畔，由美国贝克特国际建筑师事务所设计。建筑面积 8 万多平方米，主楼地上 22 层，地下 2 层，建筑高度 84 米。

长城饭店是当时中国国际旅行社北京分社和美国伊沈建筑发展有限公司合资建造和经营的。建筑主体呈 Y 字形，由 3 组 18 层的板式高层建筑组成，内有高达 6 层的天光中庭，并设置观光电梯。

长城饭店的建成创造了内地建筑发展的多个第一，首先长城饭店是中国内地第一个玻璃幕墙式建筑，在当时，玻璃幕墙建筑还非常新奇，其造价每平方米高达 200 美元，那时这几乎是天文数字。长城饭店室内使用镜面不锈钢材料包裹柱子在内地属首次，在当时非常吸引人，后来则被广泛使用，甚至泛滥成灾。

建筑师用带有城墙垛口的女儿墙来隐喻中国古代的长城，建筑上垂直的红色条带也体现着"中国红"，这些就是美国建筑师对北京"古都风貌"的回应（图 6-26）。

3. 北京国际展览中心

1985 年建成的北京国际展览中心由北京市建筑设计研究院柴裴义主持设计，建筑面积 2.6 万平方米，是当时国内规模最大的现代化展览馆。建筑设计上将展览空间与服务空间区分开来，并采用相应的结构形式，极大地节省了建筑造价。虽然平面布局非常简单，但通过对立面的凹凸变化，特别是建筑单元角部空间的处理，使建筑造型显得非常丰富而生动。北京国际展览中心以简洁的造型，白色并富有雕塑感的空间形式在 20 世纪 80 年代中期成为中国建筑的一个亮点（图 6-27）。

4. 深圳国际贸易中心大厦

1981—1985 年设计建造的深圳国际贸易中心大厦位于深圳市罗湖区人民南路，由中南建筑设计院黎卓键等主持设计，总建筑面积近 10 万平方米。该建筑采用钢筋混凝土"筒中筒"结构，建筑主体地上 50 层，地下 3 层，高度为 160 米，其中第 24 层为避难层，第 49 层设有当时内地最高的旋转餐厅，可以俯视深圳全景及香港新界，屋顶还设有直升机停机坪。深圳国际贸易中心大厦曾经创造当年国内最高建筑的美誉，是深圳开发建设初期的标志性建筑（图 6-28）。

5. 北京国家奥林匹克中心

1984—1990 年设计建造的北京国家奥林匹克中心位于北京市安定路 1 号，由北京市建筑设计研究院马国馨主持设计，总建筑面积达 12 万平方米。在总体规划布局上追求建成环境的连续性和整体性，一条贯穿东西的大道与一个巨大的圆弧构成了中心的主体结构，中间是半月形的人工湖，倒映着周围的景色。设计者的意图在于通过一系列的自然与人工环境因素，激发人们的参与意识，突破体育场馆设计的传统观念。综合体育馆和游泳馆采用曲面网架和悬索结构，形成的曲面式屋顶和两端的拉索塔具有中国传统木构架建筑意象。但无论是设计创意还是建造质量都与世界先进水平有一定差距（图 6-29）。

图 6-26　长城饭店

图 6-27　北京国际展览中心

图 6-28　深圳国际贸易中心大厦

图 6-29　北京国家奥林匹克中心鸟瞰

图 6-31　上海陆家嘴金融中心

图 6-30　上海环球金融中心、金茂大厦和上海中心大厦

6. 上海金茂大厦、环球金融中心和上海中心

1998 年建成的上海金茂大厦位于上海市浦东新区陆家嘴，由美国 SOM 建筑事务所进行方案设计。建筑主体采用钢结构，88 层，高达 421 米，建筑面积 28.7 万平方米，是集办公、旅馆、展览、餐饮及商场为一体的综合性大厦。48 层以下为办公部分，53 层以上是旅馆的客房部分，在客房层中间是高达 30 多层的中庭。建筑师将中国传统的密檐式塔作为设计构思的原点，将密檐式塔的韵律、轮廓线及细部加以高度的概括，使用"高技派"的设计手法，将传统建筑的精神通过现代的设计理念和构造手段表现出来，获得了极高的评价。

在金茂大厦对面是 KPF 于 1995 年设计的上海环球金融中心，该建筑从方案设计到工程实施都充满了坎坷，由于东南亚金融危机的影响使项目中途被迫停工，2005 年底再次复工，建筑高度也由最初的 460 米提升到 492 米。上海中心大厦 2017 年初投入使用，总高度为 632 米，为中国第一、世界第二高楼。概念设计为美国 Gensler 建筑设计事务所的"龙型"方案，同济大学建筑设计研究院完成施工图设计。大厦采用双层玻璃幕墙、热回收利用、雨水收集甚至涡轮式风力发电等新技术，成为上海陆家嘴金融中心的标志（图 6-30、图 6-31）。

7. 北京中国国家大剧院

在中国的建筑设计领域里，恐怕还没有任何一项工程像国家大剧院这样引起国内外学术界的广泛关注。国家大剧院基地位于北京长安街南侧，东侧同人民大会堂隔街相望，东西为 224 ~ 244 米，南北为 166 米，占地 7.61 公顷，建筑限制高度为 30 ~ 45 米。国家大剧院由歌剧院、音乐厅、戏剧场、小剧场等 4 个不同类型的剧场组成，总建筑面积 12 万平方米，预计投资约 20 亿元人民币（图 6-32）。

从 1999 年 4 月 13 日举行国家大剧院设计方案竞赛文件的发布会，到最后定案，经历了一年多的漫长时间。其中有法国巴黎机场公司、英国塔瑞法若建筑设计公司、日本矶崎新建筑师株式会社、原建设部建筑设计院、德国 HPP 国际建筑设计有限公司，以及王欧阳（香港）有限公司等国内外著名设计单位提交的 69 个设计方案，最后确定了法国巴黎机场公司建筑师安德鲁的设计方案。

这个由钛金属板与玻璃组成的椭圆形造型加上巨大水池的设计方案遭到了一些学者的猛烈批评，其中的焦点是其同周围建筑的协调关系，以及高昂的造价和形式与功能的矛盾等问题。发达的媒体也助长了这场争论的激烈程度，但安德鲁的设计方案最终还是被付诸实施。

国家大剧院设计方案的选择实际上标志着国内的一种建筑设计取向，即由原来保守的思想快速进入到追求新奇的状态，这在不久后进行的中央电视台新大楼的设计方案竞赛中反映得更加彻底。建筑大师库哈斯以造型奇特的具有"解构主义"风格的建筑造型再次满足了一些人猎奇的愿望。

随着国家大剧院的建设，人们也开始认识到其存在的问题。2005 年春天，一场沙尘暴刚刚过去，在正在施工的国家大剧院工地上，我们看到了满是黄色沙尘的钛金属板幕墙；登上景山，俯瞰故宫黄色宫殿海洋的时候，阳光下国家大剧院那闪闪发光如飞碟一般的造型更引人注目。正如邹德侬在《中国现代建筑史》一书中谈到的："这是一个十分独特而有创造性的方案，完全冲破了人们的预料和想象，特别是作为国家意志的选择，它的实施将对中国下个世纪的建筑创作发生重要的影响。"[5]这种影响正确与否，我们拭目以待。

8. 2008 年北京奥运会国家体育场和游泳中心

在历届奥运会中，主要体育场馆往往都成为一大亮点，2008 年北京奥运会更希望建设出世界一流的体育场馆，为奥运增色。其中，国家体育场是 2008 年北京奥运会开闭幕式的主会场，要求容纳人数为 10 万人，原计划体育场的屋顶要能够开启。

国家体育场的设计定位是一座具体体现"科技奥运、绿色奥运、人文奥运"理念的标志性、典范性的体育建筑。在 2003 年初举行的国际设计竞赛中，共有 13 家国内外的设计单位递交了设计方案。经过多轮评审，由瑞士雅克·赫尔佐格与皮埃尔·德梅隆建筑设计公司同中国建筑设计研究院合作设计的"鸟巢"方案被推荐为实施方案（图 6-33）。

评审委员会对"鸟巢"方案的评语是"推动性的、革命性的发展。"赫尔佐格与德梅隆的组合是目前世界上最炙手可热的建筑设计组合之一，他们曾经于 2001 年获得世界建筑最高奖项普利茨克奖。

"鸟巢"方案能够最终获选，主要是由于其独特的造型，看似无序的钢框架就像是鸟儿用树枝构筑的鸟巢一样，内部采用中国红的"碗式"看台，"不论是近看或是远观，

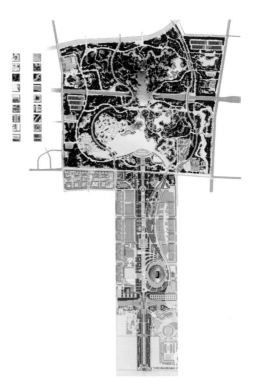

图 6-33　北京国家体育中心及森林公园规划总平面图

图 6-32　北京中国国家大剧院

图 6-34　北京国家游泳中心与国家体育场鸟瞰　　　　图 6-35　上海世博会中国馆

图 6-36　上海世博会总平面卫星地图

它将给人们留下与众不同、永不磨灭的形象"。从这一点来说，"鸟巢"是成功的。

体育场钢框架之间的空隙将用 ETFE 充气垫来填充，但其运转的效果还要实践来检验。由于造价的原因，体育场上空滑动式的屋盖后来被取消。国家体育场是目前世界上跨度最大的钢结构建筑，外部复杂的钢结构的装饰性要远远大于其结构功能。巨大的耗钢量和高昂的造价以及与体育运动并没有多少关联的"鸟巢"构思都使该建筑广受争议。

国家游泳中心是 2008 年北京奥运会游泳、跳水、花样游泳、水球比赛用馆，邻近国家体育场，是 2008 年奥运会三大场馆之一。游泳中心要求容纳人数为 17000 人，其中固定座席为 6000 个。在 2003 年夏天举行的国际设计竞赛中，共有 10 家国内外的设计单位递交了设计方案，经过评审，中国建筑工程总公司、澳大利亚 PTW 建筑师事务所、奥雅纳澳大利亚有限公司合作设计的方案被最终

确定为实施方案。命名为"水立方"的国家游泳中心设计方案采用中国古代城市建筑最基本的形态——方形，自由的空间钢框架结构体系与 ETFE 气泡形成的独特形式展现了游泳中心与水的关系，加上变幻莫测的灯光效果都给人们留下了深刻的印象（图 6-34）。

9. 2010 年上海世博会

2010 年 5 月 1 日至 10 月 31 日，第 41 届世界博览会在中国上海召开，这是世界博览会首次在中国举行。上海世博会以"城市，让生活更美好"为主题，这也是第一次以城市为主题的世博会。本次世博会在历史建筑保护与更新、资源循环利用、节能生态、固体废弃物处理、新型环保交通工具等方面取得巨大成就。上海世博会总投资高达 300 多亿人民币，创造了世界博览会史上最大规模的记录（图 6-35、图 6-36）。

上海世博会共有 190 个国家和地区、56 个国际组织参

图 6-37　荷兰建筑师库哈斯设计的中央电视台新大楼

展，整个上海世博会选址在黄浦江两岸，即南岸浦东片区的 A、B、C 区，和北岸浦西片区的 D、E 区，一部分用地为著名的江南造船厂旧址，整个园区占地面积达 5.29 平方公里，同时 7000 多万的参观人数也创下了历届世博会之最。上海世博会的永久性场馆为"一轴四馆"，即世博轴、中国馆、主题馆、世博中心和世博文化中心。上海世博会是世界建筑界的一次盛会，众多吸引眼球的展馆建筑也让到场参观的人们大饱眼福，更使得普通民众感受到建筑丰富的内涵与视觉魅力。

　　所有场馆设计中，中国馆的设计投入是最大的，最后由何镜堂院士主持设计的推荐方案（4 号方案）获选。这是一个艰难的命题作文，因为中国馆是"中华民族风貌的集中展示"，整个建筑造型以中国古代的鼎为原型，加入木构架的营造方法和中国红的色彩要素构建而成。

　　随着国内经济的快速发展，对建筑市场也提出了新的要求，国外许多著名的建筑师和建筑设计事务所也纷至沓来，他们带来了先进的理念和新奇而独特的构想，再加上政策的引领，许多重要建筑设计的招投标往往都需要国外建筑事务所参加，由此也掀起了一股热浪，由外国建筑师和设计事务所主导大型项目成为一种时尚。这些建筑往往都造型独特、标新立异，吸引公众的眼球，成为当地地标式建筑。例如日建设计的大连电视塔（1990 年）、敦煌文物研究展览中心（1994 年）、上海浦东金融大厦（1999 年）、上海信息中心（2000 年）、北京电视中心（2002—2008 年），SOM 设计的北京新保利大厦（2003—2006 年），美国建筑师斯蒂文·霍尔设计的北京当代万国城（2003—2008 年）、南京艺术与建筑博物馆（2003 年）、深圳万科中心（2006—2009 年）、成都来福

士广场（2008 年），KPF 设计的上海环球金融中心（2003—2008 年），理查德·迈耶设计的深圳华侨城会所（2008—2012 年），马里奥·博塔设计的上海衡山路酒店（2012 年），丹尼尔·里勃斯金设计的武汉张之洞博物馆（2013 年）等建筑（图 6-37）。

　　自安德鲁设计的造价高达 38 亿元的国家大剧院之后，国内其他城市的大剧院许多都由外国建筑师主持，例如安德鲁设计的上海东方大剧院、苏州科技文化中心，法国何斐德建筑设计公司设计的宁波大剧院，加拿大卡洛斯奥特建筑师事务所设计的杭州大剧院、温州大剧院、东莞大剧院、河南艺术中心，芬兰 PES 设计的无锡大剧院，德国 GMP 设计的重庆大剧院、青岛大剧院，扎哈·哈迪德设计的广州大剧院、江苏大剧院、成都歌剧院、南京青奥会国际青年交流中心，日建设计的呼和浩特大剧院等，这其中难免有盲目攀比和模仿的问题。许多城市地标式建筑不断涌现，也引起了社会各界的广泛关注和议论。这里，我们借用王受之先生关于地标式建筑的精彩论述，算是对这种现象的回应："有一个幽灵总是在游荡，这个幽灵就是地标式建筑物。在 21 世纪的第一个十年中，建筑界的幽灵是一股强大的建筑狂潮，不顾社会公众力量的反对，漠视建筑专家的呼吁，挟持政治潜力与经济力量，席卷全球。"在此，面对这股世界性潮流，我们应该重拾自身民族文化的精髓，因为通过建造地标式建筑来表现本身就是缺少文化自信的表现。

　　进入 21 世纪后，在中国建筑界发生了两件将载入史册的事件。一个是提出"广义建筑学"理论的中国科学院院士、中国工程院院士吴良镛先生获得 2011 年国家最高科学技术奖；另一个是 2012 年王澍获得世界建筑界最高奖——普利茨克奖。前者让我们认识到，建筑不仅是艺术，更是一种科学，它来不得半点随意，更不可以妄为；而后者更让我们反省在经济快速发展的今天，坚持文化自信的重要性。

本章注释：

[1] 邹德侬 . 中国现代建筑史［M］. 天津：天津科学技术出版社，2001：231.

[2] 邹德侬 . 中国现代建筑史［M］. 天津：天津科学技术出版社，2001：505.

[3] 邹德侬 . 中国现代建筑史［M］. 天津：天津科学技术出版社，2001：434.

[4] 杨永生，顾孟潮 .20 世纪中国建筑［M］. 天津：天津科学技术出版社，1999：323.

[5] 邹德侬 . 中国现代建筑史［M］. 天津：天津科学技术出版社，2001：605.

第七章　台湾、香港、澳门建筑

由于历史原因，台湾、香港、澳门近现代时期的建筑发展与内地相比存在许多特殊性，也由此形成了三地迥异的发展路径。

第一节　台湾现代建筑发展概况

台湾历史上称为岛夷、夷洲，自古就是中国领土的一部分。台湾岛东临太平洋，西部与福建省隔台湾海峡相望。"海岛型环境及由此产生的近代地缘政治变化使近现代台湾的发展，包括建筑的发展，呈现出与其他各省不同的特殊路径。"[1]

17世纪时，荷兰人和西班牙人曾经先后登陆并盘踞台湾岛。1661年，郑成功收复台湾，1683年后清政府治理台湾长达二百余年。1895年中日甲午战争之后，清政府被迫割让台湾和澎湖列岛给日本。在长达半个世纪的统治中，日本占领者在实施政治压迫和经济掠夺的同时，进行了包括铁路、矿山、建筑与市政设施的开发与建设。

由于日俄战争后，日本获得了"南满铁路及铁路附属地"的一切权利，一些在台湾的日本官员和工程技术人员来到中国东北，使当时两地的建筑活动存在某些特别的联系。1945年，台湾光复，终于摆脱了日本长达半个世纪的殖民统治。

1949年，国民党政权退据台湾，将大量的资产携带到台湾岛，同时，一些工程技术人员也移居台湾，使台湾的建筑发展在短时间内发生了巨大的变化。

20世纪50年代的朝鲜战争和60年代的越南战争都促使台湾的战略地位进一步上升，也给台湾带来经济和文化的双重刺激。美国视台湾为"一艘不沉的航空母舰"，将台湾作为重要的后勤补给地和战争的大后方，台湾的经济因此有很大的发展。

20世纪80年代，台湾成为亚洲经济的"四小龙"之一。伴随着经济的快速发展，台湾的建筑也出现了日新月异的变化，其50年来的城市与建筑发展可以大致划分为以下三个阶段。

一、调整阶段

在20世纪50、60年代，台湾的经济还比较落后，工商业也不发达。由于大量的外来人口突然涌入，让居者有其屋成为当局要解决的首要问题，初期的建筑大都简易而低矮。随着1953—1960年两个四年计划获得成功，社会向工业形态转型，城市化进程开始加快。1961年公布的《台湾省鼓励投资兴建国民住宅办法》推动了住宅的建设，学校、医院、办公楼等公共建筑也有很大发展。同时，由于直接受到美国和日本的影响，加上国外资本的输入，以及外国建筑师的直接参与，使台湾的建筑风格开始与大陆脱离，逐渐与国际流行接轨，"因而台湾这一阶段的建筑发展已经呈现了既不同于大陆，也不同于昔日的发展趋势"。[2]

继20世纪50年代成功大学开设建筑系，在60年代以后，东海、文化、中原、淡江与逢甲大学也陆续开设建筑系，发展建筑教育。这段时间里，建筑风格基本延续了日占后期的现代建筑形式，贝聿铭和丹下健三等建筑大师曾经被邀请到台湾进行设计活动。这段时间的主要代表建筑有台湾高雄银行（1950年,陈聿波）、台湾大学傅园（1951年）、台北南海学园科学馆（1959年，卢毓骏）、台中东海大学路思义教堂（1960年，贝聿铭）、台湾大学农学馆（1963年，虞日镇）、台北八里圣心女中（1962年，丹下健三）等（图7-1）。

图7-1　台中东海大学路思义教堂

图 7-2   台北孙中山纪念馆

图 7-3   台北中正纪念堂

图 7-4   台北宏国大厦

二、发展阶段

这个阶段是从 20 世纪 60 年代中期到 70 年代中后期。随着美国的经济援助和台湾本岛经济的快速发展，建筑业也进入大发展的时期。20 世纪 70 年代开始推行十大建设项目，随着高速公路的修建和城市的扩张，建筑业呈现出空前活跃的状态。房地产建设公司的崛起使住宅商品化成为主流。公共建筑类型拓展，电视等新型传媒使电视台、报社业的建筑兴旺起来，商业化出租的办公楼建筑大量兴建。

1968 年颁布的《九年国民教育实施条例》促进了学校建筑的发展。一些从国外返台的建筑师开始更多地将现代主义建筑的理念带到台湾。20 世纪 70 年代，留学国外的建筑师返台开业，成为台湾建筑界的主流。这段时间的主要代表建筑有：台北医学院形态学大楼（1965 年，吴明修）、台北嘉新大楼（1968 年，沈祖海）、台北圆山大饭店二期工程（1971 年，杨卓成）、台北孙中山纪念馆（1972 年，王大闳）等建筑（图 7-2）。

三、拓展阶段

这一阶段是从 20 世纪 70 年代后期到 90 年代末。1976 年，台湾制定了六年建设计划，经济发展开始从劳动密集型向技术密集型转化，也逐渐与一体化的世界经济紧密对接。

1976 年公布了《都市计划法省市施行细则》。1979 年公布《区域计划法》，以保障建设的正常进行。住宅逐渐出现两极分化的发展模式。这个阶段的另一个特点是："已经崭露头角的民间企业集团因财富的积累及商业形象的需求大建公司总部办公楼，形成了足以与官方建筑媲美的城市新景观和新标志。"[3] 在建筑材料、技术、形式等诸多方面都迅速靠拢国际标准。随着十大建设项目的完成，出现了一些大型的公共建筑。

进入 20 世纪 90 年代后，台湾的建筑设计思潮更加丰富，除了进一步与国际接轨外，对本土文化的探求也引起人们的关注，出现了一批与地域文化紧密结合的设计作品。这段时间的主要代表建筑有台北中正纪念堂（1980 年，杨卓成）、台北市立美术馆（1983 年，高尔潘）、澎湖青年活动中心（1984 年，汉宝德）、台北宏国大厦（1984 年，李祖原）、屏东垦丁凯撒大饭店（1986 年，施丽月）、台北世界贸易中心（1986 年，沈祖海）、台北新公园 2·28 纪念碑（1993 年，王俊雄）、台北新光大楼（1993 年，郭茂林）、台北市政府（1993 年，吴增荣等）、台北华视大楼（1994 年，丁达民）、台北富邦金融中心（1995 年，姚仁喜与 SOM）、以及台湾第一高楼台北 101 大厦（2004 年，李祖原）等（图 7-3、图 7-4）。

台湾最著名的建筑一定是位于台北的 101 大厦（1998—2004 年），这座由李祖原建筑师事务所设计，地上 101 层，地下 5 层，高达 508 米的大楼，刚落成时超过吉隆坡的石

图 7-5　从台北阳明山俯瞰台北，101 大厦鹤立鸡群

油大厦（88 层，452 米）成为当时世界第一高楼。

　　台北 101 大厦的建设也经历了一些变化的过程，设计方案先后为 66 层（273 米）、88 层（428 米）、100 层（488 米），一直到 101 层（508 米），从中我们也不难看出，建设方要建造一座在高度上不同凡响的标志性建筑，他们认为：一栋好的建筑可以改变一个城市，超高层大楼决定都市的天际线，都市天际线决定了一个都市的个性。

　　在此之前，李祖原建筑师事务所已经设计过高达 85 层的高雄东帝士大厦（348 米，1997 年）。101 大厦的设计理念是：从中国文化的角度去定位、努力，用李祖原自己的话说："一看便知是东方的，而不是西方的。"整个建筑看上去像一朵"花"，又像一根笔直的"竹"，节节向上生长。其实它像是叠放起来的一摞"金元宝"，更像摞起来的象征富裕的"斗"，并以"八为一斗"的吉祥含义，将 8 层设计为一个单元，并利用其独特的造型设置了多个避难平台。加上"如意"、"龙头"以及古代铜钱等具有中国传统风水含义的装饰，使 101 大厦蒙上过多的世俗色彩。台北 101 大厦有模仿上海金茂大厦（1994—1998 年）的痕迹，但两者相比较，101 大厦还存在一定差距。

　　101 大厦的结构设计有世界著名的结构设计公司参与，采用了当时世界上先进的结构技术，以保证结构的科学合理与安全。大厦共设有 61 部高速电梯，50 部自动扶梯，其中有 34 部双层电梯。91 层是观景平台，92 ~ 101 层都是机械空间，最顶部用来减少侧向移动和振动的"调质阻尼器"高达 60 米（图 7-5、图 7-6）。

第二节　香港建筑发展概况

　　香港特别行政区地处广东珠江口外，濒临南海，包括香港岛、九龙半岛、新界和被称为离岛的大屿山及其他岛

图 7-6　台北 101 大厦

屿，目前人口 700 多万。香港的地貌特点是山多、岛多，平坦的土地仅占 16%，由山地高层建筑形成的奇特景观是香港城市的最大特色。

　　香港早期是一个以渔业为主的小集镇，其后由于其独特的地理位置和优良的港口条件，通过工商业和转口贸易迅速发展起来，到 20 世纪后半叶，成为亚洲经济发展的四小龙之一，并逐渐发展成为世界性的金融中心。

明代以后香港逐渐成为外国商船到广州进行贸易的停泊口岸，当时的一些古村落和古民居一直保存到现在，主要有邓氏吉庆围、新田文氏大夫第等。

1840年，爆发了第一次鸦片战争，第二年，英国就占领了香港岛，西洋外廊风格样式的洋行建筑开始在香港出现。1842年，英国逼迫清政府签订中英《南京条约》，割占香港岛。1860年，在英、法发动的第二次鸦片战争中，英国进一步强占九龙半岛南端。1898年英国又胁迫清政府签订《展拓香港界址专条》，强行租借了界限街以北、深圳河以南的大片中国领土及其附近岛屿（即后来的"新界"），完成了对整个香港地区的占领。背靠大陆的香港从最初只有一万多人的小集镇发展到今天有七百多万人口的国际大都市，香港发展的每个阶段都与中国大陆的命运紧密相关。

1945年，第二次世界大战结束，这个时期成为香港城市建设发展史上的重要转折点。自1841年英国占据香港岛开始到二战结束的1945年，香港的建筑发展主要分为两个阶段：第一个阶段是殖民地式建筑时期（1841—1911年），第二个阶段是建筑新思潮萌动期（1911—1945年）。

第一个阶段建筑的特点充分表现出殖民主义的色彩，受英国本土的建筑发展影响很大，考虑到当地炎热和潮湿的气候，以外廊式建筑为主。代表建筑有前三军司令官邸（现茶具文物馆，1864年）和圣约翰大教堂（1849年）。在第二个阶段中，受内地建筑发展和世界建筑潮流的影响，香港建筑出现了新古典主义、民族固有形式以及现代主义建筑。主要代表建筑有香港大学主楼（1912年）、原香港高等法院（现立法局大楼，1912年）、中华循道公会礼堂（梅雅达则师设计）、铜锣湾圣玛利亚教堂（1937年），以及汇丰银行大厦（巴马丹拿建筑师事务所设计，1935年）、湾仔大街市（公共事务局，1936年）等。

1945年，第二次世界大战结束，也终止了日本对香港近四年的占领，英国再度强占了香港。在日军占领期间，香港城市人口大量外流，经济凋敝。据战后有关统计表明，约8700幢住宅被毁，需要重新安置的人口近16万人。

1945年底，香港人口约100万，解放战争爆发后，香港出现移民潮。到1947年香港人口达到180万，1950年猛增到220万，人口迅速膨胀带来的压力使香港面临巨大的挑战。20世纪50年代以后，香港建筑发展主要分为以下三个阶段。

一、恢复转型期（1950—1970年）

建筑的发展与社会的经济状态息息相关，恢复转型期中包括了香港经济大调整时期（1950—1960年）和加工业的形成期（1960—1970年）。通过恢复转型期的发展，香港"完成了自身与世界的连接，完成了建筑业的准现代化，完成了为香港多数人居者有其屋的任务"。[4]

在1945年以前，香港的建筑设计主要依靠九个英国建筑设计事务所来完成，例如1868年由英国人组建的香港第一家建筑设计事务所——巴马丹拿，以及利安和马海等事务所。但战后，情况就有很大不同。"战后香港的移民潮，给香港带来的不只是人口和社会问题，也为香港带来了资本、资本家、技术和专业人才。著名的建筑师如范文照、徐敬直、郑观宣、朱彬、陆谦受、李杨安等也随上海、南京的资本家们迁来香港，他们是第一代在国外受到正统建筑教育后而在香港执业的中国建筑师，为50、60年代香港的建设作出了贡献。"[5]

1950年，香港大学成立建筑系，开始培养香港自己的建筑师，系主任是英国现代建筑学派的建筑师布朗，港大的毕业生们从20世纪60年代开始登上香港的建筑舞台。

被称为弹丸之地的香港，其城市发展所面临的难题是人口的高密度和有限的土地资源之间的矛盾。于1953年圣诞夜发生的大火灾使5万多人无家可归。这次火灾促使香港政府全面介入解决居住问题，到1957年，有约120万人迁入低标准的住宅。

这段时期的主要代表建筑有：万宜大厦（1950年，朱彬）、香港中国银行大厦（1950年，巴马丹拿建筑师事务所）、华仁书院（1955年，布朗）、香港大会堂（1962年，费雅伦）等。香港中国银行大厦旧楼位于香港中环皇后大道，由巴马丹拿建筑师事务所陆谦受主持设计，其造型与风格同1935年建成的汇丰银行老楼（20世纪80年代拆除）相近，是典型的装饰艺术风格（图7-7）。

图7-7　20世纪50年代的香港，中间最高建筑是中国银行旧楼

二、发展期（1970—1985 年）

今天我们所看到的香港城市面貌主要是从 20 世纪 70 年代后开始形成的。这一时期，由于石油危机和美元危机，加上世界经济不景气，许多发达国家相继投资香港，使香港迅速成为世界第三大金融中心。香港的工业开始向资本密集与技术密集型阶段转变，特别是内地的改革开放政策对香港繁荣所产生的影响非常巨大。统计资料表明，1978 年以后的 10 年间，香港的转口贸易增长近 6 倍，其中 80% 与中国大陆有关。同时，香港也迎来了大规模的城市建设时期，地铁、海底隧道和电气化铁路等设施的建设也极大地促进了建筑的发展。香港政府制定的《香港发展策略》决定在 2000 年前以海港为中心发展五个次区域。1972 年

图 7-8　香港体育馆

图 7-9　香港地铁港岛支线康怡花园的高层高密度住宅

又宣布了改善居住环境的"十年建屋计划"。

这段时期的主要代表建筑有高达 52 层的怡和大厦（1973 年，巴马丹拿建筑师事务所）、香港艺术中心（1977 年，何弢）、香港演艺学院（1985 年，关善明建筑师事务所）、香港太空馆（1980 年，建筑署建筑设计处）以及香港体育馆（1983 年，建筑署建筑设计处）等（图 7-8）。

三、繁荣期（1985—2000 年）

1984 年，中英在北京正式签署关于香港问题的《中英联合声明》。1985 年，中英两国代表交换了中英两国《关于香港问题的联合声明》及其三个附件的批准书。1990 年，全国人大七届三次会议通过了《中华人民共和国香港特别行政区基本法》。1996 年，香港特别行政区筹委会成立。1997 年 7 月 1 日，中国恢复行使对香港的主权，香港终于回到了祖国的怀抱。

与此同时，香港更大规模的开发建设仍在不间断地进行。1985 年，分 10 期建设的太古城居住区（王董建筑师事务所）完成。1987 年，香港房屋委员会"长远住屋计划"出台。1992 年，围绕香港新机场建设的东涌新市镇工程开始展开，1993 年一年内就建成楼宇 1227 幢，建筑面积近 320 万平方米，工程费用达 288.6 亿港元。为了节省用地，将土地资源利用最大化，香港的居住建筑采用"高层高密度"的规划理念（图 7-9）。

这段时期的主要代表建筑有置地广场（1982 年，巴马丹拿建筑师事务所）、具有高技派风格的香港汇丰银行（1986 年，福斯特）、香港科学会馆（1987—1990 年，巴马丹拿建筑师事务所）、奔达中心（1988 年，鲁道夫与王欧阳建筑师事务所）、中国银行大厦（1990 年，贝聿铭）、香港文化中心（1989 年，香港建筑署建筑设计处）、太古广场（1990 年，王欧阳建筑师事务所）、中环广场（1992 年，刘荣广、伍振民）、万国宝通银行大厦（严迅奇）、香港会议展览中心二期工程（1997 年，王欧阳有限公司和美国 SOM 事务所）和香港赤鱲角国际机场（1992—1999 年，福斯特）等。由西萨·佩里主持设计的香港国际金融中心二期工程于 2003 年落成，该建筑高 420 米，共 88 层，为香港最高建筑物（图 7-10～图 7-12）。

1. 香港力宝中心

1988 年建成的香港力宝中心（原名奔达中心）位于港岛金钟道，由美国著名建筑大师保罗·鲁道夫与王欧阳（香港）有限公司合作设计。力宝中心由两栋造型相似的塔式高层建筑组成，一栋为 42 层，另一栋为 46 层，总建筑面

图7-10　香港文化中心

图7-11　香港科学会馆

图7-12　香港国际金融中心二期工程

图7-13　香港力宝中心鸟瞰

积为11万平方米。建筑平面呈八边形，由蓝色镜面玻璃幕墙形成上下三段式的凹凸变化，改变了密斯风格高层办公楼单调乏味的感觉，充满雕塑感，具有强烈的视觉冲击力，在高层建筑如林的港岛引人注目（图7-13）。

2. 香港汇丰银行总部大楼

1981年，福斯特终于等来了让其功成名就的设计项目，负责主持香港汇丰银行总部大楼的设计，该建筑也成为福斯特和高技派的代表作品。1979年，福斯特建筑设计事务所在香港汇丰银行的国际设计竞赛中胜出。从1981年接受委托开始，一直到1986年建成，福斯特对这项工程倾注了全部的热情。

香港汇丰银行位于香港最重要的商业地段——中环，背山面海，前面有面积巨大的广场，使该建筑有良好的视觉空间，这在寸土寸金的香港中环是非常难得的。业主也向建筑师提出了非常明确的要求：要建一座世界上最好的银行。建筑采用钢结构，每一层就像是钢制桥梁一样悬挂在排成三跨的四组钢柱上，五组两层高的桁架将钢柱连接起来，而内部则是通行无阻的开敞空间。这种设计方案的

图 7-14 香港汇丰银行

图 7-15 香港中国银行大厦

图 7-16 远眺香港会展中心

最大优势是可以分段拆除基地中原有的银行老楼，这样，随着新建筑逐渐建成，旧建筑也逐渐被拆除完，达到"对场地进行分阶段的土地再生"[6]的目的。最难能可贵的是，179 米高的银行大楼采用底层架空的形式，将一层地面还给城市，在这里可以仰头看到玻璃顶棚内 10 层高的内庭院（图 7-14）。

3. 香港中国银行大厦

1990 年建成的香港中国银行总部大厦位于港岛金钟道，离福斯特设计的汇丰银行总部不远，由贝聿铭建筑师事务所设计。建筑为 70 层，高达 367 米，耗资 10 亿港元。基地周边环境及地势十分复杂，让贝聿铭费了不少心思。建筑底层平面为正方形，沿对角线位置形成 4 个三角形，随着楼层的增高呈现不规则的回收，并在顶部形成斜面，有如竹子生长的状态，并寓意"节节高"。结构设计上通过巨大的斜向支撑来解决承载和刚度问题，室内无柱空间开敞，也使建筑造型更加独特，还可以节约 40% 的钢材。不论是在山上俯瞰还是隔海相望，中国银行大厦都是最具特色的标志性建筑（图 7-15）。

4. 香港会议展览中心二期扩建工程

1997 年建成的香港会议展览中心二期扩建工程位于香港湾仔会展中心一期工程北侧，维多利亚港上填海而成的一块基地上，由美国 SOM 事务所和王欧阳（香港）有限公司合作设计。该建筑包括三个大展厅，一个会议厅和一个演讲厅，功能复杂，规模庞大。会展中心设计方案是通过国际招标后委托设计的，建筑造型像一只展翅欲飞的大鸟，加上多层波浪形曲面的屋盖和雨棚，以及晶莹剔透的玻璃幕墙，显露出"高技派"的建筑风格。1997 年 7 月 1 日香港回归时，主权移交的典礼仪式就是在这里举行的（图 7-16）。

第三节   澳门建筑发展概况

澳门特别行政区地处南海之滨，珠江口西岸。由澳门半岛、氹仔岛、路环岛组成，由于澳门一直不断填海扩大面积，因此澳门半岛、氹仔岛、路环岛的面积也在不断增加，目前人口 50 多万，此外还有比较多的流动人口（图 7-17）。

16 世纪中期葡萄牙人来到澳门，将此处作为葡萄牙人在华的居留地，到 19 世纪中叶葡萄牙最终侵占澳门，澳门一直作为东西方贸易的中转站。16 世纪以后，澳门就成为海上丝绸之路的出发港。澳门也是远东地区最早的基督教传教基地，明末耶稣会传教士利马窦等人就是在当时葡萄牙政府的支持下由澳门进入中国大陆传教的，东方的第一所西式大学也是 400 年前在澳门开办的。鸦片战争后，使澳门逐渐丧失了在东西方贸易中的特殊地位，澳门的经济状况也日渐衰落。

1961 年澳门将赌博业（博彩业）合法化，1974 年葡萄牙革命，宣布非殖民政策，澳门成为属中国领土而由葡国管理的特殊地区。1987 年中葡签署联合声明，确认 1999 年 12 月 20 日开始中国对澳门恢复行使主权，成为澳门特别行政区，实行一国两制。这座当年东方的"蒙特卡罗"以其特殊的城市风貌和社会历史背景，再度引起世人的瞩目。"澳门特定的历史地理渊源，生成其独特的东西方文化交融的个性。在澳门，无论是东方游客，或是西方游客，都能或多或少地找到自己所熟悉而又陌生的东西。这种特殊的气息，弥漫在大街小巷，深深地吸引了来自世界各地的人们。"[7] 在这个东西方异质文化交锋的前沿，澳门文化作为一种殖民文化，较母国文化（中国文化）和葡萄牙文化，更易受到不同时期的社会、政治、经济因素的影响（图 7-18）。

澳门建筑的历史非常悠久，始建于明弘治元年（1488 年）的妈阁庙，距今已有 500 多年的历史（图 7-19）。从 16 世纪中叶至 1840 年，澳门的建筑处于形式和风格对峙的年代，明朝政府于 1573 年建立关闸的目的就是更好地控制澳门的葡萄牙人，在澳葡人的各项活动都受到明清政府的制约，特别是限制葡人进行城市建设。中葡双方居民都各自划地而居，相对独立地发展，这一时期的建筑，多保持了各自的传统形式。圣保罗教堂是当时远东地区最大

图 7-17   澳门夜景

图 7-18   澳门市政广场前的商业街

图 7-19   澳门的妈阁庙

的天主教堂，1835 年毁于大火，只留下巴洛克风格的前立面，即今天的"大三巴牌坊"，它已成为澳门的象征。

鸦片战争前，澳门作为联系东西方最为便利的口岸，船队和商人们带来了世界各地的特别是欧洲的建筑风格，这进一步确定了澳门建筑中西结合的方向。由于缺乏正规建筑师的设计，建筑形式很随意。在公共建筑中，出现了以葡萄牙风格为主的欧洲风格，在细部设计和建造上则多是中国工匠的自由发挥。大量民居建筑体现了更多的"中西合璧"的形式，中式空间和西式外表的折中是最大特点，也是后来澳门民居建筑的最大特征之一。

鸦片战争后，1842 年中英签署《南京条约》，随着英国侵占的香港经济的迅速崛起，香港以其优良的深水港，逐渐取代了澳门在东西方贸易中长达三个世纪的垄断地位，澳门经济因此一落千丈。但同时葡萄牙人也乘着这股殖民风潮，从清政府手中骗取了澳门，也刺激了澳门建筑业的发展，这一时期的建筑同世界上流行的复古思潮一样，大量采用欧洲古典建筑形式，也表达了身在异地的葡人对欧洲故国的思念。由于财力上的影响，当时建筑的规模都比较小，这是澳门建筑发展的第一个高潮期，目前保留下来的古迹建筑多为这一时期建造的，如岗顶剧场（1863 年）、澳门总督府（1864 年）等。

20 世纪初，以陈焜培为代表的职业建筑师开始尝试将中西建筑形式相结合，他先后设计了消防总局、南湾花园八角亭、邮政总局等建筑，这些努力和当时内地对"吾国之固有形式"的追求遥相呼应（图 7-20）。

20 世纪 30、40 年代，在世界现代建筑运动的影响下，澳门出现了早期的现代建筑，如红街市（1936 年），表现为简约的建筑形式和浓烈的葡式色彩相结合。尽管葡澳政府在二战中保持了中立，但由于战后政府在城市建设中保守，限制了建筑的发展。人口剧增，非法棚户遍地开花，城市建设混乱无序。

20 世纪 60 年代，参照香港的住宅建设经验，葡澳政府修改了部分建筑条例，开始了公共建筑和城市设施的建设，用以改善低收入家庭的住房问题，但早期建设的混乱影响延续至今。随着博彩业的合法化，以博彩业为龙头的旅游业逐渐成为澳门的支柱产业，带动了澳门经济的腾飞。

20 世纪 70 年代葡萄牙国内经济不景气，致使许多葡萄牙建筑师来到澳门谋求发展，一些人致力于对澳门文化的再认识和探讨，设计了一批高品质的建筑，促进了澳门建筑设计水平的提高，呈现出各异的风格。

1974 年澳凼大桥建成，澳门半岛与凼仔岛相连，标志

着大规模城市建设的开始。之后的葡萄牙革命和中国的对外开放使澳门经济有了更大的转变。20 世纪 80 年代末地产业迅猛发展，来自香港和大陆的资金涌入澳门，短短几年使澳门焕然一新，居住环境得到了很大改善。

20 世纪 80 年代以来，特别是 1987 年中葡签署联合声明后，澳门的经济向多元化方向发展，大型公共建筑也不断涌现。1999 年 12 月 20 日澳门回归后，澳门的社会稳定、经济快速发展，澳门建筑也进入了稳步的发展阶段。

2005 年 7 月 16 日，在南非德班市举行的第 29 届世界建筑遗产委员会会议上一致同意将"澳门历史城区"列入《世界文化遗产名录》。

1. 澳门圣保罗教堂遗址博物馆

圣保罗教堂又名圣母升天教堂，始建于 1580 年，1595 年和 1601 年先后两次遭受火灾而被焚毁，1602 年再次重建，由意大利传教士卡洛斯·斯皮诺拉设计，1637 年竣工，是当时远东地区最大的天主教堂。1835 年 1 月 29 日，教堂再次被大火焚毁，只留下正面和教堂前的广场，这就是现在著名的大三巴牌坊，它已经成为澳门最具代表性的标志之一，是澳门的象征（图 7-21）。

20 世纪 90 年代，澳门政府决定对"废墟"进行整修，并在此建立遗址博物馆。圣保罗教堂遗址博物馆于 1996 年建成，由韦先礼设计。在整修方案中，建筑师在原教堂立面后方搭建了一个钢结构的支架，可供游客登临参观。钢架北面就是遗址博物馆，除入口部分外，博物馆的大部分都隐藏于地下，较好地保存了"废墟"的完整性。

图 7-20 澳门邮政总局

图 7-21　澳门大三巴牌坊

图 7-23　中国银行澳门分行新楼

2. 澳门葡京大酒店

　　葡京大酒店坐落在友谊大马路上，地处澳凼大桥桥头，与中国银行大楼对峙，始建于 1961 年，曾经多次扩建。葡京大酒店曾经是澳门最大的五星级酒店，也是澳门最大的赌场和娱乐场所。赌场部分的建筑外形呈鸟笼状，大门

图 7-22　澳门葡京大酒店

似张开的虎口，有许多象征意义，它已经成为澳门博彩业的象征（图 7-22）。

3. 中国银行澳门分行新楼

　　1991 年建成的中国银行澳门分行新楼地上 37 层，地下 3 层，高 163 米，是目前澳门最高的建筑。中国银行澳门分行新楼是由香港巴马丹拿建筑师事务所设计，建筑师有意识地在色彩与形式上与周围建筑协调，以一种和谐、融洽的方式与城市广场及对面的赌场建筑相呼应。建筑外墙采用葡萄牙产的粉红色花岗石，与其中白色的石条形成对比和变化，加上顶部尖塔式的造型，成为引人注目的标志性建筑。与澳凼大桥一起成为澳门地标式景观（图 7-23）。

本章注释：

[1] 潘谷西 . 中国建筑史 [M]. 北京 : 中国建筑工业出版社，2004 : 467.

[2] 潘谷西 . 中国建筑史 [M]. 北京 : 中国建筑工业出版社，2004 : 468.

[3] 潘谷西 . 中国建筑史 [M]. 北京 : 中国建筑工业出版社，2004 : 469.

[4] 潘谷西 . 中国建筑史 [M]. 北京 : 中国建筑工业出版社，2004 : 478.

[5] 邹德侬 . 中国现代建筑史 [M]. 天津 : 天津科学技术出版社，2001 : 621.

[6] 姜镔，吉生，惠君译 . 世界 70 大建筑奇迹 [M]. [英] 尼尔 · 帕金主编 . 桂林 : 漓江出版社，2004 : 45.

[7] 邹德侬 . 中国现代建筑史 [M]. 天津 : 天津科学技术出版社，2001 : 627.

第三篇　外国古代建筑史

第八章　古代埃及与古代西亚建筑

公元前4000年以后,随着社会的发展和生产力的提高,世界上相继出现了一些中央集权的国家和区域,也正是由于中央集权的出现,使得组织众多奴隶、战俘和工匠进行大规模的建筑活动成为可能,其中古代埃及和两河流域最具代表性。

第一节　古代埃及建筑

人类最初的文明都和古老的河流密切相关,丰富的水源为人类提供了繁衍生息的最基本条件。虽然尼罗河流域并不是人类历史上最早诞生文明的地方,但尼罗河下游的古代埃及却在五千年前为世界留下了众多规模宏大的用石头建造的金字塔和神庙,这是人类有史以来建造的第一批巨型建筑。古代埃及人在开发狭窄而肥沃的尼罗河流域以及三角洲丛林沼泽地带的过程中,创立了具有独特风格并且极为持久的地区文明。大约在公元前3300年,这一地区逐渐形成了两个王国,一个是位于南部,尼罗河上游被沙漠包围的河谷地带,称为上埃及;另一个是位于北方下游宽阔的三角洲地区,称为下埃及。公元前3100年左右,下埃及被上埃及所征服,建立了统一的古埃及王国,首都被确定在上、下埃及交会处的孟菲斯。

古代埃及的统一状态持续时间非常长,从前王朝开始一直到托勒密时期,近三千年时间里只有短时间的间断,这在很大程度上是由于古埃及易守难攻的天然地理环境优势。这里除了东北方狭窄的苏伊士湾以外,东西两面都是沙漠,北面是浩瀚的地中海,南方则是茂密的丛林。这样的地理位置使得古埃及文明的发展在很长的时期内具有极强的连贯性和稳定性。古埃及建筑史有三个主要时期,即古王国时期(约前3100—前2150年)、中王国时期(前2040—前1640年)和新王国时期(前1550—前1070年)。

古埃及人迷信人死之后,灵魂会伴随着躯体度过三千年后升入极乐世界开始新生。而法老是太阳神的儿子,他是活着的神,他的灵魂是永恒存在的,只要倾尽全力为法老修建一个特别的陵墓,让法老顺利升天,在极乐天国中永生,这样神就会保佑人间的繁荣。"从这层意义上来讲,将躯体埋葬在已故君王的附近,就意味着可以分享君王死后拥有的特权,而且在特定的条件下,这种情况也会在现实中发生。"[1]如何保护好死后的躯体成为法老和贵族以及普通古埃及人一生中最重要的事情。正因如此才产生了古埃及人用特殊药物处理尸体,以及建造坚固的金字塔来保护好木乃伊这一种奇特的墓葬形式。后期的金字塔还留有细小的孔道,可能是为法老灵魂升天时预留的"通道"。因此,不是宫殿、住宅这些现世的建筑,而是陵墓成为古埃及早期最重要、最值得耗尽心血和最有代表性的建筑。

从公元前3100年到公元前2150年这段时间,古埃及经历了历史上第一个持久的政治稳定期,史称古王国时期,这一时期最具有代表性的建筑类型是陵墓。

早期帝王陵墓地表部分呈长方形的平台状,侧面略有一些倾斜,多用尼罗河流域盛产的"泥坯砖"来建造。陵墓内有厅堂,用于放置死者在陵墓中将要"使用"的一切"生活"用品,墓室部分则深埋在地下,用阶梯或竖井与地面入口相连。这种陵墓形状看起来与当地常见的石头板凳很相像,后来人们习惯用阿拉伯语的"石凳",也就是"玛斯塔巴"来称呼它(图8-1)。

随着岁月的流逝,为了防止陵墓被盗掘,帝王陵墓逐渐开始改用更具永久性的石头建造。在平顶的玛斯塔巴上部用重叠的方式进行加高,逐渐形成阶梯形金字塔状陵墓。

图8-1　早期的台形陵——"玛斯塔巴"

公元前 2650 年，第三王朝的创始者法老昭赛尔委托其"宰相"兼建筑师伊姆荷太普（历史上第一位留下姓名的建筑师，死后被尊奉为神）在孟菲斯西郊的萨卡拉设计建造了古埃及历史上第一座阶梯形金字塔。在茫茫大漠之上，金字塔是永恒的。有一句古老的谚语说：一切事物都在时间面前死亡，但时间在金字塔面前死亡。

昭赛尔金字塔建成之后，古埃及人用了差不多一百年的时间来探索更加完美的金字塔形式。大约始建于公元前 2600 年第三王朝后期的美杜姆金字塔开始时仍然延续了阶梯形金字塔的特点，但在公元前 2575 年第四王朝建立者法老塞尼法鲁执政后，对这座已建有 8 层的阶梯形金字塔进行了改造，用石块将所有阶梯填平，使之成为一座拥有 52°倾斜角、底边长 144.5 米的真正的方锥形金字塔。

塞尼法鲁法老在孟菲斯以南另一个叫达舒尔的地方还建造了两座金字塔，为金字塔的最终定型奠定了基础。其中之一建于公元前 2570 年，底边长 187 米，外形原本可能是要建为方锥形，由于起始坡度达到 60°，所以建到一半高度时将坡度改为 45°，成为一座高约 105 米的奇特"折线形"金字塔（图 8-2）。

达舒尔的第二座金字塔建于公元前 2560 年，因其使用红色石灰石建造，而被称为"红色金字塔"，它是一座坡度为 52°的真正的方锥形金字塔，这表明金字塔的造型已经成熟。

第六王朝（前 2325—前 2150 年）时期，由于在修建金字塔这样宏大的工程中耗尽国库，长期稳定的统治局面开始动摇，国家陷入持续一百多年的分裂状态。公元前 2040 年，统治在上埃及底比斯的第十一王朝法老曼都赫特普一世重新统一了上、下埃及，把底比斯设为首都，古埃及历史进入了中王国时期。底比斯周围河谷狭窄，两侧悬崖峭壁，金字塔的艺术构思完全不适合了。因此，法老效仿当地贵族在山岩上开凿石窟作为悬崖墓室，所不同的是，帝王陵墓墓室外还有大规模的祭祀殿堂。

中王国在第十二王朝（前 1991—前 1783 年）时达到鼎盛。出于政治上的考虑，将首都迁到孟菲斯附近，底比斯作为国家的宗教中心。法老延承了修建金字塔的传统。但在经历了国家分裂以及不断出现偷盗金字塔的事情之后，法老们的威信和"神性"都受到很大影响，人们对修建金字塔的热情和信念已远不能同第四王朝时相比。新建的金字塔已不再完全用石头建造，许多金字塔的核心部分改用更廉价而易于建造的"泥坯砖"砌筑，只在外表覆盖上石块（例如公元前 1800 年建在哈瓦拉的阿门内哈姆特三世金字塔），古埃及金字塔建筑的黄金时期已经成为历史。

公元前 1783 年第十二王朝结束后，中王国又开始陷入动荡状态。退回底比斯的上埃及人并未屈服，公元前 1550 年，在第十八王朝（公元前 1550—前 1307 年）的创建者阿莫西斯的带领下，将敌人逐出埃及，开始了埃及历史上最强大的新王国时期，或称帝国时期。

在遭受过外来入侵之后，以底比斯为首都的新王国的统治者奉行御敌于国门之外的政策，开始四处扩张。"到公元前 1458 年图特摩西斯三世在位时，埃及的势力达到高峰，他控制了南到今苏丹，北到中东巴勒斯坦、叙利亚，甚至远至幼发拉底河的广大区域，使古埃及成为一个不折不扣的大帝国。"[2]

新王国时期，古埃及人对神的崇拜达到了顶峰。底比斯人掌握新王国政权以后，将底比斯的地方神阿蒙神与全埃及人都崇拜的太阳神合二为一，称为埃及的国神。君主则被神化为阿蒙之子，而受到极大崇拜。太阳神庙是新王国时期最为重要的建筑类型，用于结构支撑的柱式也趋于成熟与多样化（图 8-3）。

从金字塔、悬崖墓到后来的太阳神庙，古埃及的陵墓

图 8-2　达舒尔折线金字塔

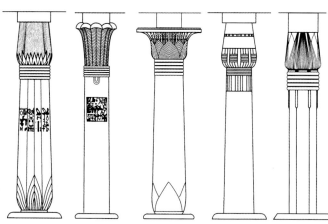

图 8-3　古埃及建筑中常见的柱式

建筑从重视外部宏大的空间造型过渡到神秘压抑的室内空间，也折射出古代埃及近三千年宗教、社会、经济的发展和变迁。

1. 萨卡拉昭赛尔金字塔

这座里程碑式的金字塔底边呈长方形，东西长 126 米，南北宽 106 米，高约 62 米，分为 6 层，完全用石头建造，是历史上第一座使用石材建造的金字塔。法老的墓室按照玛斯塔巴的形制深藏在塔下 25 米深的竖井中。它的周围还建有祭祀用的神庙、模仿王宫的附属建筑物以及陪葬的墓群，祭祀的人由入口进去，里面是一个大约 70 米长的黑暗的甬道。从昏暗的甬道出来，眼前是明亮的天空和巨大的金字塔，这种强烈的对比震撼人心（图 8-4）。

2. 吉萨金字塔群

公元前 2500—前 2465 年，埃及金字塔建筑的巅峰时刻到来了。塞尼法鲁的儿子胡夫、胡夫的儿子哈夫拉以及哈夫拉的儿子门卡乌拉三位法老相继在孟菲斯西北的吉萨建造了三座大型金字塔。门卡乌拉金字塔，高 66.4 米，底边长 108 米；哈夫拉金字塔，高 143.5 米，底边长 215 米；胡夫金字塔，原高 146.6 米，现存为 137 米，底边长 230 米。这三座大金字塔是古埃及金字塔艺术最成熟的代表，塔身倾斜角均为 52°，都是典型的四棱锥体。它们的排列位置和方向与猎户星座相对应，为后人留下无尽的遐想（图 8-5、图 8-6）。

胡夫金字塔是古埃及最大的一座金字塔。它大约使用了 230 万块平均重 2.5 吨的石块叠砌而成。墓室顶部的巨石更是重达 50 吨至 80 吨。这样一座前所未有的巨大体量的人工建筑物，其施工精度非常高。据测量，胡夫金字塔的长边与短边的差只有 21 厘米，两个对角的高度误差仅 1.24 厘米。胡夫金字塔入口在北面离地 17 米高处，通过长长的甬道与上、中、下三层墓室相连。此外，墓室中还有两条极为细长的通道一直通向金字塔外，可能是法老灵魂升天的道路。胡夫金字塔的东面还有三座较小的呈一字排列的金字塔，据说是为他的三位皇后建造的。在它们的周围还散落着许多陪葬的玛斯塔巴。

哈夫拉金字塔的附属神庙保存得更为完整，它与胡夫金字塔的附属建筑一样都是由靠近尼罗河的河谷神庙、金字塔下的殡仪神庙，以及连接两座神庙的一条数百米长的封闭甬道构成。

哈夫拉在建造金字塔的同时，还在河谷神庙旁建造了一座长 73.5 米、高 19.8 米的守护神斯芬克斯像（狮身人

图 8-4 萨卡拉昭赛尔金字塔

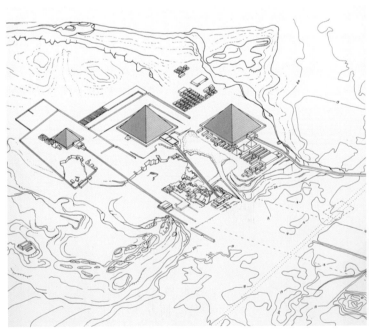

图 8-5 吉萨金字塔群示意图

图 8-6 吉萨金字塔群鸟瞰

面像），这尊雕像除前肢部分外，主体是由一整块重达200吨的石头雕凿而成的，它的脸部形象即为法老本人，面向太阳升起的地方（图8-7）。

3. 曼都赫特普一世墓和哈特什帕苏墓

曼都赫特普一世的陵墓建造在一处高约300米的红色山崖前，墓前则建造了规模宏大的祭祀殿堂，它开创了古代埃及帝王陵墓的新形制。陵庙的正面朝向东方，通过一条两侧站有狮身人面像的石板路，然后是一个宽阔的封闭庭院，再由长长的坡道登上一层平台。平台前沿是一层柱廊，平台的中央留有建筑的痕迹，它的四周建有柱廊。这座遗迹虽已坍塌但是一座有金字塔式屋顶的祭堂，体现其受早期金字塔陵墓的影响。最后面则是一座从山岩里开凿出的有80根柱子的大厅，这是已知最古老的多柱式大殿（图8-8）。

新王国的统治者们也非常重视陵墓的建造。公元前1470年，埃及历史上第一位女王哈特什帕苏在西底比斯那座五百多年前中王国的缔造者曼都赫特普陵墓旁建了一座样式相似，但规模和气派远胜一筹的新陵墓，使之成为新王国时期气势最为宏大的陵庙建筑之一。在面向东方的高耸的红色山岩之前，一条两旁站立着密布的斯芬克斯像的长长大道，从尼罗河河畔一直延伸到大院门口，入门之后是一个巨大的庭院，庭院的尽头建有柱廊，柱廊中央有一条长长的坡道通向平台。哈特什帕苏女王墓的造型十分简洁，如果没有古埃及的纹饰和雕像，它简直就是一座现代建筑（图8-9）。

4. 卡纳克阿蒙神庙

底比斯的卡纳克阿蒙神庙是新王国时期最大和最重要的神庙建筑，是新王国历代法老向至高无上的阿蒙神献祭的崇高圣地。这座神庙早在中王国时期就开始建造。新王国统一后，大约在公元前1528—前1510年，第十八王朝法老图特摩西斯一世开始大规模重建和扩建神庙。此后，虽然朝代更替，王朝兴衰，但前后超过一千年的历代帝王仍不断地进行建设，终于使之成为一座世界上最为雄伟壮观的神庙建筑。

神庙建筑群总平面呈梯形，周长超过2000米，四周建有高大的围墙。神庙主体建筑全长366米，宽110米，西面朝向尼罗河。主体部分沿着严整的主轴线从西向东一共有六道牌楼式大门。在运河与大门之间有一条大道，两侧排列着120座圣羊斯芬克斯的雕像，由第十九王朝（前

图8-8 曼都赫特普一世墓现状

图8-7 狮身人面像及哈夫拉金字塔

图8-9 悬崖下的哈特什帕苏女王墓

图 8-10　卡纳克阿蒙神庙现状

图 8-11　卡纳克阿蒙神庙多柱大殿

图 8-12　卢克索阿蒙神庙现状

图 8-13　卢克索阿蒙神庙庭院

1307—前 1196 年）法老，古埃及最著名的君王之一拉美西斯二世（前 1290—前 1224 年在位）建造。在每一个圣羊斯芬克斯雕像的羊须下都立着以拉美西斯二世本人为样板的神像。

神庙内最重要的建筑是由拉美西斯二世建造的著名的多柱大殿。这是一座令人叹为观止的巨型结构建筑，大殿内部净宽 103 米，进深 52 米，密排着 134 根柱子，其中中间两排 12 根纸草盛放式圆柱高 21 米，直径 3.57 米，其余 122 根是简化的纸草束茎式圆柱，高 12.8 米，直径 2.74 米。中央石柱上架设着 9.21 米跨度的石梁，重达 65 吨。中央两排柱子比较高是为了形成采光的窗口，可以想象，当微弱的阳光渗过窗格游入石林般的大殿时，会是何等森严神秘的景象（图 8-10、图 8-11）。

5. 卢克索阿蒙神庙

从洪斯神庙向南，有一条 2500 米长的道路，两侧排列着圣羊斯芬克斯像，被称之为斯芬克斯大道。大道尽头是底比斯另一座重要的大型神庙——卢克索阿蒙神庙。公元前 1360 年，由阿门荷太普三世开始修建，后来拉美西斯二世又对它进行了扩建（图 8-12、图 8-13）。

卢克索阿蒙神庙的大门朝向北方的卡纳克阿蒙神庙。在它的大门前有拉美西斯二世的坐像，原来共有六尊。石墙上刻满了颂扬公元前 1286—前 1285 年拉美西斯二世在叙利亚卡叠什同赫梯军队进行的著名战役的浮雕，这些浮雕和拉美西斯二世的坐像原来都是彩色的。前面原有两座方尖碑，其中的一座于 1836 年被运到法国，立于巴黎协和广场中央。

从大门进去要经过拉美西斯二世庭院和阿门荷太普三世庭院才能到达神堂。在两个院子间是阿门荷太普三世建造的气势雄伟的巨大柱廊。

图 8-14　阿布·辛拜勒神庙　　　　　　图 8-15　帝王谷

6. 阿布·辛拜勒神庙

公元前 1250 年，执政长达 67 年的拉美西斯二世在尼罗河上游努比亚地区的阿布·辛拜勒修建了一座雄伟而独特的神庙。神庙全部是在尼罗河西岸的崖壁上开凿而成。面朝东方，宽 36 米、高 32 米的门楼前有四尊高 22 米的拉美西斯二世巨型雕像，拉美西斯二世的小腿之间则是其他一些王族的雕像，它们的尺度是如此之小，反映了古代社会森严的等级制度（图 8-14）。

阿布·辛拜勒神庙的旁边还有一个神庙，是拉美西斯二世的皇后尼菲塔莉的神庙，献给女神哈托尔。在入口处，法老雕像中间就是皇后的雕像，头戴象征哈托尔女神的王冠，石窟内的柱子上也有皇后的雕像。

1960 年，埃及政府决定在阿布·辛拜勒神庙附近修建阿斯旺水坝。在国际社会的共同努力下，阿布·辛拜勒神庙被切割成一千多块，在原址后面 60 米高的山上重新组装。

7. 帝王谷

与这些显赫的神庙形成对比的是，新王国法老们的实际葬身之处却是在山崖后一处后来被称为"帝王谷"的神秘山谷中。由于其背景上的一座高山酷似金字塔，使这里平添了几分神圣的含义。第一位选择这里做墓地的法老是图特摩西斯一世，其目的本是为了躲避盗墓者。但至今除了一位法老的陵墓之外，所有墓室都被历代盗墓者发现并洗劫一空（图 8-15）。

1922 年 11 月，英国考古学家卡特和卡那封勋爵发现了唯一一未被盗掘的第十八王朝少年法老图坦卡蒙墓，这可能是考古学历史上最激动人心的发现之一。

第二节　古代西亚建筑

底格里斯河和幼发拉底河下游的美索不达米亚平原被认为是人类文明最早的发源地之一，甚至比古代埃及还要早，并与其互有影响，只是受到建筑材料耐久性的影响，现存古代建筑遗址的建造时间要比埃及晚一些，《圣经》中所记载的伊甸园可能就位于这片曾经富饶的土地上。公元前 19 世纪时，巴比伦王国统一了两河流域的下游，公元前 16 世纪，巴比伦王国灭亡，这一地区先后沦为古埃及帝国和亚述帝国的附庸。从公元前 7 世纪后半叶到公元前 6 世纪后半叶，这里又建立了统一的新巴比伦王国，这是两河流域下游文化最灿烂的时期，后来新巴比伦王国被波斯帝国灭亡。

美索不达米亚平原缺乏优良的木材和石材，当地人用黏土和芦苇建造房屋。公元前 4000 年开始大量使用太阳晒干的"泥坯砖"来建造房屋。在岁月消磨、洪水冲刷以及战争破坏下，其早先的建筑大都已不存在。保存至今最古老和最完整的建筑是乌尔纳姆统治时期建造于乌尔城的月神南纳神庙，即乌尔山岳台。

这一地区"早在公元前 4000 年，就有了拱券技术，但因为缺乏燃料，砖的产量不大，所以拱券技术没有发展。"[3] 为了避免泥坯砖墙受雨水的侵袭，一些建筑的重要部位，在泥坯砖还潮软的时候，揳进长约 12 厘米的圆锥形陶钉，密密排列的陶钉底面涂上颜色，具有很强的装饰效果。到公元前 3000 年时，在生产砖的过程中发明了琉璃面砖的制作工艺。琉璃面砖的出现给两河流域建筑的墙面装饰带来了全新而华美的形象，也使两河流域的建筑比古代埃及建筑更充满人情味。后期琉璃面砖的表面可以做

图 8-16 泰西封宫的巨大拱门（约公元前
550 年）

图 8-17 乌尔山岳台

成浮雕的形式，也可以形成不同色彩的图案（图 8-16）。

1. 乌尔山岳台

乌尔山岳台是美索不达米亚平原"最伟大和最动人"的早期神庙之一，是献给月亮神的庙宇。在当时，几乎每个城市都建有山岳台。这些神庙建造在由"泥坯砖"筑成如金字塔般的高台之上，因而又有"塔庙"之称。由乌尔纳姆和他的继任者大约在公元前 2125 年完成。山岳台底层基座长 65 米，宽 45 米，高约 9.75 米；第二层基座长 37 米，宽 23 米，高约 2.5 米，四个角分别指向东、南、西、北四个正方位，这表明当时已经具备了相当的天文观测能力。有三条令人生畏的巨型台阶通向第一层平台顶。三层平台之上原来建有月亮神庙，现已损毁。这样的神庙大约需要 1500 名人力劳作五年的时间才能建成（图 8-17）。

2. 萨艮王宫

公元前 8 世纪，亚述帝国统一了西亚并征服了埃及以后，吸取各地区的建造经验，"兴建都城，大造宫室和庙宇"。有的山岳台高达 60 米，其中最重要的建筑遗址是萨艮王宫。1843 年，法国外交家兼考古学家博塔在尼尼微附近的豪尔萨巴德发现了一座宫殿遗址，并判定这是公元前 722—前 705 年在位的亚述国王萨艮二世所建造的首都。这是一座典型的亚述城市，其平面近乎方形，面积大约有 3 平方公里。城市周围用约 50 米厚、20 米高的围墙围合，共设有七座城门（图 8-18）。

萨艮二世的王宫建在城市的西北部，它高出地面约 18 米，边长约 300 米，呈方形。王宫内共有两百多个房间，围绕着三十多个大小庭院进行布置，还有一座高大的山岳台。王宫城门是在两座高大塔楼之间采用拱形结构的门洞。这种结构形式最早出现于何时已无法考证，但它确实是对此后建筑技术发展作出的最关键的贡献。使用"泥坯砖"是促使他们发明拱形结构的原因，因为这种材料不能建造

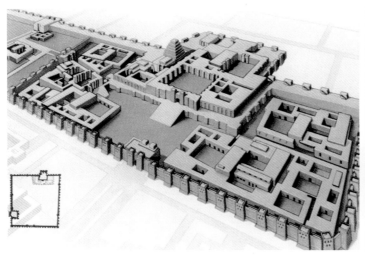

图8-18 豪尔萨巴德都城及萨艮王宫复原想象图

图8-19 美国纽约大都会博物馆中的五腿兽

图8-20 帕塞玻里斯王宫内的装饰浮雕

图8-21 帕塞玻里斯王宫遗址鸟瞰

梁柱结构体系的建筑，只能借助拱形结构才能建造大跨度的空间。门洞两侧和塔楼的转角处，都有高大的象征智慧和力量的长翅膀的人面牛身像，正面为圆雕，侧面为浮雕，五条腿的造型无论从正面还是侧面看都可以得到一个完整的形象，体现了设计者的独创精神。位于英国伦敦的大英博物馆和美国纽约的大都会博物馆都藏有这一时期的五腿兽石像（图8-19）。

3. 帕赛玻里斯王宫

波斯帝国的第三位皇帝被誉为帝国的第二缔造者，在他的统治下，波斯帝国达到鼎盛。在当时建造的宫殿中，最豪华、最著名的就是帕赛玻里斯王宫，大约建于公元前518—前460年。

这座气势宏伟的王宫建造在依山构筑起的长450米、宽300米、高13.5米的巨大平台之上，建筑风格也具有多民族融合的特点。王宫的入口位于平台的西北角，王宫内有两座仪典性的方形大厅，其中有一个近70米见方的"百柱厅"，大厅内有高11.3米的石柱100根。大厅屋顶的梁和楼板都是木制的，所以石柱的高细比达到了13∶1，如此空透的室内空间、豪华的装饰和艳丽的色彩都与古埃及的神庙形成强烈的对比，轻盈的结构形式在古代建筑中也首屈一指。王宫的墙裙、台基、台阶和门窗套的石材贴面上都有装饰精美的浮雕（图8-20、图8-21）。

本章注释：

[1] 李多译. 埃及建筑 [M]. 济南：山东美术出版社，2002：10.

[2] 陈文捷. 世界建筑艺术史 [M]. 长沙：湖南美术出版社，2004：12.

[3] 陈志华. 外国建筑史（19世纪末叶以前）[M]. 北京：中国建筑工业出版社，1997：16.

第九章　古代欧洲建筑

第一节　古代希腊建筑

从公元前 8 世纪开始，在巴尔干半岛南部、爱琴海诸岛屿和小亚细亚西岸，以及东至黑海、西至西西里的广大地区建立了三十多个小型城邦国家，它们之间在文化、经济和政治上联系非常密切，总称为古代希腊。这些小型城邦国家从未真正统一过，是地中海将它们紧密地联系起来，频繁的海上贸易在发展经济的同时，也使得各地区的文化得以交流和融合。

众所周知，古代西方文明是从地中海沿岸产生的，古希腊是西方文化的摇篮，古希腊的建筑同样也是西方建筑的开拓者。在西方各种语言中，"建筑"一词均源于古希腊语，古希腊创造了灿烂的历史文明。"在古典希腊兴起以前，建筑世界似乎黑暗而神秘，像个令人郁闷甚至恐怖的祭祀舞台。只有在希腊神庙和露天剧场完美的几何美学以及高贵的柱式当中，建筑才开始体现出人与神之间、日常生活和理想世界之间、构筑的艺术和自然界的质朴之间的和谐。古希腊无疑创造了一些世界上最伟大的建筑和城市。"[1]

古希腊人用他们智慧的头脑有组织地进行了纪念性建筑、宗教建筑和公共建筑的设计活动。古希腊建筑的精髓之处在于古典柱式，以及由此衍生出来的结构与装饰形式。多立克柱式、爱奥尼柱式、科林斯柱式为西方古典柱式奠定了基础。

古希腊建筑的形制、石材制作的梁柱构件及其组合的艺术形式，以及建筑和建筑组群布局的设计原则，都深深地影响了西方两千年来的建筑发展史。与古埃及和美索不达米亚的建筑风格不同，古希腊建筑既端庄又轻松。恩格斯曾说道：希腊建筑表现了明朗和愉快的情绪，它如同灿烂的、阳光照耀着的白昼。

许多学者将古希腊建筑的发展分成以下五个历史阶段：

第一个阶段是公元前 26 世纪到公元前 12 世纪，是古希腊建筑的孕育期，或称为爱琴文明时期。主要以爱琴海诸岛屿中的克里特岛和巴尔干半岛的迈锡尼为中心，这一时期的建筑与古埃及互有影响。代表建筑有克诺索斯的米诺斯王宫和迈锡尼卫城的狮子门。

第二个阶段是公元前 11 世纪到公元前 8 世纪，因为大约生活在公元前 9 世纪的著名古希腊诗人荷马整理完成了史诗《伊里亚特》和《奥德赛》，所以这一时期又称为"荷马时期"。这时，古希腊人已开始使用木材和砖建造神庙。但这一时期的神庙等建筑现已无迹可寻。

第三个阶段是公元前 8 世纪到公元前 5 世纪的古风时期。爱琴文明失落后，古希腊建筑的发展极为缓慢。这时虽然各小型城邦国家相对独立，但都实行民主政体，并有着共同的传统、语言、文字、英雄史诗和喜庆节日。建筑也开始有了较为稳定而统一的形式，作为祭祀活动场所的神庙成为建筑布局的中心。神庙建筑采用石头砌筑，与古埃及神庙一样都属于梁柱体系，但明显不同的是古希腊建筑中柱子更大的高细比和更大跨度的石梁所形成的"阳光灿烂"的视觉感受。这一时期的代表建筑是奥林匹亚的赫拉神庙、帕埃斯图姆的"巴西利卡"神庙、以弗所的阿丹密斯庙和科林斯城的阿波罗神庙等建筑。其中，建于公元前 550 年的"巴西利卡"神庙正面由九根多立克柱子组成，开间数为偶数（图 9-1）。

图 9-1　"巴西利卡"神庙

第四个阶段是公元前 5 世纪到公元前 4 世纪的古典时期。公元前 5 世纪初，古希腊遭到东方强大的波斯帝国的入侵，雅典城也一度被攻陷。公元前 449 年，雅典联合各城邦击败了波斯军队，战争的胜利使各城邦之间空前团结，经济和文化艺术也随之获得极大的发展，这一时期古希腊建筑的发展处于巅峰状态。随着希波战争的结束和雅典中央集权的确立，古希腊进入了黄金般的古典时代，在艺术、文学、哲学以及政治等领域所取得的成就达到了令前人无法企及的高度，并在其后漫长的岁月中持久地影响着西方世界多方面的发展进程，甚至在一千多年之后还成为文艺复兴追求的目标。这一时期的代表建筑是于公元前 449 年到公元前 406 年期间建造的雅典卫城和奖杯亭等建筑（图 9-2）。

第五个阶段是公元前 4 世纪到公元前 1 世纪的希腊化时期，或称为希腊晚期。公元前 4 世纪后期，地处巴尔干半岛北部的马其顿发展成为军事强国。它统一希腊后，又远征小亚细亚、波斯和埃及，从而建立起横跨欧、亚、非大陆的庞大帝国。随着马其顿帝国军队的远征，古希腊的文化也远播到北非和西亚，古希腊建筑得到了广泛的传播。这一时期的代表建筑是帕加玛的宙斯祭坛、雅典风塔和一些露天剧场、室内会堂等建筑。

1. 克诺索斯米诺斯王宫

古希腊文明的第一个阶段是从地中海的克里特岛开始的。大约在公元前 2500 年，克里特岛曾经有过相当发达的经济和文化，这完全仰仗于它所具有的得天独厚的地理条件。

克里特岛位于地中海东部的中央，周围的海面风平浪静，便于海上运输和商业贸易往来，地理位置上的优势使克里特岛成为地中海区域的贸易中心。当时，克里特岛上的建筑都是世俗性的，其中最重要也是规模最大的建筑就是位于克诺索斯的米诺斯王宫。

这座规模巨大的王宫最初大约建造于公元前 2100 年，但在公元前 1700 年被毁。之后，克里特人又以极大的热情重建了宫殿，并在随后的二百多年里发展到令人瞩目的高度。新的王宫依山而建，平面布局像是一座迷宫，以中间一个 51.8 米长、27.4 米宽的长方形院落为中心，所有的房间都围绕着中心院落展开，议事大厅、露天剧场、寝宫、浴室、库房一应俱全。王宫有好几个入口，其中西面的入口可能是最主要的。由于地形起伏较大，建筑顺地势呈现出高低错落的形式，内部遍布楼梯和台阶，底层大约有一百多间房间。

米诺斯王宫的建筑虽然受到古埃及建筑的影响，但其空间尺度亲切、变化丰富。王宫建筑中最大的特点是柱子的形式，柱头上采用肥厚的圆盘，并呈现出上粗下细的特征，被称为"鸡腿柱"，因为，这种上粗下细的受力特点只有在动物的腿部才得以体现，也表现了早期人们对结构受力的认知程度（图 9-3、图 9-4）。

大约在公元前 1500 年，克里特岛又遭遇了一场强烈的地震和火山爆发。在这之后，希腊半岛上的迈锡尼人趁乱入侵，克里特岛上的许多王宫和城市都被毁灭。

2. 迈锡尼卫城狮子门

公元前 2000 年左右，迈锡尼人开始在希腊南端的伯罗奔尼撒半岛定居。通过长期汲取米诺斯文明的乳汁，公

图 9-2 典型科林斯柱式的奖杯亭

图 9-3 米诺斯王宫

图 9-4　米诺斯王宫的"鸡腿柱"

图 9-5　迈锡尼卫城的狮子门

图 9-6　雅典卫城复原模型

图 9-7　雅典卫城

图 9-8　雅典卫城鸟瞰

元前 1600 年左右，迈锡尼文明开始繁盛起来，并在公元前 1450 年最终征服了克里特岛的"米诺斯文明"。由于迈锡尼人非常好战，他们在居高临下的地方修筑城墙和防卫工事，称之为"卫城"，这与原来克里特岛上不设防的城市截然不同。迈锡尼卫城的巨石城墙厚达 6 米，主要入口设在西北角上，城门外侧有一个狭长的通道，以加强防御性。城门宽 3.2 米，上面有宽 4.9 米，中间高约 1 米的弧形石头过梁。过梁的上面由四层巨石层层出挑形成三角形叠涩券，中间填补上一块高达 3 米的石板，石板上的浮雕图案是一对相向而立的狮子，保护着中间象征宫殿的石柱，这个上粗下细的石柱显然受米诺斯文明的影响，这座城门也因此被称为"狮子门"。这种形式的石门在当时的墓室中也出现过，它体现了迈锡尼人对结构力学知识和艺术加

工手法的深刻领会（图 9-5）。

3. 雅典卫城

希波战争结束后，雅典人相信是守护神雅典娜拯救了他们的城市，于是以极大的热情召集建筑师、艺术家和工匠重新修建了被波斯人摧毁的雅典卫城。

雅典卫城位于雅典中心一个约 70 米高的山丘上，用人工开筑成一块东西长约 300 米、南北宽约 130 米的台地，早在迈锡尼时代就已经有城墙环绕的宫殿。重新修建的雅典卫城由山门、胜利神庙、帕提农神庙、伊瑞克提翁神庙和高达 10 米的雅典娜铜像组成（图 9-6 ～图 9-8）。

（1）卫城山门

山门位于卫城的西部，是卫城唯一的出入口，它的下面有一条长 32 米，宽 24 米的大台阶。山门始建于公元前

图 9-9　雅典卫城山门西侧

图 9-10　胜利神庙

图 9-11　帕提农神庙东南侧

437—前 432 年，建筑师穆尼西克里。为了能够从山下更完整地看到山门，它被突出于山顶的最西端，紧邻台阶顶端建造。由于山门是建在坡地上，东、西两端高差近 1.5 米，为了使山门在东西两面都保持柱式的比例，让山上、山下看起来都很完美，建筑师采用了创新的设计手法，东、西两侧相同的门廊在中间呈台阶形的搭接，为了解决好空间过渡问题，在这个地方砌上了一道隔墙，隔墙上开有五个门洞，中央门洞前设坡道，以便通过马匹和车辆。山门的北翼是绘画陈列馆，南翼是座敞廊，它们掩蔽了山门的侧面，所以山门屋顶台阶形的错落在外面不易看到。

山门采用多立克柱式，东、西两面各有 6 根。东面的高 8.53 ～ 8.57 米，西面的高 8.81 米。为了通过祭祀的车辆，中央开间特别大，净空 3.85 米，上面的石梁重达 11 吨。

山门的西侧内部，沿中央的道路两侧，有三对爱奥尼柱，在多立克柱式建筑里采用爱奥尼柱式是雅典卫城的首创，这样既可以避免不同高度的多立克柱式在视觉上出现的冲突，又可以利用爱奥尼柱式相对纤细的特点（图 9-9）。

（2）胜利神庙

胜利神庙位于山门的南部，南、北、西三面都凌空的断崖上，它是为祈祷胜利女神尼克保佑雅典人在战争中获胜而建造的，大约始建于公元前 449 年到公元前 421 年，建筑师是卡里克拉特。胜利神庙采用爱奥尼柱式，规模很小，下面的台基宽 5.38 米、长 8.15 米，前后各四根柱子，柱子比较粗壮（1：7.58），是爱奥尼柱式中少有的。在建筑檐部的四周有全长 27 米、高 0.43 米的浮雕，主题是打败波斯侵略者，获得战争胜利的内容。胜利神庙的朝向略偏一点，同山门相呼应，使卫城西面的总体构图更完整。

1685 年，胜利神庙曾被土耳其人拆毁，建庙的石材被用来修建军事设施，1835 年被修复，1935—1940 年被巴勒诺再次复原（图 9-10）。

（3）帕提农神庙

"帕提农"原意为"处女宫"，为供奉守护神雅典娜的神庙，是卫城中最重要的建筑。公元前 447 年，在古希腊最伟大的雕塑家菲狄亚斯的主持下，由建筑师伊克底努和卡里克拉特共同设计的帕提农神庙开始动工兴建。公元前 438 年，神庙的主体部分完工，剩下的局部雕刻于公元前 432 年完成（图 9-11）。

这是一座象征了古希腊神庙最高成就的杰出建筑，它的外表富丽堂皇。46 根粗壮的多立克式柱子组成宽 30.88 米、深 69.50 米的围廊，柱高达 10.43 米。围廊中是矩形的殿堂，它被分为前后两部分，入口前方有六根稍细的多立克式柱子。殿堂的前半部分（约占 2/3）为圣堂，供奉雅典娜的雕像，入口朝向东方，内部为双层的多立克柱式回廊，如果沿用通高的柱子，内部空间会显得很拥挤，神像的尺度也会受到影响。雅典娜的神像是用象牙和黄金制成的，高约12米，是菲狄亚斯最光辉的作品。殿堂后半部分是国库，内部有四根具有少女般优雅气质的爱奥尼柱式。作为卫城的标志性建筑，从以下几个方面来突出和强调帕提农神庙的重要性：

①把它建在卫城内地势最高处，距离山门80米，有良好的观赏距离。

②它是希腊本土最大的多立克柱式庙宇，也是卫城上唯一的围廊式建筑，形制最隆重。

③它是卫城上最华丽的建筑物。建筑全部用白色大理石建成，镀金的铜制大门，山墙尖上的装饰是金质的。陇间板、山花和殿堂墙垣的外檐口布满雕刻。瓦当、柱头和外檐口，包括雕刻在内，都被施以浓重的色彩，以红蓝为主，局部有金箔点缀。

帕提农神庙代表着古希腊多立克柱式的最高成就。它的比例匀称，风格刚劲雄健而没有丝毫的笨重。它可能存在着一个重复使用的模数（4∶9），台基的宽与长，柱子的底部直径与柱子间距，正面水平檐口的高与宽，大体都是4∶9，从而使建筑的构图有条不紊。为了使建筑显得更庄重，除了加粗转角柱（底径1.944米）、缩小尽端开间尺寸（净空1.78米）外，所有柱子都略微向后倾斜大约7厘米，同时它们又向各自立面的中央稍有倾侧，转角柱向对角线方向后倾大约10厘米（据推算，所有的柱子的延长线大约在2英里的上空交会），这与中国古典建筑中"侧脚"的做法很相似。柱子有"卷杀"，但不明显，最凸出处只有1.7厘米左右，因此既有弹性又非常硬朗。整个台基和额枋向中间逐渐微微隆起，短边隆起7厘米，长边隆起11厘米。墙壁都有"收分"，内壁垂直而外壁略微向里倾斜。

由于这些曲线和倾斜的做法，导致几乎每棵柱子的每块石头都不一样，给施工带来了很大的困难。然而工程完成得精细完美，无懈可击。帕提农神庙是有史以来最伟大和最有影响力的建筑，也是西方古代建筑史中最完美的建筑。

6世纪，信奉基督教的东罗马帝国统治时期，帕提农神庙被改为教堂，神庙内的雅典娜铜像也被运到君士坦丁堡，后来失去踪迹。1460年，希腊成为信奉伊斯兰教的奥斯曼帝国的一部分，帕提农神庙又被改造成一个清真寺。1687年，在奥斯曼土耳其人与威尼斯人的战争中，作为弹药库的神庙不幸被炮火击中，炸成两截。1922—1933年期间，在当时希腊政府的授权下，土木工程师兼考古学家巴勒诺经过艰苦努力，将帕提农神庙部分恢复。

（4）伊瑞克提翁神庙

伊瑞克提翁是传说中雅典人的始祖，伊瑞克提翁神庙位于帕提农神庙的北面，采用爱奥尼柱式，始建于公元前421—前406年，建筑师为皮泰欧。伊瑞克提翁神庙的体形很复杂，高低错落，充满细节。场地内有3米高的断坎，皮泰欧很好地解决了地形带来的不利影响。南侧立面断坎上方是一大片石墙，为了迎接从帕提农神庙过来的仪典队伍，在这片石墙的西端建造了女像柱廊，6个2.1米高的女像柱支撑着上面的屋盖，巧妙地解决了西立面和南立面因为高差而造成的构图上的脱节，它与大片石墙之间的光影和形体对比强烈，相互衬托，相得益彰。其中南面左数第二个女像是复制品，原件在19世纪初被当时英国驻土耳其大使厄尔金拆下，连同大量拆自帕提农神庙的雕像运往伦敦，后为大英博物馆收藏（图9-12、图9-13）。

伊瑞克提翁神庙在后来被改为教堂，内部的墙体被拆除，1827年在希腊独立战争中被土耳其军队炸毁。

图9-12   伊瑞克提翁神庙南面

图9-13   伊瑞克提翁神庙北面

图 9-14　埃比道鲁斯剧场

4. 露天剧场

露天剧场和室内会堂是古希腊时期产生的新建筑类型，大型的露天剧场和室内会堂能容纳万人以上，其中一些露天剧场到今天还时常进行各种形式的演出。

露天剧场的平面一般为半圆形或扇形，利用自然的山势做成台阶状的升起，既很好地解决了视线遮挡的问题，又保证了直达声的质量。通过纵向放射形的台阶走道和圆形的水平过道解决交通和疏散问题。除了酒神的宝座外，每个座位都是平等的。大型剧场可设五十多排座位，规模庞大，气势恢宏，有很强的空间围合感，剧场的中心为圆形的舞台。据维特鲁威的记载，剧场观众席里每隔一定距离安放一个"铜瓮"，起到增强和改善音质的作用。

由波利克莱托斯设计的埃比道鲁斯剧场是保存最为完好的古希腊露天剧场，建造于公元前 350—前 330 年。经过扩建后，共有 55 排多达 1.3 万个座位围绕直径达 20.3 米的圆形舞台布置。剧场的音响效果极佳，据说在最后一排的观众席都能听到舞台上演员急促的喘气声（图 9-14）。

第二节　古代罗马建筑

古罗马原是意大利亚平宁半岛的一个小城邦，罗马人与希腊人同属印欧种族，大约从公元前 8 世纪起开始生活在半岛中部台伯河的南岸。从公元前 30 年起，古罗马进入长达五百余年显赫一时的帝国时代，成为版图横跨欧、亚、非大陆的强大帝国。其中 1—3 世纪的二百多年是古罗马帝国最强大的时期，也是其建筑艺术发展的黄金时代和鼎盛期。古罗马人用铺设精良的公路网络连通其辽阔的领土，使用大量的高架水道将水源从几十公里外，甚至更远的山脉输送到他们规模庞大的城市，在那里，他们

建设了巨型的公共建筑、城市排水管网以及公共运输系统。随着一种全新的建筑材料——天然混凝土的使用，给古罗马的建筑带来了翻天覆地的变化，也使其从前人的建造经验中发展起来的拱券结构得到了极大的发展，这种建筑材料和建筑结构技术上的巨大进步使古罗马的建筑无论是建筑规模还是建造施工速度都达到了西方古代社会的最高水平。

"罗马人征服希腊之后，尽管他们在相当程度上崇拜并继承了希腊的服饰、政治、建筑风格、学术以及整个的文化，却在工程技术上远远超过了以优美和典雅著称的希腊文明。"[2] 古希腊人善于构想，而古罗马人更看中实践，古希腊建筑更多地关注建筑的外部形式与细节，而古罗马建筑则在注重外部形式的同时，对建筑内部空间的设计倾注了更多的心血，在古罗马人看来，内部空间和功能与外部形式同样重要。

台伯河岸边的罗马城始建于公元前 753 年，在其后几百年的建设中，城内汇集了大量古罗马帝国建筑的精华。豪华的宫殿、雄伟的神庙和巨大的城市广场，可以容纳 2 万名观众的大剧场、8 万名观众的角斗场、30 万名观众的竞技场，以及可以容纳 3000 人同时洗浴的大浴场等巨型建筑，即使在今天超千万人口的特大城市中也很难看到这样规模庞大的建筑，古罗马人创造了新的人类文明（图 9-15）。

（1）天然混凝土

一直到现在，人们还对古埃及金字塔的建造存有许多悬念，其中最大的疑问是在缺少金属工具和起重设备的古代，他们是如何将重达几十吨的石头切割下来，并运到工地，又是如何安装到位的。也正是因为这些难以计算的工作量使一些巨型建筑要经历几十年，甚至上百年的建造过程。

古罗马时期天然混凝土的主要成分是一种活性火山灰，加上石灰和碎石经加水搅拌后有相当的凝结力，不仅有很强的抗压能力，也有一定的抗拉能力，是理想的建筑材料。使用天然混凝土最初是在有火山的锡拉岛，但质量最好的是那不勒斯附近的港口普提奥里出产的一种红色火山灰。这些散状的建筑材料便于运输、加工和施工建造，不需要众多专门的工匠，大量缺少技术的普通人（战俘和奴隶）都可以参与建设。这种革命性的变化，大大提高了建筑施工的速度，降低了建筑的成本，它客观上促成了古罗马时期众多巨型建筑的产生。同时，天然混凝土的广泛使用也给拱券结构的发展创造了良好的基础。

（2）拱券结构

拱券结构是古罗马建筑的最大特色和成就，也是对欧

图 9-15　罗马城复原模型

图 9-16　尼姆水道桥

洲建筑的最大贡献。但拱券结构并不是古罗马人发明的，起码在公元前 8 世纪西亚建筑中已经出现拱形结构，拱券结构甚至可以追溯到公元前 4000 年时的西亚，只是在当时这种结构还没有作为主流形式在建筑中广泛应用。

拱券结构从根本上摆脱了从古埃及、古西亚和古希腊以来的以梁柱结构体系为主流的建筑结构形式，为实现开敞的室内空间迈出了极为重要的一步。古罗马人最早是将拱券结构应用在向城市输送水源的高架水道桥上，当水道需跨越峡谷时，只有通过多层拱券结构建造的水道桥来完成。现今保存最完好的古罗马时期的水道桥是位于法国南部尼姆的加德水道桥，它是为向尼姆城供水而于公元前 19 年建造的总长达 50 公里的输水道的一部分。在陡峭的河

谷上，三层的连续拱券跨越河谷两岸，全长 275 米，最高处约 50 米，最大拱券跨度达 24.5 米。据估算，当年每天会有约两万吨水从这里流向尼姆城（图 9-16）。在尼姆城内还有著名的方形神殿（建于公元 5 年），它是为纪念罗马帝国的凯撒大帝而建造的，也是尼姆保存最好的古罗马建筑。

到 2—3 世纪时，在用天然混凝土浇筑筒形拱时，每隔约 60 厘米先用砖砌券，两道砖券之间用若干个水平的砖带连接，这样就把整个筒形拱划分成若干方形的小格，混凝土浇筑到方格里，凝结后同砖券形成一个整体，这种施工方式可以防止混凝土在浇筑过程中向两侧流淌，同时可以避免大面积混凝土浇筑产生的收缩变形，也便于分段施工和节约模板。古罗马帝国灭亡之后，西欧遗忘了拱券结构，直到 10 世纪时，才在法国中部逐渐恢复使用。

（3）筒形拱、十字拱与肋架拱

筒形拱和穹顶虽然解决了梁柱结构体系所无法达到的空间与跨度，但它们的重量很大，需要厚重并且连续的承重墙来承担屋顶的垂直荷载和水平推力。这样，筒形拱和穹顶所覆盖的空间就只能是封闭而单一的，无法创造连续而开敞的室内空间，此外，厚重的墙体也很难开窗采光。

从 1 世纪开始，十字拱逐渐得到应用。十字拱是从交叉拱（又称棱拱）演化过来的，它可以将屋顶的荷载传到四角的支柱或者墩台上，而不需要连续的承重墙，多个十字拱的连接就可以创造开敞的室内空间。十字拱的两端又

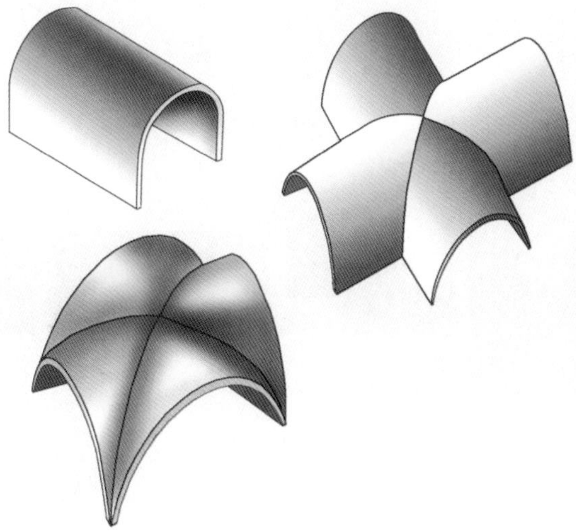

图 9-17 筒形拱、交叉拱与十字拱

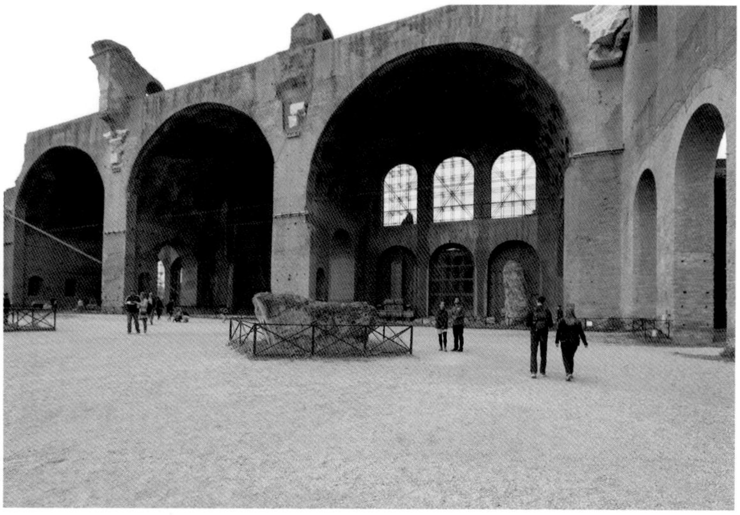

图 9-18 君士坦丁巴西利卡现状

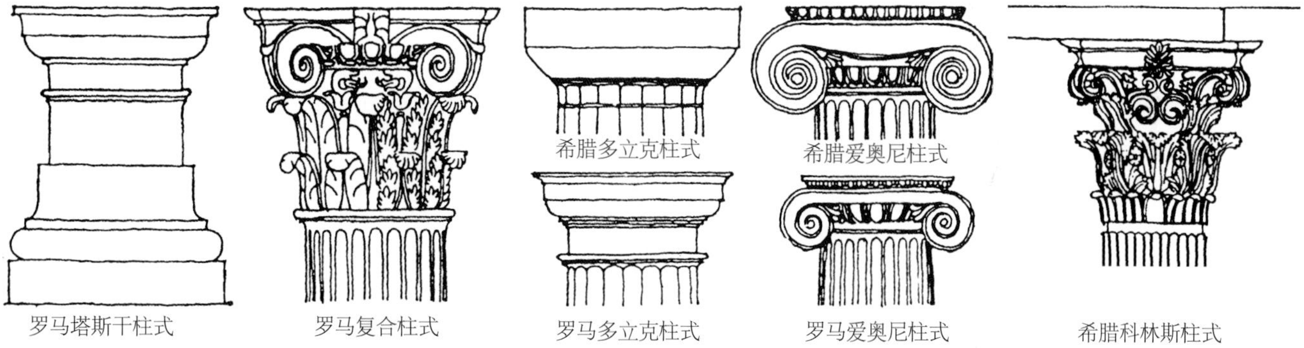

图 9-19 柱式的发展与演变

可以开设侧高窗，极大地改善了大型建筑内部的采光状况（图 9-17、图 9-18）。

4 世纪后，由于奴隶和战俘的急剧减少，需要大量劳动力进行施工的天然混凝土已很少使用，众多工匠的加入给建筑技术的提升奠定了基础，拱券结构又有了新的发展。在早期砖券内浇筑混凝土的位置架设石板，这就是早期的肋架拱，肋架拱首次将拱顶的承重部分和围护部分分开，大大减少了拱的自重，并把屋顶的荷载集中到拱券上，加速了连续承重墙的取消，同时也可以节约大量的模板和支架。

（4）柱式的发展

古罗马人在古希腊多立克、爱奥尼、科林斯三种柱式的基础上，又创造了塔斯干柱式和复合柱式，塔斯干柱式是全新的形式，而复合柱式则是把爱奥尼柱式的涡卷叠加到科林斯柱头的忍冬草叶上，所以，复合柱式是最富有装饰性、最华丽的柱式。古罗马人又将古希腊的三种柱式进行了改造，使柱式更华丽、更细密、更复杂了，这五种柱式也奠定了西方古典建筑的基础（图 9-19）。

古罗马开始大量使用拱券结构，而拱券结构在形式上与梁柱结构的柱式有许多矛盾甚至冲突。同时，拱券结构的墙体和墙墩都比较厚重，非常需要装饰。为了解决这些矛盾，古罗马人发明了券柱式，它是将柱式及简化的梁柱结构的檐口和门楣依附在拱券结构的实墙面上，这个构图单元就是券柱式。最简单和有代表性的券柱式建筑是凯旋门。

除了券柱式外，对柱式的叠层使用也制定了规范，规范规定把比较粗壮、简洁的柱式放在底层，上面逐层放置轻快、华丽的柱式。通常的做法是一层为塔斯干柱式或罗马多立克柱式，二层为爱奥尼柱式，三层为科林斯柱式。罗马大角斗场第四层用的是科林斯方壁柱，很多建筑中都将叠柱式和券柱式结合起来使用。

有些建筑内部空间比较高，有两层或多层壁龛，外部却采用一层柱子，这种做法叫做巨柱式，到文艺复兴时期更为流行，并且在建筑外部大量使用。

（5）《建筑十书》

《建筑十书》是由古罗马奥古斯都的军事工程师维特鲁威大约在公元前 32—前 22 年间完成的建筑理论著作，因为该书共分为十卷，故得名《建筑十书》。《建筑十书》

图 9-21　罗马万神庙穹顶内部

图 9-20　夜晚的罗马万神庙及前面的广场

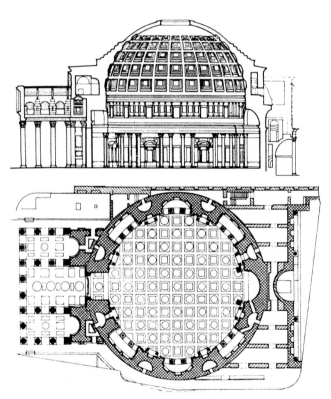

图 9-22　罗马万神庙剖面图和平面图

论述的范围非常广泛，包括城市规划、建筑工程、市政工程、机械工程等范畴。中世纪时，《建筑十书》的手抄本被修道士发现，到了文艺复兴时期在西欧广泛流传，影响非常大。《建筑十书》奠定了欧洲建筑科学的基本体系；系统地总结了古希腊和古罗马建筑的实践经验，全面建立了城市规划和建筑设计的基本原理。文艺复兴之后，《建筑十书》成为欧洲建筑师的基本教材。

（6）巴西利卡

古罗马人在柱廊式建筑的基础上，总结和发展出一种建筑空间的组合形式，它是由中间相对高大的长方形大厅式空间同两侧相对低矮的侧廊空间组成的，侧廊多为两层，这种空间形式就叫做"巴西利卡"。当时，这种空间布局形式多用于法庭、交易所和会堂等人员较多的公共建筑中，它对后来的建筑布局和空间处理影响很大。

1. 古罗马神庙——罗马万神庙

罗马城的万神庙是哈德良皇帝为敬奉诸神（七大行星之神），于 120—124 年间建造的。609 年，被当时统治罗马的拜占庭皇帝下令改为基督教堂，奉献给圣母玛利亚和所有的殉道者。正因如此，使得万神庙能够侥幸被完整地保留下来，成为现在保存最好的古罗马时期的建筑（图 9-20 ～图 9-22）。

万神庙的平面非常简洁，圆形的殿堂前是巨柱式的门廊，门廊宽 34 米，进深为 15.5 米。高达 12.5 米、底径 1.45 米的 16 根科林斯柱都是用整块灰色花岗石雕成的。用天然混凝土浇筑的巨大穹顶直径达到 43.3 米，在 19 世纪新型结构出现之前，它一直保持着最大建筑跨度的世界纪录。穹顶根部厚达 5.9 米，顶部厚为 1.5 米，混凝土采用浮石作为骨料以减轻自重。穹顶内有五层深深凹入，类似"井字梁"的结构做法，或许凸出的部分就是砖券和砖带。层层凹入的形式既减轻了自重、增加了光影变化，又赋予巨型空间以应有的尺度感。

穹顶的中间开有直径为 8.9 米的圆洞，它是整个建筑唯一的采光口，能在穹顶的顶部留下如此大的洞口，也表明古罗马人对穹顶结构受力特点的深入了解。这里是排出中央祭坛烟雾的通风口，光线缓慢移动，照射在穹顶的表面，更加深了宗教的神秘感。

万神庙的主体建筑从基础到穹顶都是用混凝土浇筑而成的，为了抵御穹顶传下来的巨大侧推力，万神庙的墙体厚达 7 米。外墙面为砖饰面，内墙面贴大理石，现有的塑像和内饰面都是改为基督教堂后附加上去的。墙体有七个深深凹入的半圆形神龛，古罗马时期供奉着七位大神。此时，古罗马的建筑师还没有充分认识到穹顶在建筑中的造型作用，为了保持入口门廊的比例，加高的圆筒形墙垣遮挡了穹顶，虽然外面饰以镀金的青铜板，但穹顶的外部形象没有得到很好的表现。万神庙巨大的室内空间令人赞叹，它成了古罗马的象征。

2. 古罗马剧场——马塞鲁斯剧场

古罗马时期比较著名的剧场有罗马城里的马塞鲁斯剧场、现位于法国南部奥朗日的剧场和小亚细亚的阿斯潘达剧场等，其中，马塞鲁斯剧场建造的时间最早。

罗马人从希腊人那里继承了戏剧表演的传统，但其剧场的形式却与古希腊人有很大区别。一贯注重建筑外表的古希腊人在剧场设计上却表现出与其他类型建筑完全不同的处理手法。古希腊人的剧场由于受建造手段的限制，都是依靠自然山势来建造露天剧场，座位的升起往往受山体坡度的影响，而且只有剧场的内部空间，没有外部形式。因为需要靠山地来建造，剧场通常都位于城市的外围，不便于使用。

古罗马时期的剧场形式则发生了巨大变化，由于天然混凝土的大量使用，使建筑的成本大大降低，施工速度大大加快。剧场座位的升起是通过一系列放射形排列的筒形拱把观众席一层层架起来。拱券技术和天然混凝土的应用使古罗马剧场的选址彻底摆脱了自然地形的限制，大多建在城市中心。古罗马剧场的舞台也发生了明显的变化，由古希腊时期的平面圆形舞台发展成为长方形舞台，并带有立体多层阳台的建筑背景，演出形式和规模更宏大，这与现代的舞台形式已非常相近。

马塞鲁斯剧场建于公元前 44—前 13 年，剧场建筑的外立面分为 3 层，均采用大理石饰面，形式同大角斗场十分相似。叠柱式的拱券结构下面共有 41 个拱门，外侧是多立克式半圆壁柱，二层是爱奥尼柱，三层墙面的外侧是科林斯柱。剧场观众席的最大直径达 130 米，最多可以容纳 2 万人，半圆形舞池直径为 37 米，舞台宽度达到 90 米，是当时最大的剧场（图 9-23）。

图 9-23　马塞鲁斯剧场现状

图 9-24　大角斗场现状

3. 古罗马角斗场——罗马大角斗场

在古罗马的帝国时代，角斗比赛已经完全成为一种公共娱乐活动，角斗场遍布于各地城市中。争斗不仅仅在角斗士之间进行，也在角斗士与猛兽之间展开。大角斗场甚至还可以利用输水道引水，形成湖面，表演海战场面，据说最多时有三千人参加。角斗场的平面呈椭圆形，就像两个半圆形的剧场合并在一起，所以又叫做圆形剧场（图 9-24 ～图 9-26）。

气势恢弘的罗马大角斗场建于 72—80 年，其形制来源于古罗马的剧场。角斗场的长轴为 188 米，短轴为 156 米，周长 527 米。椭圆形的表演区长 86 米，宽 54 米，地面铺地板，下面是用混凝土浇筑的隔墙，用于关押猛兽或角斗士。看台同表演区有 5 米多的高差，全部为光滑的墙面，以保证角斗时观众的绝对安全。观众区约有 60 排，共分为 5 个区域，可容纳 5 万 ~ 8 万人。看台逐层后退，形成阶梯状的升起，总的坡度升起以保证每一排观众都具有良好的观赏视线。

大角斗场的外立面采用灰白色的凝灰岩砌筑，高 48.5 米，典型的叠柱式立面形式，共分为 4 层，从下至上依次是：一层为塔斯干柱式，二层为爱奥尼柱式，三层为科林斯柱式，都是半圆柱，第四层用的是科林斯方壁柱。二层和三

图 9-25　大角斗场内部现状

图 9-26　大角斗场立面现状

图 9-27　阿德良离宫

图 9-28　提度斯凯旋门

层的每个券洞口都有一尊白色大理石的雕像，同粗糙的混凝土墙面形成对比。圆形的券廊光影变化丰富，上下虚实对比强烈。当时大角斗场的顶部还有用桅杆张拉起来的悬索遮阳篷布。

除了建筑形式和建筑结构的杰出成就之外，大角斗场的设计理念以及人流疏散对后来乃至今天的体育场馆都有深远的影响。

4. 古罗马竞技场——罗马大圆形竞技场

罗马人喜欢的另一项娱乐活动是马车比赛，这种由四匹马牵引的双轮马车速度非常快，它早在古希腊时期就已经是运动会的比赛项目，因此，比赛场地的形式也同古希腊的运动场相似，只是规模要大得多。

罗马的大圆形竞技场建在巴拉蒂诺山和阿文蒂诺山之间地势低洼的地段，其平面呈细长的马蹄状，长约 600 米，

宽约 200 米，据说最多可以容纳 30 万人观看比赛，这对于只有 150 万人口的罗马城来说，充分显现出当时建筑规模的宏大和帝国强大的经济实力。

5. 古罗马宫殿——阿德良离宫

古罗马的宫殿大多集中在城中巴拉蒂诺山上，位于罗曼努姆广场的南侧。巴拉蒂诺山实际是一块台地，高 40 米，周边 1740 米，它是罗马城最古老的核心。现今，这些昔日奢华的宫殿都已变成残垣断壁，只有阿德良离宫还依稀能够看到当年的影子（图 9-27）。

阿德良离宫位于罗马城东面山清水秀的蒂沃里，距离城内 8500 米，建于 118—134 年，占地面积约为罗马城的 1/10，是古罗马最大的宫殿建筑群，离宫中有宫殿、庙宇、浴场、图书馆、剧场以及众多的园林景观。

现今，阿德良离宫内保存比较完整的一处景观是"卡

图 9-29 君士坦丁凯旋门

图 9-30 赛维鲁斯凯旋门

诺普",这个景观的主体是一条长 119 米,宽 18 米的水池。水池周围有科林斯柱廊环绕,中间有罗马诸神的雕像,一旁还有伊瑞克提翁神庙女像柱的复制品。阿德良离宫建筑及装饰极为华丽,许多建筑都是阿德良皇帝巡视帝国各地时,将其喜欢的建筑和景致在离宫中进行模仿建造的,所以难免有堆砌的感觉。

6. 古罗马凯旋门

凯旋门是古罗马特有的一种纪念性建筑,为炫耀和纪念重大战争的胜利而建造,在当时帝国的许多城市都建有凯旋门。凯旋门通常是建造在城市主要干道的交会点或城市广场一侧,起到标志性的作用。凯旋门的典型形制是:方形的立面,高高的基座和女儿墙,女儿墙上刻有铭文,上面有青铜车马的雕塑。三开间的券柱式,中央一间的券洞比较高大,两侧相对低矮。凯旋门一般是用天然混凝土浇筑的,外侧用白色大理石贴面。罗马城内比较著名的凯旋门有提度斯凯旋门(81 年)、塞维鲁斯凯旋门(203 年)和君士坦丁凯旋门(312—315 年)(图 9-28 ~图 9-30)。

7. 古罗马浴场——罗马卡拉卡拉浴场和戴克里先浴场

浴场是古罗马人日常社会交往不可缺少的重要组成部分,通常是一组综合性的建筑群,包含有运动场、图书馆、音乐厅、商场、花园等功能。罗马城内大型的浴场先后有11 处之多,其中卡拉卡拉浴场和戴克里先浴场最为有名,从用帝王名字来命名浴场就足以反映出浴场在古罗马社会生活中的地位(图 9-31)。

卡拉卡拉浴场由塞维鲁斯皇帝和其子卡拉卡拉皇帝建于 211—217 年,位于罗马城内南部,整个建筑群占地长375 米,宽 363 米。地段中央是浴场的主体建筑,长 216米,宽 122 米,可以容纳 1600 人同时洗浴。主体建筑采用对称的布局形式,中轴线靠北侧是比现今标准游泳池还

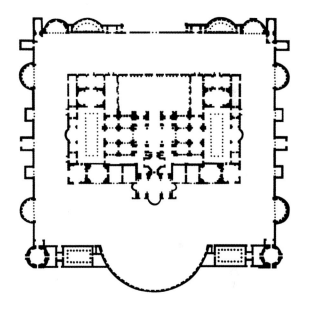

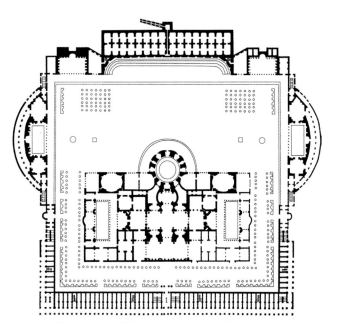

图 9-31 戴克里先浴场(上)、卡拉卡拉浴场(下)平面图

图 9-32　卡拉卡拉浴场剖析图
（左）

图 9-33　19 世纪雕版画中的卡拉
卡拉浴场（右）

图 9-34　夕阳里的卡拉卡拉浴场遗址

图 9-35　阿德良陵墓及圣天使桥

大的冷水浴池，向南分别是大厅（或大温水浴厅）、小温水浴厅和圆形热水浴大厅。整个建筑空间巨大，非常壮观，其中热水浴大厅的穹顶直径达 35 米。大厅是连续的三间十字拱，长 55.8 米，宽 24.1 米，由 8 个柱墩支撑，所有拱券结构都是由天然混凝土浇筑而成。卡拉卡拉浴场的装饰非常豪华，墙面贴大理石板，地面铺满精美的镶嵌画，采用大理石的复合柱式，整个浴场俨然是一座华丽的宫殿（图 9-32 ～图 9-34）。

戴克里先浴场由戴克里先皇帝建于 305—306 年，位于罗马城内东北部，是罗马城内最大的浴场，同卡拉卡拉浴场的命运不同，戴克里先浴场后被部分改造为圣玛利亚教堂而被局部保存下来。主体建筑比卡拉卡拉浴场规模更大，长 240 米，宽 148 米，可以容纳 3000 人同时洗浴。大厅连续的三间十字拱，长 61.0 米，宽 24.4 米，高 27.5 米。

这两座浴场建筑结构技术先进，巨大的内部空间及其复杂的组合关系显现出古罗马时期建筑师处理大型建筑的能力。与梁柱结构体系完全不同的拱券结构，以及它的平衡体系彻底改变了建筑的空间形式，让建筑从单一空间发展到复合空间。

8. 古罗马陵墓——阿德良陵墓

古罗马时期帝王陵墓的形式种类很多，其中，最为隆重的当属形似城堡的"台形陵"。与古罗马首任皇帝奥古斯都的陵墓隔台伯河相望的就是阿德良陵墓，它建于 135 年。陵墓下方是长 91.4 米、高 22.9 米，以大理石贴面的方形基座，基座上是一个直径为 73.2 米、高 45.7 米的两层圆台，墓室就建在其中。圆台中央的塔楼上是象征阿德良皇帝的阿波罗雕像。3 世纪时，将其同罗马城墙连接在一起，使其成为一座军事要塞。后来陵墓曾经被用作监狱，现在叫做圣天使城堡（图 9-35）。

本章注释：

[1]［英］乔纳森·格兰西. 建筑的故事［M］. 罗德胤，张澜译. 北京：三联书店，2003：25.

[2]［英］乔纳森·格兰西. 建筑的故事［M］. 罗德胤，张澜译. 北京：三联书店，2003：30.

第十章　欧洲中世纪建筑

　　建筑史学家将 5 世纪末西罗马帝国衰亡到哥特式教堂兴起这段时间的建筑称为欧洲中世纪建筑。由于政教合一，再加上连年的战争，生灵涂炭，辉煌的古典建筑技术与艺术被遗忘，因此历史上也称之为"黑暗的中世纪"。欧洲中世纪的建筑史主要经历了早期基督教、拜占庭、罗马风和哥特建筑等主要历史阶段。

第一节　早期基督教建筑

　　基督教的创始人耶稣诞生在罗马帝国东部今巴勒斯坦的伯利恒。在罗马帝国的盛期，基督教已经在帝国的领土上悄悄地传播。由于担心基督教的思想会动摇帝国的统治，破坏传统的宗教信仰，30 年，耶稣被逮捕并被处死于耶路撒冷城外。耶稣死后，基督教反而得到更广泛的传播，基督教徒认为耶稣是上帝的儿子，降生为人，是为了拯救世人。由于基督教在当时只能秘密流传，所以教徒们在罗马修建了许多地穴墓室。"这些最早的基督教建筑既是基督徒死后的葬身之地，又是举行宗教仪式的秘密场所。它们一般深入地下 10 ~ 20 米，内部绘有壁画、天顶画，装饰着石膏制作的浮雕。目前，已发现 60 万 ~ 80 万个罗马地穴墓室，其通道的总长度竟达 480 公里。"[1]

　　随着基督教的政治和经济影响力日益扩大，313 年，君士坦丁皇帝下令批准基督教徒可以公开信教，从而确立了基督教的合法地位。392 年，狄奥多西一世发布法令，确认基督教为罗马帝国的国教，同时禁止所有异教的活动，许多神庙和公共建筑都遭到了毁灭性的破坏。没有任何其他一种宗教形式像基督教那样对欧洲乃至世界建筑产生如此大的影响。在古罗马帝国以后相当长的一段时间，欧洲乃至世界建筑都与基督教紧紧联系在一起。

　　基督教作为一种全新的宗教形式，还没有对教堂提出任何具体的要求，除了利用罗马万神庙那样的异教神殿作为教堂之外。"在无先例可循的情况下，大都选择几乎不带任何其他宗教印记的巴西利卡作为他们的活动场所。"[2]

图 10-1　特里尔君士坦丁巴西利卡

因为基督教的仪式要求信徒聚集在室内，巴西利卡的大厅式空间和连通的侧廊正好符合其使用要求。但是，早期基督教建筑无论在建筑形式还是建筑技术上都与当时已经达到顶峰的古罗马建筑完全脱离开来，这不能不说是一种巨大的倒退。

　　310 年，君士坦丁在特里尔为其母亲建了一座巴西利卡式的宫殿，这就是著名的特里尔君士坦丁巴西利卡，后来他母亲将该宫殿奉献出来，作为纪念圣彼得的教堂。建筑形式非常简洁，反映了基督教初期的质朴，长方形的平面，后面有半圆形的圣坛。长 70 米，宽 27 米，高约 30 米，没有侧廊。由于将教堂入口改在圣坛对面，进入教堂后，狭长的空间具有强烈的视觉导向作用，这同古罗马时期从大厅长边进入的感觉是完全不同的，这也是基督教堂与神庙最大的差别（图 10-1）。

第二节   拜占庭建筑

由于罗马帝国西部经济的衰落和其他部族的不断入侵，330 年，君士坦丁大帝把帝国的首都从罗马迁到了东方——黑海口上的拜占庭，后将其改名为君士坦丁堡，也就是今天土耳其的伊斯坦布尔。君士坦丁堡地位重要，易守难攻，是世界上防守最坚固的城市之一，在其漫长的历史中仅被攻占过两次。

395 年，古罗马帝国正式分裂为东、西两大帝国，东罗马帝国首都在君士坦丁堡，以希腊语系为主，手工业和商业比较发达；西罗马帝国首都在罗马城，主要是拉丁语系，以农业为主。

479 年，西罗马帝国灭亡，基督教也一分为二，出现了东、西两大教会。西部教会自称"公教"，通称罗马天主教；东部教会自称"正教"，通称"东正教"。东罗马帝国到 11 世纪后开始逐渐衰落，1453 年被土耳其人灭亡。后来，史学家把东罗马帝国称为拜占庭帝国，这一时期的建筑也被叫做拜占庭建筑。4—11 世纪是拜占庭帝国最繁荣的时期。

君士坦丁大帝对君士坦丁堡进行了大规模的建设，其规模和壮丽只有过去的罗马城可以相比。查士丁尼皇帝在位时（527—565 年），拜占庭帝国达到鼎盛，它几乎统一了原罗马帝国的大部分领土。500 年，君士坦丁堡的人口达到 100 万，这时罗马城的人口已由盛期的 150 万减少到 30 万。

拜占庭时期的建筑并没有延续古罗马建筑的辉煌，古典柱式开始逐渐被遗忘，古罗马高超的建筑技艺逐渐失传。

拜占庭建筑的最大成就是创造性地使用了帆拱并通过帆拱将穹顶支撑在四个独立支撑结构上，这种新的结构技术的关键问题是如何解决圆形穹顶和方形平面的衔接问题。穹顶技术在古罗马时期已经非常成熟，但穹顶下是连续而封闭的墙体，其内部空间既封闭又单一，而且过于庄严肃穆，很难适应新的宗教仪式的需要。古罗马浴场室内开放型、多层次的流通空间又缺少强大有力的中心。如何将穹顶集中式的空间同巴西利卡以及古罗马浴场那种外延空间相结合，创造一种适合宗教仪式的新的空间形式是当时寻求建筑技术突破的动力和关键。

帆拱：以前圆形的穹顶和方形平面的衔接与过渡已经有许多经验的积累，例如采用"抹角拱"或者层层出挑的形式进行处理，但穹顶的规模一般都比较小，而且内部空间也不完整，后来帆拱的出现使所有难题都迎刃而解。帆拱的基本力学原理是在方形平面四角的墙墩上砌筑四个巨大的券，然后用四个三角形的球面来填补空缺之处，并与券连接成一个整体。这样，在四个券的顶点处就交接形成了一个圆形的水平开口，上面可以覆盖穹顶。因为三角形的球面很像当时船上的风帆，故得名为"帆拱"（图 10-2）。

1. 圣索菲亚大教堂

圣索菲亚大教堂位于现今土耳其的伊斯坦布尔，建于 532—537 年。532 年，平民暴动焚毁了君士坦丁堡大量的建筑，甚至是皇宫，就连圣索菲亚大教堂也不能幸免。在暴动被平息后仅仅 40 天，查士丁尼大帝就着手圣索菲亚大教堂的重建，他从小亚细亚召集来了当时最著名的建筑师安泰米乌斯和伊西多尔负责教堂的设计和建造，查士丁尼大帝本人也亲自参与大教堂的设计。

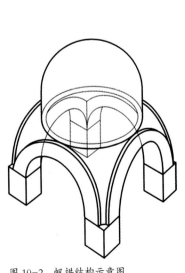

图 10-2   帆拱结构示意图

图 10-3   圣索菲亚大教堂

圣索菲亚大教堂采用帆拱无疑是建筑技术上的进步，但将这种技术应用到如此巨大的建筑上，也冒了很大风险。在大穹顶的东、西两侧分别用半个穹顶来平衡侧向推力，而南、北两侧则由四个长 18.3 米、宽 7.6 米的墙墩来化解，这样层层抵消，形成了一个完整的平衡体系。

圣索菲亚大教堂东西长 77.1 米，南北宽 71.7 米。教堂中间的核心空间长 68.6 米，宽 32.6 米。穹顶的直径为 33 米，中心高度约 60 米。由于采用肋架券作为穹顶结构的受力主体，穹顶的重量比较轻，肋架券外侧的围护结构主要承受自身的重量，附加的荷载比较小，所以在穹顶的根部，肋架券之间开设了 40 个窗子，这种效果只有在完全框架化的肋架券结构中才可以实现，也打破了许多传统的理念。在光线的作用下，穹顶仿佛是飘浮在空中一样，当夕阳西下时，窗子投射下来的光线就像是悬挂在天空高处的一条金链。

圣索菲亚大教堂内部装饰虽然非常华丽，但都是平面状态的，不像万神庙那样有明显的凹凸和光影变化。众多穹顶和拱顶下的空间都是开放的，它们流动贯通，高低大小变化丰富，主次分明，最后由中央大穹顶统率全局。

圣索菲亚大教堂动用了 1 万名工匠，耗资折合 14.5 万公斤黄金。1453 年，攻克君士坦丁堡的土耳其人捣毁了许多东正教堂，但他们却被圣索菲亚大教堂所深深吸引，后来将其改造成清真寺，在四角上加建了呼唤穆斯林按时举行礼拜的"邦克楼"（图 10-3 ～图 10-7）。

出于对圣索菲亚大教堂的敬仰，后来土耳其人在君士坦丁堡模仿圣索菲亚大教堂又建造了四座大清真寺，最著名的是蓝色清真寺。

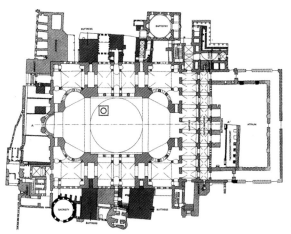

图 10-4　圣索菲亚大教堂平面图

图 10-5　圣索菲亚大教堂剖面图

图 10-6　圣索菲亚大教堂室内大厅

图 10-7　圣索菲亚大教堂二层侧廊

2. 圣瓦西里·伯拉仁内大教堂

圣瓦西里·伯拉仁内大教堂位于现今俄罗斯首都莫斯科。直到 10 世纪末，东正教才传到俄罗斯，东正教的传入也同时带来了拜占庭的建筑形式。后来，俄罗斯东正教堂逐渐形成了自己独特的建筑风格，最具典型特征的是洋葱形穹顶，以及小型筒形拱的端部造型，洋葱形穹顶最初是为了应对俄罗斯冬季厚厚的积雪。由于穹顶最初采用木结构建造，所以其规模一般不大，为了表现建筑的体量，通常用多组独立的形体组合成一组完整的建筑形象。

1552 年，因迎娶拜占庭帝国末代皇帝的侄女为妻，而宣称俄罗斯为"第三罗马帝国"的伊凡四世自称沙皇，率领军队攻陷了蒙古人在欧洲的最后一个重要据点——喀山。为了纪念这一历史性的胜利，伊凡四世下令在莫斯科红场南端修建一座大教堂。

大教堂建于 1555—1560 年，由伊凡四世亲自任命建筑师巴尔马和波斯尼克负责设计建造。首先，教堂在选址上没有依照当时的传统建在城堡里，而是建在城市广场的一侧，就是让每一个俄罗斯人都可以走近它，纪念这个伟大的历史事件。教堂施工时，挖开的坟墓中，有一具尸体没有腐烂，因此被人们奉为圣徒，后来便以其名"瓦西里"作为教堂的名字，而"伯拉仁内"是"多福"的意思。教堂采用了俄罗斯民间建筑的形制，由九个独立的形体组合而成，象征对蒙古人作战的九次胜利。教堂平面不是希腊十字，而是一个八角形图案。中央帐篷顶的塔楼高达 46 米，向上的动势非常强烈，其周围有八座洋葱形穹顶的小教堂，色彩艳丽，形式多变。教堂的墙体是用红砖砌筑的，与西侧的克里姆林宫红色的宫墙非常和谐（图 10-8）。

图 10-8　伯拉仁内大教堂

第三节　罗马风建筑

除了东罗马帝国的千年昌盛之外，在西欧，479 年西罗马帝国灭亡之后，一直到 1000 年的五个世纪里，由于无休止的战争、分裂与割据，以及野蛮民族的掠夺和毁灭，古罗马帝国建立起来的辉煌文明伴随着其城市和建筑的损毁，也逐渐消亡。与此同时，基督教则从无到有，不断壮大。随着基督教的不断发展，各地教会已经占有西欧 1/3 的耕地。

到 10 世纪时，西欧的农业、手工业和商业都有了很大的发展。随着法国、英国、意大利、德国、西班牙等十几个民族国家的形成，社会发展处于相对稳定的时期，各具特色的地域文化也逐渐形成。在寻求建筑复兴的新途径时，中世纪的建筑师们开始模仿古罗马人的拱券结构和巴西利卡的空间布局形式，甚至建造新建筑的许多材料和构件就直接来自古罗马建筑的废墟。因此，到 19 世纪时，建筑评论家们便将 11—12 世纪在西欧流行一时的这一建筑形式称为"罗马风"。在一些书籍中，也常被翻译成罗曼式建筑、仿罗马式建筑或罗马式建筑等。

罗马风建筑是在经历了五百年的衰败之后，在西欧出现的第一次统一的"国际风格"。它适合当时的社会需求。由于最初的罗马风建筑都是由修道院的僧侣自行设计和建造，因此缺少规范的设计，施工上也比较粗糙。这时，在城市中最重要的建筑仍然是修道院和教堂。仅在法国一地，从 1050 年到 1350 年就建造了 80 座大教堂，教区内的小教堂更是不计其数。特别是在西班牙、法国等地朝圣路上的修道院教堂，建筑规模宏大而坚固，出于防御目的，建筑都采用厚厚的墙壁和窄小的窗户。图鲁斯的圣塞尔南教堂（1080—1120 年）就是其中之一（图 10-9）。

普通人很难将罗马风建筑和哥特式建筑明确区分开来，因为它们看起来是那样的相近，例如它们往往都有拱形的柱廊，高高的塔楼，甚至是直刺天空的尖塔。但在研究者眼中，它们虽然有很多联系，但却存在着巨大的差别。可以说，罗马风建筑是哥特式建筑的基础，它为后来哥特式建筑全新结构和形式的出现创造了客观上的条件。"罗马风教堂粗糙、沉重、阴暗，表情抑郁。而哥特教堂则明亮、轻快、宽敞，闪烁着大窗子上彩色玻璃画璀璨的光辉。"[3] 虽然是统一的"国际风格"，但是各地的罗马风建筑在形式上也有很大的不同。在英国有达勒姆教堂，在德国有斯贝尔教堂，在意大利有比萨大教堂、佛罗伦萨大教堂洗礼堂，在法国有克鲁尼大教堂，它们形式各异（图 10-10～图 10-12）。

一、罗马风建筑的结构特征

1. 使用古罗马时期单圆心的拱券结构，一般是在门窗和拱廊上使用半圆形拱，但结构尺寸与古罗马建筑相比要纤细很多。

2. 早期用筒形拱取代了木屋架，后期又采用扶壁柱和肋架拱取代筒形拱，以减少侧推力，对后来的哥特式建筑影响很大。

二、罗马风建筑的形式特征

1. 墙体很厚重，窗户开得比较小，室内光线昏暗，有较好的防御性能。

2. 由于许多建筑是修道院的僧侣自行设计和建造，所以质量粗劣，风格质朴，很少有装饰。

3. 首次将钟楼组合到了教堂建筑中，从此以后，在欧洲，无论是城市还是村镇，钟楼都是建筑构图不可缺少的重要元素。

意大利的比萨大教堂无疑是最完美，也是最著名的罗马风建筑。1063 年，比萨海军在西西里岛附近击败了阿拉伯人，为了纪念这次战争的胜利，建设了比萨大教堂。大教堂由多组建筑组成，建造时间前后长达 300 年，其形式特征也由初期的罗马风发展到后来受哥特式建筑的影响（图 10-13）。

图 10-9　圣塞尔南教堂（左上）
图 10-10　达勒姆教堂室内（右上）
图 10-11　斯贝尔教堂（左下）
图 10-12　佛罗伦萨大教堂洗礼堂（右下）

图 10-13 比萨大教堂

教堂主体建于 1063—1118 年和 1261—1272 年，采用拉丁十字平面，巴西利卡式大厅长达 95 米，西立面山墙上部采用装饰性的叠柱式连续拱廊，形成其鲜明的特征。建筑外墙采用白色大理石，每隔三层就加设一条深色大理石，这种砌筑方式在拜占庭建筑中经常使用。在屋顶的十字交叉部位，于 1090 年建造了一座平面呈椭圆形的小穹顶。在教堂的前方，于 1153—1265 年建造了洗礼堂。洗礼堂平面呈圆形，外面的柱廊同大教堂相呼应。在 13 世纪时，增加了哥特风格的装饰。14 世纪时，建设了洗礼堂顶部，洗礼堂的顶部朝向教堂一侧为白色，背对教堂的另一半则采用红瓦。在教堂的东南方，于 1174—1271 年建造了著名的比萨斜塔，比萨斜塔是教堂的钟楼，将钟楼与教堂主体分开是典型的意大利形制。由于地下土层发生塌陷，在钟楼建到第三层时出现了倾斜，在建造过程中不断进行校正，因此，钟楼竖向高度上并不是一条直线。14 世纪时，又在七层的斜塔上加建了一层钟楼。六层的透空券廊与实墙面形成强烈的对比，使斜塔具有既庄重大方，又空灵精细的造型特点。

1590 年，伟大的物理学家和天文学家伽利略在斜塔上完成了著名的科学实验，更使比萨斜塔闻名世界。目前，塔顶中心偏离达 5.2 米。

整个比萨大教堂建筑群采用相同形式的柱廊和外墙色彩，以及装饰性的砌筑方式，使各个不同时期建造起来的建筑浑然一体。在蓝天绿地的映衬下，洁白高雅的建筑群仿佛是人间仙境。美中不足之处是洗礼堂的巨大体量和短粗的比例破坏了整个建筑群的尺度感，其穹顶红白各半的色彩处理也有画蛇添足的感觉。

第四节 哥特建筑

12—13 世纪，继古罗马的文明失落七百多年、罗马风建筑的灵光显现过后，西欧的建筑又出现了一次新的高峰，在技术和艺术上都有其强烈的独特性，特别是在中世纪漫长的黑暗过后，这一个迟来的光明更加令人振奋，这就是哥特建筑，它代表了西方建筑史中世纪以来的最高成就，对欧洲各地的建筑，特别是教堂影响巨大。

"哥特"是当年覆灭西罗马帝国的日耳曼游牧民族之一。15 世纪，意大利文艺复兴时期的艺术家们将中世纪的文化叫做"哥特式"，其中显然带有对当年"蛮族"统治时代产生的艺术成就的蔑视。后来，"哥特式"特指对中世纪晚期，城市重新兴起时期文化的称呼，它包含了雕刻、绘画、家具、工艺美术作品等众多领域。哥特建筑在法国发源，很快就流传到英国、德国、意大利以及整个欧洲，甚至是全世界，形成了各地不尽相同的形式特征。在法国有巴黎圣母院大教堂、夏特尔圣母院大教堂、兰斯大教堂和亚眠大教堂；在英国有坎特伯雷主教堂和剑桥国王学院小教堂，英国哥特式教堂最大的特色在于室内屋顶部分的结构，石头被做成仿佛竹扇的骨架般那样纤细；在德国有科隆大教堂和乌尔姆大教堂；在意大利有米兰大教堂；

在中欧有布拉格主教堂和赫拉德坎尼城堡的弗拉迪斯拉夫大厅,后者将肋架拱相互交叉,仿佛是有生命的藤蔓从地面上攀爬而上,交织在拱顶。它们代表了不同区域和形式特征的哥特式建筑风格(图 10-14 ~ 图 10-21)。

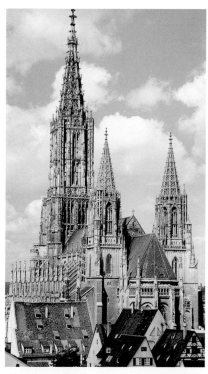

图 10-14 国王学院小教堂(左上)

图 10-15 乌尔姆大教堂(右上)

图 10-16 夏特尔大教堂(左中)

图 10-17 兰斯大教堂(中中)

图 10-18 亚眠大教堂(右中)

图 10-19 国王学院小教堂拱顶细部(左下)

图 10-20 坎特伯雷大教堂哈利钟塔拱顶(中下)

图 10-21 弗拉迪斯拉夫大厅(右下)

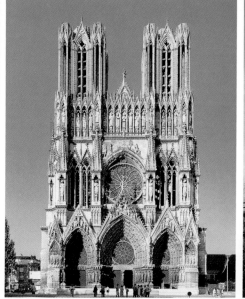

12 世纪初期，随着社会的进步，城市居民的市民意识和市民文化逐渐形成，信徒们用忘我的奉献精神投入到教堂的建设中，并以此相互竞赛来表现自己的城市。同时，基督教也在发生改变，从以前的惩恶罚罪发展到今天的宽容关怀，它还给人们尊严，使人充满了得救的希望，从而更向往美丽的天堂。教会本身也逐渐世俗化，"懂得了使用戏剧、音乐、绘画、雕刻诉诸感官的手段来弘扬教义，比枯燥的说教更有效。"[4] 如果说罗马风教堂是纯粹的宗教活动场地，僧侣们把严格的宗教观念注入教堂中去，那么哥特式教堂则是天堂的象征、城市兴旺的标志、市民情感的寄托、综合艺术的殿堂。这时，大量的专业工匠已经完全取代了修道院里禁欲的僧侣，他们直接将热情和高超的技艺奉献给教堂。

由于不断地演变和发展，哥特式建筑已经完全摆脱了古罗马时期建筑结构技术和形式的影响，结构形式、建筑材料、细节处理乃至室内外空间效果，特别是建筑的室内采光都给人全新的印象，使人振奋。因其最大的形式特点是"高"和"直"，所以有人也借助其名称的谐音称哥特式建筑为"高直建筑"。为了使信徒们在礼拜时能够面向耶稣基督圣墓的方向，哥特式教堂的大门大都朝向西侧。教堂平面采用"拉丁十字"，以区别于拜占庭的"希腊十字"。同时，拉丁十字平面良好的纵深感可更好地烘托出哥特式教堂室内空间的高耸与深邃。

哥特式建筑的魅力绝不仅仅表现在教堂上，在城堡和城市公共建筑上也有许多经典作品。如法国诺曼底海岸的圣米歇尔山，比利时的伊普斯纺织会馆，意大利的锡耶纳市政厅和威尼斯的总督府等为其代表（图 10-22、图 10-23）。

一、哥特建筑的结构特征

1. 为减少屋顶部分的结构重量，使用骨架券作为拱顶的承重结构，十字拱成为框架式的，屋顶的围护部分已经减少到 30 厘米厚。

2. 全部使用双圆心的尖券和尖拱，以减少侧推力。由于十字拱的结构特点，其结构的跨度比较小，巴黎圣母院中厅的跨度只有 12.5 米。

3. 框架式的十字拱将屋顶的重量传到四角，由于屋顶的侧推力比较小，可以通过凌空的飞券抵御拱顶的侧推力，侧廊高度的降低又可以使中厅开设很大的高侧窗，解决了长期困扰教堂内部采光不足的难题。

4. 由于建筑结构上的优势，使结构自重大大减轻，因此，哥特式建筑的高度有了飞速的突破。德国的乌尔姆大教堂达到了令人难以想象的 161.53 米的高度，在整个古代建筑中前无古人，后无来者。

二、哥特建筑的形式特征

1. 拱券尖尖，所有的装饰构件都有探向天空的尖锐造型，加上那史无前例的高度，产生了很强的向上升腾的动势。

2. 从室内看，骨架券从柱墩底部一直向上散射开来，像有生命力的植物一样，从大地上生长出来。巨大的窗子，加上五彩缤纷的彩色玻璃画，将教堂内部空间渲染得光彩夺目。

3. 从室外看，象征天堂的玫瑰窗，以及透视门、飞扶壁、双圆心的尖券和尖拱，加上精雕细刻的石雕装饰，使建筑看上去像一件镂空的精美艺术品。

图 10-22 圣米歇尔山鸟瞰（左）
图 10-23 锡耶纳市政厅（右）

1. 法国巴黎圣母院

巴黎圣母院建于1163—1250年，是第一个成熟的哥特式教堂实例，加上法国著名作家维克多·雨果在其名著《巴黎圣母院》中生动的描述，更使其名扬海内外。巴黎圣母院是古老巴黎的象征，它位于塞纳河环绕的西岱岛上，这一区域曾经是巴黎的发源地。1163年，由教皇亚历山大三世和法国国王路易七世亲自为新建教堂举行了奠基典礼。

教堂的平面非常简洁，十字形的两翼并没有凸出来，狭长的中厅空间没有受到传统十字形平面中的次要轴线空间的干扰，中厅两侧设有两条双层侧廊，二层侧廊宽度只是一层侧廊的一半，这样对外部的飞扶壁和支撑的墙墩毫无遮挡。中厅长约130米，高度达到35米，可以容纳约9000人进行宗教活动。

教堂的立面保持了早期哥特式建筑简洁而理智的风格，西立面完全对称，高达69米的两座塔楼将立面垂直划分成三块，中间是象征天堂，直径达10米的玫瑰窗。上部镂空的装饰性拱廊和透视门上28位古代以色列和犹太国王的雕刻所形成的水平条带，又将其有机联系起来。同时，也将立面沿水平方向划分为三段。严谨的构图使建筑形式井然有序，精美细致的雕刻又使建筑充满生动的细节。教堂的侧立面更能反映哥特式建筑的特点，一排排凌空飞跃侧廊，跨度达15米的飞扶壁，像动物的骨骼一样强壮，支撑在建筑上，可谓鳞次栉比。侧立面横向大厅的山墙上有上下两个玫瑰窗，下面的玫瑰窗直径达13米，彩绘玻璃镶嵌极为精美。巴黎圣母院在法国大革命和反基督教时期均遭到严重破坏，在十字形平面的交点处，90米高的尖塔是19世纪教堂修复时加建的（图10-24～图10-27）。

2019年4月15日傍晚，正在维修的巴黎圣母院屋顶发生火灾，木制尖塔坍塌，木屋架被焚毁，损失惨重，震惊世界。

图 10-24　巴黎圣母院

图 10-25　巴黎圣母院背面

图 10-26　巴黎圣母院内部

图 10-27　巴黎圣母院局部

2. 德国科隆大教堂

位于德国科隆市中心的科隆大教堂是欧洲北部最大的教堂，也是德国最杰出的哥特式教堂。与相对温顺的法国哥特式教堂相比，科隆大教堂明显加入了德国人特有的冷峻，因此，其哥特式教堂的风格也就更纯粹。科隆大教堂始建于1248年，1300年时，教堂主体部分基本完成，但直到1880年，其高达157米的双塔才最后建成。科隆大教堂因保存有"东方三博士"的遗骸而号称德国教堂之母。它与巴黎圣母院、梵蒂冈的圣彼得大教堂一起并称为世界三大教堂。

耗用16万吨的石头，历时六百余年才最后完工的大教堂，东西长144.55米，南北宽86.25米。中厅长135米，高近46米。束柱从地面直达拱顶相交处，中间没有任何停顿，显得更加峻峭挺拔。教堂四周有面积达1万平方米的彩绘玻璃画，在阳光的照射下，绚丽多彩。高达157米的双塔仿佛是一对已经点燃的火箭，蓄势待发。所有建筑构件都被雕刻得玲珑剔透，极尽空灵，仿佛那不是粗笨的石料，而是铸铁的花格，甚至是植物的藤蔓，其工艺之精湛，堪称鬼斧神工。科隆大教堂的高塔成为这个城市的象征，其中所蕴含的德意志民族的精神也使其成为德国古代建筑的纪念碑（图10-28～图10-31）。

图10-28　科隆大教堂背面

图10-29　科隆大教堂侧廊

图10-30　科隆大教堂圣坛

图10-31　科隆大教堂局部

图 10-32 米兰大教堂

图 10-33 米兰大教堂屋顶

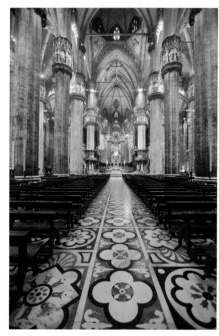

图 10-34 米兰大教堂室内

图 10-35 米兰大教堂局部石雕

3. 意大利米兰大教堂

米兰大教堂是意大利哥特式教堂的代表，也是欧洲外表最复杂、最华丽的教堂。从 1386 年开始建造，到 1809 年才基本完成，中间还经过拿破仑时期的扩建，一直到 1965 年安装完正面一扇铜制大门后才宣告最后完工。教堂的平面为拉丁十字形，长 157 米，宽 92 米。建筑四周有数不清的石笋般的尖锐石雕刺向天空，仅教堂外部就有 2245 尊雕像，135 个尖塔，细密的雕刻使整个教堂仿佛就是一座石头雕琢的镂空艺术品。

马克·吐温曾经称赞米兰大教堂是"大理石的诗歌"，直到你登上米兰大教堂的屋顶，才能感受到这句话的含义。你可以亲身感受到飞扶壁的巨大尺度与细致雕刻；也可以透过半掩的窗子看到教堂内令人震慑的高达 45 米的中厅空间。这里满眼都是石头，石头的墙壁、石头的雕刻，甚至是石板做的屋顶。当你走到教堂大厅屋顶上时，穿过两侧布满雕刻的石柱，可以俯瞰米兰全城。

米兰大教堂前的广场也因为教堂而享有盛名，这里是米兰举行政治、宗教等大型活动的地方，广场中央是 1896 年完成的伊曼纽尔二世的骑马雕像。广场北侧就是著名的时尚购物商业街——伊曼纽尔二世走廊，建于 1865—1877 年，这里也被称为米兰的客厅（图 10-32 ～图 10-35）。

本章注释：

[1] 汝信, 王瑗, 朱易. 西方建筑艺术史 [M]. 银川：宁夏人民出版社, 2002：56.

[2] 陈文捷. 世界建筑艺术史 [M]. 长沙：湖南美术出版社, 2004：69.

[3] 陈志华. 外国古建筑二十讲 [M]. 北京：三联书店, 2002：87.

[4] 陈志华. 外国古建筑二十讲 [M]. 北京：三联书店, 2002：87.

第十一章　文艺复兴与古典主义建筑

第一节　意大利文艺复兴建筑

"哥特式建筑的出现，标志着西欧中世纪已经到了晚期，神权不再能笼罩一切，市民文化开始抬头，人文主义觉醒了。历史再往前迈进一步，西欧就进入了一个文化全面繁荣的新时期。"[1] 在这一时期所发生的变革中，最具影响的就是文艺复兴，它被恩格斯称为：人类从来没有经历过的最伟大的、进步的变革。特别是在艺术领域和人文思想上对西方乃至整个世界的发展起到了极大的推动作用。

文艺复兴运动的指导思想是人文主义，"人"应该是现实生活的创造者和享受者，反对禁欲主义，歌颂世俗生活，提倡遵从理性、探索自然、追求科学知识。在这期间，整个社会都十分推崇古希腊和古罗马的文化艺术传统。

古典优秀文化的再生，是文艺复兴运动的重要标志之一，也是这场运动得名的依据。文艺复兴"是一个朝前看的时代，科学和技术从中世纪快速朝现代发展；它又是一个朝后看的时代，艺术家们模仿着一千多年前古希腊和古罗马的建筑风格。"[2] "在经历了一千多年的野蛮争战之后，西欧第一次出现了一个视精神生活的享受为至高无上的统治阶级。在这样的统治下，以人为本的思想在被压制了一千年之后重获生机，一些先进的知识分子开始重新评判人生的价值。"[3]

美第奇家族统治下的佛罗伦萨是文艺复兴的发源地，被称为意大利的雅典。后来，土耳其人攻占了伊斯坦布尔，灭亡了拜占庭帝国，意大利的东方贸易被切断了，随后的战乱使意大利的中北部陷入动荡。但此时，教皇的领地内却很安定，这样，意大利各地的艺术家和建筑师便纷纷来到罗马，意大利文艺复兴盛期和晚期都是以罗马为中心。

一、初期阶段的代表人物与建筑

15 世纪是意大利文艺复兴建筑发展的初期，以佛罗伦萨为中心。主要代表建筑师：伯鲁乃列斯基和阿尔伯蒂等人。主要代表建筑：佛罗伦萨大教堂穹顶、育婴院、巴齐礼拜堂、新圣玛利亚教堂、美第奇府邸等建筑。

二、盛期阶段的代表人物与建筑

15 世纪末到 16 世纪上半叶是意大利文艺复兴建筑发展的盛期阶段，其中心也从佛罗伦萨转移到罗马。主要代表建筑师：伯拉孟特、米开朗琪罗、拉斐尔等人。主要代表建筑：坦比哀多、圣彼得大教堂、潘道菲尼府邸、罗马市政广场、威尼斯圣马可广场等。

三、晚期阶段的代表人物与建筑

16 世纪中叶和末叶是意大利文艺复兴建筑发展的晚期阶段，以罗马为中心。主要代表建筑师：维尼奥拉和帕拉第奥等人。主要代表建筑：教皇尤利亚三世别墅、维琴察的巴西利卡、圆厅别墅、威尼斯的救世主教堂等。

四、文艺复兴建筑的主要特征

1. 增加了许多新的建筑类型，大型的府邸建筑成为这一时期的重要代表作品之一，建筑的设计水平和建造质量也都有了很大的提高。

2. 建筑技术，特别是穹顶的结构技术、施工方法和艺术形式都有了许多创新性的成果。

3. 建筑师已经不是中世纪双手老茧的能工巧匠，他们都受过良好的教育，许多建筑师成为新思想文化潮流的代表。他们往往身兼数职，既是建筑师，又是雕刻家、画家，甚至是数学家、剧作家和运动员。他们的加入使建筑融合了许多艺术的内涵，呈现出以往任何时期都无法比拟的繁荣景象。

4. 除了木制的模型外，建筑师们开始大量使用复杂的建筑平、立、剖面图指导施工过程，这也使得建筑师不用像以前那样，一直在工地监督建造，能够同时进行多项工程的设计、考察、研究和学习。

5. 建筑理论空前活跃，维特鲁威的《建筑十书》被从拉丁文译成意大利文。阿尔伯蒂的《论建筑》一书在 1485 年正式出版，成为意大利文艺复兴时期最重要、最系统，也是影响最大的建筑理论书籍。

6. 恢复了中断达千年之久的古典建筑风格，重新使用柱式作为建筑构图的重要和基本元素，追求端庄、精致、和谐、典雅的建筑风格。

五、意大利文艺复兴代表建筑

1. 佛罗伦萨大教堂穹顶

意大利文艺复兴建筑的历史是从佛罗伦萨大教堂穹顶的设计与建造开始的。佛罗伦萨是 11 世纪以后在意大利兴起的四百多个分裂的城邦共和国之一，到 14 世纪时，佛罗伦萨已经发展成为当时意大利甚至欧洲最大的城市，经济繁荣，尤其是工商业极为发达。

早在 13 世纪末，佛罗伦萨人就决定建造一座新的大教堂，当时委托坎比奥负责设计，在 1298 年的委托书上这样写：您将建造的大厦，其宏伟和壮丽是人类艺术不可能再超过的了，您要把它建造得无愧于这个总合了团结一致的公民精神的极其伟大的心愿。它表明了当时人们要建造一个空前绝后的伟大作品的决心。坎比奥设计的佛罗伦萨大教堂于 1296 年开始动工建设，其形式具有哥特式建筑的特征。到 1412 年时，其他部分已经完工，只有直径达 42.2 米的穹顶没有建成。由于在中世纪时天主教会把穹顶看作是异教庙宇的标志，严加排斥，所以穹顶的建造技术早已失传，况且佛罗伦萨大教堂穹顶下的高度已经达到 50 米，是古罗马万神庙的一倍，而墙体厚度只有 4.9 米，与罗马万神庙 6.7 米的墙厚相比要薄很多，所有这一切，都使佛罗伦萨大教堂穹顶的建造难度大大增加。

被称为"文艺复兴建筑之父"的伯鲁乃列斯基曾经做过金匠和雕刻师，也是钟表匠、拉丁文学家和数学家。15 世纪初，伯鲁乃列斯基开始研究佛罗伦萨大教堂的穹顶。他来到罗马，认真考察和深入研究古罗马时期穹顶的结构技术，通过长期的探索和模型试验，终于在 1417 年获得主教和羊毛公会的委托，负责大教堂穹顶的设计和建造。

1420 年，穹顶开始动工兴建，1431 年封顶。1436 年，伯鲁乃列斯基设计了穹顶顶端的采光亭，1446 年伯鲁乃列斯基去世时，采光亭还没有最后建造完成，后来人们在教堂旁边为伯鲁乃列斯基建立了一座白色大理石雕像，他正仰头看着佛罗伦萨大教堂的穹顶。

为了使穹顶的形式更加完整，伯鲁乃列斯基借鉴了拜占庭时期的经验，在穹顶的下面加建了高达 12 米的鼓座，虽然这为抵抗穹顶的侧推力增加了难度，但却把穹顶举得更高。这同古罗马时期的穹顶只注重内部空间的做法大相径庭，终于塑造出最具表现力的穹顶外部空间形象。它是那样的饱满和充盈着张力。从此，在欧洲乃至世界各地都可以看到统治城市天际线的高大穹顶。

伯鲁乃列斯基放弃了最初要建造一个像罗马万神庙一样完美的半圆形穹顶的设想，汲取了当时被人们蔑视的哥特式建筑的经验，穹顶的高度为 40.5 米，几乎是其半径的一倍，在减少侧推力的同时，更重要的是创造了一个崭新的建筑形象。佛罗伦萨大教堂的穹顶不仅在造型上，而且在结构和施工技术上都有大幅度的创新。穹顶分为内外两层，即内部的承重部分和外部的围护部分，这种做法减少了穹顶结构的自重，并使其受力更加合理。在八边形鼓座的每一个角上都砌筑了主肋架券，在顶部用一个八边形的环加以收头。每边再各砌筑两条小券，并用水平券将其同主券连接成一个"鸟笼"状的整体，这种做法显然来自哥特式的肋架券框架结构体系。最外侧是用石头和砖砌筑的"围护部分"，它们只承受自身的重量，并把荷载传递到里面的肋架券上。八个主肋架券裸露在穹顶的外侧，把穹顶、采光亭、鼓座完整地联系起来。高约 21 米的采光亭是用白色的石头建造的，在整个穹顶的立面构图上起到了画龙点睛的重要作用，它开创了以穹顶为构图中心的新的建筑形象，教堂总高达 118 米（图 11-1 ~ 图 11-6）。

图 11-1　晨曦中的佛罗伦萨

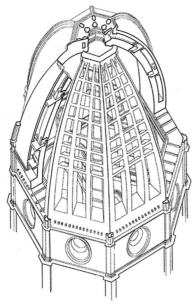

图 11-2 佛罗伦萨大教堂穹顶剖析图

图 11-3 佛罗伦萨大教堂穹顶

图 11-4 佛罗伦萨大教堂下的伯鲁乃列斯基雕像

图 11-5 佛罗伦萨大教堂室内

图 11-6 佛罗伦萨大教堂穹顶内部

伯鲁乃列斯基在施工当中还设计了独特的脚手架，发明了提升机，为了避免工人吃饭时上下浪费时间，他还专门发明了可以升降的食品箱。

2. 佛罗伦萨育婴院

佛罗伦萨育婴院建于 1421—1445 年，砖石结构，由伯鲁乃列斯基设计，是第一个具有完整文艺复兴风格的建筑。育婴院的平面为长方形的四合院，中间是一个露天的内庭院，它是欧洲第一座慈善性质的公共建筑，专门收养无家可归的孤儿。建筑内外都有科林斯柱式的连续券廊，面向广场的正面券廊与广场空间互有渗透，比例匀称，尺度宜人。为表现慈善机构的亲情和善意，设计上通过降低建筑的高度和强调水平线条以及素雅的色彩与简朴的装饰，使建筑显现出平易近人的人情味（图 11-7 ~图 11-9）。

3. 佛罗伦萨巴齐礼拜堂

伯鲁乃列斯基于 1429 年设计的佛罗伦萨巴齐礼拜堂是一座规模很小的建筑，但却是在巴西利卡流行时出现的集中式建筑，具有重要的意义。巴齐礼拜堂正面是六根 7.83 米高的科林斯柱式，上面是 4.3 米高的墙面，形成类似凯旋门的柱廊。中央穹顶的直径为 10.9 米，高 20.8 米，两侧是 15.4 米的筒形拱。巴齐礼拜堂的体量虽然不大，但形式却很丰富，包含多种几何形体，例如借鉴了拜占庭建筑风格的圆锥形穹顶、圆柱形的鼓座、方形的平面、虚实对比强烈的柱廊和墙面，代表了文艺复兴早期建筑的风格（图11-10、图 11-11）。

4. 美第奇家族府邸

由米开罗佐设计的美第奇家族府邸（1444—1459 年）是意大利文艺复兴时期府邸建筑的代表。整个建筑采用围合式的庭院布局，中间设有半圆形拱廊的回廊，房间和楼梯围绕中庭进行布置。建筑临街立面则采用三段式的设计手法：底层的石材采用凸凹明显的砌筑方法，加工粗糙、

图 11-7　佛罗伦萨育婴院

图 11-8　佛罗伦萨育婴院内庭院

图 11-10　黄昏中的巴齐礼拜堂

图 11-9　佛罗伦萨育婴院局部装饰

图 11-11　巴齐礼拜堂帆拱及穹顶

光影变化丰富，给人坚固的感觉，二层石块相对平整，但仍留有宽宽的缝隙，三层墙面光滑且不留砌筑的缝隙，檐口出挑巨大，起到了很好的收口作用。建筑从下到上变化丰富，视觉冲击力很强，成为当时府邸建筑竞相模仿的范例，也正是这个原因，现在想在佛罗伦萨街头找到这座建筑并不是一件容易的事情（图 11-12、图 11-13）。

5. 佛罗伦萨圣玛利亚大教堂新立面

佛罗伦萨圣玛利亚大教堂原来是 1246 年建造的哥特式建筑。1456—1470 年，阿尔伯蒂为其重新设计了西侧立面。阿尔伯蒂引入了大量历史建筑的语汇，也采用了新的设计手法，如一层的双圆心的尖券窗，圆形的玫瑰花窗都有哥特建筑的影响。但真正具有划时代意义的还是二层主

体两侧涡卷状布满装饰性图案的墙体，"它成为文艺复兴及巴洛克时期广泛模仿的教堂立面的原型"[55]，也向我们展示了不同的建筑风格和形式在历史传承和演变中的相互作用和影响（图 11-14）。

6. 罗马坦比哀多

1499 年，已经 56 岁的伯拉孟特来到了罗马，他在罗马的第一件作品是圣彼得小神庙，也被称为"坦比哀多"。坦比哀多建于 1502—1510 年，是文艺复兴盛期的典范之作。坦比哀多位于罗马圣彼得修道院内一个狭小的由建筑围合的空间里，是为了纪念耶稣门徒圣彼得殉难地而建造的纪念碑式的小型神庙，传说圣彼得在此受刑并被钉在十字架上。坦比哀多的平面为圆形，高度仅有 14.7 米，16 根多

图 11-12　美第奇家族府邸

图 11-13　美第奇家族府邸内庭院

图 11-14　佛罗伦萨圣玛利亚大教堂

图 11-15　坦比哀多

立克柱形成的柱廊高 3.6 米，顶部的穹顶饱满有力。"我们可以将此建筑称为第一座完全依照多立克柱式精神所兴建的文艺复兴建筑。"[4]（图 11-15）

坦比哀多的影响是无法估量的，它是欧洲乃至全世界以穹顶为构图中心的集中式建筑争相模仿的榜样，也成为后来穹顶建筑形式构图的模本。帕拉第奥曾经赞誉到："伯拉孟特是将自古以来久被尘封的建筑的优雅与美丽带给这个世界的第一人。"

7. 圣彼得大教堂

新圣彼得大教堂是意大利文艺复兴的巅峰之作，也是文艺复兴时期最伟大的建筑纪念碑。它代表了 16 世纪意大利建筑、结构和施工的最高成就，在其长达一百多年的建造时间里，包括伯拉孟特、拉斐尔、佩鲁齐、小桑迦洛和米开朗琪罗在内，众多优秀的建筑师和艺术家一起创造了一个划时代的作品。

原有的圣彼得教堂是在罗马帝国后期建造的，这里埋葬着耶稣基督的大弟子彼得和 147 位教皇的灵柩，许多历史上著名的皇帝和教皇都曾在此接受加冕。

1452 年，教皇尼古拉五世在阿尔伯蒂的建议下，准备对老教堂进行修复和扩建。尼古拉五世去世后，1505 年夏天，教皇尤利亚二世决定拆除基督教界最古老的纪念性建筑，即老圣彼得教堂，并任命伯拉孟特负责圣彼得大教堂的重建工程。新教堂于 1506 年动工兴建，雄心勃勃的伯拉孟特决心要建造一座名垂千古的大教堂，他宣称：我要把罗马的万神庙高举起来，架到和平庙的拱顶上去。万神庙与和平庙都是罗马城内规模巨大的建筑。伯拉孟特的设计方案采用希腊十字式的平面，由于四角填充了十字形空间，使平面成为正方形，四个立面完全相同，穹顶及下部围廊与坦比哀多非常神似，只是穹顶的高度比较扁平。

1511 年，建成了中央四个柱墩和上面的拱券，次年教皇尤利亚二世去世，1514 年伯拉孟特去世，受资金等因素的影响，工程逐渐被搁置下来。后来继任教皇利奥十世任命拉斐尔继续主持这项工程，并要求加建一个长达 120 米的巴西利卡大厅，使其变成拉丁十字式的平面，以容纳更多的信徒，但这种修改破坏了伯拉孟特的设计方案，并使教堂的形式重又回归中世纪。

1534 年和 1536 年，教皇曾经先后委托佩鲁齐和小桑迦洛为工程的新主持，但工程进展仍然缓慢。1546 年，教皇保罗三世委托当时已经 72 岁的米开朗琪罗主持圣彼得大教堂的工程，凭借其盛誉，米开朗琪罗获得教皇的应允，可以全权修改设计方案。米开朗琪罗抱着"要使古希腊和古罗马黯然失色"的雄心壮志，将其生命的最后十几年都投入到这一伟大工程中。米开朗琪罗反对小桑迦洛对方案进行的修改，基本上恢复了伯拉孟特的设计方案，并进行了合理的调整，在东面设计了九开间的柱廊入口。在穹顶的设计上，米开朗琪罗汲取了坦比哀多的形式特征，在其制作的模型中，鼓座比伯拉孟特的设计方案更高，穹顶也更饱满。1564 年，米开朗琪罗去世，后任的主持人波尔塔和丰塔纳基本按照其设计方案于 1590 年最终完成了穹顶的建造。圣彼得大教堂穹顶的内部直径达到 41.9 米，仅次于罗马万神庙和佛罗伦萨主教堂，室内空间高度达到 123.4 米，建筑总高度达到 137.8 米，是罗马城的最高点。在欧洲，当时只有法国的斯特拉斯堡主教堂（142 米）和德国的乌尔姆主教堂（161.53 米）两座哥特式建筑的高度略胜于它。

1605 年，教皇保罗五世下令拆掉已经部分建成的教堂正立面，任命建筑师马得尔诺在教堂前面加建了一段三跨

图 11-16　圣彼得大教堂及广场鸟瞰

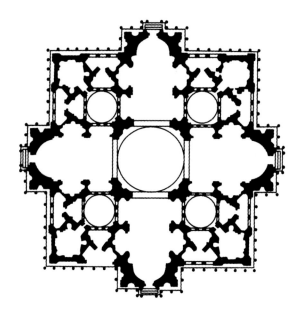

图 11-17　伯拉孟特设计的平面图

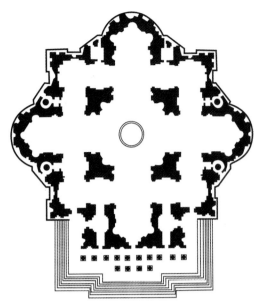

图 11-18 米开朗琪罗设计的平面图

图 11-19 远看圣彼得大教堂

图 11-20 圣彼得大教堂穹顶内部

图 11-21 近看圣彼得大教堂

的巴西利卡大厅，使教堂变成今天人们所看到的拉丁十字式平面，马得尔诺又重新设计了教堂的正面。由于前面的大厅加长，导致高达 51 米的正面山花严重遮挡了后面的穹顶，在教堂前面无法看到完整的穹顶造型，极大地影响了建筑的艺术表现力，但由此形成恢弘的室内空间，也达到了震撼人心的视觉效果（图 11-16 ～图 11-20）。

1629 年，马得尔诺去世后，圣彼得大教堂内部的装饰工程就由伯尼尼主持完成，其风格具有初期巴洛克建筑的特征，其中最著名的是完成于 1633 年，高达 29 米，由青铜铸造的祭坛华盖，伯尼尼打破了雕刻与绘画的界限并将其与建筑结合起来，创造了极富视觉冲击力的舞台般的幻觉效果（图 11-21、图 11-22）。

图 11-22 圣彼得大教堂室内

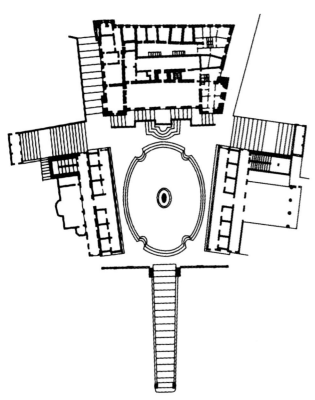

图 11-23　罗马市政广场总平面图

图 11-24　米开朗琪罗设计的市政广场及市政厅

8. 罗马市政广场

罗马市政广场坐落在罗马市中心的卡比多山上，受教会委托，米开朗琪罗主持该广场的规划与设计，他将广场规划成为对称的梯形，前面完全开敞并通过一个巨大的台阶与城市相连。首先，米开朗琪罗对已经建成的建筑进行了改造，广场正面的建筑原是一座古罗马时代的元老院，在立面改造中增加了新的设计元素并加建了顶部的钟楼，重新改造了南侧建筑的立面，并与其对称新设计了一座建筑，形成了三面围合的广场空间格局。最值得一提的是广场地面的拼花图案，呈菱形放射状的图案中间为古罗马皇帝的青铜雕像，广场前部栏杆位置有三对古罗马时代的雕塑。虽然广场上的建筑、雕塑建造的时间不同，尺度不一，但确实是较早的对称式广场，也是建筑与雕塑相互交融的实例，成为文艺复兴盛期城市设计的典范（图 11-23、图 11-24）。

9. 威尼斯圣马可广场

1797 年，当拿破仑走进圣马可广场时，被美丽而壮观的广场和周围的建筑深深吸引，他由衷地赞叹：啊！这是全欧洲最美的客厅！威尼斯的圣马可广场基本上是在文艺复兴时期完成的，它是威尼斯的中心广场，由呈垂直的大小两个梯形广场组成。大广场周围的主要建筑有建于 11—15 世纪的圣马可教堂、旧市政大厦（1496—1517 年，龙巴都设计）、新市政大厦（1584 年，斯卡莫齐设计）、高达 100

图 11-25　圣马可广场鸟瞰

图 11-26　远眺威尼斯广场上的总督府及钟塔

米的钟塔（10—16 世纪）；小广场周围的主要建筑有总督府、图书馆。圣马可广场的空间变化非常丰富，通过封闭与开敞、垂直与水平之间的对比以及对景等设计手法的处理，使广场充满了无尽的魅力（图 11-25、图 11-26）。

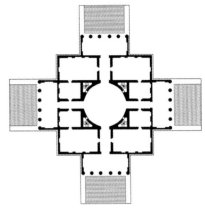

图 11-28 圆厅别墅平面图

图 11-27 帕拉第奥设计的维琴察巴西拉卡

图 11-29 圆厅别墅

10. 维琴察的巴西利卡与圆厅别墅

维琴察的巴西利卡是帕拉第奥重要的代表作品，其设计构思主题影响深远。对本次改造工程，帕拉第奥在原有建筑四周加设了一圈两层高的券柱式围廊，半圆形的拱券落在下面的小柱子上，与两侧的高柱子形成一个标准单元，再加上圆形小窗的配合形成了完整的构图，这就是"帕拉第奥母题"，被后来的建筑师们竞相模仿，大量使用（图 11-27）。

圆厅别墅又叫做卡普拉别墅，建于 1550—1559 年，是帕拉第奥在维琴察设计的一系列别墅中最著名的一座。圆厅别墅的平面为正方形，砖石结构，中间有直径为 12.2 米的圆形大厅，因此称其为圆厅别墅。在正方形平面的每一边都建有罗马神庙式样、带有山花的门廊，通过大台阶直接上到建筑的二层。屋顶上还建有模仿罗马万神庙的穹顶。圆厅别墅把建筑形式放在第一位，而对形式的追求是以牺牲平面功能为代价的。圆厅别墅是一种新的建筑类型，其主次分明、构图完美的形式被后来的许多建筑师竞相模仿（图 11-28、图 11-29）。

第二节 意大利巴洛克建筑

17 世纪在西欧的文化史上是一个非常重要的时期。在文艺复兴的巨浪过后，产生了两股新的文化潮流，一个是巴洛克，另一个是古典主义。17 世纪初，在意大利的艺术界和建筑界开始出现一种讲究繁复风气的现象，这就是发端于 17 世纪 30 年代，并在 19 世纪被贬称为"巴洛克"的艺术风格。当然，就像"哥特"这个词早已失去贬义一样，"巴洛克"也已经成为一个时代建筑风格的象征，一直到今天也依然被一些人喜欢和接纳。历史就是这样，理智过后往往就意味着纵情和铺张，也许文艺复兴带给人们太多的克制甚至沉闷，加上经过宗教改革后，教堂也需要利用音乐、雕塑、绘画以及华丽的建筑来营造一种天国的特殊氛围，以赢得更多的信徒。

"巴洛克"一词来自葡萄牙语，原意是扭曲的珍珠，相对于传统法则而言，巴洛克的建筑形式和风格有明显的反叛意味。"他们把古典因素处理为动态，把山墙打破。文艺复兴建筑的正面倾向于显得平铺，有着浅浅的不同凹凸面；而巴洛克建筑的外部则显得流动，如同常常跑出场外的运动员一样出出进进。二者是冰体与瀑布的关系。"[5]

如果说"冷静"是文艺复兴建筑基调的话，"热情与动荡"则是巴洛克时代建筑的特征。"文艺复兴建筑体现为智力，依据的是几何学、对称和简洁；而巴洛克风格则是媚众，通过煽情和多种手段、特殊效果来讨好广大观众。"[6] 虽然许多人对巴洛克风格建筑的评价不高，这主要是因为后期它变得越来越繁缛，甚至令人窒息，但是巴洛克风格建筑的形成与发展也反映了一个最重要的信息，这就是建筑师已经不满足于平庸，他们需要创新，正像巴洛克风格建筑的代表人物伯尼尼宣称的那样：一个不偶尔破坏规矩的人，就永远不能超越它。另一位建筑大师古亚力尼也认为：建筑应该修正古代的规则并创造新的规则。这反映出人们要摆脱古典建筑的束缚，去创造一个更伟大的，但也许在许多方面存在争议的历史时期的决心。

由于文艺复兴建筑与巴洛克风格的建筑存在的前后衔接关系，导致一些文艺复兴晚期的建筑师也加入到巴洛克风格的建筑创作中来，其中马得尔诺就是最具有代表性的人物。

一、巴洛克建筑的形式特征

1. 经常采用双柱甚至三棵柱子并排使用，柱子的开间尺寸大小不一，而且差别较大，脱离了古典建筑的结构逻辑，更具有装饰性。

2. 喜欢使用叠柱式和折断的檐角、基座以及重叠的檐口来突出建筑的垂直划分，制造奇特的新形式。

3. 追求强烈的体积和光影变化，由最初的薄壁柱，到3/4柱，最后使用倚柱。另外，建筑墙面上经常使用深深凹陷的壁龛。

二、主要代表作品及建筑师

意大利巴洛克时期的主要代表建筑有罗马耶稣会教堂新立面（波尔塔，西侧立面于1537—1584年建成），罗马圣彼得大教堂的中厅和立面（马得尔诺，1607年），伯尼尼设计的罗马圣彼得广场（1656—1667年），纳沃那广场和特维莱（海神）喷泉（1732—1751年），罗马圣安德烈教堂（1658—1670年），罗马圣卡罗教堂（波洛米尼，1638—1667年），罗马西班牙大台阶（桑克蒂斯，1723—1726年），圣苏珊娜教堂（马得尔诺，1597—1603年），罗马的保拉喷泉（1612年）和善良耶稣教堂（1723—1744年）入口台阶等（图11-30～图11-36）。

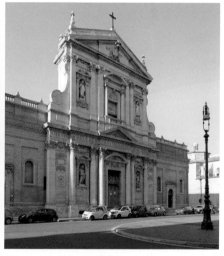

图 11-30　罗马的纳沃那广场是巴洛克时期最具代表性的城市广场之一

图 11-31　圣苏珊娜教堂

图 11-32　广场中央的四河喷泉及雕塑

图 11-33　伯尼尼主持设计的特维莱喷泉

图 11-34　罗马保拉喷泉

图 11-35　西班牙大台阶

图 11-36　圣安德烈教堂

图 11-37　罗马耶稣会教堂正面

图 11-38　罗马耶稣会教堂内部

1. 罗马耶稣会教堂

罗马耶稣会教堂是先后由两位著名的建筑师设计完成的。1568 年就开始建设的罗马耶稣会教堂起初是由文艺复兴盛期的建筑师维尼奥拉负责设计，他的设计方案很好地解决了集中式建筑的平面形式与天主教巴西利卡式传统空间形式无法融合，以及难以容纳众多信徒的难题。建筑的中厅采用巴西利卡的形式，这样不仅能够容纳更多的信徒，而且可以形成朝向圣坛的长长祈祷队列，以表现出教堂内部独特的氛围。但与传统的形式相比，教堂的中厅进深较短，而宽度较大，这样，当人们进入教堂后，视线就会迅速地被中厅后方穹顶下高大的空间所吸引，中厅顶部为筒形拱，两侧没有侧廊，只建有几个小祈祷室，这种空间布局形式在后来巴洛克建筑时期被大量使用。最初教堂室内比较简朴，经过后来的改造，已经完全变为巴洛克风格。

教堂还没有最后完工，维尼奥拉就去世了。教堂的立面部分是由波尔塔完成的，也正是波尔塔设计的立面使耶稣会教堂在建筑历史上处于更为重要的位置，有人称其为"第一座巴洛克风格的建筑"。1537—1584 年建成的西侧立面虽然还属于文艺复兴晚期的风格，但已经开始明显显露出巴洛克建筑的形式特征和设计手法，例如成对排列的方形壁柱、重叠的山花、起伏的檐口，以及连接建筑主体高低跨的巨大涡卷都成为后来巴洛克建筑大量使用的设计元素（图 11-37、图 11-38）。

2. 圣彼得广场

1656—1667 年，伯尼尼受教皇亚历山大七世的委托，为圣彼得大教堂修建一座广场。这时，位于教堂的中轴线上，距离教堂约 180 米处已经有了一个高 25.5 米，重达 440 吨的方尖碑，它是 1586 年竖立在这里的。在方尖碑的两侧是由马得尔诺在 1614 年设计的两个小型喷泉。伯尼尼将方尖碑作为广场的中心，以方尖碑和两侧喷泉组成了广场的横向轴线。

圣彼得广场的创新之处是没有简单地重复古罗马时期的广场形式，而是将当时流行的椭圆形建筑平面应用到广

图 11-39 俯瞰圣彼得广场

图 11-40 圣彼得广场喷泉及柱廊雕像

场设计上来。横轴为 196 米、竖轴为 142 米的椭圆形广场，由四排柱列，共 284 根塔斯干柱子和 88 根壁柱所组成的巨大柱廊环绕，柱廊上还有 140 多尊圣像。柱廊从大教堂延伸过来，仿佛是环抱着的手臂，寓意教会对信徒慈母般的庇护。椭圆形广场四周的柱廊形式严谨，粗壮而密集，光影变化强烈。椭圆形广场的柱廊与大教堂相连，形成梯形的广场，加上多层的台阶，可以清楚地看到在大教堂门前台阶上为信徒们祝福的教皇。同时，柱廊也赋予了巨型建筑以应有的尺度感（图 11-39、图 11-40）。

3. 罗马圣卡罗教堂

圣卡罗教堂是意大利巴洛克建筑盛期的代表作，由波洛米尼设计，石匠出身的波洛米尼曾经是马得尔诺和伯尼尼的助手。圣卡罗教堂建于 1638—1667 年，教堂竣工时，波洛米尼已经去世。教堂的平面核心为椭圆形，这在当时是巴洛克建筑室内空间的标准模式。室内空间充满了莫测

的变化，没有一条直线，在这个空间中充满了运动感，但节奏和方向却是变化的。椭圆形的穹顶表面布满了几何形的凹凸造型，各部分的空间相互交织，显得幽远而复杂，看起来就像动物的器官在蠕动。

最有代表性的还是教堂沿街的西侧立面，三开间，高达两层的立面成波浪状起伏，中间凸出，两边回收，像舞台布景一样贴在建筑外侧。顶部檐口中央断开，镶嵌着一个椭圆形的徽章，下面的檐口是连续的，将波浪状的起伏很好地显露出来，柱式做法非常规范，毫无勉强的感觉，表现出极高的构图技巧。柱子倚墙独立，加上大量的壁龛、凹窗以及圆雕等造型，使建筑的体积感、雕塑感，特别是光影的变化达到了极致，使其在罗马狭窄的街道转角处显得格外生气勃勃。"圣卡罗教堂神经质的外表以及充满随意曲线的室内，通常被认为是反映了波洛米尼的迷失心志，以及戏剧性的想象力"[7]（图 11-41～图 11-43）。

图 11-41 圣卡罗教堂（左）

图 11-42 圣卡罗教堂内部（右上）

图 11-43 圣卡罗教堂椭圆形穹顶内部（右下）

第三节 其他地区的巴洛克建筑

意大利的巴洛克风格建筑在欧洲迅速地传播，很快就流传到西班牙、英国、奥地利、德国和俄罗斯等地，并产生了许多著名的作品，例如西班牙的贡波斯代拉大教堂，英国伦敦的圣保罗大教堂和格林威治海军医院建筑群（1694—1715 年），奥地利维也纳的卡尔教堂（1715 年），奥地利多瑙河边的梅尔克修道院（1702—1738 年）。圣彼得堡的冬宫和夏宫是俄罗斯巴洛克风格建筑的代表。德国德累斯顿的茨温格宫（1732 年）是巴洛克和洛可可合流的代表作（图 11-44、图 11-45）。

1. 英国伦敦圣保罗大教堂

1666 年 9 月 21 日凌晨，刚刚经历了一场大瘟疫的伦敦，因为一家面包房起火，将泰晤士河北岸的城区几乎全部烧毁，2/3 的伦敦化为灰烬。然而，这场大火也给伦敦的重建创造了机遇。很快，克里斯多弗·雷恩（1632—1723 年）便向查理二世提出了重建伦敦的规划。雷恩是一位数学家、天文学教授、皇家学会的创始人，牛顿曾经说过："雷恩是我们时代最杰出的几何学家之一。"

圣保罗教堂的设计建造充满了曲折的过程。为了重建被大火焚毁的圣保罗教堂，受查理二世的委托，雷恩开始设计新的教堂。最初的设计方案是集中式的，呈八角形的希腊十字式平面，中央建有巨大穹顶，显然受意大利文艺复兴时期建筑形式的影响。同圣彼得大教堂的命运一样，教会需要中世纪天主教堂的拉丁十字平面，因此在前面加建了一个巴西利卡大厅，后面加建了歌坛和圣坛，以适合天主教的宗教仪式。

1688 年，实施了君主立宪制之后，雷恩开始重新设计圣保罗大教堂，为了尽量恢复最初的设计效果，雷恩抬高了穹顶，最为关键的是在教堂西侧立面增加了一对尖塔。大教堂于 1711 年建成，教堂的穹顶和鼓座采用"坦比哀多"的样式，直径达 34.2 米，总高为 112 米，教堂总长为 156 米，巴西利卡大厅宽 30.8 米，高 65.3 米，是世界上最大的教堂之一。教堂入口处两层的双柱柱廊以及钟塔细部造型都表现出典型的巴洛克风格。雷恩死后就葬在圣保罗大教堂里，其墓志铭是：如果你寻找纪念碑，那就看看自己的周围（图 11-46、图 11-47）。

2. 奥地利维也纳卡尔教堂

卡尔教堂全称为卡尔斯克切教堂，是奥地利首都维也纳最重要的巴洛克建筑。该教堂建于 1715 年，是奥皇卡尔六世为了庆祝鼠疫病结束而建设的，由当时著名的建筑师埃尔拉哈父子设计，教堂历时 25 年才建成。教堂汇集了多种风格的建筑元素，主入口为古典式的科林斯柱式门廊，

图 11-44　伦敦格林威治海军医院建筑群

图 11-45　梅尔克修道院

图 11-46　圣保罗大教堂

图 11-48　奥地利维也纳卡尔斯克切教堂

图 11-47　圣保罗大教堂室内

两侧有高大的模仿古罗马纪功柱的圆柱。最外侧的两座塔楼底部以及室内富丽堂皇的大理石双壁柱都显现出巴洛克风格的显著特征。最有特色的是椭圆形的穹顶造型，在教堂的正面和侧面会看到完全不同的视觉效果（图 11-48）。

第四节　法国古典主义建筑

　　文艺复兴过后，在 17 世纪欧洲的文化史上出现了两股新的文化潮流，其中之一就是前面我们了解的巴洛克建筑，它起源于意大利；另一个就是与巴洛克建筑同时发展起来的古典主义建筑，它发端于法国。由于法国的古典主义建筑和意大利的巴洛克建筑都发生在 17 世纪，而且互相渗透，所以有许多史学家把它们混为一谈，统称为巴洛克，这种看法只从一部分表面现象着眼，而没有顾及它们的文化历史内涵。"意大利巴洛克形成在天主教会的反改革浪潮中，而法国古典主义则形成在民族国家的中央集权专制制度之下，是法国的宫廷文化。"[8] 法国古典主义建筑的兴盛与衰落都与法国封建王权的命运息息相关，它对后来欧洲乃至世界范围内古典风格建筑的发展产生了极其深远的影响。

　　法国曾经在中世纪末期诞生过辉煌的哥特建筑。1453 年，在法国领土上发生的百年英法战争结束，这场战争带来的破坏非常严重。16 世纪初，法国终于成为统一的民族国家。后来，在对意大利北部的几次侵袭中，除掠夺回大量的艺术品，也带回了许多工匠和建筑师。在意大利文艺复兴浪潮的影响下，法国的建筑风格也逐渐发生了变化，开始倾向于意大利带有古典柱式的建筑形式，而背离了法国自己的民族传统。这一时期，工匠们将柱式与法国的建筑传统结合在一起，创造了形式独特的建筑风格，主要以风光秀丽的卢瓦尔河两岸的宫廷和贵族府邸为代表。

　　乃帕维设计的商堡是罗亚尔河两岸府邸建筑中规模最大的建筑群，它建造于 1526—1544 年，为法国国王狩猎的行宫，它是法国统一后第一个真正的宫廷建筑。商堡也代表着建筑史上一个新时期的开始。建筑上使用意大利的柱式来装饰墙面，高耸的坡屋顶和圆锥形屋顶，加上密布的烟囱、采光亭、老虎窗，使建筑的轮廓线极其复杂，散发着晚期哥特建筑的气息，在它上面也体现了初期柱式与法国传统建筑之间的矛盾，这时法国的建筑传统还占有主导地位（图 11-49）。

　　17 世纪被称为"伟大的世纪"，它是法国的世纪。此时，法国在经济和文化艺术方面都走在世界前列，人口达到 2000 万，成为欧洲人口最多的国家。在 17 世纪下半叶，法国的中央集权得到进一步的强化，路易十四逐渐抑制贵族的势力，将政治、军事和文化大权集于一身，古典主义建筑进入盛期。

　　1671 年，巴黎设立建筑学院，统治欧洲乃至世界达几百年的"学院派"从此产生。"学院派的建筑师崇尚古典主义，认为古罗马建筑的宏伟风格更能体现世俗政权的气派。于是在当时的法国宫廷建筑、纪念建筑和大型公共建筑中，古罗马的柱式和建筑构图被广泛采用，宗教建筑则完全失去了原来显要的地位。与文艺复兴时期的建筑强调艺术家的个性不同，法国古典主义建筑炫耀的是封建王权的权威。"[9] 许多重要的规划和建筑设计方案都由路易十四最后决定，他经常说的一句话是："我就是国家。"巴黎的卢浮宫、凡尔赛宫、残废军人教堂和旺多姆广场都是这一时期的代表作品（图 11-50）。

　　18 世纪上半叶，法国的封建王权受到削弱，宫廷势力日益腐朽，古典主义建筑进入晚期。这时，大型的纪念性建筑明显减少，舒适安逸的城市广场和住宅别墅是这一时期的主要代表，其中有巴黎的协和广场和南锡市广场群等。

1. 巴黎卢浮宫东立面

　　卢浮宫位于法国巴黎市中心，占地 18.3 公顷，这里在中世纪曾经是一座要塞。1546 年，弗朗西斯一世下令拆除城堡重新建造宫殿。16 世纪 60 年代，卢浮宫已经基本建成，在以后的三个多世纪里又屡次增建。卢浮宫的东面面对一

图 11-49　商堡

图 11-50　巴黎旺多姆广场鸟瞰

座王室仪典时使用的教堂，南面跨过塞纳河，不远处就是著名的巴黎圣母院，因此，卢佛尔宫东立面显得最为重要。出于对原有设计的不满，宫廷决议对其进行立面改造，也由此拉开法国古典主义建筑的帷幕。

1663年，法国建筑师提出的设计方案遭到意大利建筑师的嘲讽，随后意大利建筑师的设计方案也没有被选中。1665年，法国宫廷用欢迎国王的礼仪来迎接当时最著名的意大利巴洛克建筑大师伯尼尼，伯尼尼按照巴洛克式府邸建筑的样式做了三套设计方案。但当伯尼尼回国之后，法国建筑师最终说服宫廷放弃了伯尼尼的设计方案。1667年，宫廷决定采用法国建筑师勒沃、勒伯亨和彼洛重新设计的古典主义设计方案。

1670年，卢浮宫东立面改造完成，它成为法国古典主义建筑里程碑式的代表作品。卢浮宫东立面全长172米，高约28米，按照古典主义建筑的处理手法，将立面垂直划分为上、中、下三段式，底层基座部分高9.9米，中段是两层的巨柱式双柱廊，高约13.3米，上段是女儿墙、檐口。双柱廊的形式也使其残留有巴洛克建筑的影响。建筑两端和中间凸出，将建筑沿水平方向划分为五段式。卢浮宫东立面各部分比例非常协调，这是因为设计中大量采用了几何数字的控制关系。左右五段式，上下三段式的立面构图形式成为后来影响非常广泛的建筑构图手法，一直被沿用到今天（图11-51、图11-52）。

2. 巴黎凡尔赛宫

法国古典主义建筑最重要的纪念碑毫无疑问是位于巴黎西南17公里的凡尔赛宫，这里林木茂密，很早以前就是国王的狩猎地，1624年，路易十三在此建造了三合院式的建筑群。

1661年，路易十四在参观财政大臣福开的私人府邸浮·勒·维贡时，被其豪华的府邸和令人震撼的园林景观所吸引，于是将主持设计和建造该府邸的建筑师勒·伏以及当时法国最杰出的古典主义造园大师勒·瑙特亥和画家勒·勃亨召集来，要修建一个超过浮·勒·维贡府邸的欧洲最大的宫殿建筑群，这就是后来的凡尔赛宫。

凡尔赛宫保留了最初路易十三时期的猎庄，并以该三合院为核心进行扩建。1668年，勒·伏在三合院的南、北、西三面的外侧建设了一圈新建筑。1678年，勒·伏的学生孟萨开始主持凡尔赛的设计和建造工作，他在宫殿建筑群西部的中央位置建造了一个长76米，宽10.5米，高12.3米的大厅，这里是皇家举行重大仪式的地方，也是凡尔赛宫最重要的大厅。大厅的室内设计由画家勒·勃亨负责，为了与西面的窗户对称，在东侧墙面上设置了17面与其造型相似的大镜子，因此，该大厅又叫做"镜厅"。在镜厅里，白色和浅紫色的大理石布满墙面，方形的科林斯壁柱柱头和柱础都镀满了黄金，加上巨大的水晶吊灯和壁灯，使镜厅的室内装修光彩夺目、金碧辉煌。1682年，孟萨又将宫殿建筑群的两翼向东侧延长了一段，形成向东逐渐扩大的院落空间。经过100多年的不断扩建，凡尔赛宫形成了南北长400多米的宫殿建筑群，围墙长达45公里。

路易十四时期的代表性艺术不是建筑，也不是绘画和雕刻，而是皇家园林。以规模宏大的几何构图、庞大的跌落式喷泉和大面积的宁静水面，以及众多的艺术雕塑为特征的古典主义造园手法被公认为是世界三大园林体系之

图11-51 巴黎卢浮宫鸟瞰

图11-52 巴黎卢浮宫东立面

图 11-54　凡尔赛宫皇后卧室

图 11-53　凡尔赛宫鸟瞰

图 11-55　凡尔赛宫镜厅

图 11-56　凡尔赛宫入口

图 11-57　凡尔赛宫青铜雕像

图 11-58　规模宏大的凡尔赛古典园林

一，而凡尔赛气势磅礴的皇家园林就是其最杰出的代表。

由勒·瑙特亥在西部兴建的大型园林东西中轴线长达 3000 米，并与宫殿建筑群轴线重合，起到统率全局的作用，一层层的主次轴线关系非常明确。这里既有长 682 米、宽 134 米的巨大水面和长 1650 米、宽 62 米的水渠，又有浓密林荫下的喷泉小径；既有气势磅礴的阿波罗喷泉和皇家大道，又有静谧的环形柱廊。

凡尔赛宫的规划布局对后来欧洲乃至世界范围的城市规划都有很大的影响，特别是巨大的轴线和放射性道路的设计理念一直影响到今天的城市规划与设计（图 11-53 ～图 11-58）。

3. 残废军人教堂

残废军人教堂又被称为恩瓦立德教堂或巴黎荣军院教堂，它是"第一个完全古典主义的教堂建筑"。

1670 年，路易十四下令建造一座可以容纳四千多人的残废军人收容所。1679—1691 年，收容所新建造了一座教堂，由著名的建筑师孟萨主持设计。孟萨为了突出新建教堂的形象，采用背对原收容所建筑群的布局形式，使教堂正面朝向南侧宽阔的广场和林荫大道。

教堂采用正方形的希腊十字式平面和集中式的立面构图形式，鼓座为两层，将穹顶高高举起，饱满的穹顶高达 107 米，直径达 27.7 米。孟萨实现了当年伯拉孟特和米开朗琪罗在圣彼得教堂上无法实现的愿望。

教堂穹顶共分为三层，里面为石头砌筑，中间用砖砌筑，外侧采用木屋架。从第一层穹顶 16 米宽的开口处可以看到第二层穹顶底面，被鼓座侧窗照亮的壁画上，耶稣基督栩栩如生。在穹顶下面的圆形地下室里，是后来安放在这里的拿破仑的灵柩（图 11-59、图 11-60）。

图 11-59　巴黎残废军人教堂

图 11-60　教堂穹顶下安放拿破仑灵柩的地下圆厅

图 11-61　凡尔赛宫皇家礼拜堂

图 11-62　德国维尔茨堡寝宫

第五节　洛可可建筑

同意大利建筑在文艺复兴之后就出现巴洛克风格的建筑一样；法国在古典主义建筑之后，于 18 世纪出现了洛可可建筑。洛可可一词是从法语演变过来的，原指一种用拱形石膏扇贝造型和海贝壳混合制成的室内装饰趋向和方法。在巴洛克风格建筑的室外造型极度繁复和奢侈的情况下，人们又怎么能够安于建筑室内的寂寞，因此，洛可可艺术风格的出现就变得非常自然。洛可可风格的室内装饰喜欢用嫩绿、粉红、玫瑰红等鲜艳的色调，装饰线条以自然的卷草、缠绕的藤蔓为主，经常用金色来勾边。同其他建筑风格相比，洛可可风格更多地出现在建筑的室内装饰上，它是一种最柔媚、最细腻、最纤巧、最繁琐的格调，它完全属于上流社会专用的奢侈品。陈志华先生对洛可可艺术风格的历史地位与作用有过精确描述：光辉的时代培养了巨大的才华和创造的热情，当一些迟熟的蓓蕾舒萼吐蕊的时候，季节已过，秋风含霜，于是它们的花瓣扭曲了、变形了，纵然有色有香，毕竟是病态的。18 世纪时，法国已经逐渐代替意大利成为欧洲文明的中心。因此，洛可可风格这种奢靡之风很快就从法国传到世界各地。洛可可风格产生于法国，却在德国和奥地利等地达到巅峰。

洛可可风格代表作品有勃夫杭设计的苏碧丝府邸亲王夫人沙龙、孟萨设计的凡尔赛宫皇家礼拜堂（1698—1710 年）、加布里埃尔设计的凡尔赛宫歌剧院（1770 年）以及纽曼等设计的德国维尔茨堡寝宫（1753 年）等建筑（图 11-61、图 11-62）。

本章注释：

[1] 陈志华 . 外国古建筑二十讲［M］. 北京：三联书店，2002：119.

[2]［美］卡罗尔·斯特里克兰 . 拱的艺术——西方建筑简史［M］. 王毅译 . 上海：上海人民美术出版社，2005：56.

[3] 陈文捷编 . 世界建筑艺术史［M］. 长沙：湖南美术出版社，2004：125.

[4] 傅朝卿著 . 西洋建筑发展史话［M］. 北京：中国建筑工业出版社，2005：306.

[5]［美］卡罗尔·斯特里克兰 . 拱的艺术——西方建筑简史［M］. 王毅译 . 上海：上海人民美术出版社，2005：68.

[6]［美］卡罗尔·斯特里克兰 . 拱的艺术——西方建筑简史［M］. 王毅译 . 上海：上海人民美术出版社，2005：68.

[7] 罗德胤，张澜译 . 建筑的故事［M］.［英］乔纳森·格兰西著 . 北京：三联书店，2003：78.

[8] 陈志华 . 外国古建筑二十讲［M］. 北京：三联书店，2002：164.

[9] 汝信，王瑷，朱易 . 西方建筑艺术史［M］. 银川：宁夏人民出版社，2002：189.

第十二章　其他地区的古代建筑

第一节　古代美洲建筑

　　在 1519 年西班牙人侵入美洲以前，由于远离欧亚大陆人类文明的中心区，美洲文明可能才刚刚达到古代埃及和美索不达米亚早在四千年前就已达到的文明阶段。即便如此，当西班牙人看到众多巨大的金字塔和神庙时，还是感到非常震惊。

　　古代美洲文明主要集中在中美洲，其文明发展是否自成体系，长期以来一直没有定论，不排除部落迁徙所带来的传承和影响。其区域文明主要包含有中美洲的奥尔梅克文明、玛雅文明、阿兹特克文明、托尔特克文明和南美洲的印加文明，他们之间的文化交流非常密切，互有影响，甚至互有传承。其中最负盛名的就是玛雅文明和阿兹特克文明。

　　玛雅文明是世界最著名的古代文明之一。早在公元前 2000 年，玛雅人就具有相当发达的文明，在公元元年前后建立了城邦国家。除了很早就种植玉米、黄豆等植物外，还创造了精确的太阳历。玛雅人对数学和天文有很高的造诣，他们使用"零"的符号比欧洲人要早 800 年。玛雅人计算出一年为 365.242 天，这与现代人得出的答案是如此接近，更让人们对玛雅文明产生了神秘的感觉。

　　在 20 世纪中叶，奥尔梅克文明被确认之前，玛雅文明一直被当作中美洲文明的始祖。在当时的美洲，玛雅的文化最为发达，这样一个兴盛一时的文明，在 10 世纪时却突然消失，加上大多数玛雅历史典籍被入侵的西班牙人焚毁，留给后人的也许是永远无法破解的迷惑。玛雅人的代表性城市和建筑分布在蒂卡尔、奇琴·伊察、帕伦克和乌斯马尔等地。

　　位于危地马拉北部密林深处的蒂卡尔是最早的玛雅文明遗迹，它建造于公元前 6 世纪，如今共保存有三千多座遗址，其中包括金字塔、祭坛、宫殿、住宅、球场、浴室等。蒂卡尔古城中心有个巨大的广场，广场东、西两侧有两个相对的金字塔神庙，因其神庙内部雕刻的主题，1 号金字塔神庙又被叫做"大美洲豹神庙"，该金字塔约建于 687—

730 年，正值玛雅文化的全盛时期，塔为 9 层，总高达 60 米。塔外侧用规则的石材砌筑，非常陡峻，倾斜角达 70°，塔基下建有墓室。2 号金字塔神庙叫做"蒙面人神庙"。1979 年，蒂卡尔被列入《世界文化遗产名录》（图 12-1）。

　　位于尤卡坦半岛的奇琴·伊察是后期玛雅文化的代表，它包括两个不同时期的文化，即早期玛雅文化和托尔特克文化。作为玛雅文明和托尔特克文明的宗教中心，其建筑属于典型的玛雅风格，也是玛雅帝国最大、最繁荣的城邦，汇集了一批当时重要的建筑。

　　帕伦克遗址建于公元前，在 7—9 世纪时最为繁华。帕伦克遗址的建筑工艺十分精湛，因此，帕伦克也被人们赞誉为"美洲的希腊。"

图 12-1　蒂卡尔 1 号金字塔神庙

与玛雅文明齐名的是阿兹特克文明，阿兹特克人是印第安人的一个分支，早在公元前 2000 年左右，阿兹特克人就创造了早期阿兹特克文明，奥尔梅克、特奥帝瓦坎和托尔特克是其文明的代表。1200 年前后，他们进入墨西哥河谷地区，于 14 世纪初建立了阿兹特克帝国，然而，这个辉煌的大帝国却在 16 世纪中叶突然神秘消亡。

"金字塔的建筑形式，大约于公元前 200 年同时出现于美洲的中部和北部，建造金字塔的风气，在这些地区至少持续了 800 年。其中，年代最早的金字塔实例属于玛雅人。"[1] 虽然玛雅、阿兹特克人都有金字塔形的建筑，但其中存在许多差别。玛雅人的金字塔要陡峻许多，在玛雅人的金字塔下，已经发现有帝王的墓室。由于日常生活大都在户外进行，因此，玛雅人和阿兹特克人的建筑几乎没有窗户，只是用门来辅助采光，也正因如此，古代美洲建筑室内一般很少进行精心的修饰。除了神庙、宫殿、住宅和足球场之外，我们对其他建筑类型还知之甚少。

相对于中美洲的玛雅文明和阿兹特克文明而言，南美洲的印加文明与其有较大的差别（"印加"在印第安语中是"太阳之子"的意思），1476 年他们建立了庞大的印加帝国。但是印加帝国的繁荣仅仅持续了不到一百年的时间就被西班牙人毁灭了，绝大部分的城市和建筑也在战争中被彻底摧毁。在位于高峻的安第斯山脉两座陡峭山峰之间的一块台地上，遗留至今的是印加古城——马丘比丘古城遗址。

1. 奇琴·伊察库库尔坎金字塔和天文观象台

奇琴·伊察是古代中美洲玛雅文化中心区域的三大城市之一。这里气候干旱，水源来自天然的石灰岩洞，许多学者认为，早在公元前 1500 年时，玛雅人就生活在这一区域，并于 6 世纪建立了奇琴·伊察古城。大约在 10 世纪末，托尔特克人的一支来到这里，他们继承了玛雅人的文化，使其重新恢复了活力。后来，奇琴·伊察突然被废弃，玛雅文明也随之消失。1988 年，奇琴·伊察被列入《世界文化遗产名录》。

古城遗址的中心区域，南北长 3000 米，东西宽 2000 米，共有 600 余处建筑遗址。其中，以库库尔坎金字塔和一个被称为"螺旋塔"的天文观象台最著名。此外，奇琴·伊察遗址中还有一座中美洲最大的球场，全长 175 米，宽 74 米。

库库尔坎在玛雅语中的意思是"长羽毛的蛇神"。金字塔的底边呈正方形，边长 55.5 米，总高约 30 米，共分 9 层，为台阶状。塔的四周各有 91 级石台阶，加上塔顶神庙，正好是 365 级，象征玛雅太阳历中一年的 365 天。北侧台阶两道边墙下雕刻着一个高 1.43 米，长 1.87 米，宽 1.07

米的带羽毛的蛇头。每年春分和秋分太阳西下时都会出现奇异的"蛇影"，它是玛雅人使用其掌握的天文知识进行精确计算得来的（图 12-2）。

更能体现玛雅人对天文知识掌握程度的建筑是天文观象台，它建在两层方形平台之上，圆形平面，内部有螺旋形楼梯。建筑下部高 3 米，上面为叠涩式穹顶，穹顶上面的建筑已残损，它与今天的天文观象台在造型上十分相似。圆形的平面加上叠涩式的穹顶，这在玛雅人的建筑中都是独一无二的（图 12-3）。

2. 特奥蒂瓦坎太阳金字塔、月亮金字塔和羽蛇金字塔

位于现墨西哥城东北部 40 公里处，被称为"帝王之都"的特奥蒂瓦坎古城遗址，是阿兹特克文明保存至今最耀眼的一颗明珠。"墨西哥"一词就是出自阿兹特克民族战神的名字，为"太阳和月亮之子"的意思。

特奥蒂瓦坎在墨西哥语中的意思是"创造月神和太阳神的地方"。这座古城大约始建于公元前 200 年，到 500 年进入全盛时期时，已经成为整个古代中美洲最大的城市，占地 20 平方公里，人口约 15 万。古城中有一条宽 45 米，长逾 4000 米的南北向大道，大道两侧建有众多大小不一的金字塔形建筑。其中，最为重要的是太阳金字塔、月亮

图 12-2　库库尔坎金字塔

图 12-3　奇琴·伊察天文观象台遗址

图 12-4　从月亮金字塔上俯瞰特奥蒂瓦坎全景

图 12-5　俯瞰马丘比丘古城遗址

金字塔和羽蛇金字塔。因为阿兹特克人是用活人进行祭祀，祭司将其送往太阳金字塔上的神庙时必须经过该大道，它是牺牲者所走的最后一段人生之路，故得名"死亡大道"。

太阳金字塔位于"死亡大道"的东侧，建成于 2 世纪，是古城遗址中最高的金字塔，该塔经过多次扩建。金字塔方形的底边长 226 米，宽 223 米，高近 65 米，用了 100 多万立方米的建筑材料。塔顶原先建有一座 10 米高的太阳神庙，是当年祭祀太阳神的地方。金字塔的西侧有巨大的台阶可以登到塔顶，金字塔共分为 5 层，向上逐层缩小，每层的高度都不一样，主要建筑材料是火山灰、泥坯砖和大块火山砂砾。外表是厚厚一层火山砂砾和石灰的凝结体，表面抹涂料。

月亮金字塔位于"死亡大道"北端，它比太阳金字塔晚 200 年建成。方形的底边长 150 米，宽 140 米，高近 46 米，外观为 5 层，呈台阶状回收。虽然月亮金字塔的规模比太阳金字塔要小很多，形式上也不及太阳金字塔完整，但当时一些重大的宗教仪式和集会都在它前面的月亮广场上举行。月亮广场长 205 米，宽 137 米，广场的东侧、西侧和北侧有多座呈对称布局的小型金字塔。广场中央有一座方形的祭台，用于祭祀活动。

与古埃及的金字塔相比较，太阳金字塔在形式上显得更稳重。在材料和建造方式上，两者的差别就更大。古埃及的金字塔使用重达几吨甚至几十吨的巨型石块建造，在运输和安装上都存在相当的难度，这也是古埃及金字塔留给后人最大的疑惑。而特奥蒂瓦坎古城的金字塔使用散状的建筑材料通过凝结材料结合成整体，利于运输和施工。在增加了合理性的同时，其难度也降低很多。另外，前者是帝王的陵墓，不能够登临，而后者主要用于宗教祭祀活动，本身往往只是起到一个大台基的作用，它上面还建有神庙，一侧或四周都建有巨大的台阶，供人们在祭祀活动中上下通行（图 12-4）。

图 12-6　三窗神殿中精细的石块拼接

3. 马丘比丘古城遗址

大约建于 1450—1500 年间的马丘比丘古城遗址之所以没有遭到破坏，也许与其位置偏僻以及 2430 米的海拔高度有关，它也因此被称为"空中城市"，直到 1911 年被美国考古学家发现，此前一直无人知晓。

马丘比丘意为"古老的山巅"。只有一条小路通向山下，城内建有广场、宫殿、庙宇、作坊和民居，许多建筑都开有窗子，这一点与北部地区有所不同。建筑都用石块砌筑，石料的切割和拼合技术非常精湛，严丝合缝。古城周围是由水渠灌溉的梯田。马丘比丘"是一座幽灵般的城市，是人类的工程与自然之间完美和谐的象征"[2]，代表了南美洲印加文明的成就。1983 年，马丘比丘古城遗址被列入《世界文化遗产名录》（图 12-5、图 12-6）。

第二节　古代印度与古代东南亚建筑

印度的佛教早在阿育王时代就传播到了东南亚，随着佛教和印度教的广泛传播，东南亚的许多国家都深受印度文化的影响，建筑更是如此。

一、古代印度建筑

早在伊斯兰教传入之前，印度就已经是一个有高度文

图 12-7　坦贾乌尔神庙

图 12-8　瓦萨利神庙内的精美雕刻

明的历史古国。印度河和恒河流域在公元前 3000 年就有了非常发达的文明，这里有摩亨约·达罗城遗址（今巴基斯坦南部）等人类较早的城市文明和城市规划建设。

大约在公元前 1500 年，一支雅利安游牧部落入侵了印度河流域，为了维护统治者的地位，逐渐建立了种姓制度，将各色人等按职业划分为四等世袭种姓，并制定了严格的规定和制度。位于最高等级的是祭司，即"婆罗门"，他们通过主持对神的祭祀仪式获得至高无上的神圣权利。

公元前 6 世纪末，自幼受婆罗门教育长大的迦毗罗卫释迦族的王子乔达摩·悉达多（即释迦牟尼）在 29 岁时受到反传统的沙门思想的影响出家修行，6 年后创立了佛教。佛教打破了婆罗门教的种姓制度，提倡"慈悲仁爱，众生平等"的思想。

提倡佛教的孔雀王朝在公元前 3 世纪中叶几乎统一了整个印度，后来孔雀王朝的阿育王（公元前 273—前 232 年在位）皈依佛教，排斥婆罗门教，使佛教和佛教建筑在印度得到了快速发展，这一时期的代表建筑是大量建造的"窣堵坡"，还有规模庞大、雕琢精细的石窟造像。从公元前 3 世纪到公元 9 世纪，在印度北部大约开凿了 1200 多个石窟，最大的石窟可以容纳近 700 名僧侣修行，著名的阿旃陀石窟群由 26 个石窟组成。阿育王死后，佛教逐渐衰落，婆罗门教吸收佛教和其他宗教的教义，演变为后来的印度教。10 世纪后印度教逐渐发生了变化，在印度南北方形成了各具特色的神庙建筑，如印度教寺庙中最雄伟的坦贾乌尔神庙（995—1010 年）、北方最著名的印度教庙宇康达立耶的马哈迪瓦神庙（约建于 1000 年）、保存最完整的中部印度教庙宇索纳特布尔的卡萨瓦庙（1268 年）、玛

哈拉布兰的海滨庙（约建于 700 年）等（图 12-7）。

10—13 世纪，印度还建造了大量的耆那教庙宇。耆那教是比佛教晚一些出现的宗教形式，它同样是反对婆罗门教的种姓制度。耆那教的庙宇形制同印度教的很相似，平面通常是十字形，在中间有八角或圆形的藻井。庙宇内外所有部位都精雕细琢，令人窒息。其中以阿布山的耆那教神庙群最为著名，据说工匠的收入是与凿掉的石头相同重量的金子。因此，工匠尽可能将石梁和石柱雕刻得玲珑剔透（图 12-8）。

11 世纪，印度北部和中部大部分被伊斯兰教徒征服。1526 年建立的莫卧儿王朝依然信奉伊斯兰教。从此，印度文化在各方面都受到伊斯兰文化的影响，印度的伊斯兰教建筑在世界建筑史上占有非常高的地位。

1. 桑吉大窣堵坡

"窣堵坡"是古印度语"塔"的中文译音，也翻译为"浮屠"或"浮图"。在古代印度的阿育王时代，大量建造佛教建筑，其中数量最多的是用于埋藏佛骨和圣徒遗骸的窣堵坡，据说在当时有 8.4 万余座。在佛教形成初期，佛教徒并不崇拜偶像，也不举行盛大仪式，而是把窣堵坡作为佛祖的化身，对其顶礼膜拜。

窣堵坡呈半球形，实心，象征着佛力无边又无迹无形。其造型来源有两种说法：一是受民间坟墓和印度北方地区竹编住宅形式的影响；二是古代印度人天宇观的体现。现存规模最大的窣堵坡位于印度中部桑吉高地上，这里曾经是阿育王亲自选定的修隐之地。

桑吉的大窣堵坡于公元前 273—前 236 年间建造，呈半球形，直径为 32 米，高 16.2 米，建在高 4.3 米，直径为 36.6

图 12-9 桑吉大窣堵坡

图 12-10 桑吉大窣堵坡北侧大门局部

图 12-11 卡萨瓦庙

图 12-12 缅甸阿南陀寺

米的台基上。公元前 2 世纪，在桑吉，以窣堵坡为中心形成了一个规模庞大的僧院建筑群，有许多寺庙、僧舍和经堂。公元前 1 世纪，在外围栏杆上建造了四座石头结构的大门，高 10 米，仿木结构的梁柱体系，表面布满浮雕和圆雕，题材大多是佛祖的本生故事。"这种形式经过多年之后由尼泊尔、中国和朝鲜传播到了日本，变成了日本寺庙的'鸟居'。"[3] 大窣堵坡在 19 世纪时被毁坏，后被修复。

在大窣堵坡的顶部，方形的栏杆里有三层圆盘串联组成的相轮，它后来成为中国佛塔上塔刹的组成部分。佛骨和圣徒遗骸就埋在塔顶的小亭子里（图 12-9、图 12-10）。

2. 索纳特布尔卡萨瓦庙

索纳特布尔位于印度半岛的中南部，卡萨瓦庙是保存最完整的中部印度教庙宇。其平面布局与其他地区有所不同，通常采用围廊式的院落布置形式，这同中国佛寺早期廊院式的布局非常相近。卡萨瓦庙始建于 1268 年，由位于一座宽大的台基上的三个圣坛组成，圣坛的塔形屋顶只有 10 米高。卡萨瓦庙反映出印度教庙宇更注重庙宇外部形式，也表现出其以圣坛为主要膜拜对象，并不在庙宇内部举行大型宗教仪式活动。受早期木结构形式的影响，石造的庙宇仍然模仿木结构建筑的特点，布满建筑外表的细密雕刻令人窒息（图 12-11）。

二、古代东南亚建筑

当佛教在受到印度教的排挤并被吸收进印度教以后，却在东南亚的泰国、缅甸、柬埔寨和印度尼西亚等地得到深入的发展，并一直影响到今天。在这些地方，佛教已深入人心，许多国家将佛教尊为国教。与中国等地信仰的大乘佛教不同，东南亚地区多信仰小乘佛教。实际上，"小乘佛教"是大乘佛教信徒对其非正式的称呼，含有轻视的意味，其信徒则自称为"南传上部座"。

目前，在东南亚地区有大量古代的佛教建筑，一些还具有非常高的艺术和历史价值，例如在缅甸有建于 1091 年的阿南陀寺和重建于 1768—1773 年间的瑞光大金塔，在泰国有 16 世纪建造的菩斯里善佩寺的佛塔，在印度尼西亚有建于 8—9 世纪的爪哇婆罗浮屠，在柬埔寨有始建于 12 世纪上半叶高棉王朝苏耶跋摩二世统治时期的吴哥窟和吴哥城，其中柬埔寨的吴哥遗址艺术价值最高（图 12-12 ~ 图 12-14）。

1. 爪哇婆罗浮屠

印度尼西亚的爪哇岛是佛教传播的东南边陲。婆罗浮屠原意为"千佛坛",在梵文中也可以解释为"山丘上的佛塔",它是8—9世纪萨兰德拉王朝时期建造的,位于中爪哇克杜峡谷内的一个山丘上,是印度尼西亚乃至东南亚最重要的佛教建筑之一。1006年的一场火山喷发,使这一地区逐渐被人们遗弃,直到1814年被重新发现时,已经被人遗忘近千年之久。20世纪70~80年代,应用计算机技术对婆罗浮屠进行了复原和修复,使其重现光辉。

婆罗浮屠的外形是呈阶梯状的四棱锥体,总高约42米(现残高35米),共分为9层。正方形的基座每边长约120米,共有5层,每一边又分为5段,从四角向中间逐渐凸起,从下向上逐层回收,形成台阶状,中间有石阶可直通塔顶。正方形基座之上有三层圆形基座,直径分别为51米,38米,26米,其上共有72座空心的小"窣堵坡",每个小"窣堵坡"里边都有一尊真人大小的佛像。最上面的覆钟形"窣堵坡",直径为10米,高7米,里面也端坐着一尊佛像。全塔共有2500幅浮雕,432个佛龛。婆罗浮屠整体与局部都深受古代印度文化的影响(图12-15、图12-16)。

由于萨兰德拉王朝缺少文字记载,其他地区又不存在类似的建筑,加上婆罗浮屠被长期掩埋在丛林和火山灰里,因此,关于建造它的目的已经模糊不清,且众说纷纭。有人说它是宇宙中心须弥山(即妙高山),甚至是宇宙的象征。也有人说它阐释佛经的"三界",即"欲界""色界"和"无色界"。

婆罗浮屠是用附近河谷中的安山岩和玄武岩雕凿砌筑而成,总计达230万块。因为许多塔是用石块堆砌而成,形似竹篓,所以又有人称其为"爪哇佛篓"。顶端的佛塔同后来传入中国的喇嘛塔的造型十分相似。

2. 柬埔寨吴哥窟

在柬埔寨洞里萨湖北面,面积约45平方公里的原始森林中,散布着多达六百余处的各种建筑遗迹。主要包括吴哥窟、吴哥城和一些寺庙。这是一组规模庞大的石头建筑群,全部建筑和造像都用巨石堆砌而成,并且都经过精雕细刻。

从1世纪起,柬埔寨就不断受到印度文化的影响。7世纪时建立了高棉王朝,并建都吴哥。从9世纪到14世纪,高棉人创造了艺术价值极高的吴哥艺术。1431年,由于泰国人的侵入,高棉人迁都金边,吴哥便被遗弃而逐渐荒芜。1861年,一个法国学者在采集动植物标本时,发现了原始森林中被人们遗忘了四百多年的吴哥遗迹。

现存吴哥遗迹中以吴哥窟最为完整也最具代表性。吴

图12-13　缅甸仰光瑞光大金塔

图12-14　泰国菩斯里善佩寺的佛塔

图12-15　爪哇婆罗浮屠鸟瞰

图12-16　爪哇婆罗浮屠局部

图 12-17　柬埔寨吴哥窟

哥窟位于吴哥城南 1000 米处，始建于 12 世纪上半叶的高棉王朝苏耶跋摩二世统治时期，是一座完整的佛教寺院，同时，也是苏耶跋摩二世的陵墓。吴哥窟坐落在 4000 米长的土岗上，东西长 1480 米，南北宽 1280 米，外侧有宽 190 米，深 8 米，长达 5200 米的护城河，堪称世界上最大的佛教寺庙。据说，护城河不是为了保护寺院用的，而是为了增加建筑美丽的倒影（图 12-17）。

吴哥窟由多进的方形院落组成，其主体建筑是 9 座梭形高塔，它们分别建在 3 层的高大石台基上，每层台基四周都有石雕回廊。第一层台基高 4 米，第二层高 8 米，第三层高 13 米，台阶的坡度近 70°，非常陡峻。目前，最外侧四角的 4 座高塔已经残损，中心的 5 座比较好地保存下来，五座塔排列和谐，结构紧凑，高低错落，气势恢弘。核心建筑实际上是一座巨大的金刚宝座塔，其平面为 75 米见方，中央的塔最高，达 40 米，加上 3 层台基，总高为 65 米。

吴哥窟的三重回廊中，有许多雕刻精美的浮雕，其中，第一层回廊内有长达 800 米，高 2 米的浮雕墙，墙面刻满印度史诗《摩诃婆罗多》和《罗摩衍那》中的故事。浮雕中也有许多战争的场面，甚至有表现苏耶跋摩二世亲自征战，击败敌人的场景，堪称高棉人的史诗。在这样一个区域里，出现如此完美而技艺精湛的建筑群，无不让人感叹高棉人的才能和巨大的创造力。1992 年，吴哥窟被列入《世界文化遗产名录》。

第三节　古代朝鲜与古代日本建筑

中国悠久的古代文明在各个方面都对周边国家产生了深远的影响，中国古代木构架建筑对朝鲜、日本等邻近国家所产生的影响就更加直接。中国古代建筑各个历史时期的变化，在朝鲜和日本的古代建筑中都有所反映。古代时期，朝鲜半岛和日本都同木构架建筑的发源地——中国有着非常密切的文化交流关系，其古代建筑无论在院落布局、营造方法还是装饰细节上，都同中国古代建筑具有共同的特点。

由于地理位置的原因，最初中国古代建筑是通过朝鲜半岛逐渐传播和影响到日本，例如中国的佛教就是经由朝鲜半岛传入日本的。因此，从接受中国传统文化的时间角度来说，朝鲜要早于日本。到唐朝时，日本与中国的直接联系与交流变得更加频繁。由于朝鲜半岛、日本与古代中国存在包括民族风俗、生活习惯、地理环境等诸多方面的差别，经过千百年的演变，两地的建筑发展也逐渐形成各自不同的特征，特别是在居住建筑和园林建筑上更是千差万别。

唐朝以后，朝鲜和日本与中国的交流在规模上和形式上都有比较大的变化，加上其国家长期处于封建分裂状态，建筑发展迟缓，致使朝鲜和日本的古代建筑中保存着比较浓厚的中国唐代建筑的特色。从建筑风格上来看，古代朝鲜的建筑比较粗犷，而古代日本的建筑则比较精致与细腻。

一、古代朝鲜建筑

由于朝鲜半岛与中国在陆地上的连接，使其同古代中国保持着更加密切的联系。位于朝鲜半岛西南的百济早在 372 年就开始向东晋朝贡，并一直与南朝交往密切，在建筑上深受南朝的影响，例如保留至今建于 6—7 世纪百济时期的定林寺五层塔。

7 世纪，新罗国统一整个朝鲜半岛，建都于庆州。随着佛教的逐渐兴盛，当地建造了许多佛寺和佛塔。10 世纪上半叶，高丽国重新统一朝鲜半岛，建都于松岳（今开城），依然提倡佛教，并给予僧侣以种种特权。

　　这一阶段的主要代表性建筑有庆州的佛国寺（8 世纪中叶）以及寺内的多宝塔和释迦塔、佛日寺五层塔（951年）、成佛寺应真殿（1327 年改建）、博川深源寺普光殿（1368 年改建）、燕滩心源寺普光殿（1374 年改建）、释王寺曹溪门（高丽中期改建）、高 8.58 米的普贤寺十三层塔（高丽末期）、金刚山表训寺（1778 年改建），此外还有庆州的瞻星台（632—647 年）等建筑。

　　1392 年，国家重新独立统一，国号朝鲜，定都汉城（首尔）。由于朝鲜国王崇儒灭佛，佛教建筑开始衰败，这时期遗留下来的最重要的建筑是城郭和宫殿。建国初年，朝鲜在开城、首尔、平壤等地建造坚固的城墙。其中比较重要的城墙遗址有开城南大门（始建于 1393 年），首尔的南大门（始建于 1448 年）、东大门（1869 年重建），平壤的普通门（始建于 1473 年）和大同门（始建于1635 年）。

　　开城南大门是开城内门——月牙城的正南门，城门楼是后来修复的，为歇山式屋顶，面阔三间，进深两间，城楼下是拱形的城门洞。平壤的普通门和大同门城楼的面阔、进深都是三间，采用重檐歇山顶。首尔的南大门即崇礼门，为五开间，重檐庑殿顶，形式最为隆重。崇礼门于 1962年被评定为韩国第一号国宝，木制门楼于 2008 年遭纵火焚毁，历时五年于 2013 年完成重建，重建后的崇礼门与之前有一点改变，拓宽了两侧的城墙。东大门现保留有瓮城和两侧的城墙基址（图 12-18、图 12-19）。

　　佛国寺位于庆州附近的吐含山麓，寺院坐落在台地之上，由东、西两个并列的院落组成，采用中国早期佛寺周围廊的布局形式。石头建筑为 8 世纪中叶新罗时期建造，上面的木制建筑则是 18 世纪高丽时期改建的。东院原来的金堂、讲堂、经楼和回廊都已毁坏，于 1765 年在金堂基址上改建了大雄殿。大殿前有紫霞门，山门面阔三间，进深两间，歇山顶，檐口出挑深远，斗栱尺度硕大，并设有一朵补间斗栱。门前是白云桥和青云桥。进入紫霞门，就是大雄殿，在大雄殿前和东侧是建于 8 世纪中叶的多宝塔和释迦塔。其中东边的多宝塔高 10.4 米，仿木结构，造型独特，大雄殿前的释迦塔高 8.2 米。佛国寺的平面布局形式与类型同中国唐代的佛寺基本一致（图 12-20、图 12-21）。

　　景福宫是古代朝鲜保存下来的比较完整的宫殿建筑

图 12-18　重新修复的南大门

图 12-19　首尔东大门

图 12-20　庆州佛国寺

图 12-21　佛国寺大雄殿及释迦塔

图 12-22 首尔景福宫勤政殿

图 12-23 景福宫廊院式的空间格局

图 12-24 景福宫后部的园林景致

群。据史料记载，景福宫始建于 1394 年，1593 年被毁，1870 年在原址重建，近些年来又有大规模的增建和改建。景福宫的规划布局与中国古代的宫城非常相似，只是规模相对要小得多，并依然沿用传统的廊院式布局。景福宫内最重要的建筑是勤政殿，它坐落在一个 100 米宽，140 米深的巨大院落的后部，南侧为勤政门，东、南、西三面建有围廊，北侧为思政门。勤政殿开间与进深都是五间，下面为两层石台基，屋顶为重檐歇山顶，屋脊两侧均为白色抹灰，形成其营造特色（图 12-22 ~ 图 12-24 ）。

二、古代日本建筑

日本虽然是一个岛国，但在历史上与中国有着密切的联系。日本古代建筑早在公元 1 世纪前后就形成了其木构架建筑的基本特点。日本古代木构架建筑"具备了中国古代建筑的一切特点，包括曲面屋顶，飞檐翼角和各种细节，如鸱吻、隔扇等等。"[4] 日本古代建筑应该归属于中国古代木构架建筑体系。

645 年，日本实行"大化改新"，并多次派遣使臣来华，以中国盛唐为样板，全面引入唐朝的文化和行政制度。因此，日本古代木构架建筑更多地保持了中国唐代的建筑风格与样式。但是经过长期的发展，日本古代建筑已经具有鲜明的地域和民族特色，特别是在装饰构件上很有创造性，表现出其独特的美学特征。来自中国的影响更多地表现在都城格局、大型庙宇和宫殿建筑上。住宅建筑则结合日本民族的自身特点，创造出平易亲切、富有人情味、小尺度、设计细致而朴素的风格。日本古代建筑非常重视表现材料、构件的天然质感，也正是这些做法形成了日本古代建筑的鲜明特色。

日本古代建筑中最有特色的类型就是神社。从古到今，只要有日本人长期居住的地方，就有神社建筑。即使在 20 世纪 30 年代日本侵占中国东北的开拓团也在偏僻的农村建立简易的神社。神社是日本固有的神道教的祭祀建筑，神道教是日本的传统宗教，它崇拜自然神，崇拜祖先。神道教又分为神社神道、教派神道、民俗神道三种，以神社神道为主流，一直流传至今。神社神道尊天照大神，即太阳女神为主神，并奉日本天皇为天照大神的直系后裔。

神社建筑通常采用纵深的建筑布局形式，入口处都建有牌坊，这种由横木与立柱形成的牌坊叫做"鸟居"，是

图 12-25　严岛神社建于宫岛三角湾中的鸟居

图 12-26　伊势神宫

图 12-27　奈良东大寺（上左）

图 12-28　奈良东大寺内部（上右）

图 12-29　日本兵库县姬路城天守阁（下左）

图 12-30　大阪城天守阁（下右）

日本古代特有的一种标志性的建筑（图 12-25）。日本最神圣的神社是位于三重市海滨密林里的伊势神宫，它分为内、外两宫，内宫称"皇大神宫"，祭祀天照大神，外宫称作"丰受大神"，专门负责保护天照大神的食物。

　　7 世纪时天武天皇确立的伊势神社修建制度规定，必须每隔 20 年就在相邻的一块基地上按原样重建一次，所以现在的建筑并非早期原物。这种做法虽然能够保持神社建筑永远存在下去，但也会逐渐带有时代的痕迹。伊势神宫主殿面阔三间，进深两间，采用"神明造"，殿堂下部采用"栽柱入地"的古代干阑式构造，形成高高的架空平台，称为"高床"，平台周围设有木制的栏杆。除中间入口的透空门廊外，建筑的墙壁全都用厚木板水平叠成。殿堂采用略带弧线的悬山式屋顶，仍然保留原始的棚屋传统，屋脊

是一根通长的木料，连同"千木"一起向外出挑，上面包裹着闪亮的黄金，与干草覆盖的屋面形成强烈的对比。地上铺满松散的卵石，院落内的气氛庄重而古朴（图 12-26）。

　　日本古代木构架建筑虽然在建筑规模和工程技术含量上无法同中国相比，但经过近两千年的发展，也形成了自己鲜明的特色，出现了许多优秀的古代建筑，丰富了以中国为中心的木构架建筑体系。例如目前世界上历史最悠久的木构架建筑——奈良法隆寺（创建于 7 世纪初），宽 57 米，进深 51 米，高达 48.74 米，号称"世界最大的木造建筑"的奈良东大寺大殿（1696—1708 年），还有唐招提寺金堂、京都平等院凤凰堂、神奈川县圆觉寺以及姬路城天守阁和松本城天守阁等建筑都是日本古代建筑的代表作品（图 12-27 ～图 12-32）。

图 12-31 京都金阁寺凤凰台（始建于 14 世纪末，1950 年代被焚后重建）

图 12-32 京都平等院凤凰堂

图 12-33 京都金阁寺园林

图 12-34 龙源院平庭

日本园林具有许多自己独到的艺术风格和设计手法。虽然日本园林"无疑借鉴过中国唐、宋时代的园林，也学习过中国山水画的理论和作品，但日本园林至少同现存的中国明、清时代的园林有相当的差别。"[3] 最具日本园林特色的就是"枯山水"，这完全是一种写意的艺术手法。枯山水是"用石头象征山峦，用白砂象征湖海"，具有特殊的意境（图 12-33、图 12-34）。

飞鸟时代（552—645 年），日本开始大量吸收中国的典章制度和传统文化。这一时期，中国佛教也经由朝鲜半岛的百济传入日本，并由此引发了日本古代建筑的大发展和大变化。佛教初到日本时，受到神道教传统的抵制。587 年，获得皇位继承权的苏我氏支持佛教的发展。604 年，圣德太子正式信奉佛教，并建造了大量的佛寺。位于朝鲜半岛西南的百济是"当时半岛上分立的三国之一"。历史上曾经与中国古代东晋和南朝保持密切的交往，在建筑上深受南朝的影响。

588 年，百济国王曾经选派工匠到日本，帮助建造佛寺。7 世纪初，继百济工匠之后，一些中国工匠也来到日本，影响了日本古代木构架建筑的发展。

587—607 年，圣德太子兴建了第一座大型佛寺——法隆寺。位于日本奈良西南一片林木茂密的丘陵上的法隆寺是现今世界上最古老的木构架建筑群，也是日本历史最悠久的佛教寺院。目前，寺中有 50 多座建筑，其中有 19 座建筑被列为日本国宝级建筑，尤以收藏释迦三尊像的金堂和收藏释迦舍利的五重塔最为著名。670 年，法隆寺遭受火灾被焚毁，后又重建，739 年又增建了东院。

法隆寺的主体布局呈现出中国佛教寺院早期廊院式布局的特点，前有天王殿，后有大讲堂，讲堂两侧分别是经楼和钟楼。院落中央，寺院的主体建筑金堂和五重塔分列于轴线两侧，这种布局后来叫"唐式"，是受中国南北朝时期建筑布局形式的影响。

金堂是法隆寺的主殿，两层歇山式屋顶，底层面阔五间，进深四间，二层各减少一间。斗栱尺寸硕大，底层柱高 4.5 米，而出挑距离竟为 5.6 米。金堂的木柱已经立在础石上，与伊势神宫相比，体现了木构架结构技术的进步。

建造于 672—685 年的五重塔高度达 32.45 米，其中相轮高 9 米。塔的平面呈方形，外观五层，二至五层不能登临，底层至四层都是三间，第五层为两间。底层面阔 10.84 米，柱高 3 米多，二层柱高为 1.4 米。飞檐挑出很大，均超出各层的层高，底层挑出达 4.2 米。木塔中心有木柱直通宝顶，表明其结构与建造技术还不是很成熟，是早期楼阁式塔构造形式的体现（图 12-35 ~ 图 12-41）。

图 12-35　奈良法隆寺鸟瞰

图 12-36　法隆寺南大门

图 12-37　法隆寺中门

图 12-38　法隆寺五重塔

图 12-39　法隆寺金堂

图 12-40　法隆寺东院梦殿

图 12-41　法隆寺钟楼及围廊

第四节 古代伊斯兰教建筑

570 年，伊斯兰教的创始人穆罕默德出生在今沙特阿拉伯的麦加。后来，他宣称自己被上帝，即"真主安拉"选为继耶稣之后的先知和使者，真主通过他的口将《古兰经》逐字逐句地传授出来，"伊斯兰"即是顺服上帝旨意的意思。穆罕默德为伊斯兰教教徒制定了必须终生遵守的规则：一是礼拜，即面向麦加举行仪式；二是天宝，即慷慨施舍；三是戒斋，即在斋月里日出到日落时分禁食；四是朝天房，即在有生之年尽可能到麦加朝觐一次。朝觐的对象就是保存在麦加天房"克尔白"中的一块"神圣的陨石"，大房相传是由先知易卜拉欣建造的。伊斯兰教的这些规则对伊斯兰文化，特别是伊斯兰建筑有着非常深刻的影响。例如对于每天五次准时礼拜的规定，使清真寺大量地分布在城市中，并且保证礼拜时都朝向麦加的方向（图 12-42）。

7 世纪中叶，信奉伊斯兰教的阿拉伯人开始走出干旱贫瘠的沙漠，向四面不断地扩张。他们不注重民族之间的区别，以信仰来划分彼此。所以，在其征服的区域内，伊斯兰教得到了迅速而广泛的传播，并逐渐形成一股强大的多民族融合的宗教力量，也为其大肆扩张奠定了坚实的人力和物力基础。

到 750 年，阿拉伯人已经发展成为东到中国边境、西到西班牙，空前强大的大帝国的统治者。从 9 世纪开始，这个强大的帝国开始逐渐瓦解。到 11 世纪时，土耳其人统一了小亚、西亚和波斯。13 世纪以后，强大的蒙古铁骑在这一区域内又建立了伊儿汗国和帖木儿帝国。15 世纪，土耳其人又重新统一了小亚和西亚。到 15 世纪末，基督教徒统一了西班牙。16 世纪后，蒙古人的统治被彻底推翻。到 16世纪中叶，帖木儿的后裔建立的莫卧儿王朝统一了大部分印度领土，催生了一批杰出的"莫卧儿"风格的建筑。后来，伊斯兰教在中国的西部和南亚地区广泛传播，影响至今。

在这片辽阔的土地上，曾经出现多种高度发达的文明，既有古希腊、古罗马和拜占庭文化的积淀，也有古埃及和两河流域的文化，以及东方的印度文化的影响。因此，"伊斯兰文化是一种既有强烈的共同点而又闪耀着杂色异彩的文化。"[5]伊斯兰世界的建筑也是一样，西班牙的阿尔罕布拉宫与印度的泰姬·玛哈尔陵在建筑风格和形式上有着巨大的差别，但又都有着非常明显和极易识别的伊斯兰建筑的特征，这也许是伊斯兰建筑的最大特点。

阿拉伯人在占领拜占庭帝国以后，将拱券技术沿用下来，经过改造后，大量地在伊斯兰建筑中运用。改造后的拱券有着鲜明的形式特征，主要为双圆心、四圆心的尖券、高券、马蹄形券和极富装饰性的花瓣形券。另外，伊斯兰建筑非常喜欢使用阿拉伯风格的图案和文字来装饰整个建筑的表面，由于炎热干旱的气候，在建筑中大量使用透雕和花格窗。色彩斑斓的陶瓷面砖也是许多建筑经常使用的饰面材料，蓝绿色的色调使伊斯兰建筑更具特色。

在清真寺建筑里都建有高塔，阿訇每天五次准时在塔上召唤信徒们做礼拜，所以，高塔也叫"光塔"、"授时塔"、"宣礼塔"，高塔也成为清真寺建筑设计的重要构图元素。

1. 耶路撒冷圣石清真寺

公元前 10 世纪，以色列国王所罗门曾经在现耶路撒冷圣殿山上耗巨资修建了一座神殿，使其成为犹太人的圣地。公元前 586 年，神殿在新巴比伦王国的入侵中被彻底摧毁。在罗马人统治时期，重建的神殿在 70 年时被再次摧毁。30 年，耶稣曾经来耶路撒冷传教，使这座城市也成为基督教的圣地。

688—692 年，阿拉伯人在圣殿山上一块相传是穆罕默德"夜行登霄"的岩石上建造了伊斯兰世界里最神圣的建筑，这就是有着伊斯兰第三大圣地之称的圣石清真寺。它的旁边就是被摧毁的高达 12 米的犹太圣殿西墙"哭墙"的遗址。

圣石清真寺的规模不大，平面为八边形，每边长约 21 米，中央穹顶直径达 20.6 米，高 35.3 米，外面贴满镀金的铅板（1967 年以后改为电解铝板），金光闪烁，灿烂夺目。

1994 年，当时的约旦国王侯赛因出资 650 万美元为穹顶覆盖了 24 公斤的纯金箔，使"金顶寺"的别称名闻天下，从耶路撒冷城的任何一个地方都可以看到圣殿山上的金色穹顶。

木结构的穹顶由下面四个墙墩以及 16 根柱子形成的

图 12-42 可以容纳 100 万人进行礼拜的麦加哈拉姆清真寺

图 12-43 从耶路撒冷橄榄山上俯瞰圣石清真寺

图 12-44 圣石清真寺及西侧的哭墙

拱券来支撑，围绕其外面的是一个八角形的拱廊，有四个大门通向最外侧的回廊。穹顶下是一块长、宽分别是 17.7 米和 13.5 米，高 1.2 米，黝黑色的"圣石"，用银铜镶嵌的圣石上有相传为阿拉伯人祖先伊斯梅尔的脚印和穆罕默德升天时所乘天马的蹄印，圣石清真寺也因此得名。

建筑外墙面装饰得非常精美，窗台下面贴大理石板，窗台以上是 16 世纪中叶贴的面砖，色彩斑斓的装饰图案和纹样布满了建筑的表面，镂空的大理石加上陶瓷制作的拱形窗，使体量很小的建筑显得更加精巧。

圣石清真寺集中式的形制，单纯而庄重的造型明显受到拜占庭建筑的影响。圣石清真寺是伊斯兰最早的纪念碑，它并不是供信徒做礼拜的地方，而是朝圣的圣地（图 12-43、图 12-44）。

2. 科尔多瓦大清真寺

西班牙是穆斯林最早产生割据政权的地方，倭马亚王朝的首都就建在科尔多瓦，这个当时已拥有 50 万人口的城市与巴格达、君士坦丁堡并称为西方世界的三大中心。

科尔多瓦大清真寺始建于 786 年，虽然经过 9 世纪和 10 世纪的三次重要增建，但其礼拜大厅看上去仍然浑然一体，它是世界上最大的清真寺大殿之一。礼拜大厅的平面达到 128 米宽，114 米长，共有 18 列 856 根柱子。白色石头和红砖交替砌成的双层马蹄形拱券与矮小纤细的柱子形成鲜明的对比，一望无尽的层层叠叠的拱廊，迷幻的色彩图案形成了科尔多瓦大清真寺独特的室内空间效果，让人过目不忘。10 世纪末，后倭马亚王朝逐渐衰落，1235 年，基督徒收复了科尔多瓦。1523 年，清真寺在被拆毁了部分

图 12-45 科尔多瓦大清真寺室内

柱廊后改为基督教堂（图 12-45）。

3. 格拉纳达阿尔罕布拉宫

格拉纳达阿尔罕布拉宫是西班牙最后一个穆斯林王朝——纳斯雷蒂王朝于 1338—1390 年间建造的。到 13 世纪时，穆斯林在西班牙已退守到半岛最南端的格拉纳达附近，并于 1272 年将首都建在格拉纳达。在周围其他伊斯兰国家灭亡之后，众多的穆斯林纷纷来到这里，一时间人才荟萃，文化和经济都有了很大的发展。

阿尔罕布拉宫在阿拉伯语中是"红色城堡"的意思，因为其周围长达 3500 米的围墙与高低错落的建筑和塔楼都是采用泛红色的石头砌筑的。从外表上看，阿尔罕布拉宫更像一座防卫森严的城堡，高墙上分布着 23 座塔楼、4 座大门。另外还有王宫、清真寺、花园和造币厂。从里面看，阿尔罕布拉宫则是一座富丽堂皇的宫殿，精美细致的装饰

遍布券廊和房间。16世纪时，西班牙国王查理四世对城堡内的许多建筑都进行了重修和改建。基本保持当年原貌的是南北向的清漪院（也称为石榴院）和东西向的狮子院。

清漪院长36米，宽23米，院子中央有长条形的水池，两端柱廊内各有一个小型喷泉，流水潺潺，波光粼粼。七间装饰精细的券廊倒映在池水中，静谧而幽雅。北廊的后面有一座18米见方的建筑，因经常用于接见外交使节，故得名"大使厅"和"觐见厅"，它与券廊形成实与虚、粗犷与精细、宏伟与纤秀的对比。

狮子院长28米，宽16米，因院子中央有一个12头狮子驮着的喷泉而得名。以喷泉为中心，向四个方向各有一条水渠延伸到建筑中，它象征着《古兰经》中描述的天国里的四条河，即水河、乳河、酒河、蜜河，它们是生于荒漠的阿拉伯人想象中的生命之泉，蕴含着浓厚的伊斯兰教义，这种十字形的水池在后来的伊斯兰风格园林和建筑中得到广泛的运用。狮子院周边有精巧的柱廊，124根细柱上罗列着马蹄券和细密的装饰，其中以两姐妹厅的蜂窝状顶棚最为精美绝伦。一位诗人曾经赞美道："即使天上的星星也愿意离开天宫，渴望能在这所宫殿里居住"（图12-46～图12-49）。

1492年，基督徒终于毁灭了这个悠闲度日的小国家。1984年，阿尔罕布拉宫和夏宫一起被联合国教科文组织列入《世界文化遗产名录》。

图12-46　阿尔罕布拉宫鸟瞰

图12-47　阿尔罕布拉宫清漪院

图12-48　阿尔罕布拉宫

图12-49　阿尔罕布拉宫狮子院

图 12-50　萨马拉清真寺宣礼塔　　　图 12-51　帖木儿家族墓

4. 萨马拉大清真寺

萨马拉清真寺位于伊拉克首都巴格达北部的萨马拉，被认为是历史上最大的清真寺，始建于 848 年。现今，它只剩下一堆残迹，但根据从存留下来的长近 800 米的围墙以及高达 50 米，可以骑马登上顶部的螺旋状的宣礼塔就可以想象当年萨马拉清真寺的庞大规模（图 12-50）。

5. 撒马尔罕帖木儿家族墓

1370 年，帖木儿建立了帖木儿帝国。1404 年，为纪念在战争中负伤而亡的孙子，按照帖木儿的指令，在撒马尔罕建成了一座陵墓，同时还建造了清真寺和经学院，后来它成为帖木儿家族的墓地。陵墓的底层是一个 10 米见方的大厅，为了平衡穹顶的侧推力，四边各凸出一个筒形拱覆盖的空间，形成十字形的平面，外面则做成八边形，墙体很厚。圆柱形的鼓座很高，大约有 8～9 米，使上面饱满的四圆心洋葱头式的穹顶充分展现出来。穹顶的表面做成瓜棱的形式，与鼓座之间用两层蜂窝状造型来过渡，既起到了很好的"收头"作用，也将鼓座和穹顶明确分开。整个建筑表面都贴满了蓝绿色的琉璃面砖，瓜棱的处理形式大大加强了琉璃面砖的光泽和质感，使穹顶成为建筑构图的中心。在使用阿拉伯文字的装饰图案里，有这样一句话："如果我今天依然在世，全人类都会颤抖。"帖木儿家族墓是集中式建筑的杰出作品，对后来的清真寺和陵墓建筑都有很大的影响（图 12-51）。

6. 阿格拉泰姬陵

成吉思汗和帖木儿的后裔巴布尔于 1526 年占领了印度北部的大部分地区，他的儿子胡马雍于 1530 年即位，并建立了伊斯兰教的莫卧儿王朝。1628 年，莫卧儿王朝第五代皇帝沙贾汗称帝，沙贾汗曾经在巴布尔和其父亲日贾汗的陵墓建造中主持过建筑设计和建造事宜。1631 年，他的爱妻泰姬因难产而死。为了表达对亡妻的深爱和实现对爱妻的承诺，1632 年，他亲自主持并调集了全印度乃至整个伊斯兰世界最好的建筑师和工匠来建造泰姬陵。在此之前，莫卧儿王朝的几代君王已经先后修建了许多大型的陵墓，如胡马雍陵和阿克巴陵，其中以建在德里的胡马雍陵最具代表性，并逐渐形成了陵园建筑的基本形制，史称"莫卧儿风格"。泰姬陵是莫卧儿风格最杰出的代表，也是伊斯兰教建筑的最高成就和巅峰作品，更是整个伊斯兰世界建筑经验的结晶。据说共花费数千万卢比，耗时 22 年。

泰姬陵位于恒河支流亚穆纳河之滨，与故都阿格拉隔河相望。整个陵园呈长方形，由两道大门、陵墓以及两侧对称的清真寺和接待所组成一个庞大的建筑群。陵园占地面积 17.7 万平方米，东西宽 304 米，南北长 583 米，四周用红砂石墙围护。整个陵园分为前后两个空间层次，主次分明，相互衬托，相得益彰。第一个空间层次位于两道大门之间，它是整个陵园的先导空间，尺度不大，进深只有 123 米，起到"先抑后扬"的作用。穿过高大壮丽的第二道大门，眼前豁然开朗，在 300 米见方的巨大庭院的衬托下，从中央的十字形水池望去，在蓝天的映衬下，一个白色晶莹的大理石建筑显得气势恢弘和震人心魄。陵墓的主体建筑不像胡马雍陵那样位于陵园的中心，而是位于陵园的底端。充分的视觉距离使人们能够看到最佳的建筑形象。陵墓两侧是清真寺和接待所，棕褐色的建筑把陵墓衬托得更加洁白如玉。

图 12-52 泰姬陵陵寝

图 12-53 泰姬陵陵园正门

图 12-54 泰姬陵陵园东侧大门

　　在高 5.5 米，平面 96 米见方的白色大理石台基上，四个 40.6 米高的圆形塔楼分立在四角，其立意显然来源于清真寺中的宣礼塔，但它没有实际功能，只起到调整和丰富主体建筑体量以及平衡构图的作用。

　　56.7 米见方，高达 64 米的陵墓主体建筑完全用白色大理石建造，四个立面完全相同，其造型来源于胡马雍陵。黑色石材制成的细密的文字和装饰图案布满建筑的表面。四角的小亭子将中央直径为 17.7 米的洋葱头式穹顶衬托得更为高大，并与方形的主体形成良好的过渡。陵墓的虚实对比强烈，光影变化丰富。四角尖塔的细小尺度反衬出穹顶的饱满丰韵。泰姬陵纯净的色彩与完美的造型，再加上墓主人凄婉的爱情故事，更为其增添了无穷的魅力（图 12-52 ～图 12-54）。

本章注释：

[1] ［英］乔纳森·格兰西. 建筑的故事［M］. 罗德胤, 张澜译. 北京：三联书店，2003：95.

[2] ［英］乔纳森·格兰西. 建筑的故事［M］. 罗德胤, 张澜译. 北京：三联书店，2003：97.

[3] ［英］乔纳森·格兰西. 建筑的故事［M］. 罗德胤, 张澜译. 北京：三联书店，2003：113.

[4] 陈志华. 外国古建筑二十讲［M］. 北京：三联书店，2002：319.

[5] 陈志华. 外国古建筑二十讲［M］. 北京：三联书店，2002：298.

第四篇　外国近现代建筑史

第十三章   近代时期的欧美建筑

第一节   复古思潮中的欧美建筑

从 17 世纪中叶开始到 18 世纪末叶，欧洲新兴资产阶级的力量不断壮大，许多国家相继爆发了资产阶级革命和工业革命。"它们结束了欧洲的封建时代，开创了现代的产业文明，进而对整个人类社会、经济、文化都产生了巨大而深刻的影响。"[1] 从 18 世纪中叶以后，欧洲的文化发展"头绪纷杂"，已经很难像以前那样用"哥特式"或"文艺复兴式"来明确区分和简单定义。

从 18 世纪 60 年代到 19 世纪末流行于欧美的复古思潮主要有新古典主义（或称为古典复兴）、浪漫主义与折中主义。这种情况的出现，主要出于新兴资产阶级的政治需要，他们之所以要选择这种历史样式，是企图从古代建筑遗产中寻求思想上的共鸣。

新古典主义、浪漫主义与折中主义在欧美流行的时间如下：

新古典主义：法国（1760—1830 年），英国（1760—1850 年），美国（1780—1880 年）。

浪漫主义：法国（1830—1860 年），英国（1760—1870 年），美国（1830—1880 年）。

折中主义：法国（1820—1900 年），英国（1830—1920 年），美国（1850—1920 年）。

一、新古典主义

新古典主义主张直接从古希腊和古罗马时期的建筑中吸取营养，因此，新古典主义又叫做古典复兴，或希腊复兴、罗马复兴。新古典主义是资本主义初期最先出现在文化上的一种思潮，这种思潮曾受到当时启蒙运动的影响。因此，新古典主义的思想背景是民主和科学。正是由于对民主、共和的向往，唤起了人们对古希腊、古罗马的礼赞，这是资本主义初期新古典主义建筑思潮的思想和社会基础。

在 18 世纪前的欧洲，巴洛克与洛可可建筑风格盛行一时，建筑上大量使用繁琐的装饰甚至贵重金属的镶嵌，引起了讲究理性的新兴资产阶级的厌恶。在法国大革命时期，资产阶级热烈向往着"理性的国家"。研究与歌颂古罗马共和国成为资产阶级知识分子的时尚。因此，他们在探求新建筑形式的过程中，试图借用古典的外衣去扮演进步的角色，希腊、罗马的古典建筑遗产成了当时创作的源泉。

当法兰西共和国为独裁的拿破仑帝国所代替时，在上层资产阶级的心目中，"民主""自由"已逐渐成为抽象的口号，这时他们向往的却是罗马帝国称雄世界的霸权。于是，古罗马帝国时期雄伟的广场、凯旋门和纪功柱等纪念性建筑便成了效仿的榜样。

18 世纪新古典主义建筑的流行，除了政治上的原因，另一方面也是由于考古发掘进展的影响，大批考古学家先后来到古希腊、古罗马的废墟上进行实地发掘，随着一篇篇详尽的考古报告传遍欧洲，特别是发掘出来的古希腊和古罗马艺术珍品在各地著名的博物馆展出时，欧洲人的艺术眼界才真正打开了。

新古典主义建筑在各国的发展有所不同。法国主要以罗马式样为主，而英国、德国则以希腊式样为主。采用新古典主义的建筑类型主要是国会、法院、银行、交易所、博物馆、剧院等公共建筑和纪念性建筑。

法国在 18 世纪末到 19 世纪初是欧洲资产阶级革命的中心，也是新古典主义运动的中心。早在大革命（1789 年）前后，法国已经出现了像巴黎先贤祠（1757—1789 年）那样的新古典主义建筑。此后，罗马复兴的建筑思潮便在法国盛极一时。

在拿破仑的帝国时代，巴黎建造了许多国家级的纪念性建筑，例如星形广场上的凯旋门（1808—1836 年）、军功庙（1806—1842 年，建筑师：维尼翁，拿破仑帝国覆灭之后，这座建筑又改为原来的名字：马德兰教堂）等建筑都是罗马帝国时期建筑式样的翻版。在这类建筑中，它们追求外观上的雄伟、壮丽，因此也被称为"帝国风格"，是拿破仑帝国时代的代表性建筑风格（图 13-1）。

希腊复兴的建筑在英国占有重要的地位，这是由于

图 13-1　巴黎军功庙

图 13-2　爱丁堡皇家高级中学

图 13-3　伦敦大英博物馆

图 13-4　柏林老博物馆

图 13-5　柏林勃兰登堡门

图 13-6　白宫南侧

1816 年在英国展出了从希腊雅典搜集的大批艺术珍品之后，在英国形成了希腊复兴的高潮。希腊复兴式建筑大都集中在苏格兰首府爱丁堡，因此，爱丁堡又被称为新雅典，典型代表建筑为汉密尔顿设计的模仿帕提农神庙的爱丁堡皇家高级中学（1825—1829 年）。另外，还有位于泰晤士河边的大英博物馆（1825—1847 年，建筑师：斯默克）等建筑（图 13-2、图 13-3）。

德国的新古典主义也以希腊复兴为主，著名的柏林勃兰登堡门（1789—1793 年，建筑师：拉汉斯）即是从雅典卫城山门吸取来的灵感。另外，著名建筑师辛克尔设计的

柏林宫廷剧院（1818—1821 年）及柏林老博物馆（1824—1828 年）也是希腊复兴建筑的代表作（图 13-4、图 13-5）。

美国在独立以前，建筑风格主要受英国影响。独立战争以后，新古典主义在美国盛极一时，尤其是以罗马复兴为主。美国国会大厦（1793—1867 年）就是罗马复兴的例子，它仿照了巴黎先贤祠的造型，极力表现雄伟的纪念性。希腊复兴的建筑在美国也很流行，特别是在公共建筑中颇受欢迎。另外一个著名的新古典主义建筑是美国总统的办公室兼寓所，即白宫（1792—1830 年），它最初是由爱尔兰建筑师兼营造商霍班主持设计和建造的（图 13-6）。

图 13-7 巴黎先贤祠

1. 巴黎先贤祠

巴黎先贤祠建造于 1757—1789 年，主要建筑师为苏夫洛。这座建筑本来是献给巴黎守护者圣吉纳维芙的教堂。1791 年，法国制宪会议决定将这教堂改为用于安葬伟人的祠庙，并改名为"先贤祠"，又译为"万神庙"。哲学家伏尔泰、卢梭，文学家雨果、左拉以及物理学家居里夫人等许多名人都葬在此处。先贤祠是法国大革命前夜建造的最大建筑，是启蒙主义思想的重要体现者，它的建设也标志着新古典主义拉开了帷幕。

建筑宽 84 米，为希腊十字式平面，加上柱廊，其进深长达 110 米。它的重要成就之一是整个建筑由 206 根柱子作为垂直支撑结构，建筑的结构自重非常轻，墙很薄，柱子也很细，室内空间完全是开敞的，体现出人们对建筑结构技术更加科学和深入的了解。原来中央大穹顶下面也由柱子支撑，后来因为地基沉陷，才将支撑穹顶的 12 根柱子改成 4 个巨大的墙墩。

穹顶由三层结构组成，内层直径 20 米。鼓座的结构形式和做法参照了伦敦的圣保罗大教堂；穹顶和鼓座的外形则模仿了古罗马坦比哀多的形制，结构逻辑清晰，条理分明，鼓座立在帆拱之上。穹顶尖端采光亭顶部高达 83 米，十分雄伟。建筑正立面由 6 根 19 米高的科林斯柱和山花构成了正面的柱廊。改为先贤祠后，教堂原有的窗子被堵死了，外部大面积的实墙使建筑显得比较沉闷，也使鼓座上下两部分的风格不协调，尺度也不统一（图 13-7）。

建筑室内完全摆脱了神秘的宗教气氛，表现出世俗的、堂皇的色彩，体现了法国启蒙主义者的理性精神和对古希腊、古罗马历史文化的向往。据苏夫洛的学生介绍，当时苏夫洛的立意是要把哥特式建筑结构的轻快同古希腊建筑的明净和庄严结合起来，应该说这个愿望大体实现了。

2. 巴黎雄师凯旋门

雄师凯旋门位于法国首都巴黎。拿破仑于 1804 年成为法国皇帝之后，大革命的激情和盖世军功的结合使法国新古典主义逐渐演变成了拿破仑的"帝国风格"。

1806 年，拿破仑下令兴建巴黎雄师凯旋门，作为战无不胜的法国军队的纪念碑，主要建筑师为沙洛林。凯旋门高 49.4 米，宽 44.8 米，厚 22.3 米，其中正面券门高 36.6 米，宽 14.6 米。这些尺寸都远远超过了古罗马时期最大的君士坦丁凯旋门，从中也能直观地表现出拿破仑的雄心壮志。

这样巨大的建筑物却采取了新古典主义高度净化的几何形构图，方整的造型，除了檐部、墙身和基座，没有别的分划，没有柱子或壁柱，也没有过多的线脚。除表现不可战胜的法国军队的英雄形象的浮雕之外，几乎没有多余的装饰，这更使它具有一种超凡脱俗的雄伟气概。

凯旋门中央券门内是宣扬拿破仑赫赫战功的浮雕，它们表现了 96 场战役的激战情景，跟随拿破仑作战的 386 个将领的名字也刻在上面。凯旋门墙上的浮雕尺度巨大，每个人像都高达 5 ~ 6 米，透出浓烈的"帝国风格"气息。这些浮雕中最著名的一座，是杰出的浪漫主义雕塑家吕德的作品《马赛曲》。

雄师凯旋门建成后，对交通影响很大。1848 年，拿破仑的侄儿拿破仑三世上台执政后，委托奥斯曼进行巴黎城市改造，在凯旋门周围开拓了圆形的广场，12 条 40 ~ 80 米宽的放射形大道交会于一点。在它们的衬托下，凯旋门显得更加雄伟壮观，成为法国人的骄傲。拿破仑帝国垮台后，雄师凯旋门被称作星形广场凯旋门。凯旋门是"帝国风格"建筑的代表作之一，也是巴黎的标志性建筑。它距协和广场 2700 米，绿树成荫的爱丽舍大道从协和广场向西直奔而来，由于地势的起伏，高岗上的凯旋门显得更加庄严、雄伟（图 13-8、图 13-9）。

3. 美国国会大厦

美国独立之后，资产阶级民主派倾向于罗马复兴式建筑，联邦政府也非常支持，在华盛顿、费城等城市建造的一些公共建筑和行政建筑都采用罗马复兴的样式，其中最有代表性的就是美国国会大厦（1793—1867 年）。

罗马复兴的主要建筑师是杰斐逊（1743—1826 年），他是独立战争的领袖之一，曾在法国学习建筑。杰斐逊要求"消灭一切殖民制度的遗迹，渴望创造一种不同于英国的、适合于自由独立的美国的建筑风格。他注意到殖民地式建筑是美国特有的建筑形式，但是，同当时的政治理想相联系，他更倾向于罗马共和国的建筑。"[2]

图 13-8　从埃菲尔铁塔俯瞰巴黎凯旋门及星形广场（左）

图 13-9　巴黎凯旋门（右）

图 13-10　美国国会大厦西侧

图 13-11　美国国会大厦东侧

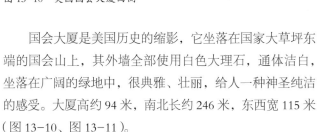

　　国会大厦是美国历史的缩影，它坐落在国家大草坪东端的国会山上，其外墙全部使用白色大理石，通体洁白，坐落在广阔的绿地中，很典雅、壮丽，给人一种神圣纯洁的感受。大厦高约 94 米，南北长约 246 米，东西宽 115 米（图 13-10、图 13-11）。

　　1793 年，美国总统乔治·华盛顿在这里亲手埋下奠基石，其主要设计者为威廉·索顿。19 世纪中叶，开始重建 1814 年毁于英美战争（1812—1814 年）的国会大厦，由沃尔特主持设计。主要是增加了两翼和中央大厅的穹顶。穹顶和鼓座仿照巴黎的先贤祠，巨大而丰满的穹顶加上两层高大的鼓座使建筑更加雄伟，但与建筑整体缺乏比例上的协调，显得盛气凌人。大穹顶的结构采用铸铁构架，顶部耸立着雕塑家托马斯·克劳福德创作的铜像——自由女神。"1863 年 12 月 2

日夜晚，华盛顿人自发地聚集起来，目睹近 6 米高的自由女神铜像被送上国会大厦的拱顶。这时，代表 35 个州的 35 门礼炮一齐轰鸣，向在战争中宣告完工的国会大厦致敬。"[3]

二、浪漫主义

　　浪漫主义是 18 世纪下半叶到 19 世纪上半叶活跃于欧洲文学艺术领域中的另一种主要思潮，它首先在英国的"风景庭院"中兴起，在建筑上也得到一定的反映。最受浪漫主义关注的还是中世纪最伟大的哥特式建筑，因此，浪漫主义建筑更多地体现出哥特式建筑的影响，哥特式建筑被宣传成"迷人的，生气勃勃的"。

　　浪漫主义产生的社会背景比较复杂。资产阶级革命胜利以后，社会上出现了以圣西门、傅立叶、欧文等为代表的乌托邦主义者。他们反对阶级斗争，向往中世纪的世界观，崇尚传统的文化艺术，又夹杂有消极的虚无主义色彩。所有这些错综复杂的社会意识，在艺术与建筑上导致了浪漫主义的出现。

浪漫主义最早出现于18世纪下半叶的英国。18世纪60年代到19世纪30年代是其初期，初期的浪漫主义在建筑上表现为模仿中世纪的城堡或哥特风格。从19世纪30年代到70年代是浪漫主义的第二个阶段，是浪漫主义真正成为一种创作潮流的时期。这时期的浪漫主义建筑以哥特风格为主，所以又称哥特复兴。哥特复兴式不仅仅用于教堂，也出现在学校、车站、住宅等世俗性建筑中。浪漫主义建筑最著名的作品是英国国会大厦（1836—1868年，建筑师：普金）和加拿大国会大厦（1860—1866年，其中间的和平塔高达88.7米）（图13-12）。

英国国会大厦（1836—1868年）的出现是浪漫主义建筑在英国兴盛的标志。它坐落在波光粼粼的泰晤士河边，

图13-12　加拿大国会大厦

数座高高耸立的哥特式风格的高塔成为伦敦最显著的地标之一。国会大厦沿泰晤士河展开，南面为102米高的维多利亚塔，北面为著名的大本钟，正中为八角形中厅。

这座于1834年老国会大厦被火烧毁后重建的建筑最初由古典主义建筑师巴里爵士设计，原先计划采用的是古典主义样式。但这时距离英国同拿破仑进行的生死战争结束还没有多久，在这场战争中所激发起的英国人民的爱国精神依然强烈，这种精神需要一种与法国的新古典主义相区别的建筑形式与之对应。

在工程进行中，维多利亚女王要求把国会大厦改建成亨利第五时期的哥特式，因为亨利第五（1387—1422年）曾一度征服法国。于是哥特复兴建筑家普金被召来与巴里合作，他们的智慧融合在一起，共同完成了这座既有鲜明的哥特风格建筑的细节，又极富古典主义构成魅力的杰作。英国国会大厦是一座在古典的体形上披着哥特式外衣的建筑，它的总体是简洁的、古典的，但细部是哥特式的垂直线条和华丽装饰（图13-13、图13-14）。

三、折中主义

折中主义是19世纪上半叶至20世纪初，在欧美一些国家盛极一时的建筑风格。折中主义超越新古典主义与浪漫主义在建筑样式上的局限，任意选择和模仿历史上的各种风格和样式，所以也称之为"集仿主义"。折中主义建筑追求建筑比例的和谐与均衡，注重建筑的形式完美。

折中主义建筑并没有固定的风格，它的语言混杂，但讲究比例与均衡的推敲，常沉醉于对"纯形式美"的追求。但是它在总体形态上并没有摆脱复古主义的范畴，因此，

图13-13　英国国会大厦

图13-14　英国国会大厦钟楼

建筑内容和形式之间的矛盾，仍然没有得到解决。折中主义在欧美的影响非常深刻，持续的时间也比较长。折中主义建筑在 19 世纪中叶以法国最为典型，到了 19 世纪末至 20 世纪初，折中主义建筑则以美国为中心。

　　1893 年，美国在芝加哥举行的哥伦比亚博览会是折中主义建筑的一次大检阅。在这次博览会中，建筑物都采用了折中主义的形式，并特别热衷于古典柱式的表现。

　　法国大革命以后，原来由路易十四奠基的古典主义大本营——皇家艺术学院被解散。1795 年它被重新恢复，1816 年扩充调整后改名为巴黎美术学院，它在 19 世纪与 20 世纪初成为整个欧洲和美洲各国艺术和建筑创作的领袖，是传播折中主义的中心。

　　折中主义的代表作品有巴黎歌剧院、罗马伊曼纽尔二世纪念碑、巴黎圣心教堂、瑞典斯德哥尔摩市政厅等建筑。

　　罗马的伊曼纽尔二世纪念碑（1885—1911 年，建筑师：萨柯尼）是为纪念意大利经历了 1400 年的分裂后在 1860 年终于重新统一的大型纪念碑，建筑形式采用了古罗马风格的科林斯柱廊，建筑群充满了舞台布景般堆砌的感觉。此外，巴黎圣心教堂（1875—1877 年，建筑师：阿巴迪）则是属于拜占庭和罗马风建筑风格混合的例子（图 13-15 ～图 13-17）。

1. 巴黎歌剧院

　　法兰西第二帝国的重要纪念物，世界上最大的歌剧院之一巴黎歌剧院是折中主义最负盛名的代表作。它的立面是意大利晚期的巴洛克风格，并掺杂了繁琐的洛可可雕饰。巴黎歌剧院的艺术形式在欧洲各国的折中主义建筑中有很大影响。

　　加尔涅于 1861—1874 年设计的巴黎歌剧院位于巴黎歌剧院大道尽端，建筑面积虽然有 1 万多平方米，但观众席却只有 2150 座，十分宽敞和舒适。歌剧院的立面构图基本上模仿了卢浮宫的东立面，局部装饰细节则是意大利巴洛克晚期的风格，同时还掺杂了一些新古典主义的手法和洛可可风格的雕饰，充满了堆砌感，甚至有些令人窒息。歌剧院内部装饰得十分华丽而精美，门厅里三折的大楼梯用大理石建造，充满了巴洛克建筑的趣味。观众厅采用了马蹄形的多层包厢形式。舞台的设施十分先进，可以进行多种演出，显示出建筑的科技水平已经达到了相当的高度（图 13-18、图 13-19）。

2. 瑞典斯德哥尔摩市政厅

　　另一个著名的折中主义代表建筑是奥斯柏格设计的瑞典斯德哥尔摩市政厅（1911—1923 年）。奥斯柏格在这个建筑设计中采用了包括古希腊、古罗马、拜占庭、罗马风、哥特以及文艺复兴等不同时代的风格样式与建筑细节，并

图 13-15　伊曼纽尔二世纪念碑（祖国祭坛）（上）

图 13-16　巴黎圣心教堂鸟瞰（中）

图 13-17　巴黎圣心教堂室内（下）

图 13-18　巴黎歌剧院正面

图 13-19　巴黎歌剧院侧面

图 13-20　斯德哥尔摩市政厅

图 13-21　斯德哥尔摩市政厅室内局部

采用红砖以突出北欧的地方风格。斯德哥尔摩市政厅被称为"瑞典二百年来第一个真正重要的建筑作品"。可见人们对传统的留恋心情，这也是折中主义建筑广受欢迎的原因（图 13-20、图 13-21）。

四、俄罗斯古典复兴

在俄罗斯圣彼得堡的涅瓦河东岸，彼得大帝的骑马塑像——青铜骑士面向西方，马蹄高高抬起，显示出彼得大帝面向西方全面改革的决心。为了摆脱俄罗斯长期封闭落后的农业社会发展状况，彼得大帝（1682—1725 年在位）在打败瑞典并获得波罗的海的出海口之后，毅然决定改革开放，全面向西方学习。他曾经两次亲自到西方考察，并选派大量人员到欧洲学习先进的科学技术。同时，从西方聘请各方面的人才到俄罗斯工作，其中包括建筑师（图 13-22）。

图 13-22　彼得大帝青铜像

图 13-23　全部用木材建造的俄罗斯基日乡村教堂

图 13-24　彼得保罗教堂

1703 年，彼得大帝下令在刚刚打开的北方出海口涅瓦河入芬兰湾处一片沼泽荒滩上建设一座新城，这就是俄罗斯的第二首都——圣彼得堡。尽管从伊凡大帝（1462—1505 年在位）开始，历代沙皇都邀请了许多欧洲的建筑师来俄罗斯，但是真正改变了俄罗斯建筑面貌，并为世界贡献了一批精美建筑的还是彼得大帝建设圣彼得堡的壮举。

11—17 世纪，俄罗斯的建筑都在拜占庭风格的影响下，逐渐汲取自身民间木结构建筑的成就，形成了很鲜明的民族个性，出现了像莫斯科圣瓦西里·伯拉仁内教堂这样辉煌的杰作。但在建筑技术上却比较落后，难以获得宽敞、高大的建筑空间。于是，从彼得大帝开始，俄罗斯开始全面向西欧学习（图 13-23）。

作为进出海口的标志，迎着从芬兰湾进来的船只，在涅瓦河右岸的彼得保罗要塞里建造了彼得保罗教堂（1712—1733 年），117 米高的尖塔就像闪光的利剑一样刺向天空，彼得大帝死后，其灵柩就安放在这里（图 13-24）。

1717 年，在彼得大帝第二次出访巴黎时，被凡尔赛宫的豪华壮观深深吸引。他亲自规划了位于芬兰湾口上的夏宫，在高地上的宫殿一字排开，和远处的海岸线平行，两者之间是几何式的巨大园林。渠水像瀑布一样，层层跌落下来，飞溅的喷泉里站立着以海神为首的镀金的群雕，渠

水最后流入大海，表现出彼得大帝期望俄罗斯进入海洋的强烈愿望（图 13-25 ～图 13-27）。

彼得大帝去世后，宫廷穷奢极欲，寻欢作乐。沙皇和贵族都偏爱在欧洲已经日落西山的矫揉造作的巴洛克和豪华柔媚的洛可可风格。这时期先后建造了由意大利建筑师拉斯特雷里伯爵设计的位于涅瓦河东岸长达 220 米的冬宫（1755—1762 年）、斯摩尔尼修道院（1746—1761 年）和沙克·塞罗的大宫（1749—1752 年）。这几幢建筑都是巴洛克式的，体形很夸张，外墙面进行粉刷，色彩鲜亮，又有洛可可趣味（图 13-28）。

曾经被送往巴黎和罗马接受教育的沃洛尼克辛成为圣彼得堡喀山圣女教堂（1801—1811 年）的设计人，大教堂前有一个由 96 根科林斯柱式组成的半圆形柱廊，明显能看出受到圣彼得大教堂及其广场的影响（图 13-29）。

1812 年，俄罗斯以巨大的民族牺牲击败了拿破仑的入侵，它激发了俄罗斯的民族感情，建筑风格又一次发生变化，与俄罗斯帝国的地位相适应的建筑形式开始形成。在冬宫右侧重新造了海军部大厦（1806—1823 年，建筑师：扎克哈洛夫），它正面长达 407 米，侧面长 163 米，正中镀金的尖塔高 72 米，向上的动势强烈。在冬宫对面建造了总参谋部大厦（1819—1829 年，建筑师：罗西），这是

图 13-25　圣彼得堡夏宫梯形喷泉瀑布

图 13-26　圣彼得堡夏宫附属建筑

图 13-27　圣彼得堡夏宫

图 13-28　冬宫东立面

图 13-29　喀山圣女教堂

一座弧形建筑物，从东面环抱着冬宫广场，它正中的穿街门做成凯旋门的形式，它们是俄罗斯新古典主义最伟大的作品。在冬宫广场中间，竖立着一根 47.5 米高的亚历山大纪功柱（1829—1834 年），它重达 600 吨，是由整块花岗石建造的，表面光洁如镜，由拉斯特雷里设计，其设计思想显然受巴黎旺多姆广场上拿破仑纪功柱的影响（图 13-30）。

在青铜骑士塑像背后，是雄伟的伊萨基辅斯基主教堂（1818—1858 年），教堂采用希腊十字式平面，铸铁骨架的穹顶直径达 21.83 米，最高点为 102 米，由法国建筑师里

图 13-30 亚历山大纪功柱

图 13-31 伊萨基辅斯基教堂

图 13-32 基督复活教堂

尔卡和蒙费兰设计，从圣彼得堡的任何一个角度都能清楚地看到它金色的穹顶（图 13-31）。

基督复活大教堂（1833—1907 年）是为纪念亚历山大二世被刺杀而建造的。其外形参照莫斯科的伯拉仁内大教堂，但要比其华丽很多（图 13-32）。

彼得大帝打开北方出海口，与先进的西方取得便捷的联系是俄国历史上一个重要的转折点，而这些宏伟的建筑群，则是这个历史大转折的产物。

第二节 对新建筑的探求

一、概说

从 19 世纪下半叶到 20 世纪初，工业革命在欧美迅猛发展，引导整个社会向现代化高速迈进，人们的社会生活和思想观念也随之发生了翻天覆地的变化。铁路运输的日益普及使人们对时间和空间有了崭新的认识；照相术和印刷业的发展使人们能够轻易获得清晰准确的形象资料。建筑也随着社会的发展，发生着前所未有的变化。"效率、实用、简单逐渐成为工业社会新的审美标准，西方建筑的传统形制和美学体系由此产生了根本变化——其设计的核心理念已不再是'唯美追求'，而是'技术'与'功能'。"[4]这一时期对新建筑的探求可以称之为现代主义建筑发展的萌芽阶段，也可以叫做现代主义建筑的前奏和早期阶段。

在建筑材料方面也发生了革命性的变化，铸铁、钢材和玻璃开始被大量运用到建筑中来，特别是钢筋混凝土结构的出现，使人们终于寻找到一种既经济实用，又物美价廉的建筑结构形式。它们弥补了传统建筑材料自重大、强度低、抗拉性和韧性低的缺点，为新形式的出现创造了技术条件和基础。一时间新的建筑类型不断涌现，各种建筑流派也纷纷登场。

19 世纪 70—90 年代，先后发明了电话、电灯、电车和无线电。到 19 世纪末，资本主义国家的工业产值比 30 年前增加了一倍多，随之而来的是城市人口不断增长，城市建设不断发展，人们需要更好的生活环境。可以说，从

图 13-33　塞文河上的铁桥

图 13-34　英国布莱顿印度风格的皇家别墅

19 世纪到 20 世纪这一百年间，人类社会已经积蓄了千百年的能量在此大爆发，人类经历了以往几千年都无法达到的文明高度。

回首人类几千年来的建筑发展史，只有在新的建筑材料或新的结构形式与施工技术出现时，建筑的发展才呈现出突飞猛进的态势。正是因为古罗马人发明了天然混凝土的使用和相应的结构技术，才出现了古罗马时期巨型的建筑空间；哥特式建筑的结构优势也使其创造了古代建筑的高度记录；而文艺复兴也仅仅是使穹顶的结构与施工技术走向成熟、建筑形式更加和谐完美；以中国为代表的木构架技术也已把木构架建筑建造得最高、最大。时代呼唤新材料、新技术以及新建筑形式的出现。

1. 铸铁和玻璃的应用

在资本主义发展的初期，由于大工业生产的迅速发展，促使建筑科学有了很大的进步，其发展的速度是惊人的。新的建筑材料、结构技术、设备和施工方法不断出现，为近代建筑的发展开辟了广阔的道路。

在建筑复古思潮伴随着欧美资本主义经济的高速发展而广泛传播的同时，一场建筑历史上最伟大的变革也已悄悄地拉开了帷幕，为这场划时代的革命奠定技术基础的是钢铁和玻璃材料的广泛应用。建筑材料的用量是巨大的，因此，选择建筑材料的基本原则是价格便宜、取材方便。虽然人们很早就掌握了金属的冶炼和加工技术，但还只能是少量地运用到建筑中来。玻璃的出现也很早，但价格昂贵，产量小且质量低，无法大量应用。

1709 年，英国人达尔比发明了焦炭炼铁法，制铁成本的降低和产量的大幅度提升为铸铁在建筑中广泛应用奠定了基础。1779 年在英国塞文河上出现了第一座完全用铸铁建造的桥梁，这座由小达尔比设计、仅用了四年就建成的铁桥全长为 60 米，宽 7 米，跨度达 30 米，高 12 米。到 18 世纪末，铁桥的跨度已经达到 72 米，大大超过了过去几千年来传统材料所能达到的最大跨度。1825 年，由特尔福特在英国修建的悬吊结构铁索桥——梅奈大桥跨度达到 177 米，而 1830—1863 年建造的由布鲁奈尔设计的英国克利夫顿大桥的跨度更是达到了 214 米。人们建造新建筑的技术条件已经完全成熟，万事俱备，只欠东风（图 13-33）。

1786 年，巴黎法兰西剧院的屋顶使用了铸铁结构。在民用建筑上使用铸铁结构的典型例子是英国布莱顿的印度式皇家别墅（1818—1821 年），用铸铁建造的巨大穹隆顶重达 50 吨（图 13-34）。

铸铁和玻璃这两种材料结合并应用在建筑中获得了新的成就。1829—1831 年，在巴黎老王宫的奥尔良长廊中最先应用了铸铁构架和玻璃建成的透光顶棚，它和周围厚重的柱式与拱廊形成强烈的对比。这是人们首次将透明材料覆盖在屋顶上，产生了奇异的效果，它使室内空间摆脱了传统的昏暗，充满了温暖的阳光。一时间在大型公共建筑中使用玻璃采光顶的做法成为一种时尚。1833 年又出现了第一个完全以铁架和玻璃建成的建筑物——巴黎植物园温室。真正具有划时代意义的是 1851 年建成的英国伦敦世界博览会主展馆——水晶宫，它开创了建筑预制装配技术的先河。

2. 钢筋混凝土结构的应用

另外一件对建筑发展产生巨大影响的发明是钢筋混凝

土结构形式的应用。由于铸铁的含碳量比较高，而且还含有磷、硫等杂质，其抗拉性和韧性都比较低，耐火性也较差，限制了铸铁在建筑上的使用范围。1855 年，出现了转炉炼钢法，钢材开始在建筑上得到普遍应用。钢筋混凝土则在 19 世纪末到 20 世纪初才广泛地使用，这是建筑发展史上的一件大事，它为建筑结构形式与建筑造型提供了新的技术条件，在 20 世纪初，钢筋混凝土结构被认为是新建筑的基础和标志。

虽然古罗马人发明了天然混凝土和相应的结构形式，但当时这种混凝土的强度还不高，而且没有其他材料的辅助，只能通过拱券结构来建造大跨度的空间。随着古罗马人使用天然混凝土技术的失传，人们已经逐渐忘记了这种传统的建筑材料。

1824 年，英国首先生产出了胶性的波特兰水泥，但它最初只是作为铸铁结构的填充物。1849 年，法国园艺师莫尼埃（1823—1906 年）尝试将铁丝网加入由水泥制成的混凝土中，加工制成了大型花盆。1861 年，法国人考涅（1814—1888 年）率先将钢筋混凝土技术应用到巴黎市政排污管道建设中。1892 年，法国人埃内比克（1842—1921 年）又成功地解决了钢筋混凝土梁柱在结构上的连接问题。这样，一种全新的建筑技术已经发展成熟，也由此产生了许多划时代的建筑作品。

3. 框架结构形式的出现

中国古代的木构架技术就是一种典型的框架结构形式，但是，梁、柱等节点的连接还是铰接，存在很大的变形余地，而且木材本身也是传统材料。真正意义上的框架结构形式最初是在美国得到发展的，早期是用铸铁框架代替承重墙，受力结构与围护结构从材料上和受力体系上完全分离，它为建造高层甚至超高层建筑做好了技术准备。第一座依照现代钢框架结构原理建造起来的高层建筑是芝加哥家庭保险公司的十层办公大厦（1883—1885 年）。伴随着钢筋混凝土结构技术的成熟，钢筋混凝土框架结构以其造价低、施工简便而得到广泛应用。

二、主要建筑流派和代表建筑

1. 欧洲对新建筑的探求

欧洲对新建筑的探求最早可以追溯到 19 世纪初期。主要有德国建筑师申克尔（1781—1841，柏林宫廷剧院的设计人）、德国建筑师桑珀（1803—1879，著有《工业艺术论》和《技术与构造艺术中的风格》等著作）和法国建筑师拉布鲁斯特（1801—1875）等人。拉布鲁斯特设计了

图 13-35　巴黎国立图书馆阅览室

巴黎圣吉纳维芙图书馆（1843—1850 年）和巴黎国立图书馆（1858—1868 年），在阅览室中大胆地采用了结构断面非常小的铸铁支柱，圆形的玻璃天窗投下均匀的光线（图 13-35）。

· 伦敦水晶宫

随着新材料的出现和新技术的到来，以及由此而带来的种种变化，建筑师的地位也受到挑战。在这个历史转折的时刻，专于技术的工程师们走在了时代前列，而自恃清高的建筑师们的创作理念还没有及时转变。恰恰在这个时间里发生了建筑历史上一件影响深远的事件。

由于工业的发展和产品的竞争，19 世纪中期，西欧开始召开国际性的工业博览会，由博览会带动的展览馆建设极大地推动了新建筑的形成和发展。这段时间内的两次划时代的建筑活动都发生在世界博览会的展馆建设中，一次是 1851 年在英国伦敦举行的世界博览会的主展馆——水晶宫，另外一次是 1889 年在法国巴黎举行的世界博览会的埃菲尔铁塔和机械馆。

为了在首次世界工业博览会上展示自己工业革命的巨大成就，英国决心要建造一座规模宏大的世界博览会主展馆。在设计方案的征集中，欧洲的建筑师们提交了近 250 个设计方案。但由于施工周期非常紧，传统的建造方式根本无法满足要求，最后不得不采用了帕克斯顿（1801—1865 年）提出的设计方案。帕克斯顿是园艺师出身，熟悉当时技术成熟的铸铁构架与玻璃相结合的植物温室的设计和建造，他的设计方案正是采用了玻璃温室的构思。

图 13-36 水晶宫室内　　　　　图 13-37 水晶宫鸟瞰

图 13-38 巴黎埃菲尔铁塔

主展馆是一座完全用铸铁构架和玻璃建筑起来的庞然大物，全长为 564 米（1851 英尺），象征 1851 年博览会召开的时间，宽 124 米，共有 5 跨，建筑面积达 7.4 万平方米。考虑到当时最新发明的平板玻璃尺寸是 4 英尺（1.22 米），主体结构以 8 英尺（2.44 米）为基本设计模数，便于充分利用材料。建筑的构造非常简便，只使用了铸铁、玻璃、木材三种材料。几乎所有的标准化构件都可以在工厂成批生产，运到现场后进行组装，共使用了约 30 万块，近 9.3 万平方米的玻璃。为了保留基地内的一棵大树，帕克斯顿巧妙地设计了一个巨大的拱廊。由于建筑通体透亮，晶莹剔透，主体展览馆被人们称为"水晶宫"。它是第一个用

现代材料建成的大型预制拼装式建筑，仅用了 9 个月的时间就全部建造完毕。博览会结束之后，水晶宫被完整地拆除，移至锡德纳姆重新装配起来，1936 年毁于一场大火（图 13-36、图 13-37）。

· 巴黎埃菲尔铁塔和机械展览馆

19 世纪最后具有划时代意义的铸铁建筑也诞生于博览会中。从 1855 年开始，世界博览会的中心就转到了法国巴黎。1889 年，恰逢法国大革命 100 周年，在巴黎举行的世界博览会具有更重要的象征意义。在这次博览会中，有两座建筑引起了世界的轰动，它们创造了人类建筑高度和跨度的新纪录。

一座建筑是以工程师埃菲尔（1832—1923）的名字命名的埃菲尔铁塔；另一座建筑是位于埃菲尔铁塔后面，由工程师康泰明（1840—1893）和杜托尔特（1845—1906）设计的机械展览馆。埃菲尔铁塔高 328 米，塔上设有水力升降机，铁塔共用了 15000 个铁制构件、250 万根铆钉，重达 7000 吨（图 13-38）。

机械馆长 420 米，高 45 米，跨度达到 115 米，主要结构由 20 组构架组成，四壁和屋顶采用玻璃围合。它首次采用三铰拱的力学原理，结构根部的铰节点很小，每个铰节点承受 120 吨的集中荷载。由于铰节点越向下越小，展现出全新的结构美，使传统的力学观念遭到彻底的颠覆。机械馆直到 1910 年才被拆除，而埃菲尔铁塔由于后来作为无线电发射塔而幸运地被保存下来，它现在已经成为巴黎甚至法国的象征（图 13-39、图 13-40）。

2. 工艺美术运动

工艺美术运动是 19 世纪中叶出现在英国的一种艺术流派，是小资产阶级浪漫主义的情调与艺术思想在建筑与日用产品设计上的反映。代表人物是拉斯金（1819—1900）

图 13-39　机械展览馆内部（左）

图 13-40　机械馆三铰拱局部（右）

图 13-41　红屋

和莫里斯（1834—1896）。他们反对粗制滥造的劣质工业产品，认为"机器生产是一种邪恶"，主张艺术家应该师法自然，追求手工艺效果和自然材料的美感。在建筑上，他们主张"用浪漫的田园风格来抵制机器大工业对人类艺术的破坏"。[5] 作为拉斯金的学生，莫里斯也持有同样的看法，他曾贬低水晶宫为"可怕的怪物"。虽然拉斯金和莫里斯对后来的建筑和艺术发展有很多影响，但其反对工业和机器产品的思想有悖于时代的发展，是一种消极的回避。工艺美术运动的代表人物是拉斯金和莫里斯等人，代表作品是建筑师韦伯协助莫里斯设计的红屋。

・英国肯特郡红屋

工艺美术运动的代表建筑是莫里斯的私人住宅（红屋），在其好朋友——建筑师韦伯（1831—1915）的协助和设计下，于1859—1860年完成了莫里斯在伦敦郊外新婚住宅的建造。莫里斯亲自完成了居室的室内设计，他们还亲自动手设计了包括家具、灯具、餐具、墙纸甚至地毯的图案。这座建筑摒弃了古典主义的处理手法，采用自由不对称的布局形式，效法17世纪乡间别墅自然淳朴的风格。建筑的外部造型直接反映了内部空间的使用要求，平面根据功能需要布置成 L 形，使每个房间都能自然采光。坡屋顶具有浓郁的中世纪气息，墙面和屋面都采用当地产的红色砖瓦，大胆摒弃了传统的贴面装饰，表现出材料本身的质感，也因此得名为"红屋"。这种将功能、材料与艺术造型相结合的尝试，对后来的新建筑有一定的启发（图 13-41）。

3. 新艺术运动

英国的工艺美术运动带有消极对待社会发展的因素，因此，它所产生的影响及范围肯定是有限的。"在欧洲真正提出变革建筑形式信号的是19世纪80年代始于比利时布鲁塞尔的新艺术运动。"[6]

比利时是欧洲大陆工业化最早的国家之一，19世纪中叶以后，布鲁塞尔成为欧洲文化和艺术的中心。从19世纪80年代末到20世纪初，在欧美大陆以比利时布鲁塞尔为中心掀起了一场轰轰烈烈的以探寻新建筑发展道路为目的的"新艺术运动"。他们试图创造一种前所未有并能适

图 13-42 赫克多吉马德设计的阳台栏杆（巴黎奥赛美术馆）

图 13-43 格拉斯哥艺术学校主入口

图 13-44 布鲁塞尔霍塔住宅外观

应工业时代发展的全新建筑风格，其影响之大甚至波及当时还处于半封建、半殖民地的中国，主要代表建筑都集中在哈尔滨。

新艺术运动与英国工艺美术运动最大的区别在于后者以消极的态度来对待和反对工业革命，而新艺术运动的艺术家们却能主动地对待工业化大生产，探索并挖掘工业革命在建筑材料、结构上带来的新变化。

新艺术运动在建筑领域主要表现在室内装饰上，喜欢使用自然界中草木的自然曲线来装饰建筑墙面、家具、栏杆扶手及窗棂等。建筑外形一般比较简洁，经常使用一些曲线或弧形墙面。由于木材和铁便于加工制作各种曲线，因此在建筑装饰中大量使用木材和铁制构件，强调产品的制作工艺，但到后期也趋向繁琐的形式。1884 年以后，新艺术运动迅速地传遍欧美，它的植物形花纹与曲线装饰，摆脱了折中主义的束缚。但是这种变革只局限于艺术形式与装饰手法，没有全面解决建筑形式与内容的关系，以及与新技术的结合问题，因此只能流行一时，在 1906 年以后便逐渐衰落，但它仍然是现代建筑摆脱旧形式的羁绊，探索新建筑过程中的一个"有力步骤"。

新艺术运动的代表人物是霍塔（1861—1947）、费尔德（1863—1957）和麦金托什（1868—1928）等人。代表作品是霍塔设计的比利时布鲁塞尔的塔塞住宅（都灵路 12 号住宅）和自宅，以及费尔德在 1906 年设计的德国魏玛艺术学校和英国建筑师麦金托什设计的格拉斯哥艺术学校（1897—1909 年）等建筑（图 13-42 ~图 13-44）。

·比利时布鲁塞尔塔塞住宅

比利时布鲁塞尔的塔塞住宅被称为新艺术运动的第一座建筑，是建筑史上的一个里程碑，其楼梯间内的精彩照片几乎被所有的艺术史书籍刊载，成为一种标志。

1892—1893 年，霍塔在设计建造布鲁塞尔的这座三层住宅时，首次采用这种前所未有的设计手法，使人耳目一新。塔塞住宅的楼梯间可能是历史上最为人们称道的几个楼梯间杰作之一，铁柱的细长比例表现了与石柱不同的材料受力特点，使得空间显得格外通透；柱头的设计更为新颖，它没有模仿历史上任何一种传统定式，那"卷曲蜿蜒、富于弹性"的线条更符合铁质的特性，也与铁栏杆、墙面、地面和天花板上的曲线花纹相协调，创造了一种优雅而充满生气的空间氛围。铁件的装饰做法也在塔塞住宅的外立面中有所体现（图 13-45、图 13-46）。

4. 维也纳分离派

在新艺术运动的影响下，奥地利形成了以瓦格纳（1841—1918）为首的维也纳建筑学派。1894 年，已经 53

图 13-45　布鲁塞尔塔塞住宅　　　　图 13-46　塔塞住宅楼梯间　　　　图 13-47　维也纳邮政储蓄银行总行

图 13-48　维也纳地铁车站（左上）

图 13-49　维也纳青春派大楼（右上）

图 13-50　维也纳邮政储蓄银行总行门厅（左下）

图 13-51　维也纳邮政储蓄银行总行中央营业厅（右下）

岁的瓦格纳担任维也纳帝国艺术学院的教授，1895 年出版了《现代建筑》一书，他反对当时流行的复古主义，指出新结构、新材料必然导致新形式的出现，其代表作品是维也纳的地铁车站（1896—1897 年）、青春派大楼（1899年）和维也纳邮政储蓄银行总行（1903—1906 年），后者成为其最重要的代表作品。该设计方案是 1903 年设计竞赛中的获奖方案，共分为两期进行建设。建筑外墙面挂有厚厚的石板，通过密密麻麻的铝制铆钉固定在墙面上。该建筑最具特色的是中央营业大厅，大厅中间高，两侧低，大面积的双层玻璃顶投射下来温柔的光线，地面采用玻璃砖，可以为地下室输送自然光线。大厅内的钢结构，甚至管状通风口、灯具和铆钉都被裸露在外边。该中央大厅也被称为"第一个真正的现代室内设计作品"（图 13-47 ~图 13-51）。

图 13-52　维也纳斯坦纳住宅正面

图 13-53　维也纳斯坦纳住宅背面

图 13-54　维也纳分离派展览馆（左）

图 13-55　维也纳分离派展览馆门前的花盆（右）

　　1897 年，奥尔布里希（1867—1908）、霍夫曼（1870—1955）和画家克里姆特（1862—1918）在维也纳发起成立了一个名为"分离派"的组织，"分离"的含义就是和过去的传统彻底决裂，用新观点、新结构和新材料来创造新的建筑形式。奥尔布里希和霍夫曼都曾经是瓦格纳的学生，在某种意义上，瓦格纳才是维也纳分离派的精神领袖，瓦格纳本人在 1899 年也参加了这个组织。在某种意义上，维也纳分离派就是新艺术运动的奥地利版。

　　1898 年，分离派在维也纳建立展览馆，成为维也纳分离派的标志性建筑，设计人就是奥尔布里希。维也纳分离派在建筑设计上主张简洁的造型，喜欢使用直线和大片的实墙面以及简单的立方体造型，在局部进行集中装饰，以体现新的机器美学。

　　维也纳分离派的代表人物是奥尔布里希（1867—1908）和霍夫曼（1870—1956）等人。主要代表作品是维也纳分离派展览馆。

　　在维也纳的另一位建筑师，出身于石匠家庭的阿道夫·路斯（1870—1933）是一位在建筑理论上很有独到见解的人。路斯曾经在德国德累斯顿学习建筑，后来在美国和法国巴黎各居住四年。他极力反对传统的装饰和将建筑列入艺术的范畴，也反对新艺术运动和分离派采用的"现代

装饰"。1908 年，路斯发表了著名的《装饰与罪恶》一文，他认为建筑不是依靠装饰而是以形体自身之美为美。简单几何形式和功能主义的建筑才符合 20 世纪社会发展的需求，这对欧洲新一代的青年建筑师形成了非常大的影响。

　　1910 年，路斯在维也纳为斯坦纳夫妇设计建造了一座私人住宅。住宅形式非常简单，光光的墙面完全没有装饰，按照使用功能设立窗户，而且窗户的大小、宽窄不一，完全没有传统的对称和比例关系。它比包豪斯现代主义早了 15 年，有人称其为"第一座真正的现代建筑"（图 13-52、图 13-53）。

　　·维也纳分离派展览馆

　　1898 年，奥尔布里希受到画家克里姆特一张草图的启发，设计了维也纳分离派展览馆，展览馆内"存放那些从传统艺术规范中分离出来的艺术家作品"。[7]1900 年，麦金托什的作品就曾在此展出。展览馆建筑的外观以实墙面为主，屋顶最突出部分是由四个墙墩支撑起来的球形穹顶造型，它是用三千多片铁制叶子和七百多株铁制幸运草与花朵组成的，表现出分离派的艺术特点。主要的装饰线脚都是镀金的，入口大门上有三个浮雕脸谱，分别代表绘画、建筑和雕塑。由克里姆特设计的铜制大门上铭刻着这样一句话：献给时代的艺术；献给艺术的自由（图 13-54、图 13-55）。

图 13-56　居埃尔公园局部

图 13-57　居埃尔公园局部

图 13-58　居埃尔公园入口建筑屋顶

图 13-59　巴塞罗那圣家族大教堂

图 13-60　圣家族大教堂新建立面

图 13-61　圣家族教堂室内

图 13-62　圣家族教堂局部

5. 高迪的浪漫情怀

人们将西班牙建筑师高迪（1852—1926）归纳为新艺术运动流派的一员，认为高迪是新艺术运动时期最伟大的艺术家。"他将新艺术运动对自然形态的追求推到登峰造极的程度，但同时他也将新艺术运动推向了昙花一现的穷途末路。高迪是坚决反对历史主义的，但他在探索新建筑道路上所取得的成就完全是建立在对个人天赋的极端表演之上，其代价之高昂使之完全不可能被他人所复制和再现，也不可能由他人加以进一步发展，更不可能从根本上推动建筑的革命。"[8]

高迪，这位铜匠之子以极富想象力的浪漫主义幻想手法，为他所在的城市创造出一种梦幻般的雕塑性建筑。高迪的名言是："直线属于人类，而曲线属于上帝。"

虽然高迪的建筑令人赞叹，但因为过于独特而缺少普及性，在建筑中看不出形式、功能与技术上的革新，因此对建筑界的影响并不大。但近些年来高迪"却在西方国家被追封为伟大的天才建筑师，以其浪漫主义的想象力和建筑形式的出其不意而备受赏识。因为这正符合当前西方资本主义世界标新立异追求非常规的创作精神。"[9]

高迪的主要代表作品是西班牙巴塞罗那的圣家族大教堂（1884 年至今）、居埃尔公园（1900 年）、米拉公寓（1905—1910 年）、巴特罗公寓（改建，1905—1907 年）等建筑（图 13-56 ～图 13-58）。

·巴塞罗那圣家族大教堂

从 1884 年开始，一直到 1926 年因车祸伤重去世的 42 年里，作为一名虔诚的天主教徒，高迪把他生命的最后时间完全献给了圣家族大教堂。这座教堂早在 1882 年就开始建造，本是一座哥特式的建筑。1884 年，高迪开始参与教堂的设计和建造。高迪去世后，教堂工程一度中断，原设计的东、西、南三面各 4 座共 12 座高逾 100 米的尖塔只有 3 座在他生前完工。后来，高迪的助手继续主持工程建设，西班牙内战期间，教堂的一些设计模型和图纸遭到毁坏。工程在 1954 年继续进行，直到现在人们还在不断地对它进行修建（图 13-59 ～图 13-62）。

图 13-63 巴塞罗那巴特罗公寓　　　图 13-64 巴塞罗那米拉公寓

图 13-65 米拉公寓室内楼梯
（左）

图 13-66 米拉公寓屋顶排气口
造型（右）

· 巴塞罗那巴特罗公寓和米拉公寓

　　从 1905 年起，高迪在邻近的街区先后设计了巴特罗公寓和米拉公寓，两座建筑也标志着高迪的设计风格到达成熟的顶峰。米拉公寓建筑外部空间仿佛是经历千百年海水侵蚀的巨大岩石，也像海风吹拂下涌动的海底植物。这两座建筑上都具有骨骼化石般的柱子、海藻般的阳台、岩洞般的室内空间。巴特罗公寓建筑表面则仿佛是布满鳞甲一般，质感特别，色彩丰富（图 13-63 ~ 图 13-66）。

　　6. 德意志制造联盟

　　作为 1871 年才统一的新兴工业化强国，德国在开拓殖民地和占领国外市场方面无法同英国和法国相比，摆在德国面前的只有一条路，那就是千方百计地提高产品质量，走以质量取胜的道路。到 19 世纪末，德国的工业水平已经迅速地赶上了老牌资本主义国家的英国和法国，而跃居欧洲第一位。德国人不仅想成为工业化的国家，更希望能成为工业时代的领袖。它们乐于接受新鲜事物，与英国工艺美术运动排斥工业化的思想截然不同，德国人充分认识到工业化已经成为时代的象征，设计师必须跟上时代的发展，而不是开倒车。为了使后起的德国工业产品能够在国外市场上和英、法等国抗衡，1907 年，在德国政府的支持下，由前驻英国外交官穆特休斯（1861—1927）发起成立了由 13 位艺术家和 10 家企业联合组成的全国性的"德意志制造联盟"，旨在通过企业家、艺术家、技术人员的共同努力提高工业产品的质量，以达到国际水平。到第一次世界大战爆发而被迫中止的短短几年里，德意志制造联盟的设计师们为德国工厂提供了大量优秀的设计作品，开创了现代工业设计的先河。

　　1897 年，比利时新艺术派的主要代表人物费尔德应邀到德国举行展览会，曾经轰动一时。1911 年，美国现代建筑先驱赖特的作品集在德国出版，引起人们的广泛关注。之后，许多著名的外国建筑师也被邀请到德国访问。由于这些内外因素的共同影响，促进了德国在建筑领域的创新，而德意志制造联盟正是这种创新思潮的有力支持者，因为联盟中有许多优秀的建筑师，在他们之中，贝伦斯（1868—1940）是最重要和最有影响力的一位。贝伦斯早年曾投身于新艺术运动，是德国新艺术组织——青年风格派的重要成员，贝伦斯认为建筑应当是真实的，现代建筑的结构部分应该在建筑形式中表现出来，这样就会产生前所未有的新形式。

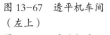
图 13-67　透平机车间（左上）

图 13-68　透平机车间室内（左下）

图 13-69　法古斯工厂（右上）

图 13-70　德意志制造联盟博览会办公楼（右下）

贝伦斯培养和影响了许多现代建筑的大师级人物，例如著名的第一代现代主义建筑大师格罗皮乌斯（1883—1969）、密斯·凡·德·罗（1886—1969）和勒·柯布西耶（1887—1965）等人，在1907—1912年间曾先后在贝伦斯建筑事务所工作和学习。他们从贝伦斯那里得到了许多新的思想和理念，为他们后来的发展奠定了基础。

德意志制造联盟的代表建筑是贝伦斯设计的德国通用电气公司的透平机车间（1908—1909年）以及格罗皮乌斯和迈尔设计的法古斯工厂（1911年）和德意志制造联盟博览会办公楼和示范工厂（1914年）等建筑。

奥地利的阿道夫·路斯（1870—1933）、比利时的亨利·凡·德·费尔德（1863—1957）和德国的彼得·贝伦斯（1868—1940）被认为是现代建筑的先驱人物。

·德国通用电气公司透平机车间

1907年，贝伦斯接受德国通用电气公司邀请担任该公司的建筑师兼设计师。1908—1909年，贝伦斯设计的透平机制造车间造型简洁，摒弃了所有附加的装饰。厂房屋顶采用三铰拱的钢桁架结构，获得了开敞的室内空间，屋架的端部清晰地暴露在外观上。为满足机器制造的采光要求，建筑的柱墩之间开设了连续的大玻璃窗，屋顶上还开设了采光天窗（图13-67、图13-68）。

·阿尔费尔德法古斯工厂和德意志制造联盟办公楼

1911年，格罗皮乌斯和迈尔（1881—1929）合作设计的阿尔费尔德法古斯工厂是在贝伦斯建筑思想启发下的新发展。工厂的玻璃窗并不是退缩在柱子之内，而是凸出在柱子之外。建筑造型简洁、轻快、透明，表现了现代建筑的特征，它也许是最早的玻璃幕墙建筑（图13-69）。

最有进步意义的做法出现在建筑转角的楼梯处，在同一部位，贝伦斯在透平机车间用厚重的墙体来过渡，而格罗皮乌斯和迈尔却创造性地利用钢筋混凝土结构优良的悬挑性能设计了一个没有角柱的建筑转角，并将楼梯安排在这里，玻璃幕墙直接从一个立面转向另一个立面。这种大胆的做法颠覆了人们传统观念中工业厂房的形象。

在1914年科隆德意志制造联盟博览会的办公楼设计上，格罗皮乌斯采用了大面积的玻璃幕墙，特别是在转角处设计了一个用透明玻璃幕墙围合的圆形旋转楼梯，完全颠覆了传统楼梯间的空间设计理念，引起了世界建筑界的强烈反响（图13-70）。

7. 芝加哥学派

19世纪70年代在美国兴起的芝加哥学派是现代建筑在美国广泛发展的前奏，也是西方建筑发展的转折点之一。

图 13-71　芝加哥百货公司大楼（左）
图 13-72　芝加哥百货公司大楼入口局部（右）

南北战争以后，芝加哥逐渐成为东南航运与铁路的枢纽。随着经济的快速发展和城市化进程带来的人口激增，对建筑的需求量越来越大，特别是办公楼和大型公寓建筑的缺口更大。1871 年，芝加哥发生特大火灾，城市设施与大量的木结构建筑遭到彻底破坏，更加剧了这种紧张的状况。在重建城市的过程中，为了在有限的市中心区内建造尽可能多的建筑，高层和超高层建筑像雨后春笋般地在芝加哥涌现。从 1880—1890 年的 10 年里，城市中心区的地价从每英亩 13 万美元增加到 90 万美元，人口超过了 100 万。

同时，一批有才华的建筑师纷纷聚集到芝加哥，"芝加哥学派"应运而生。该学派致力于探讨新技术在高层建筑上的应用和高层建筑的形式问题。1890 年得以完善的钢框架结构和 1853 年发明的载客升降机技术为高层和超高层建筑的建造铺平了技术道路。

芝加哥学派最兴盛的时期是在 1883 年到 1893 年之间。它的重要贡献是在工程技术上创造了高层金属框架结构和箱形基础，以及在建筑设计上肯定了功能和形式之间的密切关系。它在建筑造型上趋向简洁、明快与适用的独特风格。

芝加哥学派的创始人詹尼（1832—1907）在 1879 年设计建造了第一莱特尔大厦，这是一座砖墙与铸铁梁柱的混合结构。由于采用框架结构，外墙上的窗户可以设计为横向的长方形，这完全有别于传统的形式，后来曾经风靡一时，被人们称作"芝加哥窗"。1883—1885 年又建造了芝加哥家庭保险公司的 10 层框架建筑，立面形式还没有完全摆脱传统的影响。1891 年，伯纳姆与鲁特设计了莫纳德诺克大厦，这座 16 层的建筑成为芝加哥采用砖墙承重的最后一幢高层建筑。芝加哥学派对现代高层建筑的探索并不是一蹴而就的，它经历了一条曲折而反复的道路，矛盾的焦点在于新旧结构方法与新旧形式的取舍。1890—

1894 年，伯纳姆与鲁特又完成了 16 层的里莱斯大厦的设计，它采用了先进的框架结构与大面积玻璃窗，同时以其透明性与端庄的比例使人大开眼界，它被公认为是芝加哥学派的代表建筑。

芝加哥学派的另一件代表作品是霍拉伯德与罗希设计的马凯特大厦（1894 年），该建筑是 19 世纪 90 年代末芝加哥优秀高层办公楼的典范。

路易斯·沙利文（1856—1924）是芝加哥学派的主要代表人物和理论家，他毕业于麻省理工学院，1873 年来到芝加哥，曾在詹尼建筑事务所工作，后来返回芝加哥与他人合作成立了自己的事务所。沙利文非常注重实际，在复古思潮依然盛行的时候，他首先提出了"形式追随功能"的惊人口号。沙利文的思想在当时具有一种革命性的意义，他认为建筑设计应该从内而外，按功能来选择合适的结构并使形式与功能一致。这与当时流行的折中主义只按传统的历史样式设计、不考虑功能特点是完全不同的。沙利文的代表作品是 1899—1904 年建造的芝加哥 C．P．S 百货公司大厦。它的立面采用了由"芝加哥窗"组成的网格形构图，突出了框架结构的特点，而建筑基座部分则采用具有新艺术风格的铸铁装饰，复杂而精美（图 13-71、图 13-72）。

芝加哥学派在 19 世纪探索新建筑运动中起到很大作用。首先，芝加哥学派突出了功能在建筑设计中的主要地位，明确了结构应利于功能的发展和功能与形式的主从关系，既摆脱了折中主义的形式羁绊，也为现代建筑摸索了道路。其次，它探讨了新技术在高层建筑中的应用，使芝加哥成了高层建筑的故乡。同时，也创造出符合新时代工业化要求的立面造型。

芝加哥学派的主要代表人物是詹尼和沙利文等人。主要代表建筑是詹尼设计的第一莱特尔大厦（1879 年）、伯纳姆

图 13-73 纽约熨斗大厦（左）

图 13-74 伍尔沃斯大厦（右）

与鲁特设计的里莱斯大厦（1890—1894 年）、沙利文设计的芝加哥 C.P.S 百货公司大厦（1899—1904 年）等建筑。

路易斯·沙利文在美国现代建筑发展进程中是一个承上启下的重要的奠基人。2006 年是沙利文诞辰 150 周年，芝加哥文物保护者开始呼吁保护沙利文设计的建筑物，一百多年来沙利文在芝加哥的设计作品已经从 120 座锐减到 20 余座。

这一时期除芝加哥外，纽约的高层建筑也得到迅速的发展。由丹尼尔·班纳姆设计的熨斗大厦（1902 年）高达 90 米，北侧最窄处只有 2 米，成为当时的地标式建筑。由吉尔伯特主持设计，多达 52 层的伍尔沃斯大厦（1911—1913 年）已高达 241 米，建筑外形采用的是哥特复兴式手法，因而被称作"商业大教堂"。由于建筑顶部高耸入云，当时记者把它称为"摩天楼"，从此，形容超高层建筑的"摩天楼"一词也开始广为传播。在伍尔沃斯大厦建成后，纽约市政当局鉴于日照与通风等原因，制定了相应的法规，要求高层建筑随着高度的上升而渐渐后退，这对 20 世纪 20、30 年代纽约摩天楼的造型有直接而深刻的影响（图 13-73、图 13-74）。

8. 赖特的草原式住宅

在探索新建筑的道路上，还留下了一位巨人的身影，他就是美国建筑大师赖特（1867—1959）。赖特是美国最著名的现代建筑大师，也是西方建筑史上最富浪漫气质的建筑师和现代建筑的奠基人之一。

1893 年，赖特开始独自开业，他的早期建筑作品以独立式住宅为主。他在美国中西部地区地方民居自由布局的基础上，融合了浪漫主义的想象力，创造了富有田园诗意的住宅形式。这些住宅很多是位于自然环境优美的草原和树林中，赖特采用传统的砖、木、石块来建造这些住宅，它们被统称为"草原式住宅"，"草原"一词用以表示他的建筑与一望无际的大草原结合之意，尽管它们并不都建在草原上。后来赖特所提倡的"有机建筑"理论，便是在草原式住宅概念的基础上发展起来的。

赖特设计的草原式住宅大都位于芝加哥城郊的森林地区和密歇根湖滨。建筑与周围环境融为一个整体，建筑平面通常做成十字形，向东、南、西、北四个方向自由伸展，争取同大自然保持最亲密的接触。平面布局经常以壁炉为中心，起居室、书房、餐厅都围绕壁炉进行布置，卧室一般放在楼上。室内空间尽量做到既分隔又连通，根据功能不同设计成不同的层高，空间变化丰富。建筑造型强调水平的线条，屋顶坡度平缓，深远的挑檐和层层叠叠的水平阳台与露台所组成的水平线条，加上垂直的壁炉烟囱形成的形体组合，显得空间层次非常丰富，既带有美国民间建筑的传统，又突破了传统住宅的构图形式和空间组合方法。但由于建筑层高一般较低，屋檐出挑距离又大，室内光线往往比较暗淡。外部材料多表现为砖石的本色，与自然很协调，内部也以表现材料的自然本色与结构为特征，由于它以砖木结构为主，所用的木屋架有时就被作为一种室内装饰直接暴露出来。

赖特独立开业的第一个项目是1893—1894年在伊利诺伊州里弗森林建造的温斯洛住宅，在这里，使他后来闻名天下的草原风格得到了最早的体现。从外观上看，这座建筑有着较为平缓低矮的轮廓，细节处理有意强调水平方向的连续性，这可以使房屋更好地与广阔无垠的大草原的自然风貌相协调。

赖特草原式住宅的主要代表作品有芝加哥的威利茨住宅（1902年）、纽约布法罗的马丁住宅（1904—1905年）、伊利诺伊州的罗伯茨住宅（1906—1907年）以及芝加哥的罗比住宅（1908—1909年）等。赖特在完成住宅设计的同时，还对住宅的室内，包括家具、灯具和装饰等进行设计，甚至为房屋主人设计服饰，表现出赖特追求完美的心志。

·芝加哥威利茨住宅

20世纪初，赖特的草原式住宅设计风格渐趋成熟，在1902年建造的伊利诺伊州威利茨住宅中达到一个新的高度。威利茨住宅建在平坦的草地上，周围是树林。这座住宅的平面采用了美国传统住宅的十字形平面，这样的平面形式在使房间得到充足光线的同时，也与周围环境保持密切接触。住宅的核心部位是一座很大的壁炉，完全根据功能需要确定其大小的各个房间都围绕这个壁炉布置。在门厅、起居室、餐厅之间不作固定的分隔，使室内空间增加了连续性。外墙上用连续的门、窗增加室内外空间的联系，这样就打破了旧式住宅的封闭性。

在建筑外部，体形高低错落，坡屋顶伸得很远，形成很大的挑檐，在墙面上投下大片阴影。在建筑立面上，深深的屋檐、连排的窗口，加上墙面上的水平线脚及周围的矮墙，形成以横线为主的构图，给人以舒展而安定的印象（图13-75）。

·芝加哥罗比住宅

1909年建成的罗比住宅是赖特在草原式住宅的基础上设计的城市型住宅中的一例，也是赖特草原式住宅中最著名的一件作品。由于受到场地的限制，住宅的平面及入口院落被布置成长方形。设置在中间的壁炉将客厅与餐厅分在东、西两侧。住宅外部强调层层的水平阳台和露台，错落有致，虚实对比强烈，光影变化丰富。入口处的院落空间设计得十分巧妙，将车库、主入口通过一个大门来组织交通，充分体现出城市型住宅的特点。整个住宅的外墙面采用棕红色窄条面砖贴面，反映出日本近代建筑营造方法对赖特的影响。罗比住宅的造型对后来城市花园住宅的设计有深远的影响。

1957年，罗比住宅面临被拆除的厄运，已经90岁高龄的赖特亲自到现场解说，介绍罗比住宅的重要性，最终

图13-75　芝加哥威利茨住宅

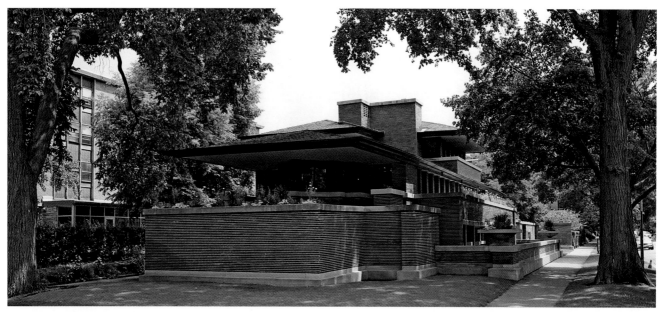

图 13-76　芝加哥罗比住宅

挽救了这栋建筑。2000 年 12 月，美国建筑师学会（AIA）评选出 20 世纪美国十大建筑，赖特设计的罗比住宅排名第八（图 13-76 ~ 图 13-78）。

从 19 世纪后半叶一直到 20 世纪初，是资本主义社会急骤变化的时期，也是传统建筑形式向现代建筑转型的关键阶段。建筑师必须面对和解决在此急骤变化时期里建筑形式上的新旧审美观之间、新技术与旧形式之间，以及新功能、新技术与新形式之间的种种矛盾。虽然第一次世界大战的爆发影响了现代建筑的发展，但现代主义的种子已经播下，而战争却意外成为种子发芽的催生剂。

图 13-77　罗比住宅起居厅

图 13-78　罗比住宅厨房

本章注释：

[1] 汝信，王瑷，朱易.西方建筑艺术史［M］.银川：宁夏人民出版社，2002：225.

[2] 陈志华.外国建筑史（19 世纪末叶以前）［M］.北京：中国建筑工业出版社，1997：252.

[3] 汝信，王瑷，朱易.西方建筑艺术史［M］.银川：宁夏人民出版社，2002：261.

[4] 汝信，王瑷，朱易.西方建筑艺术史［M］.银川：宁夏人民出版社，2002：265.

[5] 汝信，王瑷，朱易.西方建筑艺术史［M］.银川：宁夏人民出版社，2002：267.

[6] 罗小未.外国近现代建筑史［M］.北京：中国建筑工业出版社，2004：33.

[7]［美］卡罗尔·斯特里克兰.拱的艺术——西方建筑简史［M］.王毅译.上海：上海人民美术出版社，2005：124.

[8] 陈文捷.世界建筑艺术史［M］.长沙：湖南美术出版社，2004：285.

[9] 罗小未.外国近现代建筑史［M］.北京：中国建筑工业出版社，2004：35.

第十四章 两次世界大战之间的现代主义建筑

第一节 概说

现代主义建筑虽然萌芽于19世纪末20世纪初，但其形成和活跃期却是在20世纪的前五六十年。这一时期以第二次世界大战为界，分为战前和战后两个阶段。前者就是指两次世界大战之间现代主义建筑的形成和发展阶段，而对这一时期产生巨大影响的外因是第一次世界大战。

1914年，第一次世界大战爆发，这是人类有史以来规模最大的一场战争，战争持续时间长达四年之久。先后卷入战争的国家达30个，参战人员多达7000万人，近3000万人伤亡，战争造成的总损失估价高达2000亿美元（按1914年的美元价值）。1918年，德国战败投降，签订了《凡尔赛和约》。战争最后以英国、法国、俄国等国为战胜国；德国、奥地利、匈牙利等国为战败国。

大战结束，旧的德意志帝国被推翻，奥匈帝国瓦解，使欧洲的政治格局甚至是国家的构成都发生了很大变化。在此期间，1917年，俄国发生了十月革命，推翻了沙皇的统治，建立了苏维埃社会主义国家。

由于第一次世界大战的主要战场位于欧洲最发达地区，空前残酷的战争在造成重大人员和财产损失的同时，也使欧洲许多城市和建筑遭到严重破坏。战争还极大地动摇了人们对一切传统观念的信任，导致了战前社会秩序与价值体系的崩溃。

1919—1922年是战后相对平稳的时期，也是重建的开始阶段。战争过后，百废待兴，无论是战败国还是战胜国都遭到了严重的损失。据统计，战后英、法、德等国对新住房的需求都在100万套以上，住宅建设成为各国朝野上下最为关切的事情。战争使德国失去了全部的殖民地，通货膨胀使国家经济处于濒临崩溃的境地。英国和法国欠下美国巨额的债务，一下由战前的债权国变成了债务国。战后初期，欧洲主要国家都陷于严重的经济和政治危机之中。美国却大发战争财，它与交战双方同时做交易，直到1918年战争的胜负形势已经很明显时，才加入英、法一方，成

为战胜国。战争期间，美国的经济实力急剧膨胀，钢产量和汽车年产量都增加了一倍，到战争结束时，美国已经掌握了世界黄金储备的40%，世界财政经济重心由欧洲转到了美国。

1924年以后，欧洲主要国家的经济逐渐恢复并稳中有升，社会相对安定，建筑活动也逐渐活跃起来。在战争中发财的美国，其建筑发展非常迅猛，城市中的高层和超高层建筑像雨后春笋般地出现，特别是高达102层的帝国大厦的建成更引起全世界的瞩目。在20世纪30年代初世界经济危机影响到来之前，美国和欧洲各主要工业国曾出现过一个建筑发展十分繁荣的时期。但从1929年到1933年间，美国爆发了严重的经济危机，这次危机很快就蔓延到整个资本主义世界，引发严重的世界性经济危机。1933年以后，资本主义世界经济渐渐复苏，建筑活动又有短暂的恢复。但经济上的利益之争和政治上的分歧终于导致了战争的再次出现。德国、意大利和日本三国形成侵略同盟，1935年意大利入侵阿比西尼亚（埃塞俄比亚），1936年德、意两国武装干涉西班牙，1937年日本挑起全面侵华战争，1938年德国侵占奥地利和捷克，1939年进攻波兰，第二次世界大战全面爆发，战争涉及的区域内民用建筑的建造陷于停顿状态。就是在这样的历史背景下，在两次世界大战之间短暂的稳定时期和对新建筑巨大的需求中，现代主义建筑应运而生。

1928年，格罗皮乌斯、勒·柯布西耶和建筑历史与评论家基甸等人在瑞士拉萨拉兹堡建立了由8个国家的24位建筑师组成的"国际现代建筑协会"（CIAM），他们致力于研究建筑的工业化、低收入家庭住宅、有效地使用土地、生活区的规划和城市建设等问题，大会形成的宣言对现代主义建筑的发展起到极大的推动作用（图14-1）。

1933年，在雅典会议上，还提出了一个城市规划大纲，即著名的《雅典宪章》。自此，现代主义建筑成为当时欧洲占主导地位的建筑潮流，并向世界各地迅速扩散。

在以格罗皮乌斯（1883—1969）、勒·柯布西耶（1887—

图 14-1　国际现代建筑协会全体成员合影

图 14-2　帝国大厦

1965）和密斯·凡·德·罗（1886—1969）为代表的一代具有革新思想的青年建筑师的努力和推动下，"以主张服务大众、崇尚功能第一、尊重材料——尤其是以钢铁、玻璃和钢筋混凝土为代表的现代材料，强调工艺与结构特点，以及反对一切历史样式和奢侈装饰等为主要特征的现代主义建筑思想在 20 世纪 20、30 年代脱颖而出，成为引导时代发展的主旋律。"[1] 他们创作了包豪斯校舍、萨伏伊别墅、巴塞罗那世界博览会德国馆等里程碑式的现代主义建筑杰作。现代主义建筑初期是以欧洲的德国和法国为中心。由于格罗皮乌斯和密斯·凡·德·罗的存在，使一战后的现代主义建筑从德国发端，并以格罗皮乌斯设计的包豪斯校舍为起点。

第一次世界大战之后，建筑科学技术有了很大的发展，19 世纪以来出现的新技术、新材料得到进一步完善并推广应用，特别是钢结构技术的改进和推广为超高层建筑的发展提供了技术条件。随着焊接技术开始应用到钢结构的施工中，极大地简化了钢结构的施工技术，到 1927 年，出现了全部焊接的钢结构建筑。

钢筋混凝土结构的应用也更普遍了，特别是钢筋混凝土框架结构的大量应用，使建筑的成本大大降低，建造速度大大加快。1922 年，在德国第一次出现了壳体结构。1933 年，苏联在西比尔斯克歌剧院观众厅上采用了钢筋混凝土扁圆壳，直径达到 60 米，结构厚度却只有 6 厘米。铝材、不锈钢和搪瓷钢板也开始用作建筑饰面材料。玻璃的产量、质量有很大提高，品种增多。塑料开始少量用于楼梯扶手和桌面等部位。木材制品也有很大的改进，1927 年开始用

蛋白胶粘结胶合板。

第一次世界大战后，建筑设备的发展加快了，电梯的运行速度大大提高，空调设备开始在建筑中使用。另外，建筑施工技术也相应提高了。以美国纽约帝国大厦为例，使用面积为 16 万平方米，高 380 米，总重量达 30 万吨，号称 102 层的帝国大厦，于 1930 年 3 月 17 日开始钢结构施工，当年 9 月钢结构全部安装完毕，1931 年 5 月 1 日大楼全部竣工并交付使用。从设计到使用只用了 18 个月，平均每五天多建造一层，这种建造速度在以前是无法想象的（图 14-2）。

第二节　主要建筑流派

两次世界大战之间的现代主义建筑的发展是大师创造历史的时代，在历史需要伟人出现的时候，他们站在了建筑发展的最前沿，引领着现代主义建筑发展的方向。虽然他们的思想和理念有所不同，但他们的目标是一致的，就是为人们创造符合自己时代发展的新建筑，在这短短 20 年时间里，大师们为我们留下了丰厚的建筑遗产，为二战后现代主义建筑的爆发奠定了理论和实践的基础。

一、发展初期的诸多流派

第一次世界大战结束初期，受战前发展惯性的影响，复古思潮仍然很流行，包括新古典主义和折中主义等建筑形式，主要表现在纪念性建筑、政府性建筑、银行建筑、保险公司等建筑类型中。这一类建筑在内部已经采用钢或

钢筋混凝土框架结构，表现出旧有形式与新结构之间的矛盾。直到 20 世纪 40 年代，美国还建造了一些仿古罗马风格的建筑，其中有华盛顿国家美术馆和最高法院大厦等建筑。

但是，战前播下的新建筑的种子已经发芽，现代主义运动破土而出，势不可当，而且战后欧洲的经济状况、政治条件和社会思想都给予主张革新者以有力的支持。在整个 20 世纪 20 年代，西欧各国，尤其是德国、法国、荷兰三国的建筑界呈现出空前活跃的局面。其中比较有代表性的派别有表现主义、风格派和构成主义。虽然表现主义、风格派和构成主义作为独立的流派存在的时间并不长，代表作品也不多，20 世纪 20 年代后期便渐渐消散，但它们对现代主义建筑在思想和意识上以及设计手法方面产生了重要而深远的影响。

1. 表现主义

20 世纪初，在德国、奥地利首先产生了表现主义的绘画、音乐和戏剧。受其影响，战后出现了表现主义的建筑。一些德国建筑师试图创造一种新的建筑风格，他们宣扬和崇拜感觉至上，追求建筑的新奇和雕塑感。这一派建筑师常常采用奇特、夸张的建筑形体来表现或象征某些思想情绪和某种时代精神，其中，德国建筑师门德尔松（1887—1953）设计的德国波茨坦爱因斯坦天文台是最具代表性的建筑。除此之外，还有布鲁诺·陶特设计的德意志制造联盟科隆博览会玻璃馆（1914 年）和波尔兹格设计的柏林格罗瑟斯剧院（1919 年）等建筑。

表现主义与现代主义运动主流派的最大区别是表现主义不愿意接受现代技术、材料和生产方式带来的标准化加工模式，而更注重艺术家个性在现代技术条件下的表现，也正是这种原因，影响了它的进一步发展。尽管表现主义昙花一现，但有人将丹麦建筑大师伍重设计的悉尼歌剧院、埃罗·沙里宁设计的航空港、赖特设计的古根海姆博物馆、柯布西耶设计的朗香教堂都归结为复兴表现主义的设计手法。

· 德国波茨坦爱因斯坦天文台

位于德国波茨坦的爱因斯坦天文台建于 1920—1921 年，是为纪念爱因斯坦研究相对论而建造的。对普通人来说，"相对论"是一个既深奥又令人难以理解的理论概念。门德尔松抓住这一印象作为建筑设计的主题，塑造了一座造型奇特，令人难以捉摸并具有神秘色彩的建筑造型。门德尔松试图找到一种未来的形式来表达他的设计理念，因此，他大胆地设计，将直觉放在逻辑之前，独特的开窗形式，加上流线形的外表，用夸张的表现形式来显示自己的想象力（图 14-3）。

图 14-3 爱因斯坦天文台

2. 荷兰风格派

1917 年，荷兰先锋派的一些青年艺术家成立了一个名为"风格派"的造型艺术团体，风格派又称"新造型主义派"或"要素主义派"，它是 20 世纪初期在法国产生的立体派艺术的分支和变种。主要成员有画家杜斯伯格（1883—1931）和蒙德里安（1872—1944）等人。他们倡导艺术作品应是几何形体和纯粹色块的组合构图，主张打破传统艺术的教条和自然形态的限制，因他们创办的《风格派》杂志而得名。蒙德里安认为绘画是由线条和色彩构成的，该派的雕塑作品往往是一些大小不一的立方体和板片的组合，其艺术思想对现代建筑的发展产生了相当程度的影响。里特维德（1888—1964）设计的荷兰乌德勒支施罗德住宅是荷兰风格派的代表建筑。

· 乌德勒支施罗德住宅

1924 年，里特维德成为荷兰乌德勒支施罗德住宅的建筑师兼家具设计师。这座住宅是风格派的艺术主张在建筑领域的典型表现。相互穿插的墙片、简洁的体块，大片玻璃组成横竖错落、若即若离的构图，与当时著名的画家蒙德里安的绘画有十分相似的意境。可以说，里特维德设计的乌德勒支施罗德住宅是荷兰风格派画家蒙德里安绘画作品的"立体版"。乌德勒支施罗德住宅对许多现代建筑师的建筑艺术观念都有很大的影响（图 14-4）。

3. 构成主义

第一次世界大战后，受到俄国十月革命胜利的鼓舞，共产主义理想信念燃起了一些青年艺术家的激情。他们先后成立了多个思想前卫的设计组织，热衷于把抽象的几何形体组成的空间当作绘画和雕刻表现的内容。他们的雕塑

图 14-4　乌德勒支施罗德住宅

图 14-5　巴黎现代工业装饰艺术品国际博览会苏联馆

图 14-6　鲁萨科夫工人俱乐部（左）
图 14-7　梅尔尼科夫私人住宅兼工作室内部（右）

作品充满了工程构筑物的意味，这一派别也因此被称为构成主义。构成主义把结构作为建筑的最为核心的东西，这也是后来现代建筑的基本原则。构成主义无论是理论方面，还是工程实践方面都作了深入的探讨，但是，受到政治等因素的影响，这股浪潮很快就被遏制，但它对现代建筑，甚至当代建筑的影响是不可估量的。

　　构成主义和风格派在很多方面都有共同点，只是手法和形式有所差别。构成主义的主要代表人物是塔特林（1885—1956）和梅尔尼科夫（1890—1974）等人。代表建筑是塔特林设计的第三国际纪念塔，梅尔尼科夫设计的巴黎现代工业装饰艺术国际博览会苏联馆（1925 年，该建筑是在苏联举行的内部设计竞赛中的获奖方案，整个建筑采用木框架结构，这也是苏联建筑第一次走向世界，梅尔尼科夫也因此得到世界建筑界的高度评价和赞誉），以及梅尔尼科夫设计的莫斯科鲁萨科夫工人俱乐部（1927—1928 年）、梅尔尼科夫私人住宅兼工作室（1927—1929 年）等建筑。近日，彼得·埃森曼、史蒂文·霍尔、雷姆·库哈斯、拉斐尔·莫尼奥、阿尔瓦罗·西扎等著名建筑师联名签署了一封信，要求当地政府保护好梅尔尼科夫私人住宅兼工作室（图 14-5 ～图 14-7）。

· 第三国际纪念塔

　　构成主义最著名的设计作品是第三国际纪念塔设计方案。为纪念共产主义第三国际，塔特林于 1919—1920 年完成了这座纪念塔的方案设计。该纪念塔拟横跨在圣彼得堡的涅瓦河上，纪念塔由自下而上渐渐收缩的螺旋形框架和一个斜向框架组合而成。框架内悬挂有四个巨大的玻璃体块造型，分别以一年一圈、一个月一圈、一天一圈和一小时一圈的速度自转。按照设计意图，纪念塔高 400 米，是地球子午线长度的十万分之一。这是一件由金属、玻璃和木材构成的纯抽象的雕塑作品，它把构成主义的观念推向了极致。但也许是缺乏基本的机械和工程力学知识，这种庞然大物在当时是根本无法建成的。虽然这个有新意又富有动感的纪念塔方案最终没有实现，但是这个方案模型集中表现了俄国构成派艺术家的美学观念，给建筑界留下了深刻的印象（图 14-8）。

二、现代主义建筑流派的诞生

　　表现主义、风格派、构成主义等本来就是美术和文学艺术领域的派别，它们最终没有也不可能提出和解决当代建筑发展所涉及的许多根本性问题。建筑应当走向何方，

图 14-8 第三国际纪念塔模型

如何才能同迅速发展的工业和科学技术相结合，怎样去满足现代社会生产和生活的要求，应当怎样处理继承和创新的矛盾，如何创造新的建筑形式，这些问题已经摆在建筑师面前。

长时期以来，许多建筑师也做过多方面的探索。但是，他们的力量和成果是分散和局部的，他们的观点还没有形成系统，也缺少完整的理论作支撑，更重要的是没有出现一批比较成熟而有影响力的代表性作品。但这一时期也很重要，从 19 世纪末到 20 世纪初，是新建筑运动的酝酿和萌芽阶段，它为后来现代主义建筑的大发展做好了各方面的准备。

20 世纪 20 年代，战争留下的创伤更加充分暴露了社会中的种种冲突，同时也深刻地反映了建筑发展中久已存在的矛盾。这一时期，现代建筑流派主要有两大分支：一个是以德国的格罗皮乌斯、密斯·凡·德·罗和法国的勒·柯布西耶为代表的欧洲先锋派，他们是现代建筑运动的主流派；另一个是以美国的赖特为代表的有机建筑派。此外，还有一些派别，虽然人数不多，但也很有影响，如芬兰的阿尔托（1898—1976），他注重人情味的设计手法更贴近于以赖特为代表的有机建筑派。

格罗皮乌斯、勒·柯布西耶和密斯·凡·德·罗三个人在战前就已经是思想激进的青年建筑师。1910 年前后，三个人都在德国柏林贝伦斯的建筑设计事务所工作。第一次世界大战结束时，格罗皮乌斯、勒·柯布西耶和密斯·凡·德·罗都只有三十多岁，他们义无反顾地站到了建筑创新运动的最前沿。

1919 年，格罗皮乌斯在新艺术派代表人物费尔德之后，出任魏玛艺术与工艺学校的校长。就职后他立即改组这个学校，聘请一批激进的年轻艺术家做教师，推行一套新的教学制度和教学方法。"包豪斯"随即成为西欧最激进的设计和教育中心。

1920 年，勒·柯布西耶在巴黎同一些年轻的艺术家和文学家创办《新精神》杂志，鼓吹创造新建筑。1923 年出版《走向新建筑》一书，为现代建筑运动提供了一系列理论根据。

1919—1924 年，密斯·凡·德·罗设计出了玻璃与钢结构的高层建筑示意图，为后来以"透明"为特征的"密斯风格"设计思想的完善奠定了基础。

在这一时期，他们陆续设计出一些反映其思想的成功作品，扩大了影响，例如格罗皮乌斯设计的包豪斯校舍（1926 年），柯布西耶设计的萨伏伊别墅（1928 年），密斯设计的巴塞罗那展览会德国馆（1929 年）等建筑都是现代主义建筑的经典作品。从 20 世纪 30 年代起，现代建筑普遍受到欧美等国家年轻建筑师的欢迎。

美国建筑师赖特早在 19 世纪末就设计了许多结合当地传统，接近自然环境和富于生活气息的草原式住宅。这段时期最有代表性的作品是流水别墅（1936—1937 年）和约翰逊公司总部（1936—1939 年）。这两座建筑曾经被美国建筑师学会评为美国 20 世纪最受欢迎的十大建筑。

1. 沃尔特·格罗皮乌斯与包豪斯

1883 年，沃尔特·格罗皮乌斯出生于德国柏林，从青年时代就开始接受正规的建筑教育。他于 1903—1904 年在慕尼黑技术工业专科学校学习，1905—1907 年又转到柏林继续学习建筑，1907—1910 年在柏林著名建筑师、现代建筑的先驱者贝伦斯的建筑事务所工作和学习，这对他后来的设计思想产生了重要的影响。格罗皮乌斯曾经说过："贝伦斯第一个引导我系统地、合乎逻辑地综合处理建筑问题。在我积极参加贝伦斯的重要工作任务中，在同他以及德意志制造联盟的主要成员的讨论中，我变得坚信这样一种看法：在建筑表现中不能抹杀现代建筑技术，建筑表现要应用前所未有的形象。"（图 14-9）

1910 年，格罗皮乌斯离开贝伦斯的建筑事务所自己开业。1911 年，格罗皮乌斯与迈尔合作设计了法古斯工厂

1914 年，格罗皮乌斯在设计德意志制造联盟科隆展览会的办公楼时，又采用了大面积完全透明的玻璃外墙。

格罗皮乌斯是建筑师中最早主张走建筑工业化道路的人之一，早在 1910 年格罗皮乌斯就曾经设想用预制构件解决经济住宅的建造问题。1913 年，他在文章《论现代工业建筑的发展》中谈到整个建筑的方向问题。他认为：现代建筑面临的课题是从内部解决问题，不要做表面文章。建筑不仅仅是一个外壳，它应该有经过艺术考虑的内在结构，不要事后的门面粉饰。建筑师脑力劳动的贡献表现在井然有序的平面布置和具有良好比例的体量上，而不在于多余的装饰。洛可可和文艺复兴的建筑样式完全不适合现代世界对功能的严格要求和尽量节省材料、金钱、劳动力和时间的需要。搬用那些样式只会把本来很庄重的结构变成无聊情感的陈词滥调，新时代要有它自己的表现方式。现代建筑师一定能创造出自己的美学章法。通过精确的不含糊的形式，清新的对比，各部分之间的秩序，形体和色彩的匀称与统一来创造自己的美学章法。这是社会的力量与经济所需要的。

1914 年，第一次世界大战爆发，格罗皮乌斯应召入伍，1918 年退役。战争的经历和随之而来的家庭变故都对格罗皮乌斯后来的设计思想有很大的影响。

1919 年，格罗皮乌斯创建包豪斯学校是现代主义运动历史上最重要的事件。包豪斯的前身是比利时著名建筑师费尔德于 1902 年创建的魏玛艺术与工艺学校，由于德国与比利时是交战国，费尔德于 1915 年辞去学校校长的职务。1919 年，格罗皮乌斯出任魏玛艺术与工艺学校校长后，即将该校同魏玛美术学校合并成为一所专门培养新型工业日用品和建筑设计人才的高等学校，取名为魏玛公立建筑学校，简称包豪斯。学校设有纺织、陶瓷、金工、玻璃、雕塑、印刷等学科。格罗皮乌斯实行了一套新的教学方法。学生进校后先学习半年的基础课程，然后一边学习理论课，一边在车间学习手工艺。三年以后，考试合格的学生取得"匠师"资格，其中一部分人可以再进入研究生部学习建筑。

当时包豪斯几乎荟萃了欧洲所有具有先进思想的艺术家，一些激进流派的青年画家和雕刻家到包豪斯任教，其中有康定斯基、保尔·克利、法宁格、莫霍伊·纳吉等人，他们把最新奇的抽象艺术带到包豪斯，使包豪斯成为 20 世纪 20 年代欧洲最激进的艺术流派的据点。

1925 年，包豪斯迁到德绍市，格罗皮乌斯设计了新的校舍，这座新校舍也成为他的代表作品。包豪斯所提倡的设计思想和风格引起了广泛的注意，而保守派则把它看

图 14-9　晚年的沃尔特·格罗皮乌斯

作是异端，甚至说它是俄国布尔什维克渗透的工具。随着德国法西斯势力的加强，包豪斯的处境愈来愈困难。1928 年，格罗皮乌斯离开包豪斯，由迈耶继任校长。1930 年，密斯接任校长，把学校迁到柏林。1933 年初，希特勒上台，同年 4 月，包豪斯被迫关闭。包豪斯的建筑风格主要表现在格罗皮乌斯这一时期设计的建筑中，例如耶拿市立剧场（1923 年，与迈耶合作）、德绍市就业办事处（1927 年），最有代表性的就是包豪斯新校舍。

1934 年，格罗皮乌斯离开德国到了意大利，经过意大利再转道英国伦敦。他同英国建筑师弗莱合作设计过一些中小型建筑，比较著名的有英平顿的乡村学院（1936 年）。格罗皮乌斯把德国的现代主义思想介绍到英国，对英国现代建筑的发展起到促进作用。1937 年 2 月，54 岁的格罗皮乌斯以"政治难民"的身份申请移民到美国，后被哈佛大学聘请到该校设计研究院担任教授，1938 年被聘请担任建筑系主任。格罗皮乌斯通过哈佛大学这个美国最高学府继续他的设计改革试验，扩大了现代建筑的影响力，对美国乃至世界现代建筑的发展起到很大的作用。1938—1941 年间他与自己的学生布劳耶合作成立了建筑设计事务所，他在这个时期设计了许多住宅，最具代表性的是他位于马萨诸塞州林肯的私宅（1937 年）。1942 年，格罗皮乌斯担任了通用墙板集团公司的副总裁，开始研究和探索廉价住房的设计和建造，在这个时期他作了一些预制建筑的相关探索（图 14-10、图 14-11）。

由于希特勒将整个欧洲置于战火之中，使欧洲的现代主义建筑陷于停顿状态，随着包豪斯的骨干教师和学生纷纷以文化流亡者的身份来到美国，也将现代主义建筑及其教育思想带到美国。正是他们的努力，使美国迅速取代战火煎熬中的欧洲，站在世界建筑潮流的最前端。因此，美

图 14-10 格罗皮乌斯住宅（左上）

图 14-11 格罗皮乌斯住宅中的工作室（右上）

图 14-12 包豪斯校舍（左下）

图 14-13 包豪斯校舍车间内部（右下）

图 14-14 包豪斯校舍学生宿舍

国才是包豪斯教育体系的最大受益者。

·德国德绍包豪斯校舍

德绍的包豪斯校舍是格罗皮乌斯最具代表性的作品。1924 年，魏玛地方政权落入右翼政党手中，新政府代表了保守派的利益，包豪斯受到排挤，被迫于 1925 年 3 月迁到仍由左派政党掌权的德绍。在德绍地方政府的大力支持下，格罗皮乌斯为包豪斯设计了新校舍。新校舍于 1925 年秋动工，1926 年 12 月落成使用。包豪斯校舍包括教室、车间、办公、礼堂、餐厅及高年级学生宿舍，德绍当地一所规模不大的职业学校也同包豪斯合并在一起。包豪斯校舍是 20 世纪最伟大的现代主义建筑之一，是包豪斯思想的集中反映，其设计思想完全体现了现代主义功能第一的基本原则（图 14-12 ～图 14-14）。

校舍的建筑面积接近 1 万平方米，由功能不同的多个部分组成。建筑平面完全依照功能进行分区，呈现不规则的风车状，教学车间、学生宿舍和相对独立的德绍职业学校分别位于风车的三翼，它们之间通过办公楼和餐厅进行连接。其中，教学用房部分主要是工艺车间，它采用 4 层的钢筋混凝土框架结构，面对主要街道。生活用房部分包括学生宿舍、餐厅、厨房和礼堂、锅炉房等。另外一部分是职业学校，它是一个 4 层的小楼，与教学楼之间隔一条道路，并有过街楼相连，2 层的过街楼中是办公室和教研室。除了教学楼采用框架结构之外，其余都是砖混结构，节省了投资。

图 14-15 包豪斯学校教授住宅

在建筑高度上，格罗皮乌斯对不同功能部分采用不同的楼层设计加以区分。教学车间和职业学校均为 4 层，它们之间的连接部分为 2 层的过街楼。学生宿舍为 5 层，与教学车间的连接部分为食堂，高度也只有两层，这样在平面按功能布局的基础上，营造出高低纵横、错落有致的建筑空间造型。

在立面处理上，格罗皮乌斯也依据不同部分的使用功能和使用特点采用合理的设计方案。例如教学车间利用钢筋混凝土框架结构的特点，在出挑的结构外侧设置大面积的玻璃幕墙，既表现了结构的特点，又为内部空间提供了充足的采光，同时也形成了强烈的虚实对比。立面细部处理上，则完全摒弃了历史主义的一切手法，没有任何传统的装饰，因此，包豪斯校舍的建筑造价比较低廉。

格罗皮乌斯通过包豪斯校舍的设计进一步说明，摆脱传统的束缚以后，建筑师可以更加自由地灵活处理建筑的功能，可以进一步发挥新建筑材料和新型结构的优越性能，在此基础上还能够创造出前所未有的全新建筑形象。包豪斯校舍还表明，把实用功能、材料、结构和建筑艺术紧密地结合起来，可以降低造价，节省建筑投资。同学院派建筑师的做法相比较，这是一条多、快、好、省的做法，符合现代社会大量建造实用性建筑的需要。

包豪斯校舍是现代建筑史上一个重要的里程碑，它建成后曾经被保守派批评为像"养鱼缸"，但它确实是第一座真正意义上的现代主义建筑。格罗皮乌斯还在离校舍不远的地方设计了四栋教授住宅，其中一栋由他自己使用。这些住宅造型简洁，突出实用的目的，都是典型的现代主义风格（图 14-15）。

二战期间，包豪斯校舍遭到严重损毁。目前，归包豪斯基金会管理。近日，包豪斯推出了开放住宿计划，理念是重建 90 年前学院内的日常生活，游客花费 47 美金就可以在学院内的学生宿舍住一晚。

2. 勒·柯布西耶与新建筑五要点

1887 年，勒·柯布西耶出生于瑞士的拉索德芳，父母是制表业者，从小对钟表机械的熟悉对他的"机器美学"理念的形成有不可磨灭的影响。柯布西耶小学毕业后就去跟父亲学习钟表的镶嵌和雕刻工艺，后来到拉索德芳市装饰艺术学校学习，师从于查尔斯·勒普拉特涅，柯布西耶称其为一生中唯一的老师，因为，三年之后，勒普拉特涅告诉柯布西耶应该去学习建筑，而不是成为手工艺人。1907—1911 年，柯布西耶开始全面学习建筑，他一边学习还一边到处实地考察，特别是地中海一带的建筑与风情给他留下了深刻的印象（图 14-16）。

柯布西耶是一名现代主义运动的激进分子和巨匠，更是一位狂飙式人物。同其他三位大师完全不同的是，柯布西耶始终在不断探索新的建筑思想和形式，他不同时期的作品也表现出不同的风格，这使得柯布西耶一直到去世前都在引领世界建筑的发展。从 20 世纪 20 年代开始，他不断以新奇的建筑观点和建筑作品让世人感到惊奇甚至震惊。柯布西耶没有受过正规学院派的建筑教育，是在一些建筑大师的言传身教中自学成才的，他所接受的都是当时建筑界和美术界最新思潮的影响，这就决定了他从一开始就走上了新建筑的道路。1908 年，柯布西耶来到巴黎，在著名建筑师佩雷的建筑事务所学习，后来又到贝伦斯的事务所学习和工作。在佩雷那里，他学会了钢筋混凝土的使

图14-16 工作中的勒·柯布西耶

用；在贝伦斯那里，现代机器化大生产给他留下了深刻的印象。虽然在两个事务所的工作时间都不长，但对他后来的设计生涯产生了决定性的影响。

1916年，柯布西耶又一次来到法国巴黎，他通过佩雷的介绍结识了许多前卫艺术家，其中有纯粹主义画家奥尚方。1917年柯布西耶移居巴黎，一战期间，他主要从事绘画和雕刻，直接进入了当时正在兴起的立体主义的艺术潮流中。1920年，柯布西耶、奥尚方和诗人德米等新派画家和诗人合作编辑出版了综合性杂志《新精神》，宣扬前卫艺术思想。第一期发表的杂志上有这样一句话："一个新的时代开始了，它根植于一种新的精神：有明确目标的一种建设性和综合性的新精神。"在杂志的第四期中，柯布西耶和奥尚方合作发表了一篇论文《纯粹主义》，文章将纯粹主义从绘画延伸至所有造型表现领域，提倡以基本几何形体为主要表现手段的纯粹主义的机器美学。柯布西耶的许多观点在其1923年出版的《走向新建筑》一书中得到更加全面的阐述。

像许多现代建筑师一样，柯布西耶早期做的最多的是小住宅设计。1915年，柯布西耶与瑞士工程师杜波依斯共同提出了一种被取名为"多米诺"的钢筋混凝土框架住宅形式。这种住宅最大的特点就是标准化，它的每一个构件都是在工厂成批生产出来，然后运到工地，像多米诺骨牌一样进行组合排列搭建起来。1920—1922年，柯布西耶又将"多米诺"住宅的设想进一步发展为"雪铁龙"住宅，使住宅建筑像"雪铁龙"制造汽车那样可以大批量生产。1925年，柯布西耶在巴黎举办的"现代工业艺术装饰品国际博览会"上以"新精神展馆"的名义展示了"不动产别墅"的一个单元。所谓"不动产别墅"是由一系列标准的单元构成的多层公寓，其中每一单元都为上下两层，并且拥有一个开敞的花园阳台。

柯布西耶设计的小住宅中最著名的还是布洛涅的库克别墅（1926年）和普瓦西的萨伏伊别墅（1928—1930年）。1926年，柯布西耶在设计布洛涅的库克别墅时出版了《建筑五要素》一书，在书中他提出了"新建筑五要点"，具体是：①底层架空，②屋顶花园，③自由平面，④横向长窗，⑤自由立面。

这些特点在柯布西耶后来设计的萨伏伊别墅中全部得以实施。柯布西耶有一句著名的口号，就是"住房是居住的机器"。这句格言曾经长时间被人误解，实际上，柯布西耶并不是欣赏机器式的房子，而是推崇像机器一样高效的住房，像机器一样注重功能，因功能而存在，没有多余的装饰。

1930—1932年，柯布西耶设计了巴黎瑞士学生宿舍。这是建造在巴黎大学区的一座学生宿舍，主体建筑为五层楼，底层开敞，二层到四层都是学生宿舍，五层主要是管理人员的寓所。第一层采用钢筋混凝土结构，二层以上用钢结构和轻质材料的墙体。在这座建筑中，柯布西耶采用了许多对比的手法。这里有玻璃幕墙和实墙面的虚实对比，也有形体上大小的对比，多层建筑和低层建筑的高低对比，平直墙面和弯曲墙面的对比，方整空间同曲线的不规则空间的对比等（图14-17）。

1936年，柯布西耶到巴西里约热内卢协助设计巴西教育卫生部大楼。17层的板式高层部分与形体自由的低层部分形成良好的体量对比关系，这种设计方法后来经常被建筑师们采用。

· 普瓦西萨伏伊别墅

建于1928—1930年，位于法国巴黎郊外普瓦西的萨伏伊别墅是柯布西耶设计的小住宅中最著名的代表作，也是20世纪上半叶杰出的现代主义建筑之一。作为周末乡间别墅，柯布西耶将主要活动部分抬高到二层，这样可以争取更多的阳光。从窗户和屋顶天台上可以尽情欣赏周边法国乡村美丽的田园风光。萨伏伊别墅不仅在各个方面都成为柯布西耶新建筑五大特点的典范，而且以其优美和谐的比例、别致灵巧的造型给人全新的视觉感受，代表了现代主义建筑的崭新形象。

萨伏伊别墅建在面积为12英亩的庄园中心。建筑平面为22.5米长、20米宽的长方形，钢筋混凝土框架结构。底层三面回收，将细细的混凝土圆柱暴露出来。中间的核心部分有门厅、车库、楼梯坡道和佣人房间。二层有客厅、餐厅、厨房、卧室和屋顶天台，局部三层为主人卧室及屋顶晒台。柯布西耶实际上是把这所别墅当作立

图 14-17　巴黎瑞士学生宿舍
图 14-18　萨伏伊别墅（左）
图 14-19　萨伏伊别墅屋顶花园（右）

体主义的雕塑来创作，建筑室内和室外都没有装饰线脚，为了追求变化，柯布西耶在局部使用了一些曲线形的墙体。建筑的造型虽然简单，但是内部空间组织却很复杂，在楼层之间，设计了一部室内很少使用的坡道，增加了上、下层空间的连续性。二楼有的房间可以直接通向天台，而天台四周又有墙壁和窗户，除了没有屋顶外，同房间没有什么区别。柯布西耶说过，"建筑就是在阳光下把各种物质熟练地、正确地、美妙地建构在一起。"萨伏伊别墅则是争取到了最大限度的阳光和空间（图 14-18、图 14-19）。

3. 密斯·凡·德·罗与玻璃和钢铁之缘

1886 年，密斯·凡·德·罗出生于德国亚琛，父亲是一名石匠。密斯被公认为是现代主义建筑的第一代大师，他于 1928 年提出的"少就是多"的设计原则，以及对钢材、玻璃的开创性利用，使其创造了独特的"密斯风格"，这种最大简约的哲学渗透在他设计的每一座建筑上（图 14-20）。

密斯早期的经历同柯布西耶十分相似，身为石匠之子的密斯也几乎没有受过任何正规学校的建筑教育，他的知识和技能主要是在建筑实践中得来的，特别是在柏林贝伦斯建筑设计事务所打工的经历使其受益颇多。密斯幼年时就在石材作坊帮助父亲加工建筑构件，上了两年学之后，曾经在一家营造厂做学徒，做过建筑装饰。1905 年，19 岁的密斯到柏林德国著名的家具设计师布鲁诺·保罗的事务所学习和工作，这为他后来的家具设计打下基础。1908—1911 年，密斯在柏林贝伦斯事务所学习和工作了三年，对现代建筑思想有了初步的认识。1912 年，密斯来到荷兰海牙接受一项设计任务期间结识了荷兰建筑家贝尔拉格（1859—1934）。贝尔拉格忠实于建筑结构，主张"凡是构造不清晰之物均不应建造"的设计思想给密斯留下深刻印象，很大程度上影响了密斯的一生。第一次世界大战期间，他和工程师们一起为军队服务，设计建造军事工程。

第一次世界大战结束初期，密斯也投入到建筑思想的论争和新建筑的探索之中。1919—1924 年，他先后提出五个建筑设计方案，其中包括 1919 年、1921 年设计的未实施的两个玻璃摩天楼方案。它们全部用玻璃做外墙，建筑是完全透明的，从外面可以清楚看见里面的一切。他解释说："巨大的钢架看来十分壮观动人，但外墙砌上以后，那作为一切艺术设计基础的结构骨架就被胡拼乱凑的无意义的琐屑形式所掩没。用玻璃做外墙，新的结构原则可以清楚地被人看见。"今天这是实际可行的，因为框架结构

图 14-20 晚年的密斯·凡·德·罗

的建筑物上，外墙实际不承担重量，为采用玻璃提供了新的解决方案。但是，密斯的这些设想直到第二次世界大战后才逐渐变为现实。

1926 年，密斯设计了为纪念两位被谋杀的德国共产党领袖李卜克内西和卢森堡而设立的纪念碑。红砖砌筑的碑身采用立体主义的构成手法，上面有镰刀斧头的共产党标志和红旗，具有很强的政治色彩，后来这座纪念碑被纳粹分子拆毁。同年，密斯还被任命为德意志制造联盟第一任副主席。1927 年这个联盟在斯图加特魏森霍夫区举办住宅建筑展览会，密斯是这次展览会的规划主持人。欧洲许多著名的革新派建筑师如格罗皮乌斯、柯布西耶、贝伦斯、奥德、陶特等都参加了这次展览。密斯还亲自设计了一座每层有四个单元，一梯两户的四层公寓（图 14-21、图 14-22）。

1928—1929 年，密斯在其鼎盛时期应邀为巴塞罗那世界博览会设计德国馆，它成为这一时期密斯最具代表性的作品。博览会结束后，该建筑被拆除。这段时间，密斯有机会将他在巴塞罗那博览会德国馆中使用的设计手法运用到捷克银行家的豪华住所——吐根哈特住宅中，住宅的起居室、餐室和书房之间只有一些钢柱和几片孤立的隔断，形成了和巴塞罗那博览会德国馆类似的流动空间（图 14-23、图 14-24）。

1930 年，密斯继任包豪斯第三任校长，两年后，学校被法西斯政权解散。密斯在包豪斯关闭之后，曾经一直希望能够继续留在德国从事建筑设计，并没有像大部分包豪斯的师生那样离开德国，这可能受其非政治化立场的影响，

图 14-21 李卜克内西和卢森堡纪念碑

图 14-22 魏森霍夫住宅

图 14-23　马尔诺吐根哈特住宅

图 14-24　吐根哈特住宅室内

但随着纳粹在德国势力的急速膨胀，使其认识到在德国是没有前途的。1937 年密斯离开德国，同样以"政治难民"的身份移民美国。1938 年，密斯担任了芝加哥"阿莫学院"建筑系的领导。这个学院在 1940 年与刘易斯大学合并，成为后来著名的伊利诺伊理工学院。密斯在这个学院担任建筑系的领导达 20 年之久，教育和影响了好几代的美国建筑师。

• 巴塞罗那博览会德国馆

1927 年魏森霍夫住宅建筑展览会的成功举办，预示着密斯早期事业高峰的到来。1929 年，密斯受德国政府委托设计了在西班牙巴塞罗那举行的世界博览会德国馆，即后来举世闻名的"巴塞罗那馆"。

整个展览馆坐落在一片不高的长方形基座上，基座长 53.6 米、宽 17 ～ 25 米。建筑主体空间被一个长约 25 米、宽约 14 米的钢筋混凝土无梁平板屋顶覆盖，由八根十字形断面的钢柱支撑，这种结构形式在当时非常特别，展览馆包括一个主厅，两间附属用房，两块水池，几道隔墙和围墙。隔墙有玻璃和大理石两种材质，它们纵横交错，有的延伸出去成为院墙，由此形成了一些既分隔又连通的半封闭、半开敞的空间，空间内分布着纵横交错、虚实不一的大理石和玻璃墙片，室内和室外之间相互穿插，没有明确的分界，形成特色鲜明的流动空间。室内有几处桌椅，其中造型优雅的钢结构座椅后来被称为"巴塞罗那椅"，一直到现在还在生产。

实际上，密斯设计的展览馆本身就是一件展品。该建筑的另一个特点是形体处理比较简单，屋顶是简单的平板，墙也是简单的板片，充分体现了密斯"少就是多"的哲学理念。设计上突出了建筑材料本身固有的颜色、纹理和质感。地面用灰色的大理石，墙面用绿色的大理石，主厅内部一片独立的隔墙上还特别选用了华丽的玛瑙石。密斯在有限的空间里，通过设计手法的变化，创造了令人回味和充满变化的空间形式，静静的水面加上由柯尔贝创作的雕塑更增加了几分情趣。这些不同颜色的大理石、玻璃、水面再加上精制的镀镍钢柱，使这座建筑具有一种高贵、优雅的气质。

这座建筑在建造起来 6 个月后因博览会结束而被拆除了。1986 年，在密斯诞辰 100 周年之际，又由西班牙政府在原址严格地按照原貌将它重新建造出来（图 14-25 ～图 14-29）。

图 14-25　巴塞罗那德国馆

图 14-26　巴塞罗那德国馆一角

图 14-27　巴塞罗那德国馆室内

图 14-28　巴塞罗那德国馆水池与雕塑

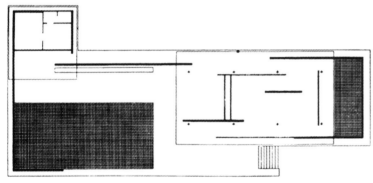

图 14-29　德国馆平面图

4. 弗兰克·赖特和他的有机建筑

1867 年，弗兰克·赖特出生于美国中西部威斯康星州里奇兰中心的一个小镇上，父亲是一名音乐家兼牧师，母亲是中学教师，从小母亲就向他灌输：没有任何一种行业比建筑师来得至美、高尚和神圣。这对赖特后来的成长有着潜移默化的影响（图 14-30）。

赖特是美国现代主义建筑中最具有代表意义的先驱人物，也是 20 世纪美国最重要的建筑师。他亲身经历了现代建筑发展的几个重要阶段，包括美国的"工艺美术运动"、"新艺术运动""装饰艺术运动"、现代主义运动，并且亲眼看到二战后"国际主义"建筑运动的广泛兴起，他对现代主义建筑作出了独特的贡献。同格罗皮乌斯、柯布西耶、密斯一样，赖特被公认为现代主义建筑的奠基人之一，并被认为是西方建筑史上最富浪漫气质的建筑大师，在世界建筑界享有盛誉。与其他建筑大师的作品被世界各地的建筑师竞相效仿不同，作为美国土生土长的建筑师，赖特的设计作品自始至终都打上了深刻的个人主义烙印，这一点即使是在 20 世纪 30 年代他逐渐融入国际风格以后也不例外。

赖特是一个勤奋而多产的建筑大师，他在有生之年共设计了 800 多座建筑作品，其中建成 437 处，遍及美国 34 个州，另外，在加拿大有 2 处，日本有 6 处。一直到现在也没有人能够超越他，这可能与他设计的项目多是中小型建筑有关。除此之外，赖特还有两万多件其他设计作品。他设计的许多建筑以及室内的家具、灯饰等都受到后人的普遍赞扬，是现代建筑中极有价值的精品和瑰宝，其中由赖特设计的达纳住宅中的一盏台灯在 2002 年底举行的纽约佳士得拍卖会上的成交价高达 200 万美元。

赖特还大量撰写论文和著作，探讨建筑与环境以及建筑与社会的关系。在此基础上，赖特逐渐建立了"有机建筑"的理论体系，提出现代建筑与自然环境应该具有内在的关联。赖特的"有机建筑"理念和欧洲新建筑运动的设计思想有明显的差异，他特别反对柯布西耶的"机器美学"。在他自己的设计中，强调建筑与周围环境在形式和功能上的协调，所有这些探索，都为后来的建筑师提供了非常可贵的经验。

赖特虽然出身于富有文化气质的家庭环境，受过良好的教育，但一生却充满坎坷和变数。"他的妻子和孩子被谋杀；他的房子两度被焚毁；他和情妇私奔到了法国；他的职业生涯近七十年；他的自传是一本畅销书；他的生命历程被写成小说并拍成了电影——《源泉》。"所有这一切构成了建筑大师赖特传奇般的一生。

赖特早期曾经在威斯康星大学麦迪逊校区学习土木工程，但中途辍学，最终没有完成学业。1887 年，赖特 20 岁时独自一人到中西部最大的城市芝加哥寻找工作。初到芝加哥，赖特先在西斯比建筑事务所工作，西斯比是一个非常杰出的建筑速写家，这对赖特后来出众的设计构思草图有决定性的影响。这段时间，年轻的赖特学习到建筑设计的基本技巧和表现技法，同时也逐渐了解到芝加哥建筑设计的潮流和各设计事务所的状况。

后来，赖特以描图员的身份来到芝加哥学派的主要代表人物沙利文的建筑事务所学习和工作，在这里，他作为助手参与了许多大型工程项目的设计，受到大师们的深刻影响。"1893 年，由于背着老板干私活，赖特被沙利文解雇。从而开始了他独立的为期 66 年的设计生涯"[2]，并独自发展了美国土生土长的现代建筑。这时正是美国工业蓬勃发展，城市人口急速增长的时期。19 世纪末的芝加哥是现代摩天大楼的诞生地，但是赖特对现代大城市却持批判态度，他很少设计大城市里的摩天楼。赖特对建筑工业化也不感兴趣，他一生中设计最多的建筑类型是别墅和小住宅，这与当时所处的特殊社会环境和所服务的对象有直接关系。

1893 年，赖特成立了自己的事务所，他早期的设计作品以独立式住宅为主，创立了"草原式住宅"的设计风格。主要代表作品有芝加哥的威利茨住宅（1902 年）、纽约布法罗的马丁住宅（1904—1905 年）、伊利诺伊州的罗伯茨住宅（1906—1907 年）以及芝加哥的罗比住宅（1908—1909 年）等。

1905 年，赖特首次来到日本观光旅游，迷恋上日本的陶瓷和浮世绘作品。后来，赖特又多次到日本参观访问，日本的文化、建筑、历史给他留下了非常深刻的印象。1909 年，赖特到欧洲旅行，会晤了一些德国、荷兰的现代主义建筑师，了解欧洲现代主义建筑的发展状况。1910 年，

图 14-30　晚年的弗兰克·赖特

赖特在柏林举办他的建筑作品展览会，引起欧洲新派建筑师的重视与欢迎。1911 年又在德国出版了他的建筑设计图集，影响了欧洲新一代的建筑师，对欧洲正在酝酿中的新建筑运动产生了积极的促进作用。

1915 年，赖特接受邀请设计日本东京的新帝国饭店。1916 年，他与情人——女雕塑家诺尔一起前往日本，在日本工作和生活了 6 年之久。这期间，赖特在美国洛杉矶也有许多工程，所以他经常往返于大洋两岸。在完成新帝国饭店设计的同时，还在日本结识了一批青年建筑师，他们协助赖特完成设计工作，其中就有 1934 年来到中国东北的远藤新（1889—1951）。这一期间，赖特还在日本设计了一些中小型建筑，主要有林爱作府邸（1917 年）、自由学园校舍（1922—1926 年）、山邑邸（1918—1924 年）等建筑。目前，山邑邸保存最为完整，并在 1974 年被指定为日本国家级文物。1997 年 3 月 2 日，日本政府文化厅将自由学园明日馆也确定为日本国家级文物。

新帝国饭店（1915—1922 年）是赖特在亚洲最重要，也是最大的建筑项目。这是一个层数不高的豪华饭店，平面大体呈 H 形，有许多内部庭院。建筑墙面上使用了大量的石刻装饰。"从建筑风格来说它是西方和日本的混合，而在装饰图案中同时又夹有墨西哥玛雅传统艺术的某些特征。这种混合的建筑风格在美国太平洋沿岸的一些地区原来就出现过。"[3] 使帝国饭店和赖特本人在日本乃至世界获得极高声誉的是这座建筑在结构抗震设计方面的成功。帝国饭店在 1922 年建成，1923 年东京发生了关

东大地震，周围的大批房屋震倒了，帝国饭店经住了考验并在火海中成为一个安全岛。帝国饭店于 1968 年被拆除，其主体部分被移建到 240 公里外的爱知县明治村博物馆（图 14-31）。

除了亲历欧洲实地考察现代建筑发展的影响外，导致赖特放弃草原式风格和传统材料，转向国际风格的原因可能是 20 世纪 20 年代末的经济危机。从 20 世纪 30 年代起，赖特开始日益关注由钢筋混凝土与玻璃这两种新型材料结合所营造出的不可思议的表现效果。他不断地在建筑创作上探求新的表现方法，建筑风格也经常出现变化。

赖特强调建筑的乡村化方向，一直都有明显的反都市倾向。他认为建筑应该像是从土地里生长出来一样，与周边环境保持协调，而不是强加给环境，这就是他强调的"有机建筑"的核心内容。

1936 年，赖特设计的流水别墅就是他有机建筑理念的代表作品。这段时间，赖特还先后设计了约翰逊制蜡公司总部（1936—1939 年）、西塔里埃森（1937—1959 年）等建筑。

· 西塔里埃森

1911 年，赖特曾经在威斯康星州斯普林格林建造了一

图 14-31　帝国饭店主入口

处居住和工作的总部。他按照祖辈对这块土地的命名，称之为"塔里埃森"。由于威斯康星州的冬季十分寒冷，1937 年，赖特以每英亩 3.5 美元的低廉价格买下了位于亚利桑那州斯科茨代尔北方的一大片荒地，在沙漠之中又修建了一处冬季使用的总部，遂称之为"西塔里埃森"。在这里经常有一些他的追随者和从世界各地去学习的学生。赖特一向反对正规的学校教育，他们一边工作一边学习。工作包括设计绘图，也包括家务和农事活动，有时还需要做建筑修缮工作。西塔里埃森是以赖特为中心的半工半读的学园和工作集体，它一直断断续续地建设到 1959 年。

西塔里埃森坐落在荒凉的沙漠中，其中包括工作室、作坊、住宅、文娱室等。这里气候炎热，雨水稀少，西塔里埃森的建筑方式反映了这些特点。使用当地的石头砌筑矮墙，上面用木料和帆布遮盖（图 14-32）。

西塔里埃森的建造没有固定的规划设计，经常增添和改建。建筑的造型也十分特别，粗糙的乱石墙体有的呈菱形或三角形，没有油饰的木料和白色的帆布错综复杂地组织在一起，这与赖特早期精致的建筑风格大相径庭。只是建筑好像是沙漠里的植物一样从沙土中生长出来，算是体现赖特"有机建筑"的思想。赖特去世后，由其夫人继续主持管理，从 1987 年起，塔里埃森建筑学院开始颁发硕士学位，修业年限为 7 年，赖特的建筑思想也因此会更长久地传播下去。

· 拉辛市约翰逊制蜡公司总部

1936—1939 年，几乎与流水别墅同时，赖特在威斯康星州的拉辛市用"光线"为约翰逊制蜡公司设计建造了一座奇异的办公大楼。这座大厦最鲜明的特点在于它极为特殊的结构以及梦幻般的采光系统。在巨大的开敞式办公大厅内，赖特用数十根蘑菇状的钢筋混凝土独立柱支撑起柱顶直径达 5.4 米的圆形无梁楼盖，其造型仿佛是一个个倒

图 14-32　西塔里埃森

图 14-37　赖特设计的约翰逊制蜡公司办公家具

图 14-33　约翰逊制蜡公司鸟瞰（左上）
图 14-34　约翰逊制蜡公司（中）
图 14-35　约翰逊制蜡公司入口局部（右下）
图 14-36　约翰逊制蜡公司办公大厅（左下）

置的蜡台。在相互交接的圆形楼盖的空隙间，是一层玻璃管形成的采光顶。由于人们还没有看到过这种结构形式，它的坚固性在当时曾经遭到质疑，赖特让工人在施工完的楼盖上堆石头以验证结构的强度，当上面堆满 30 吨石头时，下面只剩下赖特本人，一直加到 60 吨时，柱子才被压垮。

　　在建筑外墙与屋顶相接的地方有一道用细玻璃管组成的长条形窗。这座建筑物的许多转角部分都做成圆形，墙和窗子都平滑地转过去。赖特设计的这座建筑的结构非常特别，仿佛是未来世界的建筑，办公楼建成后头两大慕名前来参观的人数就多达 3 万，约翰逊制腊公司也因此远近闻名，虽然这座建筑造价超出原定预算的一倍，但约翰逊本人却非常满意。10 年后，赖特又为这个公司设计了高塔形的实验楼。2000 年 12 月，美国建筑师学会（AIA）评选出 20 世纪美国十大建筑，赖特设计的约翰逊制蜡公司总部排名第十（图 14-33 ～图 14-37）。

图 14-38 流水别墅

图 14-39 流水别墅

图 14-40 流水别墅起居厅

· 熊跑溪流水别墅

1937 年建成的位于美国宾夕法尼亚州匹兹堡市东南郊熊跑溪上的考夫曼别墅是赖特"有机建筑"的代表作。这座别墅是 1934 年 12 月由匹兹堡百货公司大亨考夫曼委托设计的，当时，考夫曼买下一片面积很大并且风景优美的山地，慕名聘请赖特为自己设计一套别墅。赖特亲自选中一处地形起伏、林木繁盛的地方，建筑基地内一条溪水从山岩上跌落下来，形成瀑布。赖特就把别墅建造在这个瀑布的上方。或许是由于这个场地太完美了，赖特构思了 9 个月而没有动笔，终于在 1935 年 9 月的一天，用了一个晚上的时间画出了这座别墅的设计构思草图。1937 年秋，别墅建成，赖特为它取名"流水别墅"，他对考夫曼先生说："我希望您伴着瀑布生活，而不只是观赏它，应使瀑布变成您生活中一个不可分离的部分。"

流水别墅占地面积 380 平方米，共有 3 层，采用钢筋混凝土结构。在这里，赖特改变了他早年草原式住宅的设计手法，利用钢筋混凝土结构的悬挑能力，将各层大小和形状各不相同的一系列平台在不同标高上层层出挑，向周围的树林悬伸出去。平台的最大出挑宽度达 5 米，使建筑

仿佛是漂浮在溪流瀑布之上。赖特将钢筋混凝土这种现代材料的结构特点发挥得淋漓尽致。白色的水平挑台和垂直的毛石墙体形成交错的对比，挑台色白而光洁，石墙色暗而粗犷，在水平和垂直的对比之上又增添了色彩和质感的对比。建筑的体形疏松开放，与大自然汇成一体，建筑与自然的景色互相衬映，相得益彰。当然，流水别墅的建造也耗费了巨额资金，从最初预算的 3.5 万美元，最后追加到 7.5 万美元（图 14-38 ～图 14-40）。

1963 年，小考夫曼将流水别墅捐献给宾夕法尼亚州保护协会，在捐献仪式上，小考夫曼对流水别墅作了充分的评价："流水别墅的美依然像它所配合的自然那样新鲜，它曾是一所绝妙的栖身之处，但又不仅如此，它是一件艺术品，超越了一般含义，住宅和基地在一起构成了一个人类所希望的与自然结合、对等和融洽的形象。这是一件人类为自身所做的作品，不是由一个人为另一个人所做的，由于这样一种强烈的含义，它是一个公众的财富，而不是私人拥有的珍品。"[4]2000 年 12 月，美国建筑师学会（AIA）评选出 20 世纪美国十大建筑，赖特设计的流水别墅排名第一。

5. 阿尔瓦·阿尔托与建筑人情化

阿尔瓦·阿尔托 1898 年 2 月 3 日出生于芬兰西部科塔涅（当时还属于俄国）的一个农村家庭中，父亲是一位土地测量师。9 岁时，全家搬到了芬兰中部城镇于瓦斯居拉。阿尔托从小很喜欢绘画，并立志长大后做建筑师（图 14-41）。

阿尔托早年在奥塔尼米的赫尔辛基工业大学学习建筑，因参加芬兰的独立战争而中途辍学。1917 年俄国十月革命之后，芬兰独立，阿尔托继续学业并于 1921 年毕业。毕业后，阿尔托曾经到欧洲各地考察，了解欧洲建筑发展的最新状况。回到芬兰后，他成立了自己的建筑设计事务所，开始了建筑创作的生涯。

从 12 世纪中叶开始，芬兰就被瑞典所统治，1807 年又沦为俄罗斯的殖民地。芬兰独立后，人们怀着胜利后的巨大热情投入到社会各方面的建设中，城市与建筑的发展逐渐进入高潮。阿尔托当时正好处在这个伟大的历史转折时期，他满腔热情地投身到探索具有芬兰特点的建筑创作中。

阿尔托是北欧最重要的现代主义建筑师，也是现代建筑的重要奠基人之一。同时，他在城市规划、工业产品设计领域也具有非常高的声誉。虽然他年龄上比第一代大师小一些，在现代建筑发展史上的知名度也不及格罗皮乌斯、密斯、柯布西耶和赖特等人那样高，但他在建筑与环境的关系、建筑形式与人的心理感受等方面都取得其他人没有的突破，"特别是他在第二次世界大战后自成一体的设计风格——建筑人情化，大大地丰富了现代建筑的设计视野，为现代建筑开辟了一条广阔的道路。"[5] 因此，阿尔托应该是现代建筑史上举足轻重的建筑师。

阿尔托提倡建筑的有机形态与功能主义原则相结合的方式，在他设计的建筑中经常采用自然材料，特别是木材、砖这些传统建筑材料，使他的现代建筑具有与众不同的亲和感，在现代主义建筑冷冰冰的外表里开创了具有人情味的表达形式。当时，芬兰的经济还比较落后，资源也不丰富，阿尔托看到了当时正在德国和荷兰兴起的现代主义运动，欧洲现代派讲求实用、经济，采用新的工业技术来解决问题以及他们所提倡的具有强烈的新时代感的建筑形式大大地吸引了他，阿尔托觉得这样的方向更适合芬兰当时的建筑发展。在阿尔托的作品中经常使用木材，他称赞木材在北欧农村建筑中的作用，这是因为芬兰盛产木材（芬兰森林面积占国土的 1/3 以上）。在寒冷的气候中，木材的质感与手感要比混凝土好得多。

1927 年，阿尔托将事务所搬到图尔库，并与建筑师布莱格曼合作开设了建筑设计事务所。1928—1930 年，阿尔托的第一个现代派作品是图尔库一家报社的办公楼与印刷车间，这是一座钢筋混凝土框架结构的建筑，它的沿街立面完全符合柯布西耶提出的"新建筑五要素"的要求，被认为是北欧第一座现代主义建筑。但在报馆的印刷车间中却表现出阿尔托的创作个性，他采用了先进的无梁楼盖技术，将柱子处理成上大下小转角圆滑的有机形态。

1929—1933 年期间，阿尔托设计的帕米欧结核病疗养院是现代主义建筑中最杰出的作品之一，也奠定了他在现代建筑中的地位。1929 年阿尔托正式参加了 CIAM。1933 年阿尔托搬回首都赫尔辛基，并在那里开业。这期间，阿尔托与玛斯洛合伙建立了阿尔特克公司，专门生产阿尔托设计的家具以及家居用品，生产中使用了当时先进的蒸汽

图 14-41　晚年的阿尔瓦·阿尔托

图 14-42　阿尔托博物馆展示的工业产品

图14-43　帕米欧结核病疗养院（左）

图14-44　帕米欧结核病疗养院日光阳台
　　　　（右）

热弯技术，对现代家具的发展有很大影响。阿尔托还设计了不少如玻璃器皿、灯具、茶具、五金和木制构件等用品。其中，他设计的自由形体的玻璃器皿系列产品非常受欢迎（图14-42）。

一直到二战爆发，阿尔托先后完成了维堡市立图书馆（1930—1935年，现位于俄罗斯境内）、巴黎世界博览会芬兰馆室内设计（1937年）、纽约世界博览会芬兰馆室内设计（1938年）、诺尔玛库的玛利亚别墅（1937—1938年）等设计项目。

在芬兰，阿尔托被当作民族英雄，他将浪漫与工艺技术相结合，创造出既讲究实用又极具个人风格的建筑。文丘里（1925—2018）在他的《建筑的复杂性与矛盾性》中说："在所有现代大师的作品中，阿尔托的作品对我来说是最有意义的。"阿尔托作品的理念影响了后来的现代主义建筑甚至后来所谓的后现代主义建筑的发展。为此，也有人称阿尔托是两次世界大战之间与第二次世界大战之后现代建筑的联系人。

· 帕米欧结核病疗养院

帕米欧结核病疗养院（1929—1933年）是阿尔托最具代表性的作品。疗养院建在一片茂密的树林中，用地很宽裕，没有什么限制条件，使建筑师可以按照建筑的功能自由地进行布局。疗养院最重要的部分是一座7层高的病房大楼，共有290张病床。阿尔托把病人的疗养需要放在第一位，大楼朝向东南，面对着原野和树林，病房宽大的窗子可为结核病人带来最充沛的阳光。由于采用单面走廊，可以保证每间病房都有最好的朝向、通风和视线。在病房大楼的东端，有一段专供病人使用的正南向的开敞式日光阳台，病人可以在这里一边晒日光浴一边欣赏自然美景。

病房大楼、连廊、治疗用房和办公部分共同形成了一个梯形的三合院，仿佛是向病人张开的温暖怀抱，主入口及门厅设在院落的底端。病房大楼采用钢筋混凝土框架结构，在建筑外形上，阿尔托没有把结构部分隐藏起来，而是将立面造型同结构特征统一起来，可以清楚地看出它的结构布置，产生了清新而明快的建筑形象，既朴素有力又合乎逻辑（图14-43、图14-44）。

让病人得到温暖的阳光、新鲜的空气和广阔的视野空间则充分体现出阿尔托设计中的人情化倾向。在建筑入口大厅处有一个阿尔托的半身雕像，表达出人们对这位建筑大师的敬仰之情。

· 诺尔玛库玛利亚别墅

1937—1938年完成的玛利亚别墅是阿尔托一生中最杰出的代表性作品之一。帕米欧结核病疗养院和维堡市立图书馆建成后，阿尔托引起了芬兰产业家古利克森夫妇的注意。他们先是请他为苏尼拉的纸浆厂设计厂房和工人住宅，后来又请他设计了玛利亚别墅。玛利亚别墅的设计时间正处在巴黎和纽约世博会芬兰馆室内设计之间。玛利亚别墅地处茂密的树丛之中，建筑主体是一座L形的两层楼，一条L形廊道将它与花园中的蒸汽浴室和游泳池连成一个U字形，三面比较封闭，当间是花园（图14-45～图14-47）。

建筑外部和室内都使用了许多地方材料，如卧室部分的砌砖抹灰墙面、起居室和画室墙面饰以有北欧地方特色的直条木，入口部分以及伸入花园的廊道完全用竹、木、草、毛石这些自然材料。这些手法的恰当运用将现代主义精神与芬兰地方传统紧密结合起来。玛利亚别墅建成后受到人们的广泛关注。

图 14-45 玛利亚别墅入口（上）
图 14-46 玛利亚别墅内院（左下）
图 14-47 玛利亚别墅室内（右下）

三、装饰艺术运动

装饰艺术运动是 20 世纪 20 年代中期至 30 年代以法国、英国、美国等国家为中心流行的一种设计潮流，主要表现在建筑界和装饰艺术界。影响到建筑设计、室内设计、家具设计、工业产品设计、平面设计、纺织品设计和服装设计等领域。虽然装饰艺术运动发展的时间比较短暂，但它是一种国际性的流行风格，甚至远在东方的中国上海也由于租界建筑的原因，受到装饰艺术运动的扩散性效应影响，出现了一些代表性作品。

装饰艺术运动的名称来源于 1925 年在法国巴黎举行的现代工业装饰艺术品国际博览会，这个展览会主要展示"新艺术运动"之后的建筑和装饰。后来，人们借用"装饰艺术"来特指之后形成的一种设计风格和发展阶段。这时，人们已经认识到"工艺美术运动"和"新艺术运动"的致命缺陷，那就是它们漠视现代化和工业化，其主导思想是回归中世纪的手工艺，这显然与社会的发展背道而驰，所以，在历史长河中只能是昙花一现。相对来说，装饰艺术运动是"反对古典主义的、自然（特别是有机形态）的、单纯手工艺的趋向，而主张机械化的美。因而，装饰艺术风格具有更加积极的时代意义。"[6] 因为装饰艺术运动与欧洲的现代主义运动处在同一发展时期，因此，装饰艺术运动不可避免地受到现代主义运动的影响。但是其思想背景和服务对象都有本质的不同。

装饰艺术在法国、英国、美国的发展方向以及影响有很大差别。法国虽然是装饰艺术运动的发源地，但法国的装饰艺术在一定程度上仍然是传统的设计运动，它更多地体现在家具设计、工业产品设计和室内设计方面，在建筑上影响很少。

在英国，装饰艺术运动主要表现在大型公共建筑的室内设计上，例如爱奥尼德的伦敦克拉里奇旅馆室内设计（1929—1930 年），以及伯纳德的伦敦斯特兰宫殿大旅馆室内设计（1930 年）。

美国的装饰艺术则主要集中在建筑设计和室内设计上，这与法国比较集中在奢华的消费用品设计上有明显的不同。纽约是装饰艺术风格建筑最主要的实验场，代表建

图 14-48　纽约克莱斯勒大厦

图 14-49　克莱斯勒大厦室内装饰

图 14-50　纽约洛克菲勒中心

图 14-51　洛克菲勒中心室内华丽的装饰

筑有阿伦设计的被称为"美国装饰艺术运动纪念碑"的克莱斯勒大厦（1927—1930 年）、史莱夫主持设计的帝国大厦（1931 年）、雷蒙德·胡德（1881—1934）主持设计的洛克菲勒中心大厦（1931 年）等建筑。2000 年 12 月，美国建筑师学会（AIA）评选出 20 世纪美国十大建筑，阿伦设计的克莱斯勒大厦在流水别墅之后排名第二，至今都是曼哈顿岛的地标式建筑（图 14-48～图 14-51）。

本章注释：

[1] 陈文捷 . 世界建筑艺术史［M］. 长沙：湖南美术出版社，2004：296.

[2] 陈文捷 . 世界建筑艺术史［M］. 长沙：湖南美术出版社，2004：290.

[3] 罗小未 . 外国近现代建筑史［M］. 北京：中国建筑工业出版社，2004：87.

[4] 陈文捷 . 世界建筑艺术史［M］. 长沙：湖南美术出版社，2004：323.

[5] 罗小未 . 外国近现代建筑史［M］. 北京：中国建筑工业出版社，2004：94.

[6] 王受之 . 世界现代建筑史［M］. 北京：中国建筑工业出版社，1999：118.

第十五章　二战后现代主义建筑的发展

第一节　概说

在意大利和德国相继战败投降后，1945 年 8 月 15 日，日本在美国原子弹爆炸的威胁以及盟军的强大地面攻势压迫下也宣布无条件投降。至此，从 1937 年日本挑起全面侵华战争开始，到 1939 年欧洲战场上爆发战事，直至 1945 年德、意、日相继战败投降，空前残酷的第二次世界大战终于宣告结束，德、意、日法西斯国家成为战败国。

第二次世界大战的破坏作用是巨大的，特别是欧洲主战场，许多城市和建筑都被彻底摧毁，造成人员和财产的巨大损失。这场战争蔓延到欧、亚、非三大洲，参战国多达 61 个，卷入战争的人口达 17 亿，动员的武装力量超过 1.1 亿人。据不完全统计，战争造成近亿军人和平民的伤亡，参战国的军费、财政消耗和物资损失更是高达 4 万亿美元。

大战过后，世界的政治和经济格局都发生了巨大变化。由于各国政治与经济条件不同，各地的建筑发展也极不平衡，建筑活动与建筑思潮也很不一致。以苏联为首的社会主义阵营与以美、英为主的资本主义阵营形成对抗的状态，长期的“冷战”对峙，使两大阵营在文化上相对隔绝，同时也直接导致激烈的军备竞赛。双方在军事技术研究与开发上都投入了巨大的资金和人力、物力，形成了庞大的军事工业集团。

第二次世界大战过后的这半个多世纪是人类科学技术和经济发展最迅速的时期，许多从前无法想象的事情都变成了现实。20 世纪 60 年代末，美国成功登陆月球之后，美国和苏联先后将宇航员送上太空。

科学技术的巨大进步也使建筑发展面临巨大挑战，尖端科学技术的发展也对建筑产生了强烈的影响。钢、玻璃、各种合金、塑料等材料工业的发展，电子工业与计算机的推广应用都为建筑提供了前所未有的发展条件，同时也对建筑提出了新的要求。随着工业生产的高速增长，环境污染、温室效应与资源枯竭等问题也在日益加重，如何建造环保节能的建筑是今后需要长期研究和解决的问题。

战争过后，人们迫切需要解决居住问题，这就造成战后初期对廉价住宅的大量需求。当以柯布西耶为首，由 10 个国家的建筑师组成的设计小组将位于美国纽约曼哈顿的联合国总部确定为现代主义风格时，也标志着现代主义建筑已经广泛被全世界接受，并登上世界建筑的舞台。

到 20 世纪 50 年代后期，当欧洲的居住问题基本得到解决后，建筑的重点开始逐步向注重形式的方面发展，这个时期是国际主义风格逐步替代现代主义风格而占据主导地位的时期。

一、二战后世界建筑发展的主要阶段

从第二次世界大战结束，到 20 世纪 70 年代后现代主义建筑出现，直到后来的解构主义和高技派的新发展，欧美等发达国家的建筑发展主要分为以下三个阶段：

1. 恢复重建阶段（1945 年至 50 年代初期）

这一时期在恢复工业生产的同时主要解决居住问题，采用工厂生产的预制构件来大量建造廉价住宅。建筑设计更加注重功能，建筑形式简单，没有任何装饰，充分体现了现代主义的建筑思想。西欧、东欧和日本等国，在重建和经济恢复时期的大量简易住宅都属于这个时期的典型代表。

2. 对现代建筑的提高与充实阶段（20 世纪 50—70 年代）

由于美国本土没有受到战争波及，第二次世界大战期间许多欧洲杰出的建筑大师都纷纷移居美国，包括格罗皮乌斯、密斯、门德尔松和布劳耶等人。战争结束以后，他们大都留在美国，许多人从事建筑教育活动，从而彻底改变了美国建筑教育落后、缺乏建筑理论体系和思想体系的状况。这些欧洲建筑大师在培养新一代建筑师的同时，美国庞大的市场需求又使他们有大量设计实践的机会，加上美国人对建筑具有非常宽松的兼容态度，使美国在战后站在了现代主义运动的前沿，现代主义运动的中心也随之从欧洲转移到美国，开始了国际主义风格阶段。

以密斯的国际主义风格作为主要的表现形式，突出建

筑结构，强调简单、明确的造型特征，强调工业化的特点。在国际主义风格的主流之下，也出现了一些基于国际主义风格的分支流派。从建筑思想、建筑结构、建筑材料等方面，它们都属于国际主义风格，但是在具体形式上却具有各自不同的特点，这些流派丰富了比较单调的国际主义风格，它们分别是粗野主义、典雅主义、有机功能主义和崇尚高科技的设计倾向。

粗野主义把国际主义风格加以强化，特别是保留了混凝土墙面施工过程中遗留的模板痕迹，采用粗壮、结实的结构来体现钢筋混凝土的"粗野"。粗野主义主要流行于欧美，在日本也有较大影响，但已逐渐从欧美的粗糙演变成东方的细腻，粗野主义是国际主义风格走向高度形式化的发展方向之一。

典雅主义就是讲究结构精细、典雅的国际主义风格流派分支，它与粗野主义在艺术效果上截然相反。典雅主义风格的建筑表面处理非常简洁，精致并富有细节。

有机功能主义是以粗壮的有机形态，用现代建筑材料和结构形式来设计大型公共建筑，代表人物中最突出的是芬兰裔美国建筑师埃罗·沙里宁（小沙里宁）。

比较晚些时间发展起来的是以强调高技术细节的高技派风格，它不但突出了建筑结构的科学技术含量，而且还夸张地将这些技术细节作为结构或装饰符号。

以上这些流派都是国际主义风格的"流"，而不是"源"。这些流派在不同的国家和地区有不同的表现，比如柯布西耶的"朗香教堂"就是结合了粗野主义和有机功能主义的一些特征；而日本建筑师大谷幸夫设计的京都国际会馆、吉田五十八设计的位于意大利罗马的"日本学院"、岩本博行设计的东京"国立剧场"等，则在粗野主义、典雅主义和国际主义之间探索民族化的可能性。小沙里宁设计的纽约肯尼迪国际机场美国环球航空公司候机楼、华盛顿杜勒斯国际机场候机楼则具有斯堪的纳维亚有机功能主义风格的特点，这些众多的探索，丰富了国际主义风格的面貌。

3. 多元化的建筑发展（20 世纪 70 年代中期以后）

20 世纪 70 年代初，现代主义建筑开始受到质疑甚至否定。这一阶段出现了后现代主义建筑运动，其特征是以装饰、历史折中主义来改良反装饰的国际主义风格；也出现了弗兰克·盖里、彼得·埃森曼等人开始探索的"解构主义"等形式主义的流派；之后又突出再现了新现代主义，对于传统现代主义建筑进行了新的诠释。

战后的国际主义风格实质上完全是走形式主义道路，将"形式追随功能"改为"功能追随形式"。无论是国际

主义风格，还是粗野主义和高技派风格，都有强烈的形式特征，这与现代主义建筑不具有明显的特征完全不同。而且这些建筑在功能上都有明显的缺陷，甚至问题，为了达到追求形式的目的，情愿牺牲功能，更不顾及建筑的造价，这都与现代主义的创作思想背道而驰。

二、高层建筑的发展

20 世纪中叶，由于城市中心区域地价昂贵，加上建筑材料和结构技术的日益成熟，高层和超高层建筑得到快速的发展，已逐渐遍及世界各国。由于高层建筑占地面积较小，可以留出更多的空地进行绿化和景观设计。同时，高层和超高层建筑也进一步演变成财富和现代化的象征，一些国家和城市争相建设世界第一高楼。建成并投入使用的世界第一高楼是迪拜的哈利法塔，162 层，总高度为 828 米，目前，这一纪录不断被打破。

高层建筑的大量出现极大地改变了城市的面貌，丰富了城市的天际线。但同时也出现许多难题，其中包括交通、环境心理以及公共安全等诸多问题。关于高层建筑的划分，各个国家的标准并不统一，1972 年国际高层建筑会议规定按建筑的层数多少将高层建筑划分为四类：

第一类高层：9 ~ 16 层（最高到 50 米）

第二类高层：17 ~ 25 层（最高到 75 米）

第三类高层：26 ~ 40 层（最高到 100 米）

第四类高层：超高层建筑，40 层以上（100 米以上）

世界高层建筑发展的两个阶段：

第一个阶段是从 19 世纪中叶到 20 世纪中叶，美国纽约的伍尔沃斯大厦（1911—1913 年）已达 52 层，高度为 241 米。帝国大厦（1931 年）更是高达 380 米。20 世纪 30 年代后期，高层建筑已开始从单体向群体发展。在纽约建成的洛克菲勒中心（1931—1939 年）就是一组庞大的高层建筑群，共有 19 座建筑，最高的一座是 RCA 大厦，高 70 层，成为整个高层建筑群的标志。在高层建筑的造型方面，20 世纪上半叶多半采用"塔式"，自 1937—1943 年在巴西里约热内卢建成巴西教育卫生部大厦（柯布西耶和尼迈耶组织和参与设计）之后，开创了"板式"高层建筑的先河。

第二个阶段是在 20 世纪中叶以后，特别是 20 世纪 60 年代以后，随着经济的发展，以及一系列新的结构体系的出现，使高层建筑的建造又出现了新的高潮。从欧美到亚洲、非洲都有所发展。建筑的高度不断增加，数量不断增多，造型更加新颖，特别是办公楼、旅馆等公共建筑尤为显著。比较著名的高层和超高层建筑：哈里森等人设计的纽约

图 15-1　纽约联合国大厦

图 15-2　位于米兰的维拉斯卡大厦

图 15-3　芝加哥马利纳城大厦

图 15-4　文艺复兴第一旅馆（中间圆形的建筑）

图 15-5　多伦多市政厅

联合国大厦（1950年，39层）是早期"板式"高层建筑的著名建筑实例。SOM 建筑事务所设计的纽约利华大厦（1952年，22层）开创了全部玻璃幕墙"板式"高层建筑的新形式。意大利米兰的维拉斯卡大厦（1954年）将建筑上下不同的使用功能直接在建筑造型上表现出来。戈德贝瑞设计的芝加哥马利纳城大厦（1964—1965年，60层）采用两座圆形塔楼，外侧是多瓣弧形阳台，形式非常新颖。波特曼设计的美国亚特兰大桃树中心广场旅馆（1976年，70层）和底特律文艺复兴第一旅馆（1978年，73层）都是塔式玻璃摩天楼的典型实例。而由芬兰建筑师莱威尔（1910—1964）主持设计的加拿大多伦多市政厅（1958—1968年）采用两座平面为弧形的大楼，高度错落变化（一座为25层，高68.6米，另一座为31层，高88.4米），造型更加新颖（图15-1～图15-5）。

应用铝板或钢板作外墙装饰的高层建筑也很普遍，SOM 设计的芝加哥汉考克大厦（1965—1970年，100层，337米），山崎实设计的纽约世界贸易中心（1966—1973年，110层，高415米和417米，2001年9月11日遭恐怖

图 15-6　宝马总部办公大楼

主义分子袭击倒塌），以及 SOM 设计的芝加哥西尔斯大厦（1970—1974年，110层，高443米，是当时世界最高的塔式摩天楼）等建筑都是著名的实例。德国慕尼黑宝马总部大楼（1972年）是由四个圆柱形高层建筑拼连在一起组成（图15-6）。

从20世纪80年代开始，高层建筑的发展更突出建筑形式上的个性和地域特征，比较著名的例子有建筑师墨

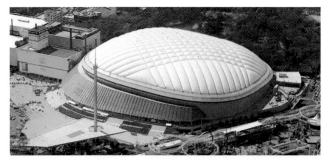

图 15-7　日本东京充气圆顶竞技馆

图 15-8　罗马奥运会小体育馆

图 15-9　法国国家工业与技术展览馆

菲·杨设计的美国费城自由之塔（1984—1991 年），这是一座典型的城市标志性超高层建筑，它位于费城自由广场上，高达 251 米，是该城市最高的建筑。

由美国建筑师西萨·佩里设计的马来西亚吉隆坡石油大厦（1991—1996 年，又称双塔大厦和云顶大厦）位于吉隆坡市中心区，双塔高 88 层，包括塔尖，总高度为 452 米，在建成后已超过了芝加哥的西尔斯大厦而获得了当时世界最高建筑的桂冠。

三、大跨度与空间结构的发展

新的结构形式和新材料的出现必然带来崭新的建筑形式。二战后随着新结构形式的出现，产生了一批造型独特的建筑实例。这些新的结构形式主要有钢筋混凝土薄壳结构、折板结构、悬索结构、网架结构、张力结构、充气结

构等（图 15-7）。

1. 钢筋混凝土薄壳结构

代表建筑有意大利工程师奈尔维（1891—1979）在 1957 年设计建造的罗马奥运会的小体育馆，该建筑是采用网格穹隆形薄壳屋顶（图 15-8）；山崎实在 1951—1956 年设计建造的美国圣路易斯市的航空站候机楼则是采用交叉拱形的薄壳顶；小沙里宁在 1956 年设计建造的纽约肯尼迪机场环球航空公司候机楼的建筑屋顶由四瓣薄壳组成。

世界上最大的壳体是 1958—1959 年在巴黎西郊拉德方斯新区建成的国家工业与技术展览馆（卡迈洛特等设计），它是分段预制的双曲双层薄壳，两层混凝土壳体的厚度总共只有 12 厘米。建筑平面为三角形，最大跨度达 218 米，最高点距地面 48 米（图 15-9）。

2. 钢筋混凝土折板结构

代表建筑为奈尔维在 1953—1958 年设计建造的巴黎联合国教科文组织总部会议厅的屋盖，他根据结构应力的变化，将折板的截面由两端向中央逐渐加大，使大厅顶棚产生了令人意外的装饰韵律，同时也增加了大厅的深度感。

3. 悬索结构

20 世纪 50 年代以后，由于钢材强度不断提高，已开始试用高强钢丝悬索结构来覆盖大跨度建筑空间，这种建筑结构形式是受近代悬索铁桥的启示。

代表建筑为 1953—1954 年建造的美国罗利市牲畜展赛馆，屋盖采用双曲马鞍形的悬索结构，形式新颖。美国建筑师修·斯塔宾斯（1912—2006）设计的欧洲最大的会议中心——西柏林会议中心（1957 年）也是马鞍形悬索结构，其造型更加轻盈优美，该屋顶曾在一次意外事故中倒塌，后已修复（图 15-10）。小沙里宁在 1958—1962 年设计建造的华盛顿杜勒斯国际机场候机楼是悬索结构的又一著名实例。1958 年，斯东设计的比利时布鲁塞尔世博会美国馆的屋盖采用圆形双层悬索结构，造型如同自行车轮。最优美的悬索结构建筑是日本建筑师丹下健三设计并于 1964 年建成的东京代代木综合室内体育馆（包括游泳馆与球类比赛馆两座建筑），该组建筑不仅造型新颖，同时还带有独特的民族传统文化内涵。

4. 网架结构

网架结构是覆盖大跨度空间最物美价廉的结构形式，现在已经随处可见。早期的代表建筑为 1966 年在美国得克萨斯州休斯敦市建造的一座圆形体育馆，它的直径达 193 米，高度约 64 米，最多可以容纳 6.5 万人。1976 年，在美国路易斯安那州新奥尔良市建造了当时世界上最大的体育馆，圆形

平面直径达 207.3 米，最多可以容纳 95427 人（图 15-11）。世界上跨度最大的建筑是 1979 年建造的美国底特律的韦恩县体育馆，圆形平面，钢网壳结构，直径达 266 米。

5. 张力结构

在悬索结构基础上进一步发展了张力结构。它可以是钢索网状的张力结构，或是纤维织品的张力结构，也可以是二者混合的结构形式。这种结构造型轻巧自由，施工简易，速度快。随着现在高弹性透光材料的出现，张拉的膜结构更加广泛地被人们采用。早期的代表建筑为古德伯罗和奥托在 1967 年设计建造的蒙特利尔世界博览会前联邦德国馆，该建筑是采用钢索网状的张力结构，屋面使用透明而坚硬的丙烯板。德国慕尼黑奥林匹克体育中心（1968—1971 年，奥托、贝尼希）的顶棚也是采用这种做法（图 15-12）。

第二节　主要建筑流派

一、粗野主义

"粗野主义"有时也被翻译为野性主义或野兽派，是 20 世纪 50 年代中期到 60 年代中期有一定影响的建筑设计倾向，粗野主义风格的建筑看上去同摸起来一样粗糙。目前，关于粗野主义的设计理念与代表人物，以及典型作品有不完全一致的看法。

1954 年，英国现代主义第三代建筑师彼得·史密森（1923—）和埃里森·史密森（1928—1992）夫妇首次提出"粗野主义"的概念，用以概括那些在建筑中刻意去展现混凝土粗糙和沉重质感的建筑创作手法。这种发端于英国的极端建筑形式，其真实的初衷是为了满足英国在战后恢复时期对居住用房、中小学校的大量需求。由于大量使用粗糙的预制构件，加上快速的施工过程，为了节省造价，表面不加处理的"粗野主义"建筑形式也就随之产生。这种表面不加处理的混凝土最早是在近代一些桥梁、海岸防御工事和堤坝的建造中使用，而最早将其应用到建筑上的是建筑大师勒·柯布西耶，早在二战之前他就在一些建筑上使用暴露的、不加处理的粗糙混凝土墙面。

1991 年再版的一本英国建筑词典对粗野主义的名词解释是：这是 1954 年源自英国的名词，用来识别像勒·柯布西耶的马赛公寓和昌迪加尔行政中心那样的建筑形式，或那些受他启发而做出的此类形式。在英国有斯特林和戈文；在意大利有维加诺；在美国有鲁道夫；在日本有前川国男和丹下健三等人。粗野主义经常采用混凝土，把它最毛糙的墙面暴露出来，夸大那些沉重的构件，并把它们冷酷地碰撞在一起。

图 15-10　西柏林会议中心

图 15-11　新奥尔良超级圆顶体育馆

图 15-12　德国慕尼黑奥林匹克体育中心

史密森夫妇所倡导的粗野主义不单是风格与方法问题，而是同当时社会的现实要求与实际条件相结合。他们认为建筑的美应以"结构与材料的真实表现作为准则"。建筑"不仅要诚实地表现结构与材料，还要暴露它（房屋）的服务性设施"。从这些方面来看，柯布西耶的马赛公寓和昌迪加尔行政中心对后来粗野主义建筑风格的形成有一定的指导作用。

粗野主义当时在欧洲比较流行，后来在日本也相当活跃，例如前川国男设计的京都文化会馆（1961 年）和东京文化会馆（1961 年），大谷幸夫设计的京都国际会议厅（1963—1965 年），丹下健三设计的仓敷市厅舍等。到 20 世纪 60 年代下半期，粗野主义风格逐渐销声匿迹。而日本建筑师东

图 15-13　东京文化会馆

图 15-14　京都国际会议厅

图 15-15　伦敦国家大剧院

图 15-16　耶鲁大学建筑与艺术馆

图 15-17　建筑与艺术馆狭小的门厅（右）

图 15-18　建筑与艺术馆室内大厅（左）

孝光、安藤忠雄等人对混凝土的进一步应用已与粗野主义最初的设计思想完全不同，其灯芯绒一样的质感则是"野"而不"粗"，甚至非常优雅（图 15-13、图 15-14）。

1949—1954 年，史密森夫妇设计的亨斯特顿学校是粗野主义的早期作品，虽然采用钢结构，但将雨水管与电气线路都直截了当地暴露出来。粗野主义风格的主要代表建筑有英国建筑师斯特林和戈文设计的兰根姆住宅（1958年），美国建筑师保罗·鲁道夫（1918—1997）设计的耶鲁大学建筑与艺术馆（1959—1963 年），以及丹尼斯·拉斯登（1914—2001）设计的伦敦国家大剧院（1967—1976 年）

等建筑（图 15-15）。

·美国耶鲁大学建筑与艺术馆

1959—1963 年，美国建筑师保罗·鲁道夫设计了位于美国康涅狄格州纽黑文市的耶鲁大学建筑与艺术馆。从1958 年开始，鲁道夫担任了六年的耶鲁大学建筑学院的院长，培养和影响了如理查德·罗杰斯和诺曼·福斯特等人。耶鲁大学建筑与艺术馆具有国际主义风格和粗野主义风格双重特征，整个建筑造型丰富，有许多大体量的空间穿插，也有一些细节的加工处理，这些方面与英国和法国同一时期的粗野主义作品有很大区别（图 15-16 ~ 图 15-18）。

图 15-19　柏林爱乐音乐厅

图 15-20　柏林爱乐音乐厅小音乐厅

　　建筑为 7 层，内部空间高低错落，据说共有 39 个不同的地面标高。建筑的外观形象强调了竖向划分，局部凹凸变化较多。外墙面的混凝土被处理成粗糙的带条纹的质感，体现出一种"优雅"的"粗野"。该建筑建成后，其风格与形式同古色古香的耶鲁大学反差巨大，引起非常大的争议，遭到许多人的反对。

二、典雅主义

　　"典雅主义"又被称为"新古典主义"、"新帕拉第奥主义"、"新复古主义"和"新形式主义"。它是与发端于英国的粗野主义同时期发展，但在审美取向和设计风格上却完全相反的一种设计倾向。粗野主义主要流行于欧洲，而典雅主义主要形成在美国。"前者的美学根源是战前现代建筑中功能、材料与结构在战后的夸张表现，后者则致力于运用传统的美学法则来使现代的材料与结构产生规整、端庄与典雅的庄重感。"[1] 典雅主义风格的建筑在一些方面与讲求技术精美的倾向很相似，其实它们之间有很大的不同。讲求技术精美的倾向是使用玻璃和钢结构，而典雅主义则是使用钢筋混凝土梁柱结构，该流派追求建筑结构和形式的精细与典雅。建筑表面处理得干净利落、细腻精致，典雅主义的流行表现出历史主义倾向在被现代主义取代和压制很长一段时间后开始抬头，也反映出人们对国际风格千篇一律的不满。20 世纪 60 年代下半期以后，典雅主义倾向开始逐渐淡出。

　　典雅主义的主要代表人物为美国建筑师约翰逊、斯东和山崎实等一些现代派的第二代建筑师。主要代表作品有哈里逊、约翰逊等人设计的纽约林肯表演艺术中心（1957—1966 年），斯东设计的印度新德里美国大使馆（1954 年）、布鲁塞尔世界博览会美国馆（1958 年），美籍日裔建筑师山崎实为美国韦恩州立大学设计的麦格拉格纪念会议

图 15-21　摩西·萨夫迪设计的"住宅 67"

中心（1958 年，曾获 AIA 奖）、西雅图世界博览会美国科学馆（1962 年）、美国纽约世界贸易中心（1973 年）等建筑。粗野主义和典雅主义的主要建筑师及其代表建筑在之后还有详细介绍。

三、追求个性化的趋向

　　在 20 世纪 50—60 年代国际风格流行之时，还有一些讲求个性与象征的设计倾向，它们开始于 50 年代，到 60 年代达到高峰，例如柯布西耶设计的朗香教堂、伍重设计的澳大利亚悉尼歌剧院、汉斯·夏隆（1893—1972）设计的德国柏林爱乐音乐厅（1960—1963 年）。加拿大建筑师摩西·萨夫迪设计的 1967 年蒙特利尔世界博览会的主题展示项目——"住宅 67"具有强烈的结构主义风格，他采用 365 个钢筋混凝土预制结构模块，组成了 158 套住宅，完全颠覆了传统的居住建筑造型，对后来的建筑发展起到很好的启发与推动作用（图 15-19 ～图 15-21）。

当格罗皮乌斯、密斯等现代主义建筑大师相继离开德国后，建筑师汉斯·夏隆则成为德国战前和战后的联系人，他设计的柏林爱乐音乐厅被评为"战后最成功的作品之一"，其造型奇特的屋顶仿佛是挂满乐器的巨大帐篷，夏隆试图将其设计成为一座"里面充满音乐"的容器。为了使更多的观众能够近距离地聆听和观看音乐演奏，夏隆采用观众厅环绕舞台的布置形式，形成高低错落，变化丰富的室内空间，2003年，卡费尔特建筑师事务所完成了对音乐厅门厅的改造。值得称道的是爱乐音乐厅的建筑造型已经具备30年后解构主义建筑的特质，更充分体现出夏隆作为世界级建筑大师的高超设计手法。

第三节　大师设计思想的延续与转变

与两次世界大战之间的独领风骚不同，二战后，由于各种缘由，五位建筑大师的设计思想或延续或转变，每个人的发展路径都发生了不同的变化。

1. 密斯·凡·德·罗

美国是当时资本主义世界中工业最发达的国家，房屋建筑中大量使用钢材。密斯到美国后，专心研究钢结构的建筑设计与构造问题。密斯早在德国时就已经形成了对现代建筑的基本构想，并且通过一系列建筑实例表现出与其他现代主义大师截然不同的设计理念和设计手法。密斯对结构的逻辑性和空间自由分隔在建筑设计中的应用最感兴趣，这一点在他早期作品中就有所体现。其特点是使用钢结构与玻璃幕墙结合的形式，构造节点与施工质量都非常精确，建筑造型简洁而且透明，清楚地反映出建筑材料、结构构件与它的内部空间。室内空间很少有柱子，即使有柱子，其结构断面也很小。

密斯主张功能服从于空间，在战后一直坚持他过去认为的结构就是一切的观点，他认为"当技术实现了它的真正使命，就升华为建筑艺术。"

同格罗皮乌斯一样，密斯东过建筑教育和建筑作品两方面来影响美国的建筑发展。"美国给密斯提供了独一无二的设计试验场所，不但项目大，而且多，美国领土辽阔，可以任意发挥，而资金又充沛，因此他可以说是如鱼得水，使自己的设计原则得到最充分的发挥，终于实行和推广了国际主义风格，使其成为世界基本的建筑设计风格。"[2]

密斯奠定了战后国际主义风格的基础，并且使之发扬光大，他也因此在战后的十余年中成为世界建筑界最重要和最显赫的人物。密斯在美国的第一项设计就是伊利诺伊

理工学院的重新规划和新校园建设。这项工作从1939年开始一直持续到1958年他退休为止，在总面积达44.5公顷的基地上，密斯先后设计建造了18座建筑。在这些建筑的规划和设计中，密斯一改他早年的非对称性建筑构图，转向更具有纪念性的模数和对称构图的设计手法。在建筑形式上，黑色的钢框架显露在外，框架之间是透明的玻璃或米色的清水砖墙，施工十分精确细致，一切都显得那么有条理和现代化。这是密斯第一次采用这种标准化系统进行设计，这完全使他的理性主义设计量化和绝对标准化了，但同时也使校园建筑显得有些单调和刻板。

1947—1958年是密斯的影响达到顶峰的时期，他设计的国际主义风格建筑完整地体现了他的设计思想，并且影响了世界建筑的发展，密斯设计的芝加哥湖滨公寓（1948—1951年）是这一阶段的开始。1948年密斯终于有机会设计他梦寐以求的第一座高层建筑，湖滨公寓由两座塔楼组成，黑色钢骨架加玻璃幕墙结构，使用工字钢来强调工业化的视觉感受，并且完全暴露结构构件，用钢架编织出一张精致的玻璃网，实现了高层玻璃幕墙建筑的完美形式（图15-22～图15-24）。

密斯这个时期最为突出的住宅设计是范斯沃斯住宅（1945—1950年），此外还有1950—1956年设计的伊利诺伊理工学院的建筑系馆（又叫克朗楼，1950—1956年），与菲利普·约翰逊合作设计的纽约西格拉姆大厦（1954—1958年），1961年设计的墨西哥城的巴卡蒂大厦，1963年设计的美国马里兰州巴尔的摩市的第一查尔斯中心大厦，1964年设计的芝加哥美国联邦政府大厦，1967年设计的华盛顿公共图书馆大厦，以及密斯的最后一个作品——为他的祖国设计的柏林新国家美术馆。1968年密斯重返故乡，回到当时还是民主德国的柏林，设计了新国家美术馆，柏林新国家美术馆的屋顶重达1250吨，是现场安装后整体吊装就位的。其中范斯沃斯住宅和西格拉姆大厦都成为"密斯风格"的代表作品（图15-25、图15-26）。

20世纪70年代后现代主义理论家曾经猛烈批判密斯改变了世界多元化的面貌：把全世界的城市变成单调、刻板、无个性的钢铁和玻璃森林。

1969年8月17日，"这位将希腊古典建筑精神与现代派运动完美结合的伟大建筑师"在美国去世。

·普拉诺范斯沃斯住宅

1945年，密斯在芝加哥西部的普拉诺为一位名叫艾迪斯·范斯沃斯的单身女医生设计了一座后来举世闻名的郊外度假别墅，这就是著名的范斯沃斯住宅（1945—1950年），

图 15-22　芝加哥湖滨公寓及周边环境鸟瞰（左）
图 15-23　湖滨公寓连廊（右下）
图 15-24　湖滨公寓门厅（右上）

图 15-26　柏林新国家美术馆

图 15-25　伊利诺伊理工学院建筑馆

这座小住宅完全再现了密斯 1929 年巴塞罗那博览会德国馆的设计构思，它的形式几乎与克朗楼完全一致。住宅坐落在一片美丽的槭树林中，它的体量不大，建筑是一个长方形的玻璃盒子，平面为 8.5 米（28 英尺）宽，23.5 米（77 英尺）长。内部仅在核心部位设计了一处封闭的空间作为浴室和厕所，其他地方全部是连通和开敞的。八根白色油漆的钢制构架支撑整个建筑，并将建筑抬离地面，这主要是为了防止河水上涨淹没建筑。落地而且完全透明的玻璃让建筑室内一览无余，如同水晶般纯净透明。建筑前和入口处有两道平台，四周没有任何栏杆（图 15-27 ~ 图 15-29）。

范斯沃斯住宅比巴塞罗那博览会德国馆还要简洁，纯净得像少女的爱情一样，但是它只适合于聚会，而不适合于居住，再加上建筑造价也超出预算近一倍，这导致范斯沃斯最后将密斯告上了法庭。

· 纽约西格拉姆大厦

与菲利普·约翰逊合作设计的纽约西格拉姆公司大厦（1954—1958 年）是密斯一生最杰出的代表作品之一。该建筑建成后即引起世界性的轰动，成为国际主义里程碑式的建筑。西格拉姆是一个大型的酿酒公司，在纽约曼哈顿的中心地段公园大道上建设新的总部大楼，这就是后来的

图 15-27 范斯沃斯住宅

图 15-28 范斯沃斯住宅背面

图 15-29 范斯沃斯住宅室内

图 15-31 西格拉姆大厦入口广场

图 15-30 西格拉姆大厦

西格拉姆大厦。大厦的造价非常昂贵，因此，房租也要比与它同级别的办公楼高 1/3。

西格拉姆大厦是一座长方形的玻璃盒子，宽为五开间，进深为三开间。在街道一侧退后约 28 米（90 英尺），在建筑前面形成宽敞的带有水池的广场。与芝加哥湖滨公寓相比，39 层 158 米高的西格拉姆大厦是真正的摩天大楼，它采用价格高昂的紫铜窗框和棕色的玻璃幕墙，加上精细的构件，使整栋建筑十分精致，被誉为纽约最考究的大楼，体现了密斯"上帝就在细节之中"的名言。

建筑外部构架全采用垂直线条，非常简练而有韵律。

玻璃幕墙反射着周围的建筑和天空，密斯构想的形式规整和晶莹的玻璃幕墙摩天楼在此达到了顶点。"为了取得整齐、划一的外部形式感，密斯为垂直升降的窗帘设计了仅仅三种开合位置：完全打开，完全关闭，或者一半开合。从外部看，无论众多的窗帘如何开合，体现出的形式都是工整划一的、方格式的。"[3] 从中可以看到，密斯进行建筑设计时的细致心态。有人夸张地说："他的影响可以在世界上任何城市中心区的每幢方形玻璃办公楼中看到。" 2000 年 12 月，美国建筑师学会（AIA）评选出 20 世纪美国十大建筑，密斯设计的西格拉姆大厦排名第三（图 15-30、图 15-31）。

图 15-33 哈佛大学研究生中心内院

图 15-32 哈佛大学研究生中心

图 15-34 大楼阻断了纽约公园大道的视线

图 15-35 柏林包豪斯档案馆

2. 沃尔特·格罗皮乌斯

在美国哈佛大学工作期间，格罗皮乌斯"全力在整个教学体系中贯彻包豪斯的体系，包括系统性设计、团队工作方法、功能主义原则、反装饰原则、现代技术手段和现代建筑材料的运用等等，特别重要的是他完全改变了哈佛大学建筑系原来的课程系统，把包豪斯系统完整地根植到哈佛大学建筑系中，从而在教学结构上改造了哈佛，继而通过哈佛的毕业生和教员改造了美国其他重要院校的建筑教育体系。"[4]

格罗皮乌斯的设计作品虽然不多，但因为他在现代建筑发展中的作用和地位，特别是在建筑教育和建筑理论方面的突出贡献，格罗皮乌斯被公认为现代建筑派的奠基者和领导人之一。1938—1952 年，格罗皮乌斯在美国哈佛大学建筑系担任系主任，1952 年才因退休而离开这个职位。在这十多年里，他将包豪斯的教学体系全面移植到哈佛大学建筑系，培养出了包括约翰逊、贝聿铭（1917—2019）、鲁道夫（1918—1997）等众多杰出的建筑大师，奠定了美国现代主义建筑教育的基石。

格罗皮乌斯十分注重从包豪斯时代就建立的团队协作的工作方法。1945 年，格罗皮乌斯和七名哈佛大学毕业的学生一道在哈佛大学所在地坎布里奇成立了协和建筑师事务所（简称 TAC）。这期间比较重要的大型项目是哈佛大学研究生中心（1949—1950 年）。哈佛大学研究生中心建筑群包括研究生宿舍和餐厅，设计上继续发展了包豪斯校舍的设计风格，把不同的功能部分组合成一个整体（图 15-32、图 15-33）。

20 世纪 60 年代后，还相继设计了美国驻希腊雅典的大使馆建筑（1960 年）和 1960 年开始动手设计的伊拉克巴格达大学校园建筑群，也包括了相当数量的美国本土的大型建筑项目，其中比较突出的是美国泛美航空公司纽约总部大楼（1963 年），但由于该建筑缺乏设计细节，体积又过于庞大，完全阻断了曼哈顿著名的公园大道而被纽约人评为"纽约十大最丑恶的建筑"之一（图 15-34）。

1952 年，格罗皮乌斯 70 岁之际，美国艺术与科学院专门召开了"格罗皮乌斯讨论会"，使他的声誉达到了最高点。1969 年 7 月 15 日，格罗皮乌斯在美国波士顿去世，享年 86 岁。格罗皮乌斯经历了现代建筑发展的整个阶段，是现代主义建筑和设计思想最重要的奠基人，同时，也是现代设计教育的奠基人。

以德国为中心的有关包豪斯的研究一直在继续。1979 年，根据格罗皮乌斯在 1960 年代的设计构想，由两位包豪斯毕业生调整设计完成的位于德国柏林的包豪斯档案馆落成，成为研究包豪斯思想的中心（图 15-35）。

格罗皮乌斯虽然是一个建筑师，但他主要的精力是

图 15-37　黑根别墅起居厅

图 15-36　黑根别墅

在教育和理论研究上。"对于建筑界和设计界来说，他主要是一个开拓者、思想家、教育家和理论家，然后才是建筑家。他通过自己的理想主义立场，身体力行，从教育着手，奠定了现代建筑系统的基础，这是他对于世界最大的贡献。"[5]

3. 弗兰克·赖特

赖特在第二次世界大战之后依然从事建筑设计，他晚期的作品具有一定的艺术表现特征。这期间他先后完成了佛罗里达大学（1940—1949 年）、旧金山莫里斯商店（1948 年）、黑根之家（1953 年）、旧金山附近的玛林县政府中心（1959 年）、纽约古根海姆博物馆（1943—1959 年）等建筑。赖特的设计思想很庞杂，在其晚年的设计作品中体现了其设计思想的多样性，为后人遗留下丰富的建筑遗存。特别是赖特稳定的设计团队和建筑学校都使得赖特的设计思想得以延续甚至是发扬光大，并没有因为他的离去而戛然而止（图 15-36、图 15-37）。

1955 年，赖特出版了《美国建筑》一书，1957 年他发表了最后一本总结性的著作《自述》。赖特是一个高产的建筑家和设计师，他一生中共设计了 800 多座建筑，其中建成 437 座，目前依然存在的有 280 余座。1959 年 4 月 9 日，赖特去世，享年 92 岁。

· 古根海姆博物馆

古根海姆博物馆是赖特在纽约设计的第一座建筑，也是二战后赖特最重要的代表作品。1943 年，76 岁高龄的赖特接受百万富豪古根海姆和艺术家娥伦威森女士的邀请，设计一座博物馆用以展出他们收集的艺术品，其中大部分是抽象派作品。

赖特先后提出了六套方案和 749 张图纸，最后建成的博物馆完全符合业主的期望。古根海姆博物馆在现代艺术博物馆的设计上是一个观念的突破，形式上也打破了国际主义建筑方形盒子的呆板模式。

1944 年时赖特就已经完成了方案设计草图，但由于当时还处于战争状态，加上 1949 年古根海姆先生去世，工程被一直搁置下来。直到 1952 年才开始正式设计，1956 年开工建设，1959 年 10 月建成开幕，但赖特已经在 6 个月前去世，无缘看到这座堪称他后半生事业巅峰的作品问世。

古根海姆博物馆坐落在纽约最豪华的上东区第五大街上，面对中央公园，与大都会博物馆为邻，位置非常突出。基地为 70 米宽、50 米深的长方形。博物馆主体是一个巨大的白色钢筋混凝土螺旋形造型，内部是一个高约 30 米的圆筒形共享空间，周围有盘旋而下的螺旋形坡道。圆形空间的底部直径在 28 米左右，向上逐渐加大。坡道宽度在下部接近 5 米，上面宽度为 10 米。螺旋形的造型是赖特的得意之笔，他说："在这里，建筑第一次表现为塑性的。一层流入另一层，代替了通常那种呆板的楼层重叠。"

所有的展品都沿坡道一侧的墙面陈列，观众沿着坡道边看边走，大厅内的光线主要来自上面的玻璃采光顶。但倾斜的坡道与水平悬挂的展品之间却充满了矛盾，为此，开幕时陈列的绘画都去掉了边框，这显然破坏了人们日常的观看习惯，博物馆的设计也因此遭到许多非议。许多评论者指出古根海姆博物馆的建筑设计同美术展览的要求是冲突的，建筑本身比艺术品还突出，赖特取得了"代价惨重的胜利，这座建筑是赖特的纪念碑，却不是成功的博物馆建筑。"[6]（图 15-38 ～图 15-41）。

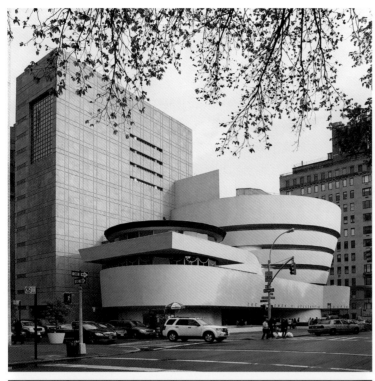

图15-38   纽约古根海姆博物馆（左上）
图15-39   古根海姆博物馆（右上）
图15-40   古根海姆博物馆中庭（左下）
图15-41   古根海姆博物馆小中庭（右下）

1992年，美国著名建筑师，曾经是"纽约五人"之一的查尔斯·加斯米与合伙建筑师西格尔开始着手古根海姆博物馆的扩建工程，在这个建筑后面加建了一个长方形的高层建筑，尽管在设计上对老博物馆作了最大的尊重，但仍然影响了其空间造型的完整性和尺度感，扩建工程也因此广受争议。

4. 勒·柯布西耶

第二次世界大战后，当现代主义的中心从欧洲转移到美国后，柯布西耶是美国之外最重要和最有影响的现代主义建筑大师。与其他一些现代主义运动的干将在战争前后纷纷移居美国不同，柯布西耶是少数几个依然留在欧洲的现代主义建筑家之一，他一直留在法国。由于法国在战争期间被德军占领，柯布西耶只能埋头写作和绘画，这期间他逐渐形成了一系列新的建筑和规划思想，其中最突出的是"模数观念"的形成。从1942年起，他开始潜心研究人体模数，他试图找到一种建立在数学公式和人体比例之间的模数关系，并采用模数进行建筑设计和城市规划设计，这样就能够把人与物进行和谐的、紧密的联系，为人创造最佳的环境和建筑。

柯布西耶以一个身高1829毫米（6英尺）的法国男性为基准，经过研究，他发现，这个"模数人"身上存在许多惊人的数字关系。这是一种理想主义的构想，因为大部分法国男性并没有6英尺高，连柯布西耶自己也没有这个高度。同时还忽视了占人口一半的妇女，因此，他的模数体系从开始就存在很大的偏差，缺乏实用性，柯布西耶本人也没有真正利用这个"模数人"进行成功的工程设计。

战后，柯布西耶不断发表自己的建筑理论和规划构想，他想利用自己的建筑和城市规划设计原则来重建在战争中遭到破坏的法国城市。1945年，柯布西耶提出的两个法国城镇的重建规划方案遭到否决，战后初期对于柯布西耶来说是十分痛苦的。

1947年，面临战后重建的巨大压力，法国政府终于同意给柯布西耶一个施展自己构想的机会，在法国南部的马赛设计一种新型的大容量住宅公寓建筑，如果能够成功，将作为战后法国城市住宅建筑的范本。为了这样的项目，柯布西耶已经等待了二十多年，他要把这个项目设计成一个浓缩的社会，并通过它来创造一种新的生活方式，实现其对现代主义城市的构想。之后，柯布西耶设计了他一生中最重要的一批作品，例如朗香教堂（1950—1954年）、印度北部旁遮普邦首府昌迪加尔行政中心的规划和建筑设计（1952—1956年）、圣玛丽修道院（1953—1959年）、位于日本东京上野公园内的国立西洋美术馆（1957—1959年）等建筑，这些建筑都具有粗糙混凝土质感的墙面（图15-42、图15-43）。其中，朗香教堂因其神秘的造型处理成为柯布西耶战后的巅峰之作。

1959年，受哈佛大学的邀请，柯布西耶设计了哈佛大学卡彭特视觉艺术中心（1961—1964年），这座规模不大的建筑几乎容纳了柯布西耶所有对新建筑的定义，一条长的S形坡道贯穿建筑，他希望建成一座开放式的建筑，卡彭特视觉艺术中心也是柯布西耶在美国留下的唯一一件作品（图15-44）。

20世纪30年代以后，柯布西耶逐渐调整了早期对机器美学的追求，从简洁、精致的纯粹主义设计观逐渐发展到强调感性在设计中的作用，这种变化使柯布西耶再次站在世界建筑的前沿。马赛公寓的外墙表面直接留下了混凝土浇筑时的模板印迹，将粗糙的表面暴露在外，许多部位还特别进行"凿毛"处理，给人粗犷的视觉感受，柯布西耶是20世纪50年代粗野主义美学观在建筑领域最早的实践者，为后来粗野主义风格的形成奠定了基础。柯布西耶这种廉价的表现钢筋混凝土粗糙质感的设计手法在包括印度和战后日本在内的亚洲、非洲和拉丁美洲广大发展中国家深受欢迎，对这些国家走上现代主义之路起到极大的推动作用。

1965年8月27日，近80岁高龄的柯布西耶在法国的卡伯·马丁游泳时溺水身亡。后来法国政府为他举行了国葬。1968年成立了勒·柯布西耶基金。柯布西耶一生没有加入任何组织，独来独往也成就了他的个性。

· 马赛公寓

1952年，柯布西耶理想中的"联合公寓"终于落成，他试图将其设计成为一个社区并创造一种新的生活方式，

图15-42　印度昌迪加尔议会大厦和秘书处

图15-43　日本东京国立西洋美术馆

图15-44　哈佛大学卡彭特视觉艺术中心

以改变法国的城市规划模式。这是一栋长方形钢筋混凝土盒子式的建筑，长 165 米、宽 24 米、高 56 米，一共有 18 层、23 种不同类型的户型，可以容纳 337 户工人居住。它的居住单元基本都是两层，也就是今天我们称为"复式结构"的布局（图 15-45、图 15-46）。

马赛公寓完全按照"新建筑五要点"的指导思想进行建造。它的底层被巨大的鸡腿形钢筋混凝土柱子高高架起。马赛公寓内部空间完全按照"模数人"的各项尺寸进行设计，为了方便内部居民使用，柯布西耶在建筑的8 ～ 9 层设计了两条"街道"，包括商店、学校、餐馆、邮局、旅馆、理发馆和洗衣房等各种公共服务设施。居住用房设在 2 ～ 7 层和 10 ～ 18 层。在建筑屋顶上还设计了一个供居民活动的屋顶花园，在那里设计有幼儿园、托儿所、健身中心和露天剧场，整个建筑仿佛就是一个浓缩的小型社会。

但是柯布西耶的一厢情愿并没有得到马赛人的欢迎，马赛公寓建成后，柯布西耶还曾经被告到法院，人们认为这个粗糙而沉重的建筑破坏了当地优美、自然的景观。后来这种建筑形式也并未得到有效的推广，只是在法国和德国陆续建造了五栋与马赛公寓相似的建筑。

· 朗香教堂

20 世纪 50 年代，法国多米尼克教会把两个教会建筑交给柯布西耶设计，其中一个是位于朗香的圣母教堂，简称"朗香教堂"，另一个是位于里昂附近的圣玛丽修道院。这两座建筑表现出柯布西耶全新的设计探索，也体现出柯布西耶作为现代主义建筑大师的风范。

同萨伏伊别墅相比，坐落在法国东部一座小山上的朗香教堂展示出柯布西耶对追求新形式的渴望。朗香教堂是一座有机构成主义风格的建筑，教堂的规模很小，内部只能容纳约 200 人，它的平面呈现出柯布西耶作品中罕见的自由曲线造型。教堂是"人与上帝对话的地方"，柯布西耶将教堂的平面设计成与人类耳朵生理剖面相似的形状，而神职人员布道的讲坛恰恰是"听骨"的位置（图 15-47 ～图 15-49）。

教堂屋顶采用钢筋混凝土薄壳结构，表面不进行处理，由隐藏在墙中的钢柱进行支撑，墙顶与屋顶之间留出一道40 厘米高的缝隙，船一样的屋顶仿佛飘浮在空中。墙面是倾斜的，用喷射混凝土形成粗糙的具有当地传统乡土风格的墙面效果。由于屋顶自东向西倾斜，积聚的雨水通过屋顶的排水孔流到地面的池水中。粗壮的钢筋混凝土结构，粗糙的水泥墙面，古怪的表现主义形状，使其非常引人注目。光线通过顶部的缝隙和南墙上一系列大小不均，上下无序、漫不经心又错落有致的内大外小或内小外大的窗洞投射进室内，窗洞口都装有彩色玻璃，充满了扑朔迷离的宗教气氛。

朗香教堂浑身上下都充满神秘的色彩，有的人说它像一双合拢的手，有的人说它像浮在水中的鸭子，有的人说它像驶向彼岸的航船，有的人说它像牧师的帽子，有的人说它像两个窃窃私语的修士。它仿佛是一件天造之物，即使柯布西耶自己多年之后故地重游，也不由得感叹地自问："我是从哪儿想出这一切来的呢？"

图 15-45　马赛公寓

图 15-46　马赛公寓屋顶

图 15-47 朗香教堂正面

图 15-48 朗香教堂背面

图 15-49 朗香教堂内部

图 15-50 麻省理工学院贝克大楼南侧

5. 阿尔瓦·阿尔托

阿尔托是北欧人情化、地域性建筑风格的代表。这种人情化与地域性主要表现为：在建筑设计中大量使用当地的黏土红砖、木材等传统建筑材料，即使使用新材料和新的结构形式，也会加入传统的材料和设计手法。这一点同当时盛行的现代主义，特别是战后国际主义风格建筑不考虑地域差别和环境特点，千篇一律地使用玻璃、钢材和粗糙的混凝土墙面完全不同。

20世纪40年代初，阿尔托就曾经公开批判现代主义只注重功能，轻视人们心理感受的设计倾向。他在美国的一次称为"建筑人情化"的讲座中说："在过去十年中，现代建筑的所谓功能主要是从技术的角度来考虑的，它所强调的主要是建造的经济性。建筑不仅要满足人们的一切活动，它的形成也必须是各方面同时并进的。现代建筑的最新课题是要使用合理的方法突破技术范畴而进入人情与心理领域。"阿尔托肯定了建筑必须讲究功能、技术与经济，同时也提倡建筑应该满足人们心理和情感的需要。

在设计方法上，阿尔托不局限于直线和直角，更喜用曲线和波浪线，据他说，这是芬兰的特色，因为芬兰当地天然湖泊的形状都是自然的曲线。阿尔托从不在方案设计构思时使用丁字尺，徒手勾勒是他进行方案推敲的方法。在空间布局上，阿尔托提倡多层次和多变化。在建筑体量上，阿尔托反对"不合人情的庞大体积"，主张在造型上化整为零。

1939—1945年，由于第二次世界大战的全面爆发，加上夫人去世，使阿尔托精神上受到很大打击，这段时间他的作品很少。战后初期，阿尔托曾经到美国讲学并担任麻省理工学院的客座教授，于1947—1948年在麻省理工学院设计了一栋学生宿舍大楼，称为"贝克大楼"。1952年他与设计师爱丽沙·玛金尼米结婚，逐渐改变了他消沉的状态（图15-50）。

从20世纪50年代开始，阿尔托的设计项目逐渐增多，比较重要和有影响的有：塞纳特萨罗市民中心（1949—1952年）、赫尔辛基的文化中心（1955—1958年）、布里曼高层公寓（1958年）、德国埃森歌剧院（1959—1988年）、赫尔辛基恩索·古特蔡特办公楼（1960—1962年）、阿尔托大学主楼（原芬兰技能学院，1961—1964年）、博洛尼亚教堂（1966年）、伊朗的艺术博物馆（1970年）、赫尔辛基"芬兰宫"（1971年）、塔德博物馆（1973年，后改名为阿尔托博物馆）等建筑（图15-51、图15-52）。

图 15-51　阿尔托大学主楼

图 15-52　塞纳特萨罗市民中心

阿尔托从不随波逐流，作为现代建筑的奠基人之一，他是"第一个突破德国、俄国、荷兰现代主义的刻板模式，走出自己道路的大师。特别在战后的年代中，他能够在国际主义风格泛滥的时候，依然保持自我的立场，走斯堪的纳维亚有机功能主义道路，广泛在形式上和材料上体现地方和民族特色，从而创造出大量深受国民喜爱的建筑，这不但非常难能可贵，而且在目前也具有非常积极和重要的启示作用。"[7]

1976 年 5 月 11 日，阿尔托在芬兰的赫尔辛基去世，他一生共设计了二百多座建筑。

阿尔托是芬兰国家学术最高权威机构"芬兰学院"的成员，并于 1963—1968 年期间担任芬兰学院的主席。1928—1956 年，阿尔托一直是国际现代建筑协会的成员。阿尔托曾获得英国皇家建筑师学会皇家建筑金质奖章（1957 年）和美国建筑师学会（AIA）金奖（1963 年）。

·塞纳特萨罗市民中心

1949—1952 年设计建造的芬兰塞纳特萨罗市民中心是阿尔托战后的代表作之一。塞纳特萨罗是一个只有几千居民的半岛，市民中心由多组独立的单坡顶建筑组成，其中包括议会厅、市政办公室、图书馆、商店、银行和邮局等功能（图 15-52、图 15-53）。

阿尔托巧妙地利用地形，把主楼放在坡地的最高处，而其他建筑与主要道路都保持一定的角度，并掩映在树丛中。人们沿着坡道向上走时先看到的是位于树林中的主楼的一个侧面，走近时才能看到主楼的台阶。主楼采用口字形的布局形式，中间围合成庭院，在东南角设有开口。

建筑群全部采用简单的几何形状，尺度宜人，对传统材料的创造性运用以及同周围自然环境的密切配合，使建筑群融入周围的环境中。建筑入口处则使用曲折形的台阶，

图 15-53　塞纳特萨罗市民中心

这种将几何形与有机形融合并用的处理手法体现出阿尔托非同寻常的形式控制和平衡能力。

·芬兰宫

芬兰宫高大的音乐厅仿佛像一架张开的巨大白色钢琴，静静地靠在特勒湾畔。1962 年，赫尔辛基官方委托阿尔托设计一座集音乐厅与会议中心为一体的建筑，即今天的芬兰宫。芬兰宫是芬兰 20 世纪 60 年代现代建筑的代表作之一，位于城市中心，老沙里宁设计的火车站北侧的公园内，建筑东侧隔一条城市快速路就是老沙里宁设计的国家博物馆。

芬兰宫旁边是大片的树木和草地，北侧是巨大的湖面。芬兰宫是赫尔辛基的音乐厅及会议中心，宫内良好的设备和设施为各种音乐会、宴会、展览和国际会议提供了一个

图 15-54 芬兰宫西侧及门厅内部

图 15-55 芬兰宫东侧

理想的环境。小音乐厅可以容纳 350 名观众，大观众厅有 1750 个座席。每年在这里大约举行 200 次音乐会和 300 次不同规模的会议。

芬兰宫是建筑师阿尔托晚年的作品，室外几乎都是白色的大理石，看起来整洁明亮，由于每块石材都不是平的，交错拼接在一起时产生了编织的肌理，也让我们看到大师作品的细节。据说也正是这样的原因，再加上使用了极易破碎的"卡拉拉"大理石，使芬兰宫外墙面的耐久性遭到了质疑，多年来，维修费用成为一笔巨大的开支。

芬兰宫沿用了阿尔托的一贯设计手法，入口处长长的挑檐下是平坦的入口，纤细而精致的金属立柱支撑着巨大的挑檐。门厅里伫立着阿尔托半身像。虽然在设计中出现了一些差错，但芬兰宫仍然可以列入阿尔托的代表建筑（图 15-54、图 15-55）。

第四节　同时期的代表建筑师

二战后，除了前面我们介绍的五位建筑大师外，许多第二代或者第三代现代主义建筑大师开始走上世界建筑舞台，他们极大地推动了现代主义建筑的发展，丰富了现代建筑的内涵，为世界奉献了许多令人注目的建筑作品，下面着重介绍其中影响比较大的十位代表建筑大师和一个超级设计集团。

1. 马歇尔·布劳耶

1902 年，马歇尔·布劳耶出生于匈牙利的布达佩斯，布劳耶是典型的第二代现代主义建筑大师，同时也是 20 世纪最杰出的工业产品设计师之一，他的成长背景和设计生涯使他成为现代主义建筑中非常重要的人物。

1926 年，布劳耶在包豪斯取得硕士学位，是当时包豪斯第一批五个硕士毕业生之一，他毕生都受到格罗皮乌斯建筑思想的深刻影响。布劳耶毕业后留校任教，在包豪斯期间，他首创了钢管家具，为现代家具设计奠定了非常重要的基础。

1928 年，布劳耶开始在柏林从事建筑设计，之后他曾经先后在瑞士和英国伦敦从事建筑和家具的设计工作，1937 年移民美国。当时格罗皮乌斯刚刚担任哈佛大学建筑系主任，他上任后的第一个工作就是把刚刚到达美国的布劳耶聘请到哈佛大学，使其成为该系最有影响力的教授。

图 15-56 马歇尔·布劳耶
图 15-57 巴黎联合国教科文组织总部大楼鸟瞰（右上）
图 15-58 联合国教科文组织总部大楼（右下）

包豪斯体系下成长起来的最优秀的代表人物布劳耶再次同自己的老师格罗皮乌斯一起在美国继续发展包豪斯的思想体系，他们一起合作，通过哈佛的教学来贯彻包豪斯的设计思想，提倡建筑中的现代主义精神和方法，为现代主义建筑的发展，特别是教育事业作出了巨大的贡献，使美国的建筑教育终于能摆脱缺乏理论和意识形态主导的形式主义困境，进入到新的发展阶段，培养出像贝聿铭、约翰逊这样的世界级大师。

1938—1941年，布劳耶与格罗皮乌斯合作，在哈佛大学所在地马萨诸塞州的坎布里奇成立了事务所。这段时间布劳耶先后设计了位于马萨诸塞州林肯县的私宅（1939年）以及位于马萨诸塞州威兰的张伯伦住宅（1940年），这些建筑都使用当地的木材和石料，并采用简单的几何形体。后来布劳耶单独成立了自己的事务所。

1946年，布劳耶把建筑设计事务所迁到当时美国最大的城市和经济中心——纽约，设计了一批重要的大型项目，主要有纽约州沙拉·劳伦斯大学剧院（1952年）、巴黎联合国教科文组织总部大楼（1953—1958年）、荷兰鹿特丹比坚科夫百货公司（1955—1957年）、明尼苏达州科里奇维尔圣阿比教堂（1953—1961年）、法国南部拉戈德美国国际商业机器公司（IBM）研究中心大楼（1960—1962年）、纽约惠特尼美国艺术博物馆（1966年）等建筑，其中最著名的是巴黎联合国教科文组织总部大楼。布劳耶一直到1976年才退休，1981年7月1日，在美国纽约去世。

20世纪50年代以后，布劳耶着力探索用钢筋混凝土塑造建筑结构和形体的方法，他在使用钢筋混凝土方面既有与柯布西耶类似的粗野主义方式，又有自己的特点。布劳耶注重强调建筑立面的丰富构造和光影变化，比如遮阳板的作用，也喜欢采用粗大的Y形或者V形的混凝土结构构件来突出和强调自己的设计符号。

·巴黎联合国教科文组织总部大楼

1953年，布劳耶与意大利著名的结构工程师奈尔维（1891—1979年）、法国建筑师泽弗斯合作设计了位于巴黎的联合国教科文组织总部大楼。该建筑位于巴黎丰塔诺广场，根据联合国的要求，必须提供1080个工作人员的工作空间和活动空间。布劳耶最后决定采用当时非常新颖的Y字形的曲线平面，一方面可以对为数众多的办公空间进行合理的安排，另一方面可以降低建筑高度与巴黎历史悠久的城市环境相协调，同时也使每个房间都能看到巴黎美丽的景色。

整个建筑外部设计有水平和垂直的遮阳板，垂直的遮阳板采用隔层对位的处理形式，使建筑造型充满了变化的光影和跳跃的韵律，高达7英尺的窗户使每个房间都能够看到巴黎美丽的景色。

建筑入口处的双曲线形板壳结构以及大楼架空底层形式奇特的V字形柱很好地表现出钢筋混凝土卓越的结构性能和造型能力，其表面还特意保留浇筑时的木模板印迹，是粗野主义风格的早期作品（图15-56～图15-58）。

2. 爱德华·斯东

1902年，爱德华·斯东出生于美国阿肯色州的法叶特维尔。作为土生土长的美国人，斯东是美国杰出的国际主义风格建筑师之一，他试图打破国际主义风格单调、刻板的面貌，并因此成为国际主义风格中典雅主义的主要代表人物。

最初，斯东在阿肯色大学法叶特维尔分校学习，1920—1923年期间在哈佛大学和麻省理工学院学习建筑。1927年，斯东获得"罗什旅游奖学金"，到欧洲进行为期两年的参观学习，欧洲古老的建筑文化和蓬勃发展的现代主义建筑都给斯东留下了深刻印象，进一步坚定了他投身现代主义建筑的决心。

1929年，斯东回到美国。在担任了两年的建筑绘图员之后，斯东和哈里逊、科伯特等人合作组成了"纽约建筑设计事务所"。斯东参与了洛克菲勒中心附属建筑的设计，这使他有机会同当时美国最杰出的建筑师们一起工作。1936年，斯东开设了自己的建筑设计事务所。他一直对欧洲古典建筑的经典作品念念不忘，同时也开始注意到现代主义建筑千篇一律的问题。

1937—1939年，斯东在设计纽约现代艺术博物馆时获得成功，也奠定了斯东在美国建筑界的地位，并因此获得纽约现代艺术博物馆董事固特异的欣赏。1938年，斯东在纽约长岛设计了具有密斯的巴塞罗那博览会德国馆、赖特的草原式住宅和柯布西耶的萨伏伊别墅痕迹的固特异住宅。

在第二次世界大战期间，斯东曾经担任美国空军规划和设计部主任，参与了许多军事建设项目的设计和规划，其中就有洛杉矶附近的穆洛克军用机场，即现在举世闻名的"爱德华兹空军基地"。战争结束后，在1946—1952年期间，斯东被聘为耶鲁大学建筑系的教授，其现代主义建筑思想影响了一批年轻的建筑师。

1946年，斯东设计了位于巴拿马城的巴拿马旅馆。为了使游客更好地观赏室外的景色和尽情地享受阳光与清新的空气，斯东设计了兼具遮阳功能的悬挑式阳台，这是第一次在度假旅馆设计中使用悬挑式阳台，也从此奠定了海滨度假旅馆的标准模式。通过巴拿马旅馆的设计，使斯东的典雅主义设计理念和手法逐渐形成。之后完成的美国驻印度新德里大使馆（1954年）和比利时布鲁塞尔世界博览会美国馆（1958年）等建筑都成为典雅主义的经典代表作品。其细密的白色混凝土花格漏窗、纤细精致的立柱，以及出挑深远的薄薄挑檐都成为极具典雅主义形式特征的符号。斯东还先后设计了美国阿肯色大学美术中心（1948年）、纽约文化中心（1959年）、华盛顿全国地理协会总部大

楼（1961年）、位于纽约高达50层的美国通用汽车公司大楼（1964年）、位于芝加哥高达80层的美孚石油公司大楼（1973年，现为阿莫柯大厦）、巴基斯坦伊斯兰堡的原子能研究中心（1966年）和华盛顿约翰·肯尼迪表演艺术中心（1971年）等建筑。

在设计思想上，斯东也有自己的观点，他对格罗皮乌斯在哈佛大学进行的包豪斯式的教育改革抱怀疑态度，他曾经说："格罗皮乌斯把整整一代美国青年建筑师全部洗了脑，这样的结果仅仅是建筑文化的文盲普遍化而已。"他又说："每次看见密斯的西格拉姆大楼就感到恐怖，而不自觉地去看看对面街上的那些19世纪末20世纪初的新古典主义建筑，反而感到温馨。"这也许正是斯东钟爱他所创立的典雅主义建筑风格的真正原因。

·美国驻印度大使馆

1954年设计的美国驻印度新德里的使馆建筑群位于一块长方形的基地上，包括办公主楼、大使住宅、两幢随员住宅及服务用房。主楼为长方形，四周是一圈两层高的纤细的镀金钢柱围廊，支撑着薄薄的屋檐。柱廊后面是用预制陶土砖制成的白色花格漏窗，在节点处有金色的装饰钉，整个建筑参考了古典建筑的比例，显得精致华美。办公部分为二层，环绕内部庭院进行布局，院中有水池、树木。屋顶是双层的，有很好的隔热作用。在白色漏窗内还有一层玻璃幕墙，这些做法能够很好地抵御当地炎热的气候（图15-59）。

使馆建筑群"外观端庄典雅、金碧辉煌，成功地体现出当时美国想在国际上造成既富有又技术先进的形象。"[6] 新德里的美国大使馆于1961年获得了美国的AIA奖。据说斯东在设计主楼前曾经考察过印度泰姬陵，并从中得到启发。仅从美国驻印度新德里大使馆办公楼的白色花格漏窗上看，斯东显然是受到伊斯兰建筑细节处理的影响。

图15-59 爱德华·斯东

图 15-60 美国驻印度大使馆办公楼主楼
局部（左上）
图 15-61 肯尼迪表演艺术中心（左）
图 15-62 表演艺术中心大厅（右上）

斯东在 1958 年比利时布鲁塞尔世界博览会美国馆的设计中将其典雅主义风格建筑的艺术效果推向了高潮。该建筑的规模更大，形式也更完美。建筑平面为直径达 104 米的圆形，环绕的钢柱围廊高达 22 米，建筑四周是环形的喷水池。屋顶采用了当时最先进的悬索结构，将精美的形式与先进的技术集为一身，成为布鲁塞尔世界博览会的标志性建筑，与周围粗野主义风格的法国馆与意大利馆形成强烈的对比。

·华盛顿约翰·肯尼迪表演艺术中心

为了纪念约翰·肯尼迪总统，1971 年正式向公众开放的美国全国文化中心被更名为约翰·肯尼迪表演艺术中心。该中心由几个独立的演出单元组成，由西侧的长长的大厅串联起来，是美国最重要的表演艺术中心之一。该建筑延续了爱德华·斯东典雅的设计风格，吸收了美国驻新德里大使馆和比利时布鲁塞尔世界博览会美国馆的精华，成为典雅主义风格建筑重要的代表作品。整个建筑为一个巨大的长方形，位于宽阔的华盛顿波托马克河东岸，为了丰富建筑的空间造型，建筑主体之上局部又增加了一层空间，上下两层建筑依然采用镀金钢柱围廊的形式，加上白色大

理石墙面的衬托，显得精致而高雅，具有极高的纪念性（图 15-60 ～图 15-62）。

斯东在 1962 年出版了自传《一个建筑家的成长》，讲述了自己的设计生涯和建筑思想。1978 年 8 月 6 日，爱德华·斯东在美国纽约去世。

3. 埃罗·沙里宁

1910 年，埃罗·沙里宁（小沙里宁）出生于芬兰的克科努米，父亲是世界著名的现代建筑大师，母亲是雕塑家，他从小就受到艺术的熏陶，13 岁时随全家移居美国。作为芬兰裔美国建筑师，小沙里宁几乎完全是在美国接受的教育（图 15-63）。

在世界建筑史上，很少会有像沙里宁父子这样，父子两代人都是大师级人物，并对世界建筑发展产生了如此大的影响。父亲埃利尔·沙里宁（老沙里宁）是分离派建筑的奠基人之一，早在 20 世纪初就已经成名。1922 年，老沙里宁在芝加哥论坛报大厦设计竞赛中获得第二名，但却对后来美国摩天楼"装饰艺术风格"的出现产生了很大影响。依靠组委会颁发的两万美元奖金，1923 年，老沙里宁携全家从北欧的芬兰移居美国。针对美国当时设计教育比较落

图 15-63 小沙里宁

后的状况，1925—1941 年，老沙里宁在美国先后开设了多所小型设计学校，传授欧洲先进的现代主义设计思想，对美国后来的设计教育起了很大的影响作用，其中就包括美国最著名的设计教育学院之一——克兰布鲁克艺术学院，老沙里宁还为其设计了校舍（1926—1943 年）。

1929 年，小沙里宁去法国巴黎的一家美术学院学习雕塑。1931 年，他在美国耶鲁大学建筑系学习建筑学。1934 年毕业后，他利用获得的奖学金到欧洲参观考察了两年，之后又在芬兰赫尔辛基著名建筑师艾科隆处学习和工作了一年。回到美国以后，小沙里宁在他父亲创办的克兰布鲁克艺术学院任教，并协助父亲进行设计工作。在学校中，他结识了一批杰出的设计师，其中包括当时美国最杰出的家具和工业产品设计家查尔斯·依姆斯，另外，还有佛罗伦斯·舒斯特和芝加哥的建筑师哈里·魏斯等人，他们的思想同样对小沙里宁有很大的影响。

小沙里宁是国际主义建筑发展中极为重要的人物，在国际主义风格盛行时期，小沙里宁独自突破当时盛行的密斯风格，突破了千篇一律的国际主义建筑形式，并通过他设计的一些大型建筑和家具体现出来，成为现代主义土壤中绽放出的一朵奇葩，在现代建筑界享有很高的声誉。

虽然父亲的设计思想一直影响着他，但从一开始小沙里宁就表现出不同凡响的设计能力。1947 年，沙里宁父子合作，成立了自己的设计事务所，取名为"沙里宁与沙里宁设计事务所"。1948 年，沙里宁父子一同参加了杰斐逊纪念碑的设计方案竞赛。位于密苏里州圣路易斯市的这座纪念碑是为纪念美国第三任总统托马斯·杰斐逊开发西部而建立的。最终小沙里宁的方案中奖，16 年后，这座纪念碑在密西西比河畔耸立起来。这是一个高度和跨度都达 192 米的钢结构抛物线拱，断面为三角形，造型简洁，雄伟壮观，被美国人称为"美国之拱"、"美国面向西部的门户"，成为美国国家的象征性建筑之一（图 15-64）。

1953 年，小沙里宁设计了麻省理工学院的克莱斯格大会堂和学院的教堂，开始尝试新的设计手法，这种风格后来被称为有机功能主义。它表明小沙里宁开始朝"非正统国际主义风格"的方向进行探索。小沙里宁还先后设计了威斯康星州密尔沃基阵亡将士纪念馆（1953—1957 年）、纽约肯尼迪国际机场美国环球航空公司候机楼（1956—1963 年）、耶鲁大学英加尔斯冰球馆（1956—1958 年）、华盛顿杜勒斯国际机场候机楼（1958—1962 年）、通用汽车公司技术中心（1960 年）、纽约州约克镇 IBM 公司（1957—1961 年）、印第安纳州哥伦布市基督教教堂（1959—1963 年）等建筑。其中纽约肯尼迪国际机场美国环球航空公司候机楼和华盛顿杜勒斯国际机场候机楼是小沙里宁有机功能主义风格的主要代表作品（图 15-65 ～图 15-71）。

小沙里宁不仅是一位杰出的建筑家，还是一位天才的家具设计大师。他与查尔斯·依姆斯合作设计的"马铃薯片椅子"是 20 世纪 40 年代最杰出的椅子之一，直到 1959 年，这个椅子还名列世界最佳产品设计的第二名。小沙里宁设计的"子宫椅子"和"郁金香椅子"更是 20 世纪 50、60 年代欧美家喻户晓的杰出作品。

事业达到巅峰的小沙里宁却在刚过完 51 岁生日不久，因为脑瘤手术失败而死在手术台上。才华横溢的小沙里宁在其设计生涯的黄金时期英年早逝，是现代建筑最惨重的

图 15-64 晚霞中的拱门

图 15-65 克莱斯格大会堂

图 15-66 克莱斯格大会堂室内

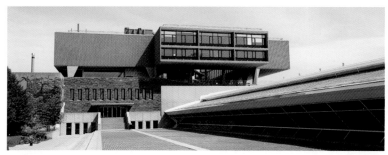

图 15-69 密尔沃基阵亡将士纪念馆

图 15-70 耶鲁大学英加尔斯冰球馆

图 15-67 麻省理工学院小教堂

图 15-68 麻省理工学院小教堂室内

图 15-71 英加尔斯冰球馆室内

损失。小沙里宁去世之后，留下大量没有完成的设计项目，其事务所通过多年工作才逐步完成。这也使他的设计风格一直延续了许多年。小沙里宁毕生没有写过一本著作来表达自己的设计思想，他的设计思想和设计哲学全都包含在那些"有机形态的庞大建筑"中。

· 纽约肯尼迪国际机场美国环球航空公司候机楼

小沙里宁使用有机功能主义的设计手法并引起全世界瞩目的第一座大型公共建筑是纽约肯尼迪国际机场的美国环球航空公司候机楼，它成为小沙里宁奠定有机功能主义建筑的里程碑。

1956—1963 年，小沙里宁应美国环球航空公司（TWA）之邀，为其设计位于纽约肯尼迪国际机场的候机楼。像鸟一样飞翔的感觉是小沙里宁设计构思的出发点，建筑的中央部分是主入口和中央大厅，整个建筑由四片自由形态的钢筋混凝土曲面薄壳构成，形成一只展翼腾飞的鸟的形状。在上扬的两翼下面，又伸展出两个弯曲的、向两边延伸的两翼，作为购票和候机大厅（图 15-72）。

无论是外部造型还是建筑内部空间，整个建筑完全是自由形态，没有规则的直线。小沙里宁在这里充分展现了他将现代结构技术的成就与其超凡的想象力相结合的表现能力，塑造了一个梦幻般的未来建筑造型。近些年来，随着环球航空公司破产重组以及肯尼迪机场的扩建，老航站楼已经无法满足新的要求，甚至一度传出要被拆除的消息。2019 年，历时 3 年，耗资近 3 亿美元的 TWA HOTEL 改造完成正式开业，使其又焕发新生。在巨大体量的众多航站楼的包围下，老航站楼已经难觅当年的雄姿。

· 华盛顿杜勒斯国际机场候机楼

1958—1962 年，小沙里宁为华盛顿杜勒斯国际机场设计了候机楼。相对于美国环球航空公司候机楼来说，后者的设计手法更加纯熟，功能上更便于使用，其科技含量更高，对未来的影响也更大。

这个项目的设计开始于 1957 年，整个工程到 1962 年完成并交付使用，是小沙里宁有机功能主义的进一步发展。建筑平面为长方形，宽 45.6 米，长为 82.5 米，分为上下两层。大厅屋顶采用钢索悬挂结构，每隔 3 米有一对直径为 2.5 厘米的钢索悬挂在前后两排柱顶上，悬索顶部再铺设预制钢筋混凝土板，建筑造型轻盈明快，与空港环境有机结合。16 对巨大的、有机形状的柱子作为悬挂钢索的支柱，拉结起抛物线形的巨大屋顶。柱子之间是大面积呈曲面状的落地玻璃幕墙，虚实对比非常强烈（图 15-73、图 15-74）。

机场的控制塔利用圆形和半圆形反复交错形成有机形态的造型，与候机大楼互相呼应，相得益彰。由于建筑平面非常整齐，使有机形态和理性主义之间达到更好的和谐，同时也与周围环境相融合。由于该建筑位于美国首都的国际机场内，其影响自然更大，小沙里宁也因此奠定了自己在现代建筑界的坚实地位。

2000 年 12 月，美国建筑师学会（AIA）评选出 20 世纪美国十大建筑，小沙里宁设计的华盛顿杜勒斯国际机场候机楼排名第五。

4. 山崎实

1912 年，山崎实（又译：雅马萨奇）出生于美国西雅图一个日本移民的家庭中。父亲原来是日本本州富山县的农民，早年移民美国。山崎实从小在家庭中受到日本传统文化和习俗的熏陶，这对他日后的设计风格和设计思想都

图 15-72 纽约肯尼迪国际机场美国环球航空公司候机楼

图 15-74 杜勒斯国际机场候机楼室内

图 15-73 华盛顿杜勒斯国际机场候机楼

图 15-75 山崎实

有一定的影响。山崎实是国际主义风格时期典雅主义的主要代表人物，他的设计思想和设计风格在今天依然具有相当的影响力。2001 年 9 月 11 日，山崎实的典雅主义代表作品——著名的纽约世界贸易中心遭恐怖分子袭击后倒塌，使人们对这位建筑大师更怀有一种别样的心情（图 15-75）。

1934 年，山崎实毕业于西雅图华盛顿大学建筑系，曾经在纽约的一些建筑事务所学习和工作。1943—1945 年，山崎实到纽约哥伦比亚大学建筑系任教。1945—1949 年，曾到底特律一家著名的建筑设计事务所工作。1949 年，山崎实与乔治·赫尔姆斯、约瑟夫·莱因威伯合作开设了建筑设计事务所，事务所的第一个大型建筑项目是圣路易斯市机场候机大楼（1951—1956 年），山崎实采用三个互相连接的十字形拱壳作为建筑的主体结构。

面对当时流行的国际主义风格的建筑形式，山崎实有自己不同的看法，在 20 世纪 50 年代的美国建筑杂志《建筑记录》上发表了现代建筑的六条原则，具体内容为：

①建筑应该是欢愉的，给人的生活增加乐趣。

②建筑应该使人的精神振奋，反映人类追求的高尚品格。

③建筑必须具有秩序感。

④建筑必须坦诚，结构体现明确。

⑤建筑必须采用最新的建筑技术和材料。

⑥建筑设计符合人的尺度，设计中注意人体工程学的原则，只有这样，建筑才能达到使人欢愉的目的。

这标志着山崎实走出了"探索修正国际主义风格"的第一步。这些设计思想在他 1955 年设计的底特律韦恩州立大学的"麦格拉格会议中心"（1955—1958 年）和底特律雷诺兹金属公司销售中心（1958 年）里都有所体现（图 15-76、图 15-77）。

通过设计实践上的不断探索，山崎实的设计理念也越来越清晰，这种典雅的设计思想和处理方法集中反映在他 1962 年设计的西雅图世界博览会美国科学馆中。山崎实采用了明显具有哥特风格的建筑细节，将其设计成一个白色的极为精致典雅的建筑群。在科学馆中间的水池里，有五座具有哥特风格的白色标志塔。博览会结束后，许多建筑都被拆除了，而山崎实的作品被一直保留下来（图 15-78）。

山崎实还先后设计了造型独特的沙特阿拉伯达兰国际机场（1959 年）和伊利诺伊州北岸犹太会堂（1959 年），以及明尼阿波利斯西北国民人寿保险公司（1961—1965 年）和普林斯顿大学威尔逊公共与国际事务学院（1961—1965

图 15-76 麦格拉格会议中心

图 15-77 麦格拉格会议中心中庭

图 15-78 西雅图世博会科学馆，背后即是"太空针"（左）
图 15-79 普林斯顿大学威尔逊公共与国际事务学院（下左）
图 15-80 威尔逊公共与国际事务学院室内（下右）

年）等建筑（图 15-79、图 15-80）。山崎实最重要的典雅主义代表作品是纽约世界贸易中心。

1979 年，山崎实出版了记述自己设计道路和设计思想的著作《建筑生涯》。1986 年 2 月 6 日，山崎实在美国底特律去世。

·纽约世界贸易中心双子塔

纽约世界贸易中心位于纽约曼哈顿下城区的金融中心，它是由两座均为 110 层的超高层建筑组成，另外还有海关大楼、旅馆大楼等建筑，一共 6 座高层建筑组成的建筑群。其中最重要也是最著名的就是两座 110 层的世贸"双子塔"，1 号塔高 417 米，2 号塔高 415 米，建筑面积近 93 万平方米。

从 1966 年破土动工到 1973 年 4 月 4 日正式竣工，4000 名工人费时 7 年，耗资 4 亿美元建造起来的"双子塔"，于 2001 年 9 月 11 日上午，在两架波音 767 飞机的撞击下和 2 万加仑飞机燃油的燃烧中轰然垮塌，这是世界现代建筑史上最大的灾难性事件。

当时传统高层建筑的结构大都采用核心筒的结构形式，结构面积较大，为了增加使用面积，山崎实放弃了传统的结构方法，采用一种叫做"箱柱"的自身支撑系统的新型承重结构。其结构原理是在建筑外围由密密排布的方管状箱形钢柱形成外筒，以有效提高结构的整体刚度。这些柱子每根宽度为 45.7 厘米，而净间距只有 55.8 厘米，外墙上的玻璃面积只占到建筑外表面积的 30%，与当时流行的玻璃幕墙做法形成鲜明对比。据说山崎实患有"恐高症"，他认为间隔仅为一肩的立柱和狭窄的窗户有助于减轻大厦里工作人员的恐惧心理。

建筑的承重式外墙是由整段的预制构件构成的，在施工中将立柱焊接在一起并用螺栓固定。这些密集的箱形钢柱从下向上延伸，在第九层处汇合成具有哥特式风格的尖拱，然后一直延伸到第 110 层。由于细密的立柱外表使用银白色的铝板覆盖，极为细高的玻璃窗深嵌在密集的金属柱内，在不同光线条件下变幻出不同的光色，显得精致而高雅，成为当时纽约市的标志性建筑（图 15-81、图 15-82）。

2001 年 9 月 11 日，纽约世界贸易中心"双子塔"遭恐怖分子袭击倒塌后，针对世贸中心的重建展开了多轮的设计竞赛。

图 15-81　纽约曼哈顿地区及周边环境鸟瞰

图 15-82　纽约世界贸易中心双子塔

图 15-83　世贸中心纪念馆水池

图 15-84　世贸中心纪念馆室内

　　2003 年 2 月 27 日，零点方案由曼哈顿下城开发公司宣布，里勃斯金的设计方案获选。本次共有 7 个设计队伍设计了 9 个方案，除里勃斯金外，还有埃森曼、迈耶、福斯特、联合建筑师、SOM 和 THINK 等当代最著名的建筑大师和设计集团参加。

　　2003 年 12 月 19 日，又公布了将在世贸中心原址上重建"自由之塔"的设计方案。

　　2004 年 7 月 4 日，"自由之塔"奠基仪式在纽约世贸中心原址举行，一块重达 20 吨的花岗石被放置在自由之塔的地基处，耗资 15 亿美元的自由之塔建设工程预计在 2009 年完工。

　　2005 年 5 月 4 日，纽约州州长乔治·帕塔基对"自由之塔"的安全性提出质疑，帕塔基要求该项目设计师"必须重新设计'自由之塔'，使之符合最高安全标准"。

　　2013 年 5 月 10 日，高达 541.3 米（1776 英尺，象征美国通过《独立宣言》的 1776 年）的世贸中心 1 号楼主体结构封顶，但是人们依然不会忘记山崎实经典的双子塔，它已经成为纽约历史的一部分。2014 年 5 月 21 日，美国国家 911 纪念博物馆正式对外开放，更加剧了人们对过往历史的怀念（图 15-83、图 15-84）。

　　5. 菲利普·约翰逊

　　1906 年，菲利普·约翰逊出生于美国俄亥俄州克利夫兰市的一个律师家庭，从小受到良好的教育。他早年曾经在瑞士读书，对欧洲的传统建筑有比较深刻的认识。约翰逊是现代主义建筑发展过程中非常重要的人物，他跨越了现代主义和后现代主义两个历史时期，并且对每个时期的发展都作出过卓越贡献（图 15-85）。

　　1923 年，约翰逊进入哈佛大学，学习哲学和希腊文。

图 15-85 菲利普·约翰逊

在阅读了建筑与艺术史评论家希区柯克介绍古典建筑的评论文章之后，对建筑产生了越来越浓厚的兴趣。1927年，约翰逊毕业并获得哲学学士学位。1932年，他被任命为纽约现代艺术博物馆建筑部的主任，负责组织有关建筑和设计的展览。同年，他与希区柯克合作出版了世界上第一本讨论现代主义建筑的著作《国际主义风格：1922年以来的建筑》，提出现代主义建筑将成为国际潮流的观点，这是奠定"国际主义风格"理论基础的第一本理论著作。

1939年，约翰逊重新回到哈佛大学学习，在仅比他大4岁的马歇尔·布劳耶的指导下学习建筑，并获得硕士学位。这期间，他又结识了格罗皮乌斯、密斯等建筑大师。约翰逊对他们都非常欣赏和崇拜，但对他前半生的建筑思想与创作影响最大的还是密斯，他是密斯风格的忠实实践者。

1945年，约翰逊在纽约成立了建筑设计事务所，并从1946年至1954年一直在纽约现代艺术博物馆担任设计、建筑部门的负责人。1947年，他在现代艺术博物馆举办了密斯设计回顾展，同时还出版了《密斯·凡·德·罗》一书。

1949年，约翰逊在康涅狄格州纽坎南为自己设计建造了"玻璃住宅"，充分体现出他对密斯风格的喜爱。"玻璃住宅"的设计构思与密斯设计的范斯沃斯住宅非常相似，

而且比范斯沃斯住宅建成的时间要早两年，但约翰逊在1945年曾经见过密斯的设计草图。"玻璃住宅"是一个约17米（56英尺）长，10米（32英尺）宽，高3.2米（10.5英尺）的玻璃盒子，室内中间是用红砖砌筑的圆柱体，为厨房、卫生间和壁炉，室内摆放着密斯的巴塞罗那椅。约翰逊去世前已经将纽坎南的庄园捐献给当地的遗产保护委员会，从2007年的春天开始，"玻璃住宅"向游人开放（图15-86）。

之后，约翰逊还设计了与其风格相似的康涅狄格威利住宅（1953年）、纽约长岛尼奥哈特住宅（1956年）和康涅狄格波森纳斯住宅（1956年）等。正是由于约翰逊同密斯保持了良好的个人关系，以及对密斯风格的高度欣赏，当1954年密斯接受委托负责设计西格拉姆公司总部大楼时，密斯指名要约翰逊与他合作设计，这是约翰逊设计生涯中最为关键的一步，随着1958年西格拉姆大楼成功建成，约翰逊也因此声名大振，成为国际知名的建筑师。

后来，约翰逊逐渐开始探索典雅主义的设计方向，在20世纪60—70年代，他先后设计了普洛克托学会艺术博物馆（1960年）、阿蒙·卡特美国艺术博物馆（1961年）、塞尔登纪念美术馆（1963年）、纽约现代艺术博物馆（1964年）、耶鲁大学克莱因科学研究中心（1965年）、波士顿公共图书馆（1966年）、纽约林肯表演艺术中心纽约州立剧院（1964年）、印第安纳州的"世纪中心"展览和会议中心（1977年）等建筑，可以看出约翰逊开始从密斯风格的国际主义向典雅主义的设计风格转变（图15-87、图15-88）。

·纽约林肯表演艺术中心纽约州立剧院

1964年建成的纽约州立剧院是约翰逊典雅主义风格的重要代表作品。纽约州立剧院是1957开始建设的纽约林肯表演艺术中心的一个重要组成部分。整个工程由哈里逊

图 15-86 玻璃住宅

图 15-87 阿蒙·卡特美国艺术博物馆

图 15-88　耶鲁大学克莱因科学研究中心

图 15-89　纽约林肯表演艺术中心鸟瞰

图 15-90　纽约林肯艺术表演中心（左侧为州立剧院）

图 15-91　纽约林肯艺术表演中心大都会歌剧院入口门厅

图 15-92　纽约林肯艺术表演中心实验剧院

任总建筑师，围绕中心广场的三个主要建筑是两侧分别由约翰逊设计的纽约州立剧院和阿布拉莫维兹设计的爱乐交响音乐厅，以及中间由哈里逊设计的大都会歌剧院。大都会歌剧院的侧面是由小沙里宁和 SOM 首席建筑师戈登·邦夏等人负责设计的由公共图书馆和展览馆组成的实验剧院（图 15-89 ～图 15-92）。

约翰逊设计的纽约州立剧院有近 2800 个座位，具有标准的典雅主义风格，它标志着约翰逊开始脱离密斯风格的长期影响和束缚，趋向于具有古典美学形式的典雅主义设计方向。

6. 路易斯·康

1901 年，路易斯·康出生于当时还在俄国占领下的爱沙尼亚奥瑟尔，1906 年随父母移居美国费城。路易斯·康就读于当时美国最优秀的学校——宾夕法尼亚大学。1924 年 6 月毕业后，路易斯·康像当时许多青年建筑师一样，也前往欧洲参观游览，对欧洲经典建筑进行考察和学习。这期间，

柯布西耶的设计思想和城市规划理念给他留下了深刻印象
（图 15-93）。

1935 年，路易斯·康开设了自己的设计事务所。在
1937—1939 年还担任了费城住宅局和美国联邦政府住宅管
理局的顾问建筑师，参与一些社区的规划工作，在设计实
践中融入了许多柯布西耶的规划思想。

20 世纪 30—40 年代，路易斯·康主要进行住宅的设
计和研究。1941 年，他与乔治·豪威合作成立建筑设计事
务所，后来又吸收了奥斯卡·斯托诺洛夫作为新合伙人。

1947 年，他在耶鲁大学建筑系担任教师，开始从事教
学和研究工作。1950 年，路易斯·康获得罗马"美国学院"
的奖学金，到意大利作访问学者，对他后来的设计发展产
生了很大的影响。

1951—1953 年，他设计了第一个重大的公共建筑项
目——耶鲁大学美术馆新馆，新馆与老馆紧邻，是耶鲁
大学校园内的第一座现代建筑，在这座建筑中开始显露出
他与国际主义风格不同的建筑风格和立场（图 15-94 ～
图 15-96）。

1957 年，路易斯·康成为宾夕法尼亚大学建筑学院的
教授，其建筑思想与设计进入短暂的十年鼎盛时期，这期
间他完成了代表性作品：宾夕法尼亚大学理查德医学研究
中心大楼（1960—1965 年）。

路易斯·康是一个"大器晚成"的现代建筑大师，直
到近 50 岁时，他的第一件引人注目的作品才得以诞生，但
这丝毫没有妨碍他成为美国最有影响的建筑大师之一。路
易斯·康的设计生涯经历了初期对国际主义风格的不屑，

到中期的无奈，以及后期的独辟蹊径这样一个曲折的过程，
所有这些都反映在其设计作品当中。格罗皮乌斯曾经说："在
这个四分五裂的世界上，人都已经化解为支离破碎的碎片，
只有路易斯·康才是一个完整的人。"1987 年出版的《路易
斯·康全集》，由理查·乌尔曼撰写并于 1986 年出版的《将
来正确的其实一直是正确的》，以及亚历山德拉·拉图 1991

图 15-93 路易斯·康

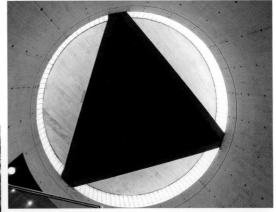

图 15-95 耶鲁大学美术馆新馆楼梯井

图 15-96 耶鲁大学美术馆新馆门厅

图 15-94 耶鲁大学美术馆新馆（右侧为老馆）

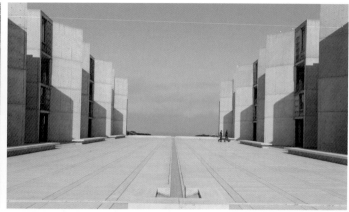

图 15-97 耶鲁大学英国艺术
博物馆（左上）
图 15-98 索尔克生物研究所
（右上）
图 15-99 金贝尔艺术博物馆
（左下）

年编辑的《路易斯·康》都对其进行了深入的研究。

路易斯·康重要的代表作品是 20 世纪 60、70 年代设计的一系列公共建筑，主要代表建筑包括费城宾夕法尼亚大学理查德医学研究大楼（1960—1965 年）、达卡孟加拉国议会大厦（1962 年）、印度古吉拉特邦艾哈迈达巴德印度管理学院（1962 年）、加利福尼亚州拉霍亚索尔克生物研究所（1959—1965 年）、耶鲁大学英国艺术博物馆（1967 年）、埃克斯特学院图书馆（1965—1971 年）、金贝尔艺术博物馆等（图 15-97 ~ 图 15-99）。

在这些建筑的设计中，路易斯·康提出了"服务性空间"（即交通和辅助空间）和"被服务空间"（即主要使用空间）的设计概念，加上古典与典雅的表现手法，在建筑上喜欢使用混凝土构件和传统的红砖，并由此形成了路易斯·康独特的建筑风格。路易斯·康发展了建筑设计中的哲学概念，他认为盲目崇拜技术和程式化设计会使建筑缺乏个性。路易斯·康的设计作品坚实厚重，不表现结构构件，注重建筑形体和光影的变化，开创了新的设计风格。他在设计中成功运用了光线的作用，是建筑设计中光影运用的开拓者。路易斯·康的著作有《建筑是富于空间想象的创造》、《建筑·寂静和光线》、《人与建筑的和谐》等。

1974 年 3 月 17 日，路易斯·康在从印度返回宾夕法尼亚大学的途中，由于心脏病突发，猝死在纽约宾夕法尼亚火车站的盥洗室中。2000 年 12 月，美国建筑师学会（AIA）评选出 20 世纪美国十大建筑，路易斯·康设计的索尔克生物研究所排名第六。

·费城宾夕法尼亚大学理查德医学研究大楼

1960—1965 年，正在宾夕法尼亚大学任教的路易斯·康接受校方的委托，完成了理查德医学研究大楼的设计，并由此进一步奠定了他在现代建筑中的地位。

在建筑设计中，路易斯·康将建筑的辅助空间和主要使用空间明确地区分开来，提出了"服务性空间"和"被服务空间"的设计概念。他将楼梯、电梯、卫生间、通风和排气管道间等服务性空间全部集中在建筑的四座塔楼中，突出主要使用空间的功能与地位，四座塔楼像巨大的输送管道，高耸的实墙面非常独特而有视觉冲击力。这种主从分明的设计思想几乎贯穿了他的所有作品。在建筑的室内外空间中，都将钢筋混凝土构件裸露在外，加上大面积的清水红砖墙，显现出粗野主义的设计思想（图 15-100、图 15-101）。

图 15-100 理查德医学研究大楼（左）
图 15-101 理查德医学研究大楼入口（右）

7. 贝聿铭

　　1917 年，贝聿铭出生于中国广东一个具有良好西方教育背景的家庭，父亲贝祖贻（1893—1982）是中国现代银行的创始人之一，曾担任过中国中央银行总裁。贝聿铭在上海和苏州度过了他的童年时代，苏州著名园林"狮子林"当年曾经是贝家的私宅。博大精深的中国传统建筑文化在贝聿铭内心留下了不可磨灭的印记和深远的影响，他曾经说："中国文化对我影响至深，我深爱中国优美的诗词、绘画、园林，那是我设计灵感之源泉。"也正是东方人特有的细腻、睿智与坚定，使贝聿铭的设计风格一直沿袭了现代主义的道路，而从来不屈从于时尚的潮流（图 15-102）。

　　贝聿铭的设计生涯经历过现代主义的高潮，粗野主义和典雅主义的热浪，更有后现代主义和解构主义的喧嚣，但他从不为之所动，使其设计风格一直延续下来，这在同期的建筑大师中是绝无仅有的。贝聿铭是最典型的第二代现代主义建筑大师，也是华人中最著名的建筑家，在国际建筑界享有崇高的地位，被公认为是一个最具有自己设计原则，而又能够发展现代主义的大师。也许王受之先生以下的文字是对建筑大师贝聿铭最准确的评价："贝聿铭是现代建筑最重要的大师之一，也是比较少有的一直坚持现代主义建筑原则，避免使用任何历史装饰的建筑家之一。他直接受到第一代现代建筑大师的影响，他在哈佛大学期间的老师是格罗皮乌斯和马歇尔·布劳耶，而他本人与阿尔托、密斯、约翰逊、柯布西耶都是朋友，与几乎所有第一代现代建筑大师有密切的私人关系，而他的中国传统文化背景，使他对于西方建筑的精髓和问题更加敏锐，他不局限在主义之中，而能够在现代主义建筑中达到取其精华、去其糟粕的高度，在当代建筑师中是极为难能可贵的。因此，不少建筑评论家和设计评论家都视他为当代最伟大的建筑大师。"[8]

　　1935 年，贝聿铭离开中国上海前往美国，他先在费城的宾夕法尼亚大学学习建筑学专业，由于贝聿铭感到自己的绘图水平不及同学，后又转学到麻省理工学院学习建筑工程专业，1940 年毕业。1943—1945 年，贝聿铭曾经在美国国防部的一个研究所工作。1945 年，他又到哈佛大学攻读建筑学专业的研究生。在哈佛学习的这一段时间对贝聿铭以后的发展产生了深远的影响，使他对现代主义建筑有了更深刻的了解和掌握。1946 年，贝聿铭在哈佛毕业并获得建筑学硕士学位，并短期在哈佛大学执教，后与齐肯多夫合作了近十年。

　　1955 年，贝聿铭开设了自己的建筑设计事务所。从 20 世纪 60 年代开始，贝聿铭逐渐形成了自己的设计思想，他指出，建筑是一种社会艺术的形式，他不喜欢被分类于任何一个建筑设计流派。他认为自己的设计作品是因势利导的结果，而不是潮流推动的结果。

　　1983 年，贝聿铭获得普利兹克建筑奖，成为获得该奖项的第一个华人，对其设计思想和作品的评语是：贝聿铭已经给予了这个世纪一些最美丽的内在空间和外形。但是

图 15-102 贝聿铭

图 15-103　波士顿肯尼迪图书馆

图 15-104　达拉斯市政厅

图 15-106　德国柏林美术馆

图 15-105　达拉斯音乐厅

图 15-107　中国驻美国大使馆办公楼

图 15-108　麻省理工学院化学楼

他的作品的重要性远远超过这些。他总是关心他建造的房子所处的周边环境。他拒绝把自己限制在某种范围狭窄的建筑问题当中。在他过去四十多年的工作中，他所涉及的项目不

仅仅包括工厂、政府和文化宫这些宏伟的建筑物，还有为中等和低收入人们所建造的住房。他对材料运用的多才多艺已经达到了诗一般的水平。他的机智和耐性使他能够将不同兴趣和原则的人们聚集起来从而创造出一个和谐的环境。

贝聿铭 1985 年被美国文学艺术研究院和国家文学艺术学院联合授予院士称号，还曾荣获美国总统授予和颁发的"自由勋章"、美国"国家艺术奖"和"美国十佳公民奖"，以及法国总统授予的"光荣勋章"等荣誉称号。

贝聿铭早期喜欢使用混凝土，后期更注重石材和玻璃材料的对比与运用。他擅长使用几何形体来塑造建筑空间，经常使用玻璃天窗来形成室内空间丰富的光影变化。贝聿铭的代表作品多是一些大型的公共建筑、美术馆和博物馆，主要代表建筑有波士顿约翰·汉考克大厦（1966 年）、波士顿肯尼迪图书馆（1964—1979 年）、得克萨斯州的达拉斯市政厅（1966—1977 年）、达拉斯音乐厅、华盛顿美国国家美术馆东馆（1972—1978 年）、巴黎卢浮宫扩建工程（1988 年）、香港中国银行大厦（1990 年）、德国历史博物馆观看屋（柏林，1999—2003 年）、苏州市博物馆（2003—2006 年）、多哈伊斯兰博物馆（2008 年）、中国驻美国大使馆新馆（2008 年）等建筑。贝聿铭还先后为母校麻省理工学院设计了地球科学中心（1959—1964 年）、化学楼（1964—1970 年）、化工楼（1972—1976 年）和威斯纳馆（媒体实验室，1978—1984 年）（图 15-103 ～图 15-108）。

图 15-110　美国国家美术馆东馆

图 15-109　美国国家美术馆东馆及国会大厦周边环境鸟瞰

· 华盛顿美国国家美术馆东馆

通过波士顿肯尼迪图书馆的设计以及在媒体上的高曝光率使得贝聿铭成为美国著名的建筑师，也为他赢得华盛顿美国国家美术馆东馆项目奠定了基础。1978 年建成的华盛顿美国国家美术馆东馆也让贝聿铭成为世界级建筑大师，该建筑被公认为是美国建筑历史上最杰出的建筑之一。华盛顿原国家美术馆是一座新古典主义风格的建筑，建成于 1941 年，因为藏品越来越多，政府计划投资兴建新的展览馆，由于新展馆位于老展馆的东侧，故称之为"东馆"。该建筑基地的形状是一个直角梯形，短边一侧正好面对美国国会大厦，位置十分重要。建筑师必须处理好新馆与老馆的关系，还要顾及不远处的国会大厦，而且直角梯形的基地形状对任何形式的建筑布局都会造成很大影响，这些制约条件都使东馆这个设计项目具有很大的挑战性。

贝聿铭首先将直角梯形分割成一个等腰三角形和一个直角三角形，由此建立起新馆的构思框架。其中等腰三角形部分是展览区域，直角三角形部分是办公区域和研究中心。展览区域的核心是一个多层的共享大厅，顶部设有采光天窗，上面悬挂有可以变换造型的现代雕塑，中间有横跨的人行天桥。贝聿铭使用同一个采石场开采的石材使新馆的外墙面与老馆，以及广场中间的华盛顿纪念碑建立起联系，并在高度与尺度上与老馆相协调。美国评论家普利多评论道："新馆优雅地站在它的年纪更大的邻居旁，就像给未来上的一课，实际上它们每一个都在提高另一个，两者相得益彰。"

这座建筑延续了贝聿铭继得克萨斯州达拉斯市政厅和达拉斯音乐厅以来逐渐成熟的充满雕塑感的体积造型风格。建筑的许多部位，从整体造型到局部空间的处理，甚至采光天窗的分格以及广场上的现代雕塑等等都在重复三

图 15-111　美国国家美术馆东馆室内中庭

角形的造型，以取得各部分的高度协调。新馆建成后得到国际建筑界人士的一致赞扬，一时间好评如潮，贝聿铭的大师地位也得到了极大地提升，并因此获得了 1979 年美国建筑师学会的金奖。2000 年 12 月，美国建筑师学会（AIA）评选出 20 世纪美国十大建筑，贝聿铭设计的华盛顿美国国家美术馆东馆排名第九（图 15-109 ~ 图 15-111）。

· 巴黎卢浮宫扩建工程

贝聿铭最引起世界关注的大型项目应该首推法国巴黎卢浮宫的扩建工程，该项工程于 1988 年建成后，得到各界人士的广泛好评。作为法国古典主义的代表性建筑，卢浮宫原是法国历代皇帝的宫殿，现在这个大型宫殿建筑群的主体部分已经作为博物馆供游人参观，另外还有一部分是法国财政部的办公楼。由于卢浮宫所收藏的艺术品数量庞大，原有宫殿建筑群又很难满足博物馆的功能要求，因此急需扩建。经过反复的调查论证之后，法国政府最后委托贝聿铭来主持这项工程的设计工作。

贝聿铭将博物馆的设备部门、后勤部门和服务部门等主要功能都放在庞大的地下空间中，其中包括接待、售票、购物、流通、研究、修复、收藏、外部交通联系（与地铁

图 15-112　巴黎卢浮宫扩建工程

图 15-113　玻璃金字塔大厅

图 15-114　巴黎卢浮宫扩建工程活塞式升降梯及楼梯

图 15-115　巴黎卢浮宫扩建工程室内城堡遗址被完好地保留下来

连接），并在地下设计了商店、餐馆、影剧院、图书馆和车库。这样可以尽可能地减少地面新建建筑对卢浮宫产生的影响。更为特别的是，贝聿铭将地面入口设计成埃及金字塔的造型，在材料上则采用钢结构和玻璃，这样可以尽量减少入口部分地上建筑的体积感，在玻璃大金字塔周围还有三个小金字塔，为地下空间提供自然光照。

卢浮宫的扩建工程在方案设计阶段曾经遭到法国人的极力反对，当时法国《费加罗报》连篇累牍地载文和刊登漫画攻击贝聿铭的设计方案，这使人们联想起当年卢浮宫东立面改造时法国建筑师对意大利巴洛克设计风格的抵触情绪。但建筑完成之后，却得到大部分法国人的肯定，当地一位评论家这样评述道：从卢浮宫两翼的门洞里看玻璃金字塔璀璨的灯火，就像巴黎的灵魂在闪闪发光。这个建筑也得到国际建筑界的极高评价，被称为 20 世纪下半叶最重要的建筑之一（图 15-112 ～图 15-115）。

8. 奥斯卡·尼迈耶

1907 年，奥斯卡·尼迈耶出生于巴西的里约热内卢。1934 年，尼迈耶毕业于里约热内卢的国家美术学院。随后即进入卢西奥·科斯塔（1902—1998）的建筑设计事务所学习和工作，一直到 1937 年（图 15-116）。

建筑大师科斯塔是当时巴西建筑和规划界的领袖人物，正担任国家美术学院的院长。科斯塔非常了解现代主义建筑运动，希望能够将国家美术学院办成像包豪斯一样的新型设计学院。为此，科斯塔参考了包豪斯的教学体系与办学理念，以及柯布西耶的设计思想，开创了拉丁美洲现代主义教育的先河，科斯塔本人也因此被视为巴西现代建筑的奠基人。

1936—1945 年，受巴西教育部长的委托，科斯塔负责主持巴西教育与卫生部大楼的设计项目。为此，科斯塔特别组建了由巴西青年建筑师组成的设计小组，其中包括卡罗·里奥、乔治·莫利拉、阿尔丰索·莱蒂、瓦斯科谢罗斯和奥斯卡·尼迈耶，这是尼迈耶设计生涯中非常关键的一个阶段。除了能够与科斯塔和顶尖青年建筑师在一起共

图 15-116　奥斯卡·尼迈耶

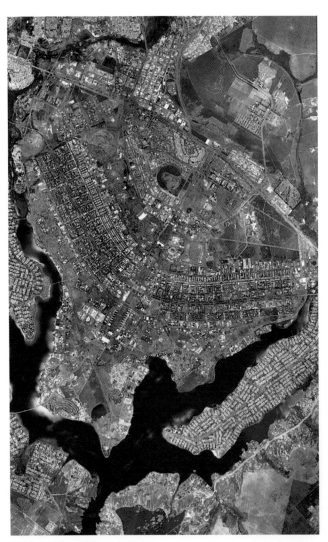

图 15-117　巴西利亚航拍照片

同工作外，更为重要的是这期间科斯塔聘请了现代主义建筑大师柯布西耶担任这个项目的设计顾问。1936 年 7 月，柯布西耶亲临里约热内卢，开始主持总体规划和设计工作，该建筑完成后即刻成为当时整个拉丁美洲最具有现代风格的建筑，这座办公大楼具有鲜明的柯布西耶个人风格。14 层高的主楼由底层的柱子高高架起，精心设计的像屏风一样的遮阳板使建筑外立面充满了雕塑感，顶部曲线形的构造物仿佛是萨伏伊别墅顶部造型的放大。通过这个设计项目，柯布西耶将现代主义建筑思想通过这批巴西青年建筑师传入了拉丁美洲，并影响和培养出了像尼迈耶这样后来享誉世界的大师级人物。尼迈耶非常崇拜柯布西耶，希望能够通过自己的设计来表现柯布西耶的思想和精神。尼迈耶是拉丁美洲柯布西耶建筑思想体系的最主要代表人物之一。

1939 年，尼迈耶受科斯塔聘用与科斯塔等人合作设计了纽约世界博览会巴西馆，他还因此被授予纽约荣誉市民称号。

1942 年，受政府委托，尼迈耶第一次有机会独立规划设计了位于庞普拉湖边的一个新型市郊住宅区。这个社区主要为居民提供各种休闲服务，包含夜总会、游艇俱乐部、餐厅以及教堂等。该项目的成功给尼迈耶带来很高的声誉，也得到巴西建筑界和科斯塔的好评。1947 年，尼迈耶被指派代表巴西参加了美国纽约联合国总部大厦的国际设计小组，参与设计了联合国大厦的秘书处大楼。

1955 年，巴西政府为了加强西部建设，决定在巴西中部一片荒芜的沙漠高地上建设新首都，取名为巴西利亚。1956—1961 年，尼迈耶受新当选的巴西总统库比切克的任命成为总统顾问，负责主持巴西首都建设的政府工作小组。1956 年，在全国性的设计竞赛中，尼迈耶的老师科斯塔提出的规划设计方案获胜。科斯塔最初的方案呈现十字架形状，经过多次反复的修改，最后的规划设计方案将巴西利亚整个城市设计成一架昂首起飞的喷气式飞机的形状，喻意巴西飞速发展的未来（图 15-117）。

处于东方的"飞机头"部分就是由尼迈耶主持设计的三权广场，这里是政府的三个权力部门（行政、立法和司法）的办公大楼。一条 250 米宽，全长约 8 公里的东西向纪念大道将政府区与商业区以及各种公共服务区贯穿起来，城市的东南两面由全长为 40 公里的河流和人工湖环绕。巴西利亚的建设，同印度的昌迪加尔一样，都引起了世界的轰动，1987 年，巴西利亚被列入《世界文化遗产名录》，成为最年轻的"世界遗产"。尼迈耶主持设计的巴西国会大厦（1958—1960 年）、巴西利亚大教堂（1959—1970 年）

图 15-118　巴西利亚大教堂外观

图 15-119　巴西利亚成立纪念碑及最高法院

图 15-120　国家博物馆

图 15-121　巴西国会大厦

和总统宫邸（1958—1960 年）等建筑得到建筑界的广泛好评（图 15-118、图 15-119）。

1961 年，尼迈耶成立了自己的设计事务所，接受了法国和以色列的一些设计工程。1968 年以后，尼迈耶在里约热内卢大学建筑系任教，成为巴西最著名的建筑学教授。他还相继设计了巴西的国防部大楼（1968 年）、阿尔及利亚民族党总部大楼（1976 年），以及里约热内卢附近尼特莱海滨当代艺术博物馆（1997 年）等建筑。身为共产党人的尼迈耶于 1963 年曾经获得苏联政府颁发的列宁和平勋章。巴西建筑大师尼迈耶毫无疑问是拉丁美洲最重要的现代建筑家。2005 年 10 月 6 日，尼迈耶 51 年前设计的巴西圣保罗市一个公园里的音乐厅最终建成，但已经 97 岁的尼迈耶没能前来参加开幕典礼。

1988 年，尼迈耶获得普利兹克建筑奖，对其设计思想和作品的评语是："当某个人抓住了一个国家的文化精髓并通过某种形式把它表现出来了，这就是该国家值得纪念的历史性时刻。很多时候人们是用音乐、绘画、雕塑或者文学的形式来表现文化的，而在巴西，奥斯卡·尼迈耶用他设计的建筑来表现巴西文化的精髓。他设计的建筑是色彩、光线和巴西本土感觉的综合体。"

2012 年 12 月 5 日，奥斯卡·尼迈耶在里约热内卢逝世，享年 105 岁。

·巴西国会大厦

由尼迈耶主持设计的巴西国会大厦（1958—1960 年）位于巴西利亚三权广场主轴线上的西侧顶端，由参众两院和办公大楼组成。建筑底部是一座水平伸展的两层长方形建筑，柱子排列整齐，人和汽车可以通过坡道直接上到二层建筑的屋顶（图 15-120、图 15-121）。

参众两院的会议厅分别位于高层办公楼的南北两侧，其中北面是参议院，其造型如同倒扣的大碗，寓意决策国家大事；南面是众议院，形如一只开口朝天的大碗，寓意广纳民意。

中部后方是 27 层高的行政办公大楼，由两座并排而立的板式大楼组成，中间有天桥凌空相接，形成来源于英文单词 HUMAN 的 H 形造型，寓意保障人权。

国会大厦的设计具有强烈的象征性，其造型独特，也因此惹来许多非议。例如"碗状"造型使建筑维护费用很高，经常出现漏水等问题。为了保持行政办公大楼的 H 形造型，使两座大楼之间只有一道细小的天桥联系，非常不方便使用。

9. 丹下健三

1913年，丹下健三出生于日本的大阪。1935—1938年，丹下健三在日本东京大学学习建筑。1938年，丹下健三毕业后即进入前川国男（1905—1986）的建筑设计事务所学习和工作，一直到1941年，这是他设计生涯中非常重要的一个阶段。前川国男是日本最早的现代主义建筑家之一，他曾经在柯布西耶的事务所工作和学习了三年，深受大师的教诲和影响。回到日本之后，前川国男积极倡导柯布西耶的现代建筑理念和设计风格，并将这种思想传递给包括丹下健三在内的一批青年建筑师（图15-122）。

由于第二次世界大战进一步加剧，日本国内的建筑活动已经基本停止，丹下健三没有像一些建筑师那样到日本占领下的中国从事设计工作，而是在东京大学的城市规划研究所从事研究工作，他研究的对象主要是城市规划与建筑之间的关系。

1942年，受当时政治氛围的影响，他设计了大东亚建设纪念碑方案。1946年，他受东京大学聘请担任建筑系的助教。1946—1947年，他先后提出了日本广岛市的重建计划，以及东京银座地区重建计划和新宿地区重建计划等方案，开始得到日本建筑界的关注。

1953年，柯布西耶在东京设计上野公园西洋美术馆时，前川国男、丹下健三等人一起协助其完成设计，柯布西耶的设计思想对丹下健三和当时日本建筑界都有很大影响。1959年，丹下健三获得了东京大学工学博士学位。同年，

图15-122　丹下健三

他又以访问学者的身份到美国麻省理工学院学习。1961年回到日本后，成立了丹下健三城市建筑设计研究所。"丹下健三是日本现代建筑最重要的奠基人之一。他确定的把现代建筑的基本因素和部分日本传统建筑结合的方式，影响了整整两代日本建筑家，使日本的建筑真正具有自己的独特形象，从而能够在国际建筑中占有一席重要地位。"[9]丹下健三的设计作品既具有独特的"日本特征"，更具有鲜明的时代气息。

二战结束后，日本作为战败国，各方面都遭受到很大创伤，城市建筑近1/3遭到毁坏。但是经过15年的恢复与发展之后，不论是工业生产还是科学技术各个方面都发生了巨大变化。日本用不到30年的时间从原先落后的状态进入了世界先进行列。丹下健三正是在这个历史大变革时期走在了日本现代主义建筑发展的前沿。

丹下健三的第一件重要作品是1949年在设计竞赛中入选的广岛和平纪念馆，这一组纪念性建筑具有强烈的表现形式和象征意义，也正是由于广岛和平纪念馆的成功，使丹下健三成为国际公认的日本现代建筑大师，也自此奠定了他后来几十年在日本建筑设计领域的卓越地位。

20世纪50年代后期，为应对城市人口快速增长的压力，丹下健三开始研究一种能够不断生长和自我适应的"插入式"建筑形式，即所谓的"新陈代谢"建筑。1961—1966年建成的山梨县文化会馆就是一座这样的建筑，建筑的主体是16根直径5米的钢筋混凝土圆筒，内部是楼梯、电梯、厕所和管道空间，以这些管道为枝干，在管道之间可以根据使用和需要的变化进行调整或增加使用空间，丹下健三称之为"能够生长的建筑"。

从20世纪60年代开始，受西方国际主义风格影响而发展起来的日本建筑开始进入比较成熟的时期，丹下健三在设计领域也进入到一个新的阶段。他开始进一步研究和完善他的城市规划系统，提出了"有机规划"的概念，利用有机体的成长过程作为研究模式，来研究城市成长和发展的方式，反对城市规划中传统的圆形发展模式。

丹下健三是一个多产的建筑大师，其早期主要代表作品有广岛规划、广岛和平纪念馆（1949—1955年）、东京都厅舍（1952—1957年）、香川县厅舍（1955—1958年）、东京草月会馆（1956—1958年）、仓敷市厅舍（1958—1960年）、东京奥林匹克运动会代代木综合室内体育馆（1964年）、大阪国际博览会（1966—1970年）、山梨县文化会馆（1966年）等众多的建筑。丹下健三后来还设计了许多大型的高层建筑，比较有代表性的有东京市政厅大厦

图 15-123　山梨县文化会馆（上）

图 15-124　东京市政厅大厦（下左）

图 15-125　联合海外银行广场大厦（下右）

（48 层，1985—1991 年）、新加坡海外联盟银行中心大厦（66 层，1986 年）和联合海外银行广场大厦（66 层，1992 年）、新宿公园大厦（52 层，1994 年）、东京富士电视台大楼（1996 年）等建筑（图 15-123～图 15-125）。

　　丹下健三影响了许多日本的青年建筑师，其中比较重要的有槙文彦（1928—）、大谷幸夫（1924—2013）、矶崎新（1931—）和黑川纪章（1934—2007），这四个人是 20 世纪 70 年代以后日本建筑界的重要代表人物，他们都出自丹下健三的建筑设计事务所。

　　1987 年，丹下健三获得普利兹克建筑奖，对其设计思想和作品的评语是："因为具备与生俱来的天才、充沛的活力以及足够长的职业生涯，一个人可以从一个新世界的闯入者演化成为代表者，这是丹下健三快乐的人生经历。在他的实践经历中，他是建筑学方面的一位理论创新家，也是一位具有激情的教师。"

　　2005 年 3 月 22 日，丹下健三在东京的家中因心脏衰

图 15-126　广岛和平纪念馆

图 15-127　东京代代木综合室内体育馆（第一体育馆）

竭逝世，享年 91 岁。矶崎新感叹道："丹下健三最大的功绩在于通过国家的重大活动，让世界认识了日本的现代建筑，与其说他是个建筑设计师，还不如说他是位管弦乐队的指挥家。他去世了，后无来者。"

·广岛和平纪念馆

1949 年，丹下健三在广岛和平纪念馆的设计竞赛中入选，该组纪念性建筑于 1955 年广岛原子弹爆炸 10 周年时建成。整个建筑群是由纪念馆、慰灵碑和水面组成。在建筑群轴线上，位于纪念碑前面不远处是 1945 年 8 月 6 日原子弹爆炸后残留下来的原产业奖励馆的遗址。纪念馆建筑造型十分简洁，宏大的尺度衬托出庄严的纪念性，纪念馆建筑采用底层架空的形式，钢筋混凝土框架结构裸露在外。广岛和平纪念馆使丹下健三在日本建筑界崭露头角（图 15-126）。

·东京代代木综合室内体育馆

1964 年，丹下健三为迎接在东京举办的第 18 届奥林匹克运动会设计建造的代代木综合室内体育馆不仅将他个人的声望推向顶峰，同时也让世界建筑界从此对日本现代建筑的发展刮目相看。整个建筑群由一大一小两个体育馆及附属建筑组成，占地 9 公顷，建筑总面积约 3.4 万平方米，两座体育馆都采用了当时非常新颖的悬索结构。

第一体育馆由两个相对错位的半圆形构成，由于悬索结构自身的特点而形成丰满的曲面造型，并蕴含有日本传统建筑的细节与精神。第一体育馆是奥运会游泳和跳水项目的比赛场地，两根 27.5 米高的立柱相距 126 米，上面固定了两束外径为 33 厘米的主拉索，外侧两端的拉索斜拉至地面进行锚固，锚固点也是两个错位半圆形的起点。在主拉索与观众席外侧的钢筋混凝土环形梁之间用钢索拉接，形成钢结构的悬索屋盖，屋顶表面是 4.5 厘米厚的钢板，第一体育馆能容纳 1.5 万名观众（图 15-127）。

第二体育馆为圆形平面，与 36 米高的拉索塔一起形成螺旋形的造型，并在喇叭口处形成入口。第二体育馆是奥运会的篮球比赛场地，能够容纳 4000 人。两座体育馆南北对峙，主次分明，中间是巨大的停车场。

10. 约恩·伍重

1918 年，约恩·伍重出生于丹麦，父亲是造船厂的工人。伍重曾经做过水手，到 18 岁时还希望成为一名海军军官。或许是因为在水边成长的经历，使伍重特别擅长设计近水建筑（图 15-128）。

1942 年，伍重毕业于一所高等艺术专科学校，开始对建筑感兴趣。由于处于战争时期，他前往中立国瑞典，在斯德哥尔摩的一家事务所学习和工作。战争结束后，他来到芬兰，在阿尔托的建筑事务所工作了一段时间。伍重非常欣赏赖特与阿尔托的设计思想和作品。

伍重设计悉尼歌剧院的传奇经历开始于 1956 年，当时年仅 38 岁的伍重还是一位默默无闻的青年建筑师。他参加了一场匿名的设计竞赛——悉尼歌剧院建筑设计方案国际竞赛。作为评委的小沙里宁对伍重的设计方案非常欣赏，因为它与其有机功能主义的设计风格非常相似。虽然伍重仅仅是用素描草图的形式提交的方案，但小沙里宁最终还是说服了其他评委选择了伍重的设计构思，使他的方案在 30 多个国家的 230 位参赛者当中脱颖而出。

虽然悉尼歌剧院的建设充满了曲折，也存在许多技术问题，但这座建筑已经成为悉尼甚至澳大利亚的象征，伍重也因此于 2003 年获得普利兹克建筑奖，对其设计思想和作品的评语是："约翰·伍重是一位建筑师，他扎根于历史，触角遍布玛雅、中国、日本、伊斯兰的文化，以及很多其他的背景，包括他自己的斯堪的纳维亚人的遗传。他把那些古代的传统与他自己和谐的修养相结合，形成了一种艺术化的建筑感觉，以及和场所状况相联系的有机建筑的自然本能。"2008 年 11 月 29 日，90 岁高龄的伍重在丹麦首都哥本哈根去世。

在 20 世纪 50 年代末，伍重设计了一组影响深远的联排式住宅，这些住宅位于哥本哈根北部港口城市赫尔辛格西部，他使用廉价的地方材料，建造出适宜人们居住的现代建筑。伍重的主要代表作品还有西班牙马约尔卡岛私宅（1971 年）、哥本哈根市郊的贝格斯伐德教堂（1973—1976 年）等建筑。

· 悉尼歌剧院

悉尼歌剧院（1957—1973 年）坐落在悉尼港内三面临海的地段上，西侧为造型优美的悉尼大桥。悉尼歌剧院包括一个 2700 座的音乐厅，一个 1550 座的歌剧厅，一个 550 座的剧场，一个 420 座的排演厅，还有众多的展览场地、图书馆和其他文化服务设施，总建筑面积达 8.8 万平方米，是一座大型综合性文化演出中心。整个建筑建在一个巨大

图 15-128 约恩·伍重

的平台之上，由 10 组巨型壳体组成，与周围环境的比例、尺度非常和谐完美，如同白色的花瓣，又如洁白的贝壳和船帆。

悉尼歌剧院是一座成功的地标式建筑，它已经成为一个城市，甚至一个国家的象征，从这一点上，它很像埃菲尔铁塔。然而，悉尼歌剧院的设计和建造过程却充满了坎坷与艰辛。由于当时结构技术的局限，在结构选型和施工方案两个重大问题上都存在失误，加上一些政客一直把歌剧院作为他们政治竞选的资本，不等设计完成便破土动工。由于建筑造价严重超过预算以及设计上的冲突，伍重于 1966 年退出了该工程项目，在他离开澳大利亚后的 7 年后，也就是 1973 年，悉尼歌剧院终于竣工了，在悉尼歌剧院落成典礼上，英国女王亲自到场剪彩，但是，伍重却没能一睹它的全貌。悉尼歌剧院的建造时间长达 17 年，造价也超出了原来预算的十多倍（最后造价结算为 10.2 亿美元）。

在方案入选之后，伍重就深感结构设计和施工方案的重要性，他到伦敦找到与奈尔维齐名的欧洲结构权威——丹麦工程师汤姆森，最终，他们选择了薄壳结构。但由于结构复杂，壳体一面敞开并斜向悬挑，承受的风荷载和倾覆力矩非常大。在动工 5 年后不得不修改原来的壳体设计方案，而采用预制的预应力混凝土落地三铰拱结构，由于拱身采用尺度很大的箱形拱，壳形拱券的边缘很厚，完全没有初期薄壳的轻盈感。另外，特殊的造型也给内部的声学处理带来许多问题。尽管如此，悉尼歌剧院仍是 20 世纪最优美的建筑（图 15-129、图 15-130）。

2007 年，竣工仅仅 30 多年的悉尼歌剧院被列入《世

图 15-129 悉尼歌剧院及悉尼大桥

图 15-130 悉尼歌剧院

界文化遗产名录》，也成为最年轻的世界建筑遗产。其后，伍重和自己的儿子以及当地的一家建筑事务所合作，完成了悉尼歌剧院内部改造方案，这个为期三年的改造工程耗资高达 6 亿美元。

11.SOM 建筑设计事务所

SOM 建筑设计事务所是国际风格时期世界上规模最大、影响最大、成果最丰厚的建筑设计集团，由于 SOM 一直紧跟国际主义风格的设计潮流，所以它又被称为"国际主义风格建筑的堡垒"。SOM 建筑设计事务所最初是由路易·斯基德摩、纳萨尼尔·欧文和约翰·梅利尔三人合作创立的事务所，命名为斯基德摩·欧文·梅利尔建筑事务所，并由三个合伙人名字的首位英文字母组成 SOM 的标志，其事务所简称为"SOM 建筑设计事务所"。

SOM 建筑设计事务所成立之初，全面采用密斯的国际主义风格和柯布西耶的现代主义风格，以紧跟世界最前沿的设计时尚和潮流，并专门从事大型商业建筑的设计。从 20 世纪 30 年代成立开始一直到现在，SOM 没有设计过一栋住宅。随着事务所的不断壮大，从最初的 3 个人逐步发展成为一个具有 14 个合伙人、15 个合伙设计公司、39 个外围合伙协作设计公司的巨大建筑设计集团，在纽约曼哈顿、芝加哥、旧金山、波特兰、中国上海等地设有分部。二战后国际主义风格的全面普及和流行，与 SOM 的作用和影响力是分不开的。1955 年，三个创始人相继退休，SOM 建筑设计事务所逐渐发展成为纯粹的股份公司，并委托建筑家戈登·邦夏（1909—1990）全面负责事务所的工作，他对后来 SOM 的发展与繁荣作出了非常大的贡献。第二次世界大战结束，邦夏曾经代表事务所到法国为美国军队工作，并在巴黎结识了柯布西耶。回到美国之后，他又与密斯和格罗皮乌斯等人保持密切的联系。1952 年，邦夏主持设计的纽约利华大厦就具有明显的密斯风格。戈登·邦夏的代表作品还有耶鲁大学班奈克珍品图书馆和沙特阿拉伯国家商业银行，以及与小沙里宁合作设计的纽约林肯表演艺术中心内由各国图书馆和展览馆组成的实验剧院等建筑。1988 年，戈登·邦夏与巴西建筑大师奥斯卡·尼迈耶并列获得普利兹克建筑奖，是对其设计生涯的最高褒奖（图 15-131、图 15-132）。

SOM 建筑设计事务所的重要代表建筑：纽约利华大厦（1952 年）、纽约大通曼哈顿银行大厦（1955—1961 年）、纽约汉诺威信托银行分行、科罗拉多州美国空军军官学院教堂（1954—1962 年）、耶鲁大学班奈克珍品图书馆（1960—1963 年）、布鲁塞尔兰勃特银行大楼（1964 年）、芝加哥约翰·汉考克中心大厦（1970 年）、芝加哥西尔斯大厦（1974 年）、沙特阿拉伯吉达的哈吉航站楼（1982 年）和国家商业银行（1984 年）以及最新建成的印度孟买贾特拉帕蒂希瓦吉国际机场 2 号航站楼（2014 年）等。SOM 建筑设计事务所还在中国台湾、香港和内地设计过许多著名的建筑（图 15-133 ～图 15-136）。

·纽约利华大厦

1952 年建成的利华大厦是 SOM 最重要的代表作品之一，它是全世界第一幢全玻璃幕墙的办公建筑，由 SOM 的首席建筑师戈登·邦夏主持设计。建筑外部全部采用玻璃幕墙，这一设计构思显然来源于密斯 1948—1951 年设计

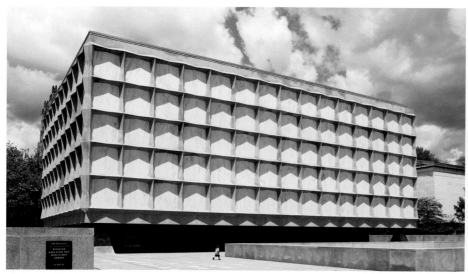

图 15-131 耶鲁大学班奈克珍品图书馆

图 15-132 珍品图书馆局部

的芝加哥湖滨公寓，但比其更精致、更华美。密斯设计的西格拉姆大厦就位于利华大厦的斜对面，而且比利华大厦晚六年才建成。

利华大厦下部是横向伸展的裙房，裙房的底层采用架空的形式，并向公众开放，屋顶建有花园。可以说，利华大厦将密斯的设计思想和柯布西耶对新建筑的要求在一个建筑上同时实现。1983 年，利华大厦被纽约"地标保护委员会"确定为历史文物（图 15-137）。

· 芝加哥西尔斯大厦

1974 年建成的西尔斯大厦标志着美国超高层建筑发展的最高峰。西尔斯大厦是芝加哥西尔斯百货公司总部大楼，这座 110 层，高达 443 米，总面积为 41 万平方米的摩天大楼。从它建成那天起，将世界第一高楼的美誉保持了 22 年之久，直到马来西亚的石油大厦建成后（88 层，452 米），西尔斯大厦才变成世界第二高建筑。它矗立在高层建筑发源地的芝加哥市中心，引人注目。现在西尔斯大厦已经更名为威利斯大厦。

为完成西尔斯大厦的设计任务，SOM 成立了专门的设计小组，仍然由设计 100 层高的芝加哥约翰·汉考克中心大厦的建筑师格拉汉姆和结构工程师法兹鲁·康主持。法兹鲁·康将大厦分为九个直立的方形"束筒"，每个"束筒"的长度和宽度都是 22.9 米，九个"束筒"的高度分为四个高度层次，有两个为 50 层，两个为 66 层，三个为 90 层，剩下的两个直达 110 层。

2009 年 6 月，业主决定在 103 层的观景层设置四个突出的玻璃盒子，以吸引游客。玻璃盒子全都建在大厦的西侧，底板厚达 12.7 厘米，可以承受 5 吨的荷载（图 15-138）。

· 迪拜哈利法塔

迪拜北邻波斯湾，是阿联酋七个酋长国之一，由于石油资源丰富，近些年来经济增长迅猛，创造了许多建筑奇迹，世界上第一个七星级酒店——帆船酒店就建在这里。

哈利法塔最初叫"迪拜塔"，始建于 2004 年，2010 年初竣工并更名为"哈利法塔"，哈利法塔为 162 层，高度达到惊人的 828 米，总造价为 15 亿美元，为已经建成使用的世界最高建筑。该建筑由曾经设计过中国上海金茂大厦的艾德里安·史密斯主持设计，整座建筑采用 Y 字形平面，建筑的结构设计理念受到美国芝加哥西尔斯大厦的影响，呈现螺旋状退台的形式，由中间钢筋混凝土核心筒与三侧翼缘形成了稳定的结构支撑，平面形态与立面形式受到沙漠之花——蜘蛛兰的花瓣和花茎的灵感影响，在承袭伊斯兰文化基因的同时也体现了艾德里安·史密斯一贯的"文脉主义"设计手法（图 15-139）。

建筑外墙采用双层玻璃幕墙并使用了大量不锈钢构件，像一把利剑刺向天空，产生了极具向上的动感，也可以更好地抵御沙漠风暴的侵袭，加上夜景观设计中通过无数 LED 灯闪烁形成了晶莹剔透的视觉感受。整座建筑共设有速度可达 17.5 米／秒的 56 部高速电梯，并设有双层观光电梯。由于迪拜夏季炎热而且缺水，哈利法塔采用许多节能措施，被称为"超级可持续"的建筑，例如双层玻璃幕墙与大厦内部的冷凝系统结合，每年可以产生 6 万吨水，用于浇灌景观植物。

图 15-133　芝加哥约翰·汉考克中心大厦

图 15-136　沙特阿拉伯国家商业银行

图 15-137　纽约利华大厦

图 15-134　芝加哥汉考克大厦局部

图 15-135　美国空军军官学院教堂

图 15-138　芝加哥西尔斯大厦

图 15-139　迪拜哈利法塔

图15-140　莫斯科大学主楼（左上）
图15-141　卡捷尼契斯基河岸住宅（右上）
图15-142　全苏农业展览馆全景（左下）

第五节　冷战思维下的苏联建筑

二战对于苏联的破坏是毁灭性的，因此，战后面临大规模的重建工作。由于意识形态等政治因素的影响，当时苏联的建筑理论是反对构成主义建筑和现代主义建筑，曾经引起欧洲巨大震动的结构主义早在20年代就遭到彻底批判，许多结构主义的倡导者和前卫的艺术家也相继离开苏联。

战后推崇的建筑设计指导思想是"社会主义现实主义的创作方法"与"社会主义内容、民族形式"。由于现代主义建筑被当作资本主义的东西而遭到批判，这样就只能从俄罗斯古典复兴建筑中去寻找民族形式的灵感。当时苏联国内流行的是俄罗斯古典主义与巴洛克风格相结合的建筑形式，在多层建筑设计中加上柱廊和尖塔，在高层建筑上加上哥特风格或装饰主义的造型元素，仅在首都莫斯科就有七座这样带有尖塔的高层建筑，被戏称为"七姐妹"，即莫斯科大学主楼（1949—1953年，鲁德涅夫等设计）、卡

捷尼契斯基岸边住宅（1948—1952年，切秋林等设计）、外交部大楼、乌克兰大酒店等建筑，显然是受到政治和形式主义影响的结果。不过到1954年时，这种风格的建筑就被当作"腐朽、夸大、浮华的典型"遭到批判。其实，在战前苏联就开始推行民族形式和社会主义风格的建筑，这一点在跨越二战期间建设完成的全苏农业展览馆（1935—1954年）中就可以看得很清楚（图15-140～图15-142）。

1953年斯大林去世后，苏联的很多方面都在发生变化，加上国际形势的影响，从1960年代开始倾向现代建筑风格，这一点反映在波索金等人设计的克里姆林宫大会堂中（1961年），为了减少新建建筑对克里姆林宫内传统建筑的影响，建筑高度被控制在27米，大会堂的地下部分则深达16米。虽然方整而体量巨大的大会堂与克里姆林宫内的建筑风格完全不协调，但是这种具有明显国际风格建筑的出现也反映出苏联丰厚的现代主义建筑土壤。该建筑获得了1963年度列宁奖，它标志着苏联建筑风格开始向现代主义转型（图15-143）。

图 15-143　克里姆林宫大会堂（左上）
图 15-144　圣彼得堡机场新航站楼（左中）
图 15-145　圣彼得堡机场新航站楼的采光天窗（右）
图 15-146　汽车公路局办公大楼（左下）

装配与现浇钢筋混凝土框架相结合的主体塔楼和钢结构的悬挑结构体系，最大悬挑长度达 14 米。不同方向的建筑体量相互穿插，空间变化丰富，该建筑由察科娃与加拉盖亚合作设计（图 15-146）。

本章注释：

[1] 罗小未.外国近现代建筑史［M］.北京：中国建筑工业出版社，2004：266.

[2] 王受之.世界现代建筑史[M].北京:中国建筑工业出版社，1999：243.

[3] 王受之.世界现代建筑史［M］.北京:中国建筑工业出版社，1999：244.

[4] 王受之.世界现代建筑史［M］.北京:中国建筑工业出版社，1999：241.

[5] 王受之.世界现代建筑史［M］.北京:中国建筑工业出版社，1999：242.

[6] 罗小未.外国近现代建筑史［M］.北京：中国建筑工业出版社，2004：92.

[7] 王受之.世界现代建筑史［M］.北京:中国建筑工业出版社，1999：251.

[8] 王受之.世界现代建筑史［M］.北京:中国建筑工业出版社，1999：295.

[9] 王受之.世界现代建筑史［M］.北京:中国建筑工业出版社，1999：289.

　　20 世纪 70 年代，当时苏联建筑界出现了许多优秀的建筑作品，比较有代表性的有列宁格勒（圣彼得堡）普尔科沃机场新航站楼和汽车公路局办公大楼（位于现格鲁吉亚第比利斯），这些建筑的出现也标志着苏联建筑已经从冷战初期与西方的对抗向后来的融合方向发展。

　　1973 年建成的列宁格勒普尔科沃机场新航站楼将进出港的人流严格分开，进出港旅客可以通过两条长长的地下通道进出两个圆形的候机大厅，形成明确的功能分区与交通流线。新航站楼为三层，内部由五根独立支柱形成的蘑菇状的采光天窗为建筑提供良好的自然光照，也形成独特的建筑造型，是现代建筑功能与技术完美结合的作品，该建筑由茹科、维尔什比茨基和符拉宁等人设计（图 15-144、图 15-145）。

　　1975 年建成的汽车公路局办公大楼更是以颠覆性的设计造型吸引了全世界的目光，这个看起来像是俄罗斯方块的建筑共有 18 层，场地落差达到 33 米。设计上采用预制

第十六章　后现代主义与现代主义之后

建筑历史的发展就是这样，没有任何一种风格能够长久而持续地发展下去，新的理念终究要取代旧有的思想，高潮的到来往往也就意味着衰落的开始，这是世界建筑历史发展的大势所趋，而且随着社会各方面的全面进步，这种变革的周期将被大大缩短。

人类历史上从来没有任何一种建筑流派和风格像现代主义和国际风格这样有如此广泛而深远的影响，但在国际风格席卷世界各地的同时，人们已经开始萌生了对"现代主义建筑的极端化产物——国际式建筑割裂历史，迷信技术，忽略建筑所处的具体文化环境，漠视人类自身的感情需要"[1]的反思。由此而产生的一场革命性运动就是后来被称为后现代主义的建筑运动。从那时开始，世界建筑的发展进入了一个不受约束、自由创新的时代。

即使在后现代主义建筑风行之时，也有许多建筑师更愿意把眼光投向当代和未来，希望用更符合人类进步轨迹的方式来解决现代主义建筑发展中出现的一些问题。20世纪80年代以后，除了开始衰落的后现代主义建筑之外，还活跃着许多个性鲜明的设计流派，例如"高技派"、"解构主义"、"新现代主义"、"新地域主义"、"新城市主义"等多元化的建筑设计思潮，它们或者延续现代主义建筑所依赖的结构主义原则，或是从地域文化中寻找灵感，或从根本上颠覆现代主义建筑的基本原则来刻意塑造吸引眼球的地标式建筑。我们可以把这些风格流派归纳为当代建筑，或者是现代主义之后的建筑。

从时间的更迭上看，我们比较清楚地看到这段时间各种建筑风格流派的发展进程及其相互之间的交织与隶属关系。

现代主义建筑：20世纪20—70年代

国际主义风格（包括粗野主义、典雅主义和有机功能主义）：20世纪50—70年代

后现代主义：20世纪60—80年代

高技派：20世纪70年代至现在

解构主义和新现代主义：20世纪80年代至现在

第一节　后现代主义

20世纪60年代后期，伴随着发达国家物质生活的极大丰富，人们已经不仅仅满足于建筑设计上的合理功能，也更无法接受形式上的雷同，而是要追求内心的愉悦和心理上的满足。"经久耐用的设计原则受到挑战，纷杂而高速发展的社会需要多种多样的艺术形式与之呼应。"[2]于是，以美国为中心，一些发达国家的建筑发展进入了一个崭新的历史时期，出现了明显不同于两次世界大战之间形成的、在战后得到广泛传播的现代主义设计思想的创作趋向。

对科学和理性的一味推崇，也造成了对人性、自然与个性的忽视。虽然典雅主义、粗野主义和有机功能主义等风格流派曾经对国际风格起到一定的调整和修正作用，但其影响和作用是有限的。到20世纪70年代，发达国家普遍都面临城市发展、环境污染和能源危机等问题，所有这一切都加速了后现代主义的孕育和发展。

1977年，美国建筑评论家查尔斯·詹克斯（1939—）在他的著作《后现代建筑语言》的开篇中，以一种耸人听闻的方式断然宣称："1972年7月15日下午2点45分，现代主义建筑于密苏里州圣路易斯城死去。"被炸毁的普鲁伊特·伊戈居住区是1954年由现代主义建筑大师山崎实主持设计的供低收入者居住的小区，9层高的住宅楼群完全是纯正的现代主义风格。20年后，居住小区的入住率还不到1/3，而且犯罪率居高不下，最终导致当地政府痛下决心，炸毁了这一居住小区。虽然我们不能把这个社会问题完全归罪于建筑师和现代主义建筑，但是却使人们认识到现代主义建筑缺乏情感的现实。

最早在建筑上提出后现代主义构想的是美国建筑师和建筑理论家罗伯特·文丘里（1925—2018）。还在学生时期，他就反对密斯"少就是多"的设计原则，认为"少就是厌烦"。1966年，文丘里出版了《建筑的复杂性和矛盾性》一书，该书被认为是1923年柯布西耶《走向新建筑》一书问世以来有关建筑发展的最重要著作，他在书中提出了后现代

图 16-1 意大利广场局部

主义的理论原则，在后来发表的《向拉斯维加斯学习》一文中进一步强调了后现代主义"戏谑"的成分，以及对于美国通俗文化的全新态度。为了实现所谓"建筑的复杂性和矛盾性"，文丘里希望采用历史建筑的设计元素和美国的通俗文化来装饰和丰富建筑。

一、后现代主义建筑的分类

美国建筑师和建筑理论家罗伯特·斯坦因从理论上将后现代主义建筑加以整理和分门别类。在《现代古典主义》一书中，他归纳了后现代主义建筑的理论依据，发展方向和类型，是后现代主义建筑奠基性的重要理论著作。美国作家和建筑师詹克斯继续斯坦因的理论总结工作，在其著作《现代建筑运动》和《后现代建筑语言》中，他总结了后现代主义的理论体系，对于后现代主义建筑的发展起到很大的促进作用。

其实，任何简单的分类都不可避免地会出现缺陷，况且建筑师前后的设计风格往往还存在变化。下面我们结合罗伯特·斯坦因的分类形式，加上建筑师的代表作品一同罗列如下，让读者能够直白地对这一时期的代表建筑师及其作品有一个简明的了解。

1. 戏谑的古典主义风格的代表建筑师及其代表作品

罗伯特·文丘里——文丘里母亲住宅（1962—1964 年）

查尔斯·穆尔——美国新奥尔良意大利广场（1977—1978 年）（图 16-1）。

迈克尔·格雷夫斯——波特兰市政厅（1980—1982 年）

菲利普·约翰逊——纽约电话与电报公司总部大楼（1978—1984 年）

矶崎新——日本筑波城市政大厦（1979—1982 年）

特里·法雷尔——里加塔中心（1986 年）

查尔斯·詹克斯——伦敦私宅（1982—1985 年）

弗兰克·以色列——洛杉矶"克拉克住宅"（1982 年）

詹姆斯·斯特林——德国斯图加特国立美术馆新馆（1977—1984 年）

2. 隐喻的古典主义风格的代表建筑师及其代表作品

杰奎琳·罗伯逊——安姆维斯特中心（1985—1987 年）

塔夫特建筑设计事务所——得克萨斯州沃斯堡河湾乡村俱乐部（1981—1984 年）

佛列德·科特和苏斯·金——科德克斯公司总部（1986 年）

劳伦斯·布斯——卢斯公寓（1985 年）

马里奥·博塔——旧金山莫玛现代艺术博物馆（1989—1995 年）

马里奥·坎比——瑞士玛基住宅（1980 年）

凯文·罗奇——美国通用食品公司总部大楼（1977—1983 年）

3. 基本古典主义风格的代表建筑师及其代表作品

阿尔多·罗西——荷兰马斯特里赫特博尼芳丹博物馆（1990 年）

拉菲尔·莫尼奥——西班牙国家罗马艺术博物馆（1985 年）

米贵尔·加利——曼迪奥拉住宅（1977—1978 年）

何塞-因纳西奥·里纳扎索罗——塞贵拉市城市花园（1983—1985 年）

安德鲁·贝迪和马克·玛克——霍尔特住宅（1984 年）

杜伊安和普拉特-齐贝克——查尔斯顿小区（1984 年）

亚历山大·扎涅斯——亨伍德住宅（1985 年）

罗宾·多茨——格雷住宅（1987 年）

德米特里·波菲罗斯——费兹威廉博物馆扩建工程（1986 年）

4. 规范的古典主义风格的代表建筑师及其代表作品

昆兰·特利——杜佛斯大厦（1981—1983 年）

约翰·布拉图——贝约涅医院扩建工程（1979 年）

亨利·科伯和汤尼·阿特金——纽约布鲁克林博物馆修复和扩建方案（1986 年）

克里斯蒂安·兰格罗斯——法国参议院大楼扩建工程（1975 年）

曼扎诺－莫尼斯——塞戈维亚城市博物馆（1981年）

5. 现代传统主义风格的代表建筑师及其代表作品

托马斯·必比——苏尔泽地区公共图书馆（1985年）

哈特曼—科克斯事务所——福格·莎士比亚图书馆扩建工程（1975—1982年）

科恩·福克斯——西雅图第三号大楼（1985—1988年）

迈克尔·格雷夫斯——路易斯维尔人文大厦（1983—1986年）

凯文·罗奇——摩根银行总部大楼（1983—1987年）

克里门蒂和哈斯班德——纽约哥伦比亚大学计算机科学中心（1981—1983年）

彼得·罗斯和罗伯特·亚当斯——多梅斯菲尔德公园扩建工程（1986年）

斯坦利·泰格曼——硬石咖啡馆（1985—1986年）

奥尔和泰勒、罗伯特·斯坦因——西点大楼（1983—1985年）

约翰·奥特兰姆——哈柏暖气机械公司总部大楼（1983—1985年）

托玛斯·史密斯——里士蒙山住宅（1982—1983年）

从上面的分类一览表中，我们不难看出，采用戏谑的古典主义设计手法是后现代主义建筑风格的主流，其中聚集了许多著名的建筑大师以及我们耳熟能详的著名代表建筑，之后我们将重点介绍其中的几位重量级人物和他们的代表作品。

后现代主义在20世纪80年代发展到顶峰，90年代末期开始逐渐淡出人们的视野，这与后现代主义建筑过于美国化、商业化有很大关系。

二、主要代表建筑师

后现代主义建筑中最突出的代表人物有罗伯特·文丘里、查尔斯·穆尔（1925—1994）、迈克尔·格雷夫斯、菲利普·约翰逊、矶崎新、詹姆斯·斯特林、马里奥·博塔等人。

1. 罗伯特·文丘里

1925年，罗伯特·文丘里出生于美国的费城。文丘里是后现代主义建筑的奠基人之一，他最先提出了后现代主义建筑理论，从而引发了后现代主义建筑运动，在建筑史上具有非常重要的地位（图16-2）。

1947—1950年，文丘里在普林斯顿大学建筑学院学习，毕业之后到位于意大利罗马的美国学院继续深造。回国之后，文丘里先后在奥斯卡·斯托罗诺夫、小沙里宁和路易斯·康等著名的建筑设计事务所学习和工作，从这三位风

图16-2 罗伯特·文丘里与妻子布朗

格迥然不同的建筑大师身上，文丘里学习到许多东西。

1957—1965年，文丘里曾经在宾夕法尼亚大学建筑学院担任教学工作，开始对建筑理论进行深入的研究。1964年，文丘里与妻子丹尼斯·斯科特·布朗（1937—）以及约翰·劳奇（1930—）合作，开设了自己的建筑事务所。

1966年，文丘里出版了《建筑的复杂性和矛盾性》一书，该书被称为后现代主义建筑理论的里程碑。1972年，文丘里又发表了与妻子布朗和斯蒂文·依泽诺合作完成的题为《向拉斯维加斯学习》的文章。他在这篇文章中进一步发展了自己的后现代主义思想，强调美国的商业文化在现代建筑设计中的影响和借鉴作用。

1985年，文丘里又与妻子合作完成了他后现代主义建筑理论的"三部曲"《"坎皮达格里奥"观点》，文章中进一步拓展了自己的后现代主义观点，他的三篇著作都是关于后现代建筑理论的划时代作品。

在进行理论研究的同时，最难能可贵的是文丘里能够将自己的理论研究与设计实践很好地结合起来。其中，文丘里主持设计的费城老年人公寓（1960—1963年）和费城北郊栗子山"文丘里母亲住宅"（1962—1964年）被建筑理论界公认为最早的后现代主义作品。后来，文丘里还相继设计了富兰克林故居博物馆（1976年）、特拉华住宅（1978年）、普林斯顿大学胡应湘堂（1982年）、康涅狄格州长岛住宅（1983年）、英国伦敦国家艺术博物馆圣斯布里厅（1986年）等建筑。利用普林斯顿大学校友的身份以及自身的名望，文丘里先后为该校设计和改造了多座建筑，例如托马斯分子实验室和舒尔茨实验室（1986年）、本德海姆楼和费希尔楼（1991年）以及帕尔默楼改造工程（1999年）。文丘里还设计过一些用曲

图 16-3　费城富兰克林故居纪念馆

图 16-4　伦敦国家艺术博物馆圣斯布里厅

图 16-5　普林斯顿大学胡应湘堂

图 16-6　普林斯顿大学胡应湘堂一楼餐厅

图 16-7　普林斯顿大学托马斯分子实验室

图 16-8　普利斯顿大学本德海姆楼

图 16-9　费城老年人公寓

面胶合板工艺加工制作并具有后现代主义风格的家具产品，2018 年 9 月 18 日，文丘里在家中去世，享年 93 岁（图 16-3 ~ 图 16-8）。

1960—1963 年，文丘里设计了第一座具有后现代主义风格的建筑——费城老年人公寓。文丘里采用"非传统"的方式在建筑立面上加上了许多传统的符号，例如建筑入口处的首层墙面贴白色的瓷砖，与其他部分深棕色的砖墙形成对比，以突出"基座"的位置和感觉，顶层的拱形落地窗与传统的拱券结构相对应（图 16-9）。

1962 年，文丘里在费城北郊环境优美的栗子山为母亲

图 16-10　文丘里母亲住宅正面

图 16-11　文丘里母亲住宅背面

图 16-12　文丘里母亲住宅室内起居厅

图 16-13　文丘里母亲住宅二楼卧室

修建的住宅更具有后现代主义建筑的特点。建筑整体造型采用古典式的三角形山花，山花中间是断开的，墙面上有凸起的象征拱券结构的装饰线条。不对称的壁炉烟囱，反映内部空间使用功能的异形窗户，虽然中间设计有巨大的门洞，却采用右侧的斜向入口，二层主卧室内只有一半的楼梯，不知道要把人带到何方，狭窄不等宽而且没有扶手的楼梯，即使是年轻人走起来也不轻松，这些设计元素交织在一起，充满了矛盾和动荡。"这虽是一座普通的私人住宅，但实在又不是一座普通的住宅，它就像一篇宣言，一篇文丘里为改变现代建筑单调形式而努力斗争的宣言。"[3] 即使是在今天，与周围充满生活气氛的住宅相比，大部分人也不会喜欢这栋房子。文丘里母亲去世后，这栋房子就被转卖给一对英国夫妇，难能可贵的是，50 年过后，遵照最初的承诺，这栋建筑被完好地保存下来，并已经被美国遗产协会列为保护建筑（图 16-10 ~图 16-13）。

1991 年，文丘里获得了普利兹克建筑奖，对其设计思想和作品的评语是："建筑是一个有关木材、砖块、石头、钢铁和玻璃的专业。它也是一种基于语言、理念和概念框架的艺术形式。在 20 世纪的建筑师当中只有为数不多的几位能够把这个专业的两个方面结合起来，而罗伯特·文丘里是他们当中最为成功的一位。"

近期，文丘里的妻子丹尼斯·斯科特·布朗发表讲话，要求普利兹克委员会承认她本人在 1991 年颁给文丘里的建筑奖中的地位，许多人对其表示支持，要求将其作为联合获奖者列入获奖名单，但其申请最终被驳回。

2. 迈克尔·格雷夫斯

1934 年，迈克尔·格雷夫斯出生于美国印第安纳州的印第安纳波利斯。格雷夫斯从小就喜欢绘画，曾经先后在辛辛那提大学和哈佛大学建筑学院学习，1959 年在哈佛大学获得建筑学硕士学位。1960—1962 年，格雷夫斯作为客座研究员在意大利的罗马学习，1972 年到普林斯顿大学任教（图 16-14），2015 年 3 月 12 日在普林斯顿的家中去世。

格雷夫斯的设计风格与文丘里不完全一样，他后期的设计作品大多具有古典主义的装饰符号。格雷夫斯具有超凡的绘画才能，正因如此，格雷夫斯设计的建筑往往色彩鲜艳而丰富。戈德伯格评价格雷夫斯说："他的建筑是一种抽象派的拼贴画，是一种部分的集成，它既表达了普通民众在视觉上希望简明易懂的要求，也满足了建筑专业人员希望有一定理论基础和科学根据的要求。"

1980—1982 年，格雷夫斯设计完成了其设计生涯中最重要和影响最大的设计作品——俄勒冈州波特兰市政厅，该建筑被视为后现代主义的奠基作品之一。格雷夫斯的设

图 16-14 迈克尔·格雷夫斯

计方案之所以能够被采用，得益于作为该项目评审委员会成员之一的菲利普·约翰逊的大力推荐（图 16-15）。

波特兰市政厅建成之后引起社会以及建筑界的广泛争议，格雷夫斯称自己是"屠龙者"，所谓的"龙"，指的是现代主义、国际风格的玻璃盒子式建筑。"他立场鲜明地表示自己的探索目的是冲破现代主义、国际风格的束缚和桎梏，利用历史主义方式来达到新的、丰富的建筑设计效果。"[4]

波特兰市政厅建筑造型为笨重的立方体，上下分为三段式，上部是从古典建筑的拱心石和柱式中借鉴来的巨大构图，底部是台阶形金字塔式的基座，建筑表面采用了大量的装饰细节和丰富的色彩变化，加上独特的色彩搭配具有非常浓厚的装饰性，甚至有舞台布景般的商业效果。

图 16-15 波特兰市政厅

后来，格雷夫斯还相继设计了加利福尼亚州圣胡安·卡皮斯特拉诺的公共图书馆（1981—1983 年）、肯塔基州路易斯维尔市的人文大厦（1983—1986 年）和佛罗里达州迪士尼世界海豚和天鹅旅馆（1986 年）等建筑，都是后现代主义的杰出代表作品。格雷夫斯还设计了一些工业产品，如 1985 年设计的自鸣水壶和咖啡用具，普遍受到公众的欢迎。1994 年，格雷夫斯还受邀设计了中国厦门邮政电讯大楼设计竞赛方案（图 16-16 ～图 16-19）。

3. 菲利普·约翰逊

菲利普·约翰逊是一个多变的大师，这一点他很像柯布西耶。在前面，我们已经介绍过美国最重要的当代建筑大师之一菲利普·约翰逊，他经历了现代主义运动和后现代主义运动，并在这两个时期都成为主要的代表人物，也正是这种经历使他最终成为世界级的建筑大师。

约翰逊经常根据业主的要求和建筑不同的性质与功能采用不同的设计风格。例如具有国际主义风格的洛杉矶"水晶大教堂"（1980 年），教堂的墙面和屋顶全部采用钢网架和玻璃幕墙结构，完全脱离了传统教堂的形式，在室内可以看到大面积的天空。明尼苏达 IDS 中心大楼（1973 年）、得克萨斯石油工业公司总部大楼（1976 年）、与约翰·伯基联合设计的马德里"欧洲之门"则采用典雅主义风格的设计手法（图 16-20）。

作为美国现代最重要的建筑设计理论家之一，约翰逊具有比普通建筑师更加敏锐的观察力，曾经是密斯风格忠实追随者的约翰逊已经洞察到一种新的建筑流派即将产生，他设计完成的位于纽约中心地带的美国电话与电报公司总部大楼（AT&T 大厦）也成为后现代主义最重要的代表建筑之一。它也是约翰逊最早将后现代主义的设计手法运用到高层建筑中，并成为奠定了后现代主义发展基础的代表作品，约翰逊在后现代主义建筑发展中的影响不亚于其在现代主义中的影响。

美国电话与电报公司总部大楼（现为日本索尼大楼）坐落在纽约麦迪逊大街上，180 多米高的钢结构大楼外表是重达 1.3 万吨的棕色磨光花岗岩石板，石材接缝处都采取传统的搭接方式。建筑底部的拱廊让人联想起伯鲁乃列斯基设计的巴齐礼拜堂，建筑的窗子上下严格对位，与曼哈顿众多"装饰艺术风格"时代的建筑十分协调。戈德伯格曾经评论道："自从 20 世纪 30 年代克莱斯勒大厦打击了传统主义者以来，这幢大楼在纽约，如果夸大点说，无疑是最富挑衅性和最大胆的了。"回想当时克莱斯勒闪烁的钢尖塔似乎震撼了充满城市的传统石筑大楼，现在，摩

图 16-16　迪士尼世界海豚和天鹅旅馆模型（左）

图 16-17　迪士尼世界海豚和天鹅旅馆（右上）

图 16-18　迪士尼世界海豚和天鹅旅馆（右下）

图 16-20　水晶大教堂及钟楼

天楼通常都用玻璃和钢材了，而它却用装饰性的石筑大楼震撼它们（图 16-21 ～图 16-23）。

与文丘里母亲住宅山花的处理形式相似，约翰逊将建筑顶部大约 10 米高的山墙正中挖掉了一个圆形的缺口，仿佛是"洽蓬戴尔式"的立柜家具。这座大厦具有后现代主义的所有特征：历史主义、装饰主义、折中主义，一应俱全。其实，真正能够反映菲利普·约翰逊后现代主义思想的是在建筑的室内，大厅顶部古罗马式的十字拱造型，电梯厅前连续的拱廊明显反映出其历史出处。菲利普·约翰逊设计的美国电话与电报公司总部大楼在纽约曼哈顿如林的超高层建筑群中是最容易识别的建筑之一。

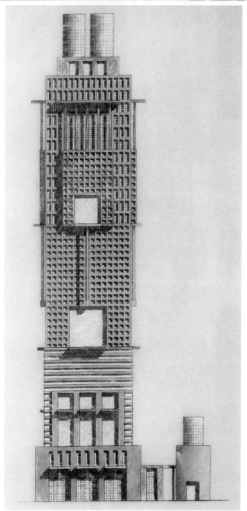

图 16-19　厦门邮政电讯大楼设计方案

图 16-21 电话与电报公司总部大楼

图 16-22 电话与电报公司总部大楼入口

图 16-23 电话与电报公司总部大楼门厅

图 16-24 位于匹兹堡市中心的平板玻璃公司大厦

图 16-25 共和银行总部大楼

由于约翰逊是国际风格时期极具影响力的建筑大师，因此，约翰逊创作生涯中的巨大转变毫无疑义为后现代主义增添了声势，扩大了影响。约翰逊还先后设计了具有哥特风格的休斯敦共和银行总部大楼、匹兹堡市的美国平板玻璃公司总部大楼（1984 年）、纽约第三大道 53 号街办公楼（1985 年）、休斯敦大学建筑学院大楼、达拉斯国民银

行大厦等建筑。直到 20 世纪 90 年代末期，约翰逊还在继续从事设计咨询工作，并对当时出现的解构主义风格表现出浓厚的兴趣（图 16-24、图 16-25）。

1979 年，约翰逊获得了被称为建筑界诺贝尔奖的普利兹克建筑奖，成为该奖项的第一个获奖人，对其设计思想和作品的评语是："菲利普·约翰逊的作品所表现出来的能力、想象力和责任感，对人类认识人性和环境相协调的重要性作出了贡献。作为一位评论家和一位历史学家，他支持拥护现代建筑事业，并进一步身体力行、参与其中，设计了一些伟大的建筑作品。"因为包含在他设计的博物馆、电影院、图书馆、住宅、花园和办公建筑中的想象力和活力，50年来，菲利普·约翰逊一直被人记取和尊敬。

2005年1月25日，菲利普·约翰逊在康涅狄格州的家中去世。

4. 矶崎新

1931年，矶崎新出生于日本的九州，1954年毕业于东京大学工学部建筑系。矶崎新是丹下健三之后最具有世界影响力的三个日本建筑大师之一，另外两人是黑川纪章和槇文彦。矶崎新也是20世纪60年代日本新陈代谢派的成员，作为丹下健三的学生，他们在20世纪70年代以后进一步发扬了丹下健三的设计思想，将现代建筑与日本的传统建筑精神相结合，发展了日本式的现代建筑，并且使日本现代建筑在世界建筑领域占有一席之地（图16-26）。

从日本东京大学毕业以后，矶崎新来到丹下健三建筑设计事务所工作了近十年，这为他设计思想的形成和今后设计生涯的发展奠定了基础。1963年，矶崎新成立了自己的建筑设计事务所。这期间，他经常受邀请到美国讲学，这对于他后现代主义建筑设计思想的形成起到了决定性的作用。1970年，矶崎新被任命为日本大阪世界博览会的总设计师，使他能够在更加国际化的范围探索后现代主义的设计思想。从这时起，他早期与其他日本建筑师一样在传统文化中发展日本式现代建筑的设计理念开始转化，逐步

图16-26 矶崎新

向后现代主义风格靠拢，也正是由于这样的原因，使矶崎新成为日本最有代表性的后现代主义建筑大师。

日本筑波城市政大厦是矶崎新后现代主义的代表作。矶崎新将许多历史上著名的设计元素罗列到这座建筑中来。L形布局的建筑围合成的中心下沉式广场地面图案显然是复制了米开朗琪罗在罗马的卡比多广场上使用的椭圆形地面图案，但广场中心替代古罗马皇帝骑马铜像的是两股清泉的交汇点，广场地面石头铺砌的图案与卡比多广场呈现黑白颠倒的状态（图16-27、图16-28）。

矶崎新将这些历史设计元素重新组合产生新的建筑造型，表现出后现代主义设计理念的真谛。筑波城市政大厦还体现出矶崎新作为东方人特有的细腻和精致气质，比较美国后现代主义风格的建筑显得理智得多。

矶崎新在建筑设计中喜欢采用简单的几何图形，他认

图16-27 日本筑波城市政大厦

图16-28 日本筑波城市政大厦入口

图 16-29　迪士尼集团总部大楼

为：建筑的构造其实是由简单的几何形式单元组成的，由于外部的立面包裹，才成为整体，因此，使用几何单体在建筑的任何方向延伸和重复，都可以创造出多元的内涵来。矶崎新早期的设计作品有大分县医师会馆（1960，1972年）、九州三重地方图书馆（1966年）、北九州市立美术博物馆（1974年）、群马县立近代美术馆（1974年）等建筑，都具有现代主义建筑的风格。

20世纪80年代是矶崎新建筑设计的巅峰时期，主要代表作品还有洛杉矶当代艺术博物馆（1981—1986年）、纽约布鲁克林博物馆扩展部分（1986年）、日本的冈之山美术馆（1986年）、水户艺术馆（1990年）和美国迪士尼集团总部大楼（1991年）等建筑（图16-29）。

矶崎新在中国内地设计了许多作品，例如深圳文化中心（包括图书馆和音乐厅两部分，2006年）、中央美术学院美术馆（2008年）、杭州中国湿地博物馆（2010年）等建筑。2019年，矶崎新获得普利兹克建筑奖。

5. 詹姆斯·斯特林

1926年，詹姆斯·斯特林出生于苏格兰的格拉斯哥，是英国乃至欧洲最杰出的后现代主义建筑大师。1942年，斯特林在利物浦艺术学院学习，二战期间曾在军队服役。1950年毕业于英国的利物浦大学建筑学院。1950—1952年期间，斯特林在伦敦的城市规划和地区研究学院继续学习。1956年，斯特林成立了自己的建筑设计事务所（图16-30）。

20世纪60年代，斯特林曾先后在剑桥大学建筑学院和耶鲁大学任教，这段经历对他转变自己早期专于密斯风格的设计理念，积极进行后现代主义建筑的设计探索起到了很大的作用。

位于德国斯图加特的国立美术馆新馆是欧洲后现代主义的经典之作，引起了世界建筑界的广泛关注，也成为斯特林最重要的代表作品之一。德国斯图加特国立美术馆的老馆（1838年）是19世纪传统风格的建筑，中轴线对称的平面布局，主入口前有一个半圆形的车道，中心是骑士雕像（图16-31、图16-32）。

新美术馆（1977—1984年）位于老馆南侧的坡地上，场地一边高，另一边低。斯特林设计的新馆在许多方面用后现代的方式同老馆的传统风格与布局建立联系。例如明确的中轴线，相似的平面布局，骑士铜像与出租车候车站的位置对应关系，圆形神庙般的中庭天井中有古典柱式的大门和古典风格的雕塑。

新美术馆采用了后现代主义很少使用的花岗石和大理石等传统建筑材料进行墙面的镶嵌，同时有入口挑檐、局部扭曲的玻璃幕墙、粉红色的尺度巨大的扶手等后现代主义的设计手法。在古典传统浓郁的欧洲，这种"反传统"的做法引起了极大的轰动。

斯特林的主要代表作品还有英国莱斯特大学工程馆（1959—1963年）、剑桥大学历史馆（1964—1967年）、美国哈佛大学福格艺术博物馆赛克勒艺术馆（1979—1985年）和伦敦泰特博物馆扩建部分——克罗尔画廊（1980—1986年）等建筑，其设计风格也从早期的现代主义风格转向后期的后现代主义风格（图16-33、图16-34）。

1981年，斯特林获得了世界建筑界的最高奖——普利兹克奖，对斯特林设计思想和作品的评语是：詹姆斯·斯特林堪称那个时代的天才人物。在英国、德国和美国这三个国家，斯特林通过设计高质量的作品影响着建筑的发展。他是现代主义运动的领导者之一，促使了建筑风格向新的方向转变。这种新的建筑风格既能让人辨认其历史根源，又能与其周围的建筑物产生密切的联系，成为一种新

图 16-30　詹姆斯·斯特林

图 16-31　斯图加特国立美术馆新馆

图 16-32　斯图加图特立美术馆新馆中庭天井

图 16-33　克罗尔画廊

图 16-34　赛克勒艺术馆入口

的设计准则。这个新的设计准则的源泉就是斯特林的独创性。在"旧现代主义"中,整体和部分被分割开来;而今天,他使真正的古典主义和 19 世纪风格获得了令人吃惊的整合和变换。

1992 年 6 月 25 日,詹姆斯·斯特林在英国伦敦病逝。

6. 马里奥·博塔

1943 年,马里奥·博塔出生于瑞士卢加诺湖畔的孟德利索,是瑞士当代最著名的世界级建筑大师。1957 年,15 岁的博塔在一家联合事务所做实习绘图员,开始接触建筑设计创作。1961—1969 年,博塔先后在意大利米兰艺术学院和威尼斯建筑学院学习,对古典主义和文艺复兴时期的建筑风格有深入的了解,曾先后在勒·柯布西耶和路易斯·康的事务所学习和工作。1970 年,博塔在卢加诺开设了自己的建筑事务所。在 1976—1996 年,先后在瑞士洛桑联邦工业大学、美国耶鲁大学、瑞士意大利大学做客座教授,也频繁在世界各地进行讲学(图 16-35)。

图 16-35　马里奥·博塔

图 16-36　圣维塔莱河之家

图 16-37　斯塔比奥圆形之家

图 16-38　旧金山现代艺术博物馆

马里奥·博塔的一些建筑设计作品具有隐喻的古典主义风格。从 1959 年设计第一座建筑——杰内斯特莱里奥主区教堂开始，其设计作品已达三百多件，从小教堂到高层建筑以及大型商业建筑均有涉及。马里奥·博塔喜欢在红色或者灰色砖墙上附加横向色条，并善于利用简单的几何造型与复杂的构造细节制造丰富的光影变化，这些显著的特征也形成马里奥·博塔独特的设计标志与风格。主要代表作品：圣维塔莱河之家（1971—1973 年）、斯塔比奥圆形之家（1980—1982 年）、法国埃夫里教堂（1988—1995 年）、瑞士提切诺巴蒂斯塔教堂（1986—1996 年）、美国旧金山莫玛现代艺术博物馆（1989—1995 年）、以色列特拉维夫大学犹太教会堂（1996—1998 年）、德国多特蒙德市立图书馆（1995—1999 年）、韩国首尔 Kyobo 大厦（1989—2003 年）、瑞士舒根饭店（2003—2006 年）等建筑（图 16-36 ~ 图 16-38）。

欧美等发达国家的后现代主义风格的建筑是在现代主义建筑运动的基础上产生的，相对于现代主义建筑的巨大影响而言，后现代主义向历史寻找答案，使用非传统的手法组织传统元素的做法并不能真正解决建筑现在与未来发展中存在的问题，它仅仅是一些时尚的亮点，像舞台布景般的建筑在昙花一现之后便逐渐消隐。虽然说现代主义建筑单调而乏味，但它毕竟是理智的，正是这些建筑构成了我们和谐、理智的城市，如果后现代主义风格的建筑像现代主义建筑一样充满了我们的城市，那童话般的感觉是可以想象的。

后现代主义建筑主要发生、发展于美国，这里原本是现代主义建筑，特别是国际风格的大本营，人们改变国际风格的意愿更为强烈。而欧洲，特别是英国，几乎与后现代主义建筑发展同时，高技派风格开始流行。

第二节　高技派

后现代主义建筑主要出现在国际主义风格最盛行的美国，而欧洲，特别是英国本土几乎没有受到后现代主义建筑的影响，在这里则诞生了高技派。高技派也被翻译为“高科技风格”，顾名思义，高技派最初是以夸张甚至是完全“裸露”的形式来强调和突出只有高科技才是社会发展的动力。有人认为早在 1779 年英国塞文河上第一座生铁桥落成之时就已经开启了高技派风格的表达形式；也有人认为高技派风格的根源可以追溯到法国建筑家普鲁维和夏罗在 20 世纪 30 年代设计的一些建筑。但是，高技派风格真正成为一个完整的设计潮流却是在 20 世纪 60 年代末，因为高技派需要“高科技”以及“高技术”来支撑。到 20 世纪 70 年代后期，高技派风格才有比较大的发展。高技派虽然代表了时代最前沿的建筑技术和设计理念，但其昂贵的造

图 16-39　蓬皮杜文化中心鸟瞰

图 16-40　蓬皮杜文化中心

图 16-41　蓬皮杜文化中心室内大厅

价和对奇特形式的追求都使它只能成为"贵族式"的精品建筑。

高技派风格的出现与 20 世纪 60 年代人类一系列科学技术的突破分不开。在那个激动人心的年代里，以美国的"阿波罗登月计划"为代表的一系列重大的科技成就极大地促进了社会的进步与发展。这一时刻也被称为"第二机械化"或者"第二个机器时代"的到来。与后现代主义建筑企图以古典主义、折中主义方法逃避时代特征相反，高技派风格则是积极地应对和反映时代的发展特征。从这一点上看，高技派更具有时代精神，也自然会有更好的发展前景。

第二次世界大战期间，为了服务战争的需要，以德国建筑师门格林豪森为代表的设计师们开始尝试能够快速组装的标准化金属结构建筑。1957 年，在柏林举办的国际现代建筑展上，卡尔·奥托设计建造的金属结构的"未来的城市"展览馆引起人们的关注。之后，弗莱·奥托和罗尔夫·古得布罗德设计的加拿大蒙特利尔世界博览会德国馆（1967 年），弗莱·奥托、根特·本尼什等人设计的德国慕尼黑奥林匹克运动会中心体育场（1968—1972 年）等都让

人感受到"高科技"的味道。

高技派风格并没有出现在世界科技水平最发达的美国，而是出现在英国，这与美国过于浓厚的后现代主义建筑氛围有直接关系。三个最重要的高技派代表人物——理查德·罗杰斯、诺曼·福斯特和尼古拉斯·格雷姆肖都是英国人，他们奠定了高技派发展的模式，影响了整个世界建筑的发展。

第一座真正让全世界感受到高技派风格巨大影响力的建筑是 1971—1977 年由意大利建筑师伦佐·皮亚诺和英国建筑师理查德·罗杰斯合作设计的法国巴黎蓬皮杜文化中心，该设计方案是从 1969 年举行的国际设计竞赛中近 700 件作品中选拔出来的（图 16-39 ～图 16-41）。

蓬皮杜文化中心坐落在巴黎老城的心脏地段，为主体长 168 米、宽 60 米、高 42 米的 6 层建筑。该建筑的设计手法被一些评论家戏称为"裸露主义"，其实质是高度强调工业化特色，突出技术细节，将结构构件、楼梯、电梯、自动扶梯、设备与通风管道都外挂并暴露在建筑外表，并按照其不同的使用功能涂成五颜六色，其中红色代表交通设备，绿色代表供水系统，蓝色代表空调系统，黄色代表供电系统。这样就形成了 48 米跨度的室内没有任何支撑结构的自由空间，非常适合展览类建筑的功能需要。位于巴黎老城区内的蓬皮杜文化中心像当年埃菲尔铁塔一样引起公众很大的争议，但最终也成为巴黎新的标志性建筑。

高技派风格的主要代表人物有意大利建筑师伦佐·皮亚诺（1937—），英国建筑师理查德·罗杰斯（1933—）、诺尔曼·福斯特（1935—）、尼古拉斯·格雷姆肖（1940—），西班牙建筑师圣地亚哥·卡拉特拉瓦（1951—）和法国建筑师让·努韦尔（1945—）等人。近些年来，高技派建筑逐渐向新现代主义建筑风格靠拢，皮亚诺、福斯特、罗杰斯、

图 16-42 伦佐·皮亚诺

图 16-43 芝柏文化中心鸟瞰

图 16-44 芝柏文化中心局部

努韦尔等人先后获得普利茨克建筑奖也表明高技派开始被越来越被多的人接受。但由于追求技术含量以及建筑材料选择等问题，往往使得高技派建筑的造价会比较高，日常的运营成本则更高。近期，福斯特为苹果公司设计的新总部预算高达 50 亿美元，每平方英尺造价超过 1500 美元，这也是制约高技派建筑发展的重要原因。

1. 伦佐·皮亚诺

1937 年，伦佐·皮亚诺出生于意大利热那亚一个建筑商家庭。1964 年，皮亚诺从米兰工业大学建筑系毕业后就来到其父亲的建筑公司工作。他常说："我是通过建筑工地而不是理论教育走近建筑的，这使我克服了这个行业里常见的思考和动手脱离的不良现象（图 16-42）。"

1965—1970 年，皮亚诺先后在路易斯·康等人的事务所学习和工作。1971—1977 年，与理查德·罗杰斯合作。1980 年，创建了伦佐·皮亚诺建筑工作室，还在巴黎、柏林等多地设立了分支机构。

1991—1998 年，皮亚诺设计完成了位于西南太平洋新喀里多尼亚首府努美阿半岛上的芝柏文化中心。芝柏文化中心围绕一条与半岛地形相呼应的弧线道路进行规划布局，包含有图书馆、旅馆、多媒体中心、咖啡馆、会议室和一些演出空间，这些功能被安排在 10 个大小、高矮不一，独处又相互簇拥的"荚豆状"的圆桶形建筑中，仿佛是丛林中生长出来的新植物（图 16-43、图 16-44）。

为了适应当地的气候和体现地域性的差别，皮亚诺采用了与蓬皮杜文化中心完全不同的设计手法，使用硬木、不锈钢和玻璃等材料。皮亚诺从当地传统建筑——"棚屋"中提取创作元素，再加上高技派惯用的结构连接手法，形成全新的建筑形象，正像皮亚诺说的那样："用我们的勺子喝他们的汤。"因此，也有人将该建筑归纳到"新地域主义"风格建筑中。

芝柏文化中心独特的造型既有当地建筑的文化内涵，又体现了现代的建造技术，还可以抵御飓风和利用海风在建筑上的上升作用达到通风的目的。

皮亚诺是一位多产的建筑大师，设计了许多著名的建筑作品，主要代表建筑还有：法国巴黎乔治·蓬皮杜文化中心（1971—1977 年，与罗杰斯合作设计）、大阪湾日本关西国际机场候机楼（1988—1994 年）、德国柏林波茨坦广场住宅和办公大楼及歌舞剧院（1997—1998 年）、伦敦桥大厦（高 305 米，2000—2012 年）、芝加哥艺术学院现代馆（2009 年）等，他还设计过 6 平方米的环保小屋（图 16-45～图 16-47）。

图16-45 日本关西国际机场鸟瞰（左上）
图16-46 日本关西机场候机大厅（右上）
图16-47 芝加哥艺术学院现代馆（左下）

图16-48 理查德·罗杰斯

皮亚诺的设计作品曾经获得了许多奖项，其中包括英国皇家建筑师学会的金奖（1989年）、布鲁诺建筑学奖（1994年）、日本皇室世界文化奖（1995年）、美国建筑师学会最高荣誉——2013年总统勋章和1998年普利兹克建筑奖等。皮亚诺认为："建筑是一种需要耐心的游戏，它是一个集体性的工作，而不仅仅是一个有充分创造力的艺术家本能的行为。"他在普利兹克奖颁奖仪式上的讲话，更能够反映他对建筑师社会责任的深刻认识：建筑是一种为了某种用途而进行的创造的艺术，也是一种具有社会危险性的艺术，这是一种强势的艺术，你可以放下一本劣质的书，也可以不听那些不好听的歌曲，但是你却无法无视那些就在你房子对面的丑陋的建筑。

2. 理查德·罗杰斯

1933年，理查德·罗杰斯出生于意大利的佛罗伦萨，四岁时移居英国。曾经先后在英国伦敦"建筑联盟学院"和美国耶鲁大学学习，与诺曼·福斯特同期在耶鲁大学接受研究生教育（图16-48）。

1963—1967年，罗杰斯和福斯特以及两人的妻子苏·罗杰斯和温迪·基斯曼合作组成"四人工作室"，并开始显现追求技术表达的设计理念。"四人工作室"解散后，罗杰斯与妻子成立了夫妻工作室。20世纪60年代末，罗杰斯先后在母校伦敦的"建筑联盟学院"、剑桥大学、伦敦理工学院、美国耶鲁大学和麻省理工学院担任客座教授，1977年，将自己的建筑设计事务所迁到伦敦。

1979—1986年，罗杰斯设计完成了具有鲜明"高技派"风格的英国伦敦劳埃德保险公司和银行大楼，该座建筑给他带来了极高的国际声誉，也成为罗杰斯的代表作品。该建筑位于伦敦市中心的商业区，四周是传统形式的老建筑。该公司是世界保险业的巨头，要求建筑既能体现公司在世界市场上的地位，同时室内空间又能灵活变化。罗杰斯把办公空间围绕中庭布置，将结构部分、电梯和消防楼梯、设备和服务设施等都设置在建筑主体之外的6个垂直高塔中，使建筑内部空间非常完整（图16-49～图16-51）。

建筑外表大量使用不锈钢夹板饰面材料，以及铝和其

图 16-49　伦敦劳埃德保险公司和银行大楼（左）

图 16-50　劳埃德保险公司和银行大楼南侧（中）

图 16-51　劳埃德保险公司和银行大楼室外楼梯（右）

图 16-52　柏林波茨坦广场奔驰公司办公大楼（左上）

图 16-53　4 频道电视台总部（右上）

图 16-54　欧洲人权法庭（左下）

他合金材料构件，看起来像一座化工厂，锃光瓦亮地伫立在伦敦街头，与周围古老的建筑格格不入，仿佛是在向传统宣战。但过分工业化的形式显得冰冷而缺少人情味。"劳埃德大厦减弱了文化上的反叛姿态，多了建造技术上的精美追求，这可以看作是新时期高技派逐渐走向对技术自身美感表现的一种趋向。"[5] 在建筑屋顶上，罗杰斯还设置了许多被漆成蓝色的维修吊车，也使该建筑有了一个"蓝色吊车"的外号。

20 世纪 80 年代以来，他先后设计了威尔士的因莫斯微处理件工厂、美国新泽西州普林斯顿宾夕法尼亚技术实验室和公司总部大楼、美国坎布里奇的宾夕法尼亚实验室，以及欧洲人权法庭（1989—1993 年）、4 频道电视台总部（1990—1994 年）、德国柏林波茨坦广场奔驰公司办公大楼（1997—1998 年）、英国伦敦伍德街 88 号某交易公司大楼（1999 年）等建筑，都具有明显的高技派特征（图 16-52～图 16-54）。1991 年，罗杰斯因其卓越成就而被英国女王授予爵士称号。2007 年，罗杰斯获得普利兹克建筑奖，评委会称赞他的设计表现了"当代建筑史的一些关键性片段"，算是对其引领高技派建筑风格的充分肯定。2021 年 12 月 18 日，罗杰斯在英国伦敦去世。

3. 诺曼·福斯特

1935 年，诺曼·福斯特出生于英国的工业城市曼彻斯特一个普通工人家庭。16 岁时就离开学校参加工作，还曾经在皇家空军服役两年。1961 年毕业于英国曼彻斯特大学，在校期间学习建筑学和城市规划，并开始展现其设计才华。毕业后，福斯特获得了"亨利奖学金"，前往美国耶鲁大学深造，并获得了硕士学位。对于技术应用的共同兴趣，使他与罗杰斯等人的合作非常顺利，互相影响，进步很快。在一些项目的设计中，福斯特开始尝试使用模数构件的建造方式（图 16-55）。

图 16-55　诺曼·福斯特

1974 年，福斯特完成了他第一个重要项目"法伯与杜玛公司总部大楼"的设计，开始显露出注重表现建筑的技术特征，并喜欢暴露标准化、模数化的金属构件的特点。福斯特还相继设计了法国雷诺汽车公司在英国的零部件销售中心（1981 年）、伦敦斯坦斯蒂德航空港（1991 年）、香港赤鱲角国际机场（1999 年）、柏林德国国会大厦改扩建工程（1999 年）、德国法兰克福德意志商业银行（1992—1997 年）、英国伦敦大英博物馆中央庭院扩建工程（2000 年）、伦敦新市政厅（2002 年）、伦敦瑞士再保险总部大厦（2004 年）、纽约赫斯特大厦（2006 年）、北京首都国际机场 T3 航站楼（100 万平方米，2008 年）、上海世博会阿拉伯联合酋长国馆（2010 年）、上海中信银行总部（2011 年）、上海金融中心（2012—2015 年）等建筑。福斯特的设计领域非常广泛，从城市设计、区域规划到建筑设计，从门把手到家具以及游艇（曾经为德国菲利普奢侈品顾问公司设计了 40 米"署名系列"至尊豪华超级游艇）都会引起他的兴趣（图 16-56 ～图 16-63）。

北京首都国际机场 T3 航站楼是 2008 年北京奥运会的重要配套工程，由诺曼·福斯特建筑事务所、荷兰机场顾问公司（NACO）和 ARUP 公司组成的联合体负责方案设

图 16-56　德国国会大厦改扩建工程玻璃穹顶内部

图 16-57　德国国会大厦改扩建工程

图 16-58　斯坦斯蒂德航空港入口雨棚

图 16-59　大英博物馆中央庭院扩建工程

图 16-60　伦敦新市政厅室内

图 16-61 伦敦新市政厅

图 16-62 伦敦瑞士再保险总部大厦

图 16-63 法兰克福德意志商业银行

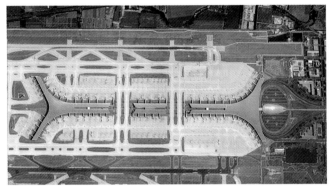

图 16-64 北京 T3 航站楼航拍图

图 16-65 北京 T3 航站楼

计，北京市建筑设计研究院负责后期设计管理与施工图设计。T3 航站楼从 2004 年开始施工，历时近 4 年于 2008 年 2 月开始试运行，是诺曼·福斯特建筑事务所主持设计的面积最大的单体建筑（图 16-64、图 16-65）。

T3 航站楼位于北京首都国际机场东侧，主楼由国内候机大厅和国际候机大厅两大部分组成，配备了自动处理和高速传输的行李系统、快捷的旅客捷运系统以及信息系统。建筑地面 5 层，地下 2 层，总建筑面积近 100 万平方米，

为世界第二大单体航站楼。

T3 航站楼的总平面布局像两架相对的巨型飞机，机场快轨与城市地铁相连，可以直接通到航站楼内部，实现无缝换乘，国内与国际候机大厅通过轨道交通实现便捷连接。巨大的屋面系统由 36 米间距的钢柱支撑，将不同层数的建筑和复杂的功能统一覆盖在一望无边的屋顶之下，入口一层的雨棚悬挑距离更是达到惊人的 50 米，屋顶三角形的采光天窗为室内提供了充足的自然光照。

T3航站楼除了在结构设计、绿色环保以及高科技利用等方面延续了高技派的一贯做法外，还在地域特色的表达方面做出了开创性的设计。红色的柱子，黄色的屋顶，以红色为基调的室内空间都在延续中国古典建筑的历史文脉，T3航站楼也因此成为高技派风格中色彩最为丰富的建筑，它也代表了世界枢纽航站楼未来的发展方向。

1993年，诺曼·福斯特被授予英国皇家建筑师学会金质奖章，1994年获得美国建筑师学会（AIA）金奖，1999年获得普利兹克建筑奖。

4. 尼古拉斯·格雷姆肖

1939年，尼古拉斯·格雷姆肖出生于英国苏塞克斯郡的霍五市。1959—1962年，格雷姆肖在爱丁堡艺术学院学习并获得奖学金进入英国伦敦AA建筑学院深造。1963年，获得奖学金到瑞典和美国考察学习两年。1965年，格雷姆肖进入特里·法雷尔设计事务所，在这里工作长达15年。1980年，格雷姆肖成立了自己的设计事务所。1993年被授予"英帝国二等勋位爵士"称号，2004年当选为英国皇家学院的主席（图16-66）。

受到家族的影响，格雷姆肖很早就对金属构架和张力结构感兴趣，他将建筑看作一个生命体并痴迷于建筑学和工程学的结合，特别是喜欢使用复杂的金属连接构件，也由此形成其有别于福斯特和罗杰斯的独特风格。

格雷姆肖的代表作品：第一项设计工程——服务塔（1967年）、伦敦财政时报印刷厂（1987—1988年）、西班牙塞维利亚国际博览会英国馆（1992年）、伦敦滑铁卢国际终端站（1993年）、号称世界上最大温室的伊甸园工程（2004年）、英国威尔士纽波特城市步行桥（2006年）、英国威尔士新港车站（2010年）等建筑。

1989年，格雷姆肖因为成功设计伦敦财政时报印刷厂而获得国家与地区大奖，伦敦滑铁卢国际终端站获得1994年度最佳建筑奖。伊甸园工程位于英格兰西南部的康瓦尔郡，这里原本是深达50多米的陶土矿坑，主体建筑由两组巨型网架结构的穹隆组成，最大跨度达到110米，堪称世界上最大的植物温室。网架外侧由625块大小不一的六边形双层ETFE充气垫覆盖，由于上下都设有通风口并设置有机械送排风，巨大的室内空间通风状态良好（图16-67）。

5. 圣地亚哥·卡拉特拉瓦

1951年，圣地亚哥·卡拉特拉瓦出生在西班牙圣地亚哥的贝尼玛米特。8岁时就进入巴伦西亚工艺美术学校学习，后来又分别到巴黎和苏黎世学习法语和德语。从1969年开始，先后在巴伦西亚的高等建筑技术学院和瑞士联邦理工学院学习建筑与土木工程。1981年，卡拉特拉瓦获得瑞士联邦理工学院建筑技术科学博士学位，并在该校建筑力学和构造研究所任教，专门从事空间结构的可折叠性研究。正是这样的专业背景，使得卡拉特拉瓦能够集建筑师、工程师和雕塑家于一身，设计出不同于他人的精美绝伦的建筑形式。1981年，卡拉特拉瓦在苏黎世开设了自己的事务所（图16-68）。

卡拉特拉瓦喜欢使用白色、纤细的结构杆件或拉索，并将它们有机地连接起来，他赋予这些冰冷的钢铁构件以灵性，将建筑塑造得如同精灵般的有机生命体。他的作品总是那么典雅和精致，因此也获得了"钢铁诗人"的美誉。卡拉特拉瓦认为："如果我们将工程看作是一门艺术，那么我们优良的历史传统定会复兴。"卡拉特拉瓦获奖作品众多，2005年获得美国建筑师学会（AIA）金奖。

1994—2001年设计完成的美国密尔沃基艺术博物馆是

图16-66　尼古拉斯·格雷姆肖

图16-67　伊甸园工程

图 16-68
圣地亚哥·卡拉特拉瓦

卡拉特拉瓦在美国设计的第一个项目，该项目东侧临近密歇根湖，北侧是小沙里宁设计的战争纪念馆。按照博物馆方面的要求，新建博物馆的形式要引人注目，为此，卡拉特拉瓦赋予建筑以动感，这是一个绝妙的创意（图 16-69、图 16-70）。

博物馆屋顶的外侧被设计成一个巨大的折叠结构，可以打开和关闭。百叶式的折叠结构打开之后仿佛是一只展开翅膀的海鸥，通体洁白，造型精致而优美。这是一个十分复杂的传动机构，两侧的钢铁翅膀重达 115 吨，每侧的36 根钢骨长度从 8 米到 32 米，张开的角度各不相同，呈现出一条完美的抛物线。当风速达到每小时 40 公里时，百叶状的翅膀会自动闭合。每当博物馆开馆时，都会有许多人前来观看钢铁翅膀张开的过程，这也成为当地一条靓丽的风景，该建筑也因此获得了纽约时代杂志 2001 年度最佳设计奖。

卡拉特拉瓦的代表作品还有：西班牙塞维利亚阿拉米罗大桥（1987—1992 年）、巴塞罗那蒙特胡依克电信塔（1989—1992 年）、法国里昂国际机场火车站（1989—1994年）、葡萄牙里斯本东方车站（1993—1998 年）、西班牙巴伦西亚艺术与科学城星象馆（1998 年）、西班牙毕尔巴鄂桑迪航空港（1990—2000 年）、西班牙加纳利群岛特奈利弗歌剧院（2003 年）、希腊雅典奥林匹克运动中心遮蔽屋顶工程（2004 年）等建筑（图 16-71 ～图 16-75）。

6. 让·努韦尔

1945 年，让·努韦尔出生在法国的洛特·加龙，父母都是学校教师。1966 年，努韦尔以入学考试第一名的成绩进入巴黎国家高等艺术研究院学习建筑，1972 年毕业获得建筑学学士学位。1975 年与人合作成立了自己的事务所，1994 年，建立了让·努韦尔工作室。1987 年，努韦尔因为设计阿拉伯世界研究中心而获得银角奖，开始向世界级建筑大师迈进。努韦尔善于使用钢结构和玻璃以及光环境来

图 16-69 密尔沃基艺术博物馆

图 16-70 密尔沃基艺术博物馆室内

图 16-71 阿拉米罗大桥

图 16-72 里昂国际机场火车站

图 16-74　艺术与科学城星象馆及歌剧院

图 16-73　巴塞罗那蒙特胡依克电信塔

图 16-75　西班牙加纳利群岛特奈利弗歌剧院

创造全新的建筑空间，这一点在阿拉伯世界研究中心的设计中被表现得淋漓尽致。努韦尔不仅在建筑设计、室内设计领域作品丰富，还喜欢工业产品设计（图 16-76）。

　　毫无疑问，位于法国巴黎的阿拉伯世界研究中心是努韦尔的成名作，也是他最重要的代表作品。这个项目是一次设计竞赛中的获奖方案。该建筑位于法国巴黎老城塞纳河南岸的一块三角形基地内，西侧有一座跨河桥梁。在总平面规划布局上，努韦尔向贝聿铭设计的华盛顿美国国家美术馆东馆学习，不同之处是在临河一侧用曲面完整过渡，巧妙地与 L 形的建筑主体组合并占满了三角形地块。

　　努韦尔善于利用钢结构框架和玻璃幕墙组合的设计效果，通常在玻璃幕墙内侧再设计一层装饰结构，以增强或改变玻璃幕墙的光影效果。在阿拉伯世界研究中心的设计中，努韦尔将照相机快门一样的机械传动机构组合形成一个"标准设计单元"，它不仅仅具有装饰功能，还可以根据要求自动控制进入建筑的光照强度，更难能可贵的是这种"标准设计单元"还具有伊斯兰文化的内涵，这也是这座建筑更为打动人心的一面（图 16-77 ～图 16-79）。

　　努韦尔的代表作品还有柏林拉斐特百货公司（1990年）、维也纳煤气罐改造工程（1995—2001 年）、南特市法院（1993—2002 年）、布拉格金色天使商厦、巴黎布兰里博物馆（1999—2006 年）、卢塞恩文化会议中心（1998—2000 年），以及引起广泛争议的西班牙巴塞罗那阿格巴大厦（2005 年）等建筑（图 16-80 ～图 16-82）。

　　努韦尔荣获过许多建筑大奖，例如 2000 年获得威尼斯双年展金狮奖，2001 年获得英国皇家建筑师学会金奖。2008 年，努韦尔获得普利兹克建筑奖，评委会的评语是："让·努韦尔好奇而敏捷的思维促使他大胆地设计每一件作品，这些作品丰富了现代建筑的内涵。"

图 16-76　让·努韦尔

图 16-77　巴黎阿拉伯世界研究中心鸟瞰

图 16-78　阿拉伯世界研究中心

图 16-79　阿拉伯世界研究中心室内

图 16-80　卢塞恩文化会议中心

图 16-81　从米拉公寓上远眺阿格巴大厦，左侧为圣家族教堂

图 16-82　巴塞罗那阿格巴大厦局部

第三节　解构主义

　　20 世纪 80 年代后期，后现代主义建筑逐渐衰落之时，在欧美的建筑舞台上，一种被称为"解构主义"的设计流派以其颠覆传统的建筑形态开始引起人们的广泛关注。与后现代主义建筑相同的是解构主义建筑也是从形式上出发对现代主义建筑单调冷漠的现状进行变革，但两者却有本质上的不同。解构主义建筑不但没有任何历史主义的痕迹，而且还向传统的秩序、规则、完整、稳定和统一发起了挑战。"从总体上来说，解构主义是一个具有广泛批判精神和大胆创新姿态的建筑思潮，它不仅质疑现代建筑，还对现代

主义之后已经出现的那些历史主义或通俗主义的思潮和倾向都持批评态度，并试图建立起关于建筑存在方式的全新思考。"[6]

　　关于解构主义名称的由来主要有以下两方面的影响因素：1967 年前后，由法国哲学家贾克·德里达从哲学的角度首先提出解构主义的概念，而且德里达本人还曾经参与过著名解构主义建筑师屈米的设计实践；另外一个影响因素就是 20 世纪 20 年代形成的俄国构成主义。

　　但从建筑的本质上看，"解构主义虽然一时先声夺人，特别是在设计学院、建筑学院的学生、研究生当中非常热门，但是，它却从来没有能够像 20 年代俄国的构成主义、

1918—1928 年的荷兰风格派，或者 1919—1933 年德国包豪斯设计学院那样成为一个运动的根源，更没有现代主义、国际主义设计那种控制世界设计几十年之久的力量。在很大程度上来讲，它依然是一种十分个人的、学究味的尝试，一种小范围的试验，具有很大的随意性、个人性、表现性特点。"[7] 王受之先生的这些评价非常准确地向我们展示了解构主义在现代主义之后的发展过程中所处的地位和作用。

在解构主义建筑形成和发展初期，有两件非常重要的活动对其产生了深远的影响。一个是著名的纽约现代艺术博物馆在 1988 年 6 月至 8 月期间，举办了一个名为"解构主义建筑"的七人作品邀请展，这七名建筑师或设计团体分别是：美国建筑师弗兰克·盖里（1929—）、彼得·埃森曼（1932—）和丹尼尔·里勃斯金（1946—），法国建筑师伯纳德·屈米（1944—），英国建筑师扎哈·哈迪德（1950—），荷兰建筑师库哈斯（1944—），奥地利蓝天组。展览的主办方是纽约的建筑评论家威格利和建筑大师约翰逊，展出的十件作品造型都十分奇特，完全颠覆传统的建筑造型。另一个活动是 1988 年 7 月，在伦敦的泰特美术馆举办了一个名为"建筑与艺术中的解构主义"的国际研讨会，英国的 AD 杂志出版了名为《建筑中的解构主义》的专集。

参加纽约作品邀请展的建筑师后来大部分都成为解构主义的代表人物，其中，弗兰克·盖里的影响最大，他被认为是"世界第一个解构主义的建筑设计家"。2006 年 5 月，以盖里的设计生涯为背景拍摄完成的纪录片《建筑师盖里素描》历时 5 年最终完成，影片将盖里赞誉为"建筑界的毕加索"，对其建筑设计思想给予了充分的肯定。

解构主义建筑的特征是："无绝对权威，个人的、非中心的；恒变的、没有预定设计的（很多解构主义建筑师没有完整的工程图纸，仅仅以草图和模型来设计，完全依靠电脑来归纳）；没有次序，没有固定形态，流动的、自然表现的；没有正确与否的二元对抗标准，随心所欲；多元的、非统一化的，破碎的、凌乱的。"[11] 解构主义建筑具有非常强的视觉冲击力，一些代表作品与其说是建筑还不如说是雕塑更准确。也正是由于这个原因，为吸引眼球，近些年来，解构主义风格得到越来越多追求新奇人士的认可，世界各地项目不断，在中国内地也相继出现了许多解构主义风格的设计项目和设计方案，例如北京朝阳门 SOHO 三期（哈迪德，2009—2012 年）、大连国际会议中心（蓝天组，2008—2013 年）、广州大剧院

（哈迪德，2007—2011 年）等建筑。

解构主义的主要代表人物是弗兰克·盖里、彼得·埃森曼、伯纳德·屈米、扎哈·哈迪德、里勃斯金、蓝天组等。

1. 弗兰克·盖里

1929 年，弗兰克·盖里出生于加拿大的多伦多。1947 年，盖里随家人迁居到美国加利福尼亚州的洛杉矶。1954 年，他以班级第一名的成绩毕业于南加利福尼亚大学建筑学院。1957 年，又到哈佛大学设计研究院学习。1957—1958 年，盖里曾到伯克特建筑设计事务所工作，后来又在位于洛杉矶的维托克·戈恩设计事务所工作了三年。1961 年又到巴黎安德烈·雷蒙德设计事务所工作过一段时期。1962 年，盖里回到美国，在洛杉矶成立了自己的设计事务所，从此开始独立的设计生涯（图 16-83）。

盖里曾经说过："我最喜欢做的事是将一个工程尽可能多地拆散成分离的部分，所以，与其说一间房子是一个整体，不如说是由十几个部分组合而成的。"

20 世纪 70 年代，盖里开始积极探索绘画、雕塑和建筑之间的关系，并开始对廉价的工业建筑材料，例如钢板网、金属瓦楞板感兴趣，这都在位于圣莫尼卡的私宅扩建改造（1978—1979 年）中得到了集中体现。改建后的住宅没有固定和完整的形态，随心所欲、支离破碎、为所欲为。这座建筑在今天看起来仍然像是垃圾场边拾荒者搭建的临时住所，当时曾经引起所在社区的震动，因为它看起来与周围风格典雅的建筑群格格不入。后来当人们走进这座建筑时，很多人都改变了最初的看法，盖里也因此引起人们的关注（图 16-84、图 16-85）。

盖里职业生涯的转折点是他在设计中越来越多地采用雕塑元素，在他设计的洛杉矶加州航空博物馆（1982—1984

图 16-83　弗兰克·盖里

图 16-84　圣莫尼卡私宅

图 16-85　圣莫妮卡私宅侧面

图 16-86　尼德兰国际办公大楼

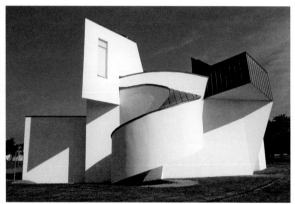

图 16-87　维特拉公司家具设计博物馆

年）和明尼苏达州维扎塔的温顿格斯特剧场（1983—1986年）中都体现出把建筑物的构架打破，使之失去连续性并表现为不同形式的解构主义设计手法。

盖里 20 世纪 80 年代的作品还有洛杉矶的拉霍亚法学院（1981—1984 年）、圣莫尼卡第三街的购物中心、洛杉矶高德温公共图书馆（1986 年）、日本神户的"鱼舞餐馆"（1987 年）等建筑，都体现出盖里早期对工业材料的开创性运用。

1986 年，明尼阿波利斯的沃克艺术中心组织了首次盖里作品回顾展览，并在美国各地巡回展出，最后是在纽约的惠特尼美国艺术博物馆的展出。回顾展中展出了盖里的建筑设计和家具设计，扩大了盖里的影响，进一步确定了他在世界建筑界的地位。

从 20 世纪 80 年代后期开始，盖里开始转向"更加注重有机形体拼合的破碎结构方式，建筑倾斜歪曲，由多个独立的歪曲结构体拼合而成，并且开始使用一些特殊的金属材料，比如铝板、不锈钢板，甚至为西班牙毕尔巴鄂设计的古根海姆博物馆建筑上使用昂贵的钛金属板作为墙面覆盖材料，开始脱离早期的工业建筑材料阶段，走向费用

高昂、形式更加古怪、支离破碎的阶段。"[8] 代表建筑有巴黎"美国中心"（1991—1993 年）、德国魏尔市维特拉家具设计博物馆（1987—1989 年）、洛杉矶"迪士尼音乐中心"（1992—1996 年）、巴塞罗那奥林匹克村鱼形雕塑（1991—1992 年）、明尼苏达大学艺术博物馆（1991—1993 年）、西班牙毕尔巴鄂古根海姆博物馆（1991—1997 年）、布拉格尼德兰国际办公大楼（1994—1996 年）、德国柏林的 DG 银行（1996—2002 年）、麻省理工学院斯特塔中心（1998—2004 年）、芝加哥千禧公园内的普利兹克音乐厅（2004 年）、普林斯顿大学路易斯图书馆（2008 年）、76 层高达 265 米的纽约曼哈顿斯普鲁斯街 8 号公寓等建筑，它们都成为评论界的焦点，其中，西班牙毕尔巴鄂古根海姆博物馆也成为盖里最具代表性的作品（图 16-86 ～图 16-94）。

1989 年，盖里获得建筑界最高大奖普利兹克奖，对其设计思想和作品的评语是：盖里的作品都十分精致、优雅、简练、充满美感和情趣，它们都强调建筑的艺术性。他的一些作品会引起争议，但是一般都是引人注目的。这些不同的作品通常被认为打破了传统的旧习，表达的情绪是难以控制的、暂时的，但是正是这些不安分的情绪使得他的建

图 16-88　柏林 DG 银行室内大厅

图 16-89　芝加哥千禧公园普利茨克音乐厅

图 16-90　麻省理工学院斯特塔中心

图 16-91　巴塞罗那奥运村鱼形雕塑

图 16-92　洛杉矶"迪士尼音乐中心"

图 16-93　普林斯顿大学路易斯图书馆入口

图 16-94　纽约曼哈顿岛斯普鲁斯街 8 号公寓（右起第二栋高层建筑）

图 16-95　远眺毕尔巴鄂古根海姆博物馆

图 16-96　毕尔巴鄂古根海姆博物馆

筑成了现代社会及人们矛盾的价值观的独特表现手法。

1992 年，盖里获得日本的帝国建筑大奖，1994 年，他成为莉莲·吉什终生贡献艺术奖的第一位获奖人，他被许多评论家认为是当今建筑界最伟大的具有创新精神的建筑师之一。除了设计建筑外，盖里还设计家具甚至首饰。

1997 年建成的"惊世骇俗"的西班牙毕尔巴鄂古根海姆博物馆是以弗兰克·盖里为首的解构主义最著名的代表性作品，这座建筑集中了盖里后期的解构主义设计思想，该设计方案是在 1991 年举行的设计竞赛中胜出的（图 16-95、图 16-96）。

古根海姆博物馆位于西班牙毕尔巴鄂市内由贝拉艺术博物馆、大学和老市政厅构成的文化三角的中心位置。基地周围环境很不理想，紧靠内尔维翁河畔，四周是集装箱码头、铁路线和一座跨河桥梁。整个建筑采用了扭曲、变形、有机状、多种材料混合使用等手法。建筑的主体空间是一组扭曲变化富有雕塑感的立体构成，并在水面形成光怪陆

图 16-97　彼得·埃森曼

离的倒影，与其说是建筑，不如说是一堆金属质感的雕塑。博物馆的外墙材料采用钛金属板和西班牙产的灰黄色石灰石。较为平整的墙面采用了石灰石，而比较自由的雕塑性造型则采用了钛金属板贴面。

建筑主体采用支撑式钢结构，无论是在结构设计，还是建筑表皮上都没有两块一样的钛金属板。由于采用了先进的计算机设计程序，许多构件在工厂加工完之后都带有条形码，到工地后利用计算机便可以将每一个构件精确地安装到位。这个建筑具有雕塑的特征，却没有重复或者推广的可能性。

2. 彼得·埃森曼

1932 年，彼得·埃森曼出生于美国新泽西州的纽瓦克，曾经先后在美国康奈尔大学（1951—1955 年）、哥伦比亚大学（1959—1960 年）和英国剑桥大学（1960—1963 年）学习，相继获得剑桥大学文学硕士和哲学博士学位（图 16-97）。

1957—1958 年，埃森曼到格罗皮乌斯的协和建筑设计事务所学习和工作。1967—1982 年，埃森曼一直在纽约著名的建筑与都市研究所担任负责人。

1988 年，埃森曼参与组织了在纽约现代艺术博物馆举办的"解构主义建筑"展览，把解构主义建筑正式推向大雅之堂。埃森曼曾经说过：不稳定的形态是随意的、不确定的、过渡的，并且不具有本体论或目的论的价值，也就是说，在讲述空间与时间上没有任何强有力的联系。埃森曼是一个拥有广博哲学知识的理论家，他的设计理论非常复杂，往往令人难以理解。"他对于现代主义具有强烈的热爱，因此才组成了'纽约五人'，成为这个组织最积极的成员之一，同时对于简单地复兴现代主义却又不满足，因此，在解构主义理论中找寻发展方向。他反对后现代主

图 16-98　韦克斯纳视觉艺术中心鸟瞰

图 16-99　韦克斯纳视觉艺术中心

图 16-100　大哥伦布市会议中心鸟瞰

图 16-101　大哥伦布市会议中心局部

义的装饰化方式，却又不满意现代主义，一方面推崇现代主义精神，另一方面又希望改造现代主义，在新现代主义和解构主义之间徘徊，或者说活跃在两个不同的范畴中。"[9] 因此，埃森曼也成为目前世界上最有争议的建筑家之一。

1985—1989 年设计建造的韦克斯纳视觉艺术中心是埃森曼的代表作品，它位于俄亥俄州大学校园内椭圆形广场的东北角，这座建筑成为"真正完全实现"其建筑思想的代表作品。

建筑基地周围已经有两栋建筑，一个是"古典风格"，另一个是"粗野风格"。建筑布局看似混乱，但实际上是建立在两套网络系统之上。其中一套是所在城市哥伦布的街道网络，另一套是校园自身的网络，两者形成 12.25 度的夹角。建筑总体布局就是在这两套网络的限制中进行的，其中包括建筑的柱网布局和地面图案设计（图 16-98、图 16-99）。

建筑群的前方是颜色深重的具有后现代建筑风格的"烟囱"式造型，它与已经被摧毁的老军火库建立起历史的联系，有人将这种设计手法称为"文脉主义"。一条长长的与城市网络相吻合的白色金属架贯通状地斜插入建筑群中，将各个功能部分和新旧建筑巧妙地连接在一起。

埃森曼主要从事建筑教学和研究工作，与其早期现代主义的设计风格不同，他的设计风格逐渐出现解构主义的特征，主要代表建筑还有柏林的公寓建筑群（1982—1986年）、大哥伦布市会议中心（1989—1993 年）、柏林纪念被屠杀犹太人纪念碑（2001—2004 年）等建筑。柏林纪念被屠杀犹太人纪念碑又称为"纪念之地"，位于德国国家象征——勃兰登堡门和最高权力的标志性建筑——议会大厦附近，由 2700 多个混凝土墓碑和一座展览馆——信息之地组成（图 16-100 ~ 图 16-102）。

3. 伯纳德·屈米

1944 年，伯纳德·屈米出生于瑞士洛桑，1969 年毕业于苏黎世联邦理工大学。屈米曾经先后在英国伦敦"建筑联盟学院"（1970—1976 年）、美国纽约"建筑和都市研究所"和普林斯顿大学（1976 年）、纽约"库柏联盟建筑学院"（1980 年以后）任教。20 世纪 80 年代，屈米移居美国，1988—2003 年担任纽约哥伦比亚大学建筑规划保护研究院院长职务。作为建筑师、理论家和教育家，屈米一直从事把建筑和语义学、现象学联系起来的研究和探索工作，他在纽约和巴黎都设有事务所（图 16-103）。

图 16-102 柏林纪念被屠杀犹太人纪念馆

图 16-103 伯纳德·屈米

图 16-104 美国 FIU 建筑学校

1977—1981 年,屈米主要从事解构主义的研究和设计,并提出了自己的理论观点。他把现代主义的标准设计理论"形式追随功能"改成"形式追随幻想"。相比其他解构主义大师来说,屈米的作品不多,但是他对解构主义风格发展的贡献却功不可没,主要代表建筑有拉·维莱特公园(1982—1998 年,巴黎)、玻璃影像画廊(1990 年,荷兰)、FIU 建筑学校(1999—2003 年,美国)、鲁昂音乐和展览中心(1998—2001 年,法国)、哥伦比亚学生中心(1999 年,美国)、瑞士洛桑 M2 交通枢纽工程(2001 年)、雅典卫城新博物馆(2004 年)等项目(图 16-104)。

屈米是解构主义流派代表人物中"最富哲学精神的"。这一点也反映在他与法国哲学家、解构主义哲学的创始人德里达所建立的良好个人关系上。他的设计作品体现出"不系统性"和"不完整性",主张多元,主张模糊地带。他认为,没有程序就没有建筑,没有事件就没有建筑,没有运动就没有建筑。弗伦奇曾经评价屈米和埃森曼的建筑作品是"精神错乱,只有思想,没有功能的东西"。但是,相对于弗兰克·盖里而言,屈米和埃森曼设计的建筑要理性得多。

1982 年,屈米在法国政府举办的拉·维莱特公园国际设计竞赛中胜出,该项目是为纪念法国大革命 200 周年所开展的巴黎十大工程之一。拉·维莱特公园是解构主义最重要的作品之一,屈米也由此奠定了其在解构主义建筑发展中的重要地位(图 16-105 ~ 图 16-110)。

拉·维莱特公园位于巴黎的东北角,这里原来是一座屠宰场。屈米首先建立了一个与巴黎旧区街坊尺度一致的 120 米见方的网络系统,在每一个交点处都放置了一个 10

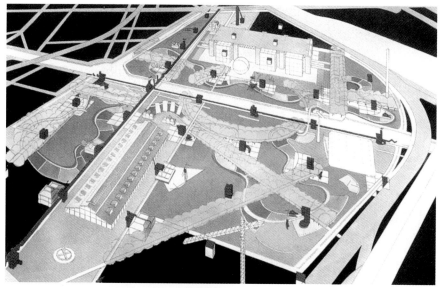

图 16-105　巴黎拉·维莱特公园总平面分析图

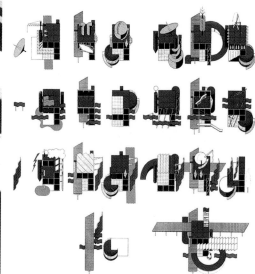

图 16-106　拉·维莱特公园红色构筑物的组合

图 16-107　拉·维莱特公园局部

图 16-108　拉·维莱特公园局部

图 16-109　拉·维莱特公园局部

图 16-110　拉·维莱特公园局部

米见方的被称作"疯狂"的红色建筑小品。以建筑小品为"点"，以道路为"线"，以广场和科学城为"面"，形成点、线、面三套各自独立的体系并列、交叉、重叠的设计构思。拉·维莱特公园的规划与设计构想是全新的理念，它为我们全面看待建筑设计提供了更为广泛的视角。

4. 丹尼尔·里勃斯金

　　1946 年，丹尼尔·里勃斯金出生于战后波兰的罗兹，后来移民以色列，父母都是大屠杀的幸存者。作为一个犹太人，他从小喜欢音乐，先后在以色列和美国学习音乐，并成为职业演奏员，1965 年加入美国国籍。20 岁时里勃斯金开始对建筑感兴趣，1972 年在英国埃赛克斯大学获得建筑历史与理论硕士学位。曾经与埃森曼共事，后在欧美多所大学执教，专注于建筑理论的研究，并于 1989 年在德国柏林成立了夫妻合作的建筑事务所（图 16-111）。

　　直到 52 岁时，里勃斯金才设计完成了第一件作品——纽斯鲍姆住宅（1998 年）。真正让世界认识里勃斯金的是在他 1989 年获得柏林犹太人博物馆设计竞赛一等奖时。2001 年，经过十余年的建设，耗资达 1.2 亿马克的柏林犹太人博物馆建成开幕，令全世界哗然，也一夜之间使里勃斯金成为最令人瞩目的前卫设计师（图 16-112 ～图 16-116）。

　　新建的博物馆比邻北侧的老馆，临街没有出入口，需要从老馆进入，通过地下通道进入新馆。在有限的地段内，里勃斯金使用迂回和扭曲的平面布局形式，在取得最长展览流线的同时，也很好地表现了犹太人被压抑的痛苦和被

图 16-111 丹尼尔·里勃斯金

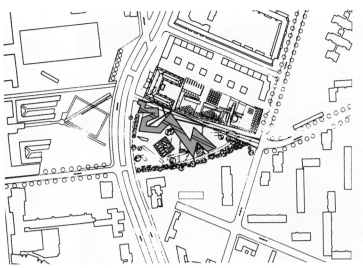
图 16-112 柏林犹太人博物馆总平面图

图 16-113 柏林犹太人博物馆

图 16-114 柏林犹太人博物馆

图 16-115 柏林犹太人博物馆体验区

图 16-116 柏林犹太人博物馆室内

图 16-117 纽约世贸中心重建方案

杀戮的恐惧。在建筑外墙上，里勃斯金使用了在纽斯鲍姆住宅设计中被人嘲讽的怪异窗子。在建筑外部，有一个由 49 根方形水泥柱组成的体验区域，倾斜的水泥柱令人压抑，起伏不平的粗糙地面更加重这种氛围，它仿佛像一座墓地，向参观者传达出一种信息。

名不见经传的里勃斯金继柏林犹太人博物馆成功建成之后，又在 2003 年有埃森曼、迈耶、福斯特、联合建筑师、SOM 和 THINK 等当代最著名的建筑大师和设计集团参加的纽约世界贸易中心重建方案第一轮设计竞赛中胜出，影响深远。如果说，柏林犹太人博物馆的成果是偶然的奇遇，世界贸易中心的再次成功标志着里勃斯金已经成为世界级大师，他也将事务所搬到了距离世贸中心现场只有几个街区的地方（图 16-117）。

5. 扎哈·哈迪德

1950 年，扎哈·哈迪德出生于伊拉克的首都巴格达，11

图 16-118　扎哈·哈迪德

图 16-119　维特拉公司消防站

图 16-120　辛辛那提当
代艺术中心室内（左）
图 16-121　辛辛那提当
代艺术中心（右）

岁时就有将来成为建筑师的想法。哈迪德最初在黎巴嫩贝鲁特的美国大学学习，但选择的却是数学专业。后来哈迪德移居英国并接受建筑教育，1977 年获得英国伦敦 AA 建筑学院授予的硕士学位。毕业后，哈迪德进入大都会事务所，与库哈斯共事两年并一直保持良好的个人关系。1979 年，哈迪德成立了自己的事务所，并开始频繁参加世界各地的设计竞赛、展览等学术活动，开始被外界所了解（图 16-118）。

在 1982—1983 年"香港之峰俱乐部"方案设计竞赛中，哈迪德的方案被建筑大师矶崎新看中，并获得一等奖。但是直到 1993 年，哈迪德的第一件设计作品——德国维特拉消防站才建成，并获得普遍好评。哈迪德近年来非常活跃，有大量的在建项目，主要代表作品是维特拉消防站（1991—1993 年）、园艺展览会展廊（1997—1999 年）、奥地利因斯布鲁克滑雪跳台（1999 年）、美国辛辛那提当代艺术中心（1999—2003 年）、韩国首尔东大门广场设计，以及中国北京朝阳门 SOHO 三期、广州歌剧院等建筑（图 16-119 ~ 图 16-121）。

2004 年，哈迪德获得普利兹克建筑奖，并成为首位获此殊荣的女建筑师。正当事业达到高峰时，2016 年 3 月 31 日，哈迪德在美国迈阿密突然去世，享年 66 岁。

6. 蓝天组

蓝天组建筑事务所于 1968 年在奥地利维也纳设立，最初是由建筑师沃尔夫·德·普瑞克斯（1942—）、海默特·斯维茨斯基（1944—）和迈克尔·霍尔泽（1943—）创建。1971 年，迈克尔·霍尔泽退出，1990 年开始由合伙人法兰克·斯蒂普经营。选择"蓝天"作为事务所的名称，其设计理念是要将建筑设计成为"轻盈、飘逸，就像蓝天中的白云"一样。

1989 年竣工的维也纳办公楼"屋顶改造"项目是蓝天组的成名作，也是解构主义的代表建筑。善于使用折线、曲线来处理空间形态，强调对空间的全新体验和视觉冲击力是蓝天组突出的设计风格，"非建筑化"甚至是"燃烧的建筑"成为蓝天组的设计追求（图 16-122、图 16-123）。

近些年来，蓝天组开始接手一些大型工程，更有机会将复杂的空间多层次地展示出来。代表性建筑有德累斯顿 UFA 电影中心（1998 年）、埃及博物馆（2003 年）、德国慕尼黑宝马世界（2007 年）、欧洲中央银行总部、大连国际会议中心（2013 年）等。其中，大连国际会议中心是蓝天组设计的最大规模的公共建筑，该建筑使用 10 万块铝板塑造出具有梦幻般的室内外建筑空间。

德国慕尼黑宝马世界是一座集新车交付、展示、技术与设计工作室、讲堂与活动室以及休闲空间为一体的综合性多功能建筑，总面积达 7 万多平方米，屋顶放置了 3660 块太阳能电池板。整个建筑的室内外空间造型很好地向人们传递了机动车制造业未来高技术的发展方向（图 16-124、图 16-125）。

另外，出生于荷兰的建筑师雷姆·库哈斯（1944—）相继设计了一些具有解构主义风格的建筑，库哈斯以其独特的设计理念获得 2000 年普利茨克建筑奖，代表作品有美国伊利诺伊理工学院校园中心（2003 年）、柏林荷兰大使馆（2004 年）以及中国中央电视台的新大楼（2004—2009 年）、美国西雅图中心图书馆（2004 年）等建筑。

近些年来，越来越多的人开始喜欢造型古怪的解构主

图 16-122 维也纳办公楼"屋顶改造"（左）
图 16-123 "屋顶改造"室内（右）

图 16-124 德国慕尼黑宝马世界

图 16-125 德国慕尼黑宝马世界室内

义风格的建筑，也出现了一些"理智型"的解构主义设计倾向，它们虽然造型怪异，也很吸引人眼球，但是结构形式和建造材料往往还是传统的，可以节省大量投资，例如美国 MSME 建筑事务所设计的匹兹堡卡内基·梅农大学盖茨计算机科学中心（2005 年）和耶鲁大学健康服务中心等建筑。

第四节　新现代主义

其实，世界建筑历史的发展原本并没有我们想象和归纳的那样简单，许多建筑风格和流派的形成与发展往往呈现出交织的状态，即使同一个建筑师在不同阶段、不同项目中也会呈现不同的设计风格。当"热热闹闹的后现代主义、气派非凡的高技派以及耸人听闻的解构主义"活跃在世界建筑舞台上的时候，一些坚持现代建筑思想的建筑师将现代技术和个人情感结合起来，创造出许多更为社会大众接受的设计作品，一些建筑理论家将其简单统称为"新现代主义"。从建筑的数量来看，新现代主义应该一直占据着社会的主流，它也是形成当下世界当代建筑的主体。

1969 年，纽约现代艺术博物馆举办了题为"研究环境的建筑家会议"的展览和学术活动，这次活动的参加者是彼得·埃森曼、迈克尔·格雷夫斯、查尔斯·加斯米、约翰·海杜克和理查德·迈耶，他们就是后来大名鼎鼎的"纽约五人"。与当时正在流行的国际主义风格不同，他们采用单纯的白色作为建筑的基本色调，所以被评论界称为"白色派"。后来，"纽约五人"分裂成不同的设计风格，只有迈耶一直坚持下来，成为"白色派"最具代表性的建筑师。

在 20 世纪 70 年代后，坚持继续从事现代建筑设计风格的建筑大师除"纽约五人"外，重要的代表人物还有美籍华裔建筑大师贝聿铭，西萨·佩里（1926—），保罗·鲁道夫（1918—）和爱德华·巴恩斯和以丹下健三、槇文彦、黑川纪章、安藤忠雄等为代表的日本建筑师。

日本经历了完整的现代主义建筑发展过程，出现了一大批优秀的建筑大师和建筑设计作品，引领了亚洲现代建筑的发展，并创造性地建立了具有日本文化气质的现代建筑风格。截止到 2014 年，在 36 届普利茨克建筑奖中，先后有七位日本建筑师获奖，即 1987 年第 9 届的丹下健三，1993 年第 15 届的槇文彦，1995 年第 17 届的安藤忠雄，2010 年第 32 届的妹岛和世与西泽立卫组合，2013 年第 35

届的伊东丰雄，2014 年第 36 届的坂茂。这是除了美国之外，获普利茨克建筑奖最多的国度，这也从一个侧面表明日本当代建筑的设计水平已得到世界范围的广泛认可。

也许正是对新现代主义建筑流派的不同看法，导致对该流派的代表人物有所争议，这里，我们选择几位有代表性的建筑大师和群体，对其设计生涯、设计思想和代表作品作简要的分析与介绍。

1. 西萨·佩里

1926 年，西萨·佩里出生于阿根廷的图库曼。1944 年在图库曼大学学习建筑。1949 年毕业后获得建筑师执照，并在地方政府的建筑管理部门工作。西萨·佩里是现代建筑中非常令人瞩目的一位建筑大师，2019 年 7 月 20 日，佩里在家中去世，享年 93 岁（图 16-126）。

1952 年，佩里移民美国，并在伊利诺伊大学获得建筑硕士学位，在这里他结识了建筑大师密斯，对其后来的设计思想产生了深远的影响。1952—1964 年，佩里曾经在小沙里宁的建筑设计事务所学习和工作。

佩里曾经先后在耶鲁大学建筑学院、加利福尼亚大学洛杉矶校区（UCLA）建筑系任教。1977 年，佩里建立了自己的建筑设计事务所，并担任耶鲁大学建筑学院的院长，一直任职到 1984 年。

佩里早期的国际主义风格作品有圣伯纳丁诺市政府（1969 年）、洛杉矶太平洋设计中心（1971—1988 年）、美国驻日本大使馆（1972 年）、纽约现代艺术博物馆扩建工程（1977 年）等建筑。

佩里也曾经尝试过后现代主义的设计风格，例如美国莱斯大学赫林大楼。1980—1987 年设计完成的纽

图 16-126　西萨·佩里

约世界金融中心冬季花园建筑群具有后现代主义的风格。后来设计的明尼阿波利斯市西北大厦（1987年）、克里夫兰市社会塔楼（1991年）、夏洛特市民族银行大厦（1992年）、芝加哥米格林·贝特勒大楼（1993年）更趋向于"装饰主义"建筑风格的方向（图16-127～图16-130）。

佩里认为："我们设计一座建筑时，就是在参与一项永不完结、永不完整的集体艺术创作，这件艺术品就是城市，这也是任何文化里最重要的艺术工作。"

1996年建成的马来西亚吉隆坡石油大厦是西萨·佩里最具代表性的作品，该设计方案在1991年举行的国际设计竞赛中一举夺魁。马来西亚吉隆坡石油大厦以其88层，452米的高度曾经一度成为世界上最高的建筑。西萨·佩里将创新技术与伊斯兰象征完美地结合在一起的设计手法得到建筑界的一致好评，这座建筑也成为20世纪90年代东南亚经济崛起的标志。后来的设计方案由最初的十二角形，改为具有伊斯兰象征意义的八角形，建筑立面造型与细节更有宗教庙宇的神韵（图16-131）。

图16-127 世界金融中心冬季花园建筑群

图16-128 世界金融中心冬季花园室内大厅

图16-129 明尼阿波利斯市西北大厦

图16-130 克里夫兰市社会塔楼

图16-131 马来西亚吉隆坡石油大厦

在建筑结构上，石油大厦也根据当地的经济状况进行了创新。为了降低工程造价，建筑采用钢筋混凝土柱子与钢结构梁板相结合的结构形式，可以节省大量的钢材，但底层柱子的直径也达到 2.4 米。在第 41、42 层处，一座 58.82 米跨度的双层天桥将两座大楼连接在一起，也起到画龙点睛的作用。

佩里曾经这样评价自己的作品："这两座塔楼并非纪念碑，而是有血有肉的建筑，它们扮演着具有象征意义的角色，我们努力使它们鲜活起来，我对这个项目最感兴趣的是两楼之间的空间。"

2. 理查德·迈耶

1934 年，理查德·迈耶出生于美国新泽西州东北部的纽瓦克，是新现代主义的主要代表人物，迈耶以独特的"白色派"为特征而闻名于世（图 16-132）。

1957 年，迈耶毕业于康奈尔大学建筑系，曾经在 SOM 和马歇尔·布劳耶等著名的建筑设计事务所学习和工作，这对他后期的发展产生了很大的影响。

1963 年，迈耶在纽约开设了自己的建筑设计事务所。"在其职业生涯中，理查德·迈耶保持了其风格的连续性和一贯性，这种风格成为其在建筑学业内的一个最具有标志性的特征。重复使用的白色墙面和建筑构成的清晰和条理性，是理查德·迈耶毫无疑义的商标。"[10] 迈耶认为，白色是建

图 16-132 理查德·迈耶

筑中最能够反映建筑美、建筑结构、光影效果的色彩。歌德曾经说："色彩是光的颜色，因此，阳光才是真正的色彩，白色是阳光的色，也是最丰富的色彩。"因此，使用全白色是能够达到最充分、最饱满、最强有力的建筑目的的手段。

迈耶的早期作品有康涅狄格州达连湾史密斯住宅（1965—1967 年）、纽约州萨兹曼住宅（1967—1969 年）、纽约州魏因斯坦住宅（1969 年）、密歇根州道格拉斯住宅（1971—1973 年）等建筑，它们都具有白色的构成主义特征（图 16-133 ～图 16-135）。

博物馆建筑项目是迈耶从最初的小住宅向大型公共建筑项目过渡的标志，他在 20 世纪 70 年代比较重要的项目

图 16-133 史密斯住宅（右上）
图 16-134 道格拉斯住宅（左）
图 16-135 道格拉斯住宅起居厅（右下）

有布朗克斯发展中心（1970—1977年）、印第安纳州图书馆（1975—1979年）、亚特兰大艺术博物馆（1980—1983年）等。荷兰海牙市政厅和图书馆（1986—1995年）是迈耶开始接受大型项目的一个标志。这期间，他设计了德国乌尔姆市博览和集会大楼（1986—1993年）、巴黎运河总部大厦（1988—1992年）、巴塞罗那当代艺术博物馆（1987—1995年）、意大利罗马天主教堂（1996—2004年）、位于洛杉矶的保罗·盖蒂中心（1984—1997年）等建筑（图16-136～图16-138）。

迈耶是一个多产的建筑大师，他设计了众多的建筑项目，曾经荣获英国皇家建筑师学会金奖（1989年）和美国建筑师学会金奖（1997年）。1984年，迈耶获得普利兹克建筑奖，对其设计思想和作品的评语是：理查德·迈耶对于现代建筑的精神有着坚贞的追求，他极大地扩展了适应时代要求的形式范围，在对功能流线的探索以及对光与空间的平衡的实践中，他开创了一个极富个性、充满活力的、新颖的体系。迈耶的设计项目众多，但也并不是什么都设计，他曾经说："我永远都不会接受的设计任务是监狱和加油站，对于这两类建筑中的任何一样，我都没有什么好说的。"

世界最昂贵的博物馆——保罗·盖蒂中心历时十几年终于建成。盖蒂基金会是美国最富有的基金会之一，他们耗资10亿美元在洛杉矶北部的布莱伍德建造庞大的盖蒂中心。该中心占地110英亩，位于山顶上，从博物馆的平台向远处眺望，太平洋和洛杉矶城区都尽收眼底（图16-139）。

保罗·盖蒂中心主要包括艺术博物馆、文物和考古研究中心、图书馆、讲演厅、文化活动中心、收藏馆、附属设施等一组规模庞大的建筑群。建筑外墙采用大面积的白色金属板材，局部使用意大利的白色大理石。与迈耶通常完全采用白色墙面不同，这里使用了大量表面粗糙的黄色石灰石贴面，与白色精细质感的墙面形成强烈的对比。整个场地的园林布置将建筑物有机融入到了周围环境之中，水在其中也扮演了非常重要的角色，泉水和排水渠中的水流向了山脊间的中央花园。

保罗·盖蒂中心的设计也反映出迈耶开始尝试白色以外的色彩在设计中的作用，以及地方特有的材料所能激发出的个人情感。

图16-136 印第安纳州图书馆

图16-137 巴塞罗那当代艺术博物馆

图16-138 罗马教堂室内（左）
图16-139 保罗·盖蒂中心（右）

3. 当代日本建筑师

日本当代建筑的最大特点和特色是一直都没有失去自己传统文化的根基。"日本现代建筑中非常令人瞩目的一个特征是它的现代建筑大师都深刻理解和热爱传统，努力保护传统，同时也努力通过自己的设计实践把传统和现代建筑结合起来，形成具有日本面貌的现代建筑，而不是盲目地抄袭、模仿西方的风格流派。"[11] 丹下健三无疑是日本现代建筑的领军人物，槇文彦、黑川纪章、大谷幸夫、矶崎新、伊东丰雄、安藤忠雄、妹岛和世与西泽立卫、长谷川逸子等人为日本战后第一代或第二代建筑师的代表，他们的设计思想和设计作品极大地丰富了当代建筑的发展。

1928 年，槇文彦出生于日本东京。1952 年毕业于东京大学建筑系，获得建筑学学士学位。毕业后槇文彦即进入丹下健三研究室，并前往美国匡溪艺术学院和哈佛大学设计研究生院学习，曾经在 SOM 等事务所学习和工作。1960 年，槇文彦回到日本进入丹下健三建筑设计事务所工作。1965 年，在东京设立了自己的建筑设计事务所。

槇文彦是 20 世纪 60 年代日本新陈代谢主义的核心成员之一。他坚信：设计师不仅要给后人留下房屋，更重要的是要留下文化财富。1993 年槇文彦获得普利兹克建筑奖，2011 年获得美国建筑师学会授予的 AIA 奖。主要代表作品有螺旋大厦（1985 年）、东京都体育馆（1990 年）、朝日电视台总部（2003 年）、美国麻省理工学院媒体实验室综合设施（2009 年）、清水表演艺术中心（2012 年）、美国世界贸易中心 4 号楼（2013 年）等建筑（图 16-140、图 16-141）。

1934 年，黑川纪章生于日本名古屋市的一个建筑世家。1957 年毕业于京都大学建筑系，后就读于东京大学，

以研究生身份在丹下健三研究室工作，1959 年获硕士学位，1964 年获东京大学博士学位。1960 年在丹下健三"巨型结构设想"的启发下，与菊竹清训、川添登、槇文彦等人开始倡导"新陈代谢"思想。1962 年成立黑川纪章建筑都市设计研究所。2007 年 10 月 12 日，黑川纪章在日本病逝。

新陈代谢思想的核心内容是：城市和建筑不是静止的，而是像生命体一样具有新陈代谢。新陈代谢的解决方法可分为两个部分：首先是建造永久性的结构，然后可以在结构上更换插接部分，以保持使用过程中的可持续发展。1972 年，黑川纪章设计的中银大厦（舱体大楼）引起轰动，也成为其新陈代谢思想的代表建筑。140 个舱体统一在集装箱工厂制造，每个舱体通过四组高强螺栓固定在两个钢筋混凝土筒体上，它们随时可以增加和去除。然而，三十多年过后，当中银大厦无法满足使用要求，需要更新时，黑川纪章却无能为力，虽然提出了若干替代方案，但都没有得到使用方的认可，甚至险遭被拆除的厄运（图 16-142）。

20 世纪 70 年代，面对世界建筑潮流的多元化，黑川纪章开始寻求日本传统文化与现代文明的结合点，提出了"灰空间"的建筑概念。黑川纪章是战后日本第一代重要的建筑家，主要代表建筑有中银大厦（1972 年）、福冈银行本店（1975 年）、琦玉县立近代美术馆（1982 年）、北京中日青年交流中心（1990 年）、新加坡共和广场（1995 年）、福井美术馆（1996 年）、梵高美术馆新楼（1998 年）、琥珀会所（1999 年）、国立新美术馆（2006 年）等（图 16-143）。

1941 年，伊东丰雄出生于日本统治时期的朝鲜（今韩国首尔），1965 年，毕业于东京大学工程学部建筑系，深受菊竹清训、矶崎新、黑川纪章等人的影响。1971 年，伊

图 16-140　位于东京的螺旋大厦

图 16-141　麻省理工学院媒体实验室综合设施

图 16-142 位于东京的中银大厦舱体大楼（左）
图 16-143 位于东京的国立新美术馆（右上）
图 16-144 位于东京的 TOD'S 表参道大厦局部（右下）

东丰雄在东京创办名为都市机械的工作室。1979 年将工作室更名为伊东丰雄建筑设计事务所有限公司。伊东丰雄认为，要超越现代主义，就要在保持其规范的基础上对其进行异化。主要代表作品有银色小屋（1982—1984 年）、风之塔（1986 年）、仙台媒体中心（1995—2001 年）、蛇形画廊（2002 年）、TOD'S 表参道大厦（2002—2003 年）等建筑（图 16-144）。

伊东丰雄获得过众多国际奖项，其中包括威尼斯国际建筑双年展金狮奖（2002 年）、英国建筑师学会皇家金质奖章（2006 年）等。2013 年获得第 35 届普利兹克建筑奖，在发表获奖感言时，他谈道：建筑必然受到社会各方面因素的制约。在从事建筑设计时，我始终铭记：如果我们能够摆脱所有这些限制，哪怕是一点点，就能设计出更舒适的空间。但是，当一栋建筑完成后，我会痛苦地意识到自己的不足，然后它又转化成我挑战下一个项目的动力。

1941 年，安藤忠雄出生于日本大阪。安藤忠雄是一位具有传奇经历的建筑大师，他曾经做过职业拳击手和货车司机，二十多岁时开始对建筑感兴趣，多次到欧美进行建筑考察，安藤忠雄强调要用自己的五官感觉建筑，直到现在，安藤忠雄依然喜欢旅行，把旅行当作人生最好的导师。

他在《安藤忠雄的都市彷徨》一书中写道：旅行，造就了人。旅行，也造就了建筑家。

1969 年，创立了安藤忠雄建筑事务所。他创造性地将粗野主义的混凝土墙面与日本传统技艺相结合，做出了细腻的混凝土墙体。他善于利用墙体分隔空间，利用光线塑造空间。1987—2005 年，安藤忠雄先后在耶鲁大学、哈佛大学、东京大学等学校担任客座教授。先后获得日本建筑学会奖、美国建筑师学会（AIA）金奖等众多奖项。1995 年，安藤忠雄获得普利兹克建筑奖。主要代表作品有大阪府住吉的长屋（1976 年）、芦屋市小筱邸（1981 年）、东京濑田川城户崎邸（1982—1986 年）、神户市六甲集合住宅 I（1983 年）、北海道水之教堂（1988 年）、大阪光之教堂（1989 年）、美国普立兹美术馆（2000 年）、兵库县立美术馆（2001 年）、东京表参道之丘（2006 年）等建筑（图 16-145）。

进入 21 世纪后，世界建筑的发展更趋向于多元化。随着环境污染的加剧，传统能源的日益枯竭，节能减排的绿色建筑以及倡导地域文化的创造倾向开始主导世界建筑的发展。在绿色建筑评价系统中，美国绿色建筑委员会的操作程序与管理办法（LEED）相对更为成熟，也为未来绿色建筑的发展指明了方向。拉斐尔·维诺里建筑师事务

图 16-145 水之教堂

图 16-146 匹兹堡大卫·劳伦斯会议中心

所设计的位于美国匹兹堡市的大卫·劳伦斯会议中心（2003年）就以"自然采光、低温空气分布、自然通风和中水回收等各项可持续功能"而成为世界上第一个获得认证的可持续发展会议中心，也是目前唯一获得 LEED 金奖认证的国际会议场所。匹兹堡原来是美国的钢铁之都，随着高污染企业逐渐迁出，当地开始引入既绿色环保，又具有高附加值的生物制药等高科技产业，同时大力推广绿色建筑理念，为工业城市复兴提供了很好的借鉴（图 16-146）。

回顾过去的一百年，令人难忘，也令人激动，这是人类建筑发展最为迅猛的时期，所取得的成就是以往任何时期都没有达到的！

本章注释：

[1] 汝信，王瑗，朱易. 西方建筑艺术史［M］. 银川：宁夏人民出版社，2002：319.

[2] 陈文捷. 世界建筑艺术史［M］. 长沙：湖南美术出版社，2004：357.

[3] 陈文捷. 世界建筑艺术史［M］. 长沙：湖南美术出版社，2004：358.

[4] 王受之. 世界现代建筑史［M］. 北京：中国建筑工业出版社，1999：347.

[5] 罗小未. 外国近现代建筑史［M］. 北京：中国建筑工业出版社，2004：404.

[6] 罗小未. 外国近现代建筑史［M］. 北京：中国建筑工业出版社，2004：369.

[7] 王受之. 世界现代建筑史［M］. 北京：中国建筑工业出版社，1999：382.

[8] 王受之. 世界现代建筑史［M］. 北京：中国建筑工业出版社，1999：383.

[9] 王受之. 世界现代建筑史［M］. 北京：中国建筑工业出版社，1999：385.

[10] 严坤. 普利策建筑奖获得者专辑（1979—2004）［M］. 北京：中国电力出版社，2005：94.

[11] 王受之. 世界现代建筑史（第二版）［M］. 北京：中国建筑工业出版社，2012：524.

参考文献

1. 李之吉，戚勇 . 长春近代建筑［M］. 长春 : 长春出版社，2001.

2. 张荣生 . 外国建筑艺术［M］. 济南 : 山东美术出版社，2001.

3. 黄汉民 . 福建土楼——中国传统民居的瑰宝［M］. 北京 : 三联书店，2003.

4. 华怡建筑工作室编译 . 世界建筑经典 3［M］. 北京 : 机械工业出版社，2003.

5. ［美］戴维·B·布朗宁等 . 路易斯·康 : 在建筑的王国中［M］. 马琴译 . 北京 : 中国建筑工业出版社，2004.

6. ［荷］亚历山大·佐尼斯 . 勒·柯布西耶 : 机器与隐喻的诗学［M］. 金秋野，王又佳译 . 北京 : 中国建筑工业出版社，2004.

7. 何杨主编 . 世界遗产之旅——皇宫御苑［M］. 北京 : 中国旅游出版社，2004.

8. 何杨主编 . 世界遗产之旅——历史名都［M］. 北京 : 中国旅游出版社，2004.

9. 章迎尔等 . 西方古典建筑与近现代建筑［M］. 天津 : 天津大学出版社，2000.

10. 孙礼军等 . 建筑的基本知识［M］. 天津 : 天津大学出版社，2000.

11. ［瑞士］W·博奥席耶 . 勒·柯布西耶全集［M］. 牛燕芳，程超译 . 北京 : 中国建筑工业出版社，2005.

12. 汪之力，张祖刚 . 中国传统民居建筑［M］. 济南 : 山东科学技术出版社，1994.

13. 大师系列丛书编辑部 . 理查德·罗杰斯的作品与思想［M］. 北京 : 中国电力出版社，2005.

14. 大师系列丛书编辑部 . 托马斯·赫尔佐格的作品与思想［M］. 北京 : 中国电力出版社，2005.

15. 大师系列丛书编辑部 . 特里·法雷尔的作品与思想［M］. 北京 : 中国电力出版社，2005.

16. 大师系列丛书编辑部 . 阿尔瓦·阿尔托的作品与思想［M］. 北京 : 中国电力出版社，2005.

17. 钱正坤 . 世界建筑风格史［M］. 上海 : 上海交通大学出版社，2005.

18. 刘先觉，陈泽成主编 . 澳门建筑文化遗产 . 南京 : 东南大学出版社，2005.

19. 胡德坤，罗志刚主编 . 第二次世界大战史纲［M］. 武汉 : 武汉大学出版社，2005.

20. 宗教研究中心 . 世界宗教总揽 . 北京 : 东方出版社，1993.

21. 张驭寰 . 中国城池史［M］. 天津 : 白花文艺出版社，2003.

22. 王绍周 . 中国民族建筑［M］. 南京 : 江苏科学技术出版社，1999.

23. 史建 . 图说中国建筑史［M］. 杭州 : 浙江教育出版社，2001.

24. 宋昆 . 平遥古城与民居［M］. 天津 : 天津大学出版社，2000.

25. 和段琪 . 丽江古城［M］. 广州 : 岭南美术出版社，1998.

26. ［明］计成 . 园冶图说［M］. 赵农注释 . 济南 : 山东画报出版社，2003.

27. ［英］大卫·沃特金 . 西方建筑史［M］. 傅景川等译 . 长春 : 吉林人民出版社，2004.

28. 乌丙安，李家巍主编 . 窥视中国［M］. 沈阳 : 辽海出版社，2000.

29. 张爱玲，王冰，黎娜 . 建筑的故事［M］. 北京 : 中国书籍出版社，2005.

30. 陈伯超，王英迪 . 欧洲新建筑［M］. 北京 : 中国建筑工业出版社，1995.

31. 北京市建筑设计研究院，建筑创作编辑部 . 北京宾馆建筑［M］. 北京 :1993.

32. 王其钧 . 皇家建筑［M］. 北京，中国水利水电出版社 .2005.

33. 山西省古建筑保护研究所 . 佛光寺［M］. 文物出版社 .1984.

34. 吴亮 . 上海图书馆供稿 . 老上海［M］. 南京，江苏美术出版社，1998.

35. 拜占庭艺术［M］. 王嘉利译 . 济南 : 山东美术出版社，2002.

36. 汉宝德 . 透视建筑［M］. 天津 : 百花文艺出版社，2004.

37. 刘天华 . 中西建筑艺术比较［M］. 上海 : 上海古籍出版社，2005.

38. 沈祉杏 . 穿墙故事——再造柏林城市［M］北京 : 清华大学出版社，2005.

39. 李松编，张择端 . 清明上河图［M］. 北京 : 文物出版社，1998.

40. 纪江红 . 世界文化与自然遗产［M］北京 : 北京出版社，2004.

41. 冯炜烈等 . 神圣庄严的教堂建筑［M］天津 : 天津人民美术出版社，2005.

42. 冯炜烈等 . 典雅华贵的宫殿建筑［M］天津 : 天津人民美术出版社，2005.

43. ［韩］建筑世界杂志社 . 前卫建筑师——安东尼奥·高迪［M］. 刘河译 . 天津 : 天津大学出版社，2002.

44. 马国馨 . 丹下健三［M］. 北京 : 中国建筑工业出版社，1989.

45. 张健文.千碉之国——开平［M］香港：香港银河出版社，2002.

46. 刘毅，刘延平.老街余韵——哈尔滨建筑风情［M］哈尔滨：黑龙江美术出版社，2002.

47. 王瑞珠.世界建筑史——古埃及卷（上、下册）［M］北京：中国建筑工业出版社，2002.

48. 毛坚韧.西方建筑这棵树 [M].上海：上海书店出版社，2004.

49. ［日］关野贞.日本建筑史［M］.路秉杰译.上海：同济大学出版社.2012.

50. ［美］菲利普·朱迪狄欧，珍妮特·亚当斯·斯特朗.贝聿铭全集［M］.李佳杰，郑晓东译.北京：电子工业出版社.2013.

51. 时代建筑编辑部.时代建筑［J］.上海：同济大学出版社，79.84 期.

52. 台湾建筑编辑部.台湾建筑［J］.台北：台湾建筑报导杂志社.

53. 坪井善胜，木村俊彦.ピエール·ルイージ·ネルヴィ フェリックス·キャンデラ［M］.東京：株式会社美術出版社，1970.

54. 槇文彦·山下司.ポール·ルドルフ［M］.東京：株式会社美術出版社，1968.

55. 浜口隆一，渡辺明次.ミース·ファン·デル·ローエ［M］.東京：株式会社美術出版社，1968.

56. Henry M . Sayer. A World of Art［M］.New Jersey：Upper Saddler River . 1997 .

57. Marilyn Stokstad . Art History, Volume1［M］.New York：Prentice Hall, Inc, and Harry N. Abrams，Inc. 1995.

58. H.W.Janson .History ofArt［M］.U.S.A.

59. Kenneth Frampton ,Joseph Rykwert . Richard Meier Architect［M］.New York：Rizzoli International Publications，Inc.1999.

60. Essays by Kenneth Frampton, Joseph Rykwert .Richard Meier Architect 3.［M］.New York :Rizzoli.1999.

61. Progressive Architecture［J］.U.S.1991（02）

62. The International Magazine Of Fine Interior Design . Architecture Digest.［J］.U.S.

图片来源

1. 侯幼彬.中国建筑美学［M］.哈尔滨：黑龙江科学技术出版社，1997.

2. 侯幼彬，李婉贞.中国古代建筑图说［M］.北京：中国建筑工业出版社，2002.

3. 潘谷西.中国建筑史［M］.北京：中国建筑工业出版社，2004.

4. 潘谷西.中国美术全集.建筑艺术篇（袖珍本）·园林建筑［M］.北京：中国建筑工业出版社，2004.

5. 杨道明.中国美术全集.建筑艺术篇（袖珍本）·陵墓建筑［M］.北京：中国建筑工业出版社，2004.

6. 于倬云，楼庆西.中国美术全集.建筑艺术篇（袖珍本）·宫殿建筑［M］.北京：中国建筑工业出版社，2004.

7. 白佐民，邵俊义.中国美术全集.建筑艺术篇（袖珍本）·坛庙建筑［M］.北京：中国建筑工业出版社，2004.

8. 孙大章，喻维国.中国美术全集.建筑艺术篇（袖珍本）·宗教建筑［M］.北京：中国建筑工业出版社，1995.

9. 邹德侬.中国现代建筑史［M］.天津：天津科学技术出版社，2001.

10. ［英］克里斯·斯卡尔.世界古代70大奇迹［M］.吉生，姜镔，剑锋译.桂林：漓江出版社，2001.

11. ［英］尼尔·帕金主编.世界70大建筑奇迹［M］.姜镔，吉生，惠君译.桂林：漓江出版社，2004.

12. 李多译.埃及建筑［M］.济南：山东美术出版社，2002.

13. 陈文捷.世界建筑艺术史［M］.长沙：湖南美术出版社，2004.

14. ［英］乔纳森·格兰西.建筑的故事［M］.罗德胤，张澜译.北京：三联书店，2003.

15. 汝信，徐怡涛.中国建筑艺术史［M］.银川：宁夏人民出版社，2002.

16. 汝信，王瑷，朱易.西方建筑艺术史［M］.银川：宁夏人民出版社，2002.

17. 陈志华.外国古建筑二十讲［M］.北京：三联书店，2002.

18. ［美］卡罗尔·斯特里克兰.拱的艺术——西方建筑简史［M］.王毅译.上海：上海人民美术出版社，2005.

19. 傅朝卿.西洋建筑发展史话［M］.北京：中国建筑工业出版社，2005.

20. 罗小未.外国近现代建筑史［M］.北京：中国建筑工业出版社，2004.

21. 严坤.普利策建筑奖获得者专辑（1979—2004）［M］.北京：中国电力出版社，2005.

22. ［意］马尔科·卡塔尼奥等.艺术的殿堂［M］.郑群等译.济南：山东教育出版社，2004.

23. 刘丹.世界建筑艺术之旅［M］.北京：中国建筑工业出版社，2004.

24. 成寒.瀑布上的房子［M］.北京：三联书店，2003.

25. 紫图大师图典丛书编辑部.中国不朽建筑大图典.西安：陕西师范大学出版社，2004.

26. 紫图大师图典丛书编辑部.世界不朽建筑大图典.西安：陕西师范大学出版社，2004.

27. 张在元，刘少瑜.香港中环城市形象［M］.北京：中国计划出版社，1997.

28. ［美］约翰派尔.世界室内设计史［M］.刘先觉等译.北京：中国建筑工业出版社，2003.

29. ［美］K·弗兰姆普敦.20世纪世界建筑精品集锦——北美［M］.张钦楠编.北京：中国建筑工业出版社，2003.

30. ［美］K·弗兰姆普敦.20世纪世界建筑精品集锦——北、中、东欧洲［M］.张钦楠编.北京：中国建筑工业出版社，2003.

31. ［美］K·弗兰姆普敦.20世纪世界建筑精品集锦——环地中海地区［M］.张钦楠编.北京：中国建筑工业出版社，2003.

32. ［美］K·弗兰姆普敦.20世纪世界建筑精品集锦——俄罗斯—苏联—独联体［M］.张钦楠编.北京：中国建筑工业出版社，2003.

33. ［美］K·弗兰姆普敦.20世纪世界建筑精品集锦——南亚［M］.张钦楠编.北京：中国建筑工业出版社，2003.

34. ［美］K·弗兰姆普敦.20世纪世界建筑精品集锦——东亚［M］.张钦楠编.北京：中国建筑工业出版社，2003.

35. 世界建筑导报编译.大师足迹［M］.北京：中国建筑工业出版社，1998.

36. 巴马丹拿集团［M］.香港：贝思出版有限公司，1998.

37. ［美］戴维·拉金等.弗兰克·劳埃德·赖特：建筑大师［M］.苏怡，齐勇新译.北京：中国建筑工业出版社，2005.

38. ［英］康威·劳埃德·莫根.让·努韦尔.建筑的元素［M］.白颖译.北京：中国建筑工业出版社，2004.

39. ［英］马丁·波利.诺曼·福斯特：世界性的建筑［M］.刘亦新译.北京：中国建筑工业出版社，2004.

40. ［分］约兰·希尔特.阿尔瓦·阿尔托：设计精品［M］.何捷，陈欣欣译.北京：中国建筑工业出版社，2005.

41. 保国寺［M］.北京：中国摄影出版社，1999.

42. ［英］派屈克·纳特金斯.建筑的故事［M］.杨惠君等译.上海：上海科学技术出版社，2001.

43. 何杨.世界遗产之旅——上帝圣殿［M］.北京：中国旅游出版社，2004.

44. 何杨.世界遗产之旅——宗教圣地［M］.北京：中国旅游出版社，2004.

45. 何杨.世界遗产之旅——古代文明［M］.北京：中国旅游出版社，2004.

46. 何杨.世界遗产之旅——艺术瑰宝［M］.北京：中国旅游出版社，2004.

47. 曹炜.世界都市漫步——建筑文化（欧洲部分）［M］.上海：上海三联书店，2003.

48. 北京市规划委员会等.北京十大建筑设计［M］.天津：天津大学出版社，2002.

49. 王静.日本现代空间与材料表现［M］.南京：东南大学出版社，2005.

50. 吕致远.世界旅游图鉴［M］.郑州：大象出版社，2005.

51. 吕致远.中国旅游图鉴［M］.郑州：大象出版社，2005.

52. 大师系列丛书编辑部.扎哈·哈迪德的作品与思想［M］.北京：中国电力出版社，2005.

53. 大师系列丛书编辑部.理查德·迈耶的作品与思想［M］.北京：中国电力出版社，2005.

54. 大师系列丛书编辑部.伯纳德·屈米的作品与思想［M］.北京：中国电力出版社，2005.

55. 大师系列丛书编辑部.彼得·埃森曼的作品与思想［M］.北京：中国电力出版社，2006.

56. 大师系列丛书编辑部.尼古拉斯·格雷姆肖的作品与思想［M］.北京：中国电力出版社，2006.

57. ［美］马修·史密斯等.世界最高建筑100例［M］.周文正译.北京：中国建筑工业出版社，1999.

58. 罗昭宁，许顺法编.亚洲新建筑［M］.北京：中国建筑工业出版社，1998.

59. ［英］丹尼斯·夏普.20世纪世界建筑［M］.胡正凡，林玉莲译.北京：中国建筑工业出版社，2003.

60. 吴焕加.20世纪西方建筑名作.郑州：河南科学技术出版社，1996.

61. 陆大道.环球国家地理图鉴［M］.郑州：大象出版社，2004.

62. C3设计.世界著名建筑师系列——弗兰克·盖里［M］.李小平译.郑州：河南科学技术出版社.

63. 刘庭风.日本园林教程［M］.天津：天津大学出版社，2005.

64. 卜德清.中国古代建筑与近现代建筑［M］.天津：天津大学出版社，2000.

65. 王荔，王彦明.世界建筑未解之迷［M］.北京：中国书籍出版社，2004.

66. 李大夏.路易斯·康［M］.北京：中国建筑工业出版社，1998.

67. 安徽省旅游局.皖南古民居［M］.北京：中国旅游出版社，2002.

68. 中国建筑技术研究院建筑技术与设计编辑部.建筑技术与设计［M］.北京.

69. 吴光祖.中国现代美术全集——建筑艺术1［M］.北京：中国建筑工业出版社，1998.

70. 邹德侬.中国现代美术全集——建筑艺术3［M］.北京：中国建筑工业出版社，1998.

71. 邹德侬.中国现代美术全集——建筑艺术4［M］.北京：中国建筑工业出版社，1998.

72. 邹德侬.中国现代美术全集——建筑艺术5［M］.北京：中国建筑工业出版社，1998.

73. 宋高宗书考经马和之绘画册［M］成都：四川美术出版社，1998.

74. 田学哲.建筑初步（第二版）［M］.北京：中国建筑工业出版社，1999.

75. 杜布罗夫斯卡瓦.圣彼得堡［M］.圣彼得堡:Alfa-Colour出版社，2002.

76. 元代白描大家——王振鹏［M］成都：四川美术出版社，1998.

77. 纪江红.典藏世界名胜[M].北京：北京出版社，2004.

78. [美]房龙.谢伟编.房龙讲述建筑的故事[M].成都：四川美术出版社，2003.

79. ［英］威廉 J·R·柯蒂斯 .20 世纪世界建筑史［M］.本书翻译委员会译 . 北京：中国建筑工业出版社 .2011.

80. 世界建筑编辑部 . 世界建筑［J］. 北京：世界建筑杂志社，170、172、173、181、183、185、254 期 .

81. 建筑杂志编辑部 . 建筑杂志［J］. 台北 :82、83、88、90、93 期 .

82. 建筑学报编辑部 . 建筑学报［J］. 北京 .

83. 规划师［J］. 广西：规划师杂志社，2005.12.

84. 新周刊编辑部 . 新周刊［J］. 广州：广东省出版集团，225 期 .

85. 建筑 Dialogue Magazine［J］. 台北：美兆文化事业股份有限公司，2005.06.

86. 国外城市规划编辑部 . 国外城市规划［J］. 北京 .

87. 建筑与城市［J］. 香港：刘荣广伍振民建筑师事务所（香港）有限公司，2005.02.

88. 舌村純一 . 織りなされた壁—近代建築への３０年［M］. 東京：グラフィック社，1983.

89. 谷川正己 . 日本の建築「明治大正昭和」—ライトの遺産［M］. 東京：三省堂，1982.

90. 小川正，吉岡亮介 . ミノル・ヤマサキ［M］. 東京：株式会社美術出版社，1968.

91. 菊竹青川，穂積信夫 . イーロ・サーリネン［M］. 東京：株式会社美術出版社，1967.

92. 圓堂政嘉，椎名政夫 .SOM［M］. 東京：株式会社美術出版社，1968.

93. 芦原義信，武藤章 . アルヴア・アアルト［M］. 東京：株式会社美術出版社，1968.

94. Wayne Craven . American Art: History and Culture［M］.New York: McGraw .Hill .1994

95. John Kissick. Art: Context and Criticism［M］.U.S.A.: Wm. C.Brown Communications.1993.

96. Marilyn Stokstad . Art History, Volume2［M］.New York : Prentice Hall, Inc, and Harry N. Abrams , Inc. 1995.

97. Rolf Toman .Baroque : Architecture . Sculpture . Painting［M］. France : konemann VerlagsgesellschaftmbH .1998.

98. Marvin Trachtenberg and Isabelle Hyman .Architecture［M］.Netherlands : Perntice Hall , Inc. 1986.

99. Gardner . Art : ThroughTheAges［M］.U.S.A. : Harcourt Brace Jovanovice .1991.

100. Gilbert. Living with Art［M］.India : McGraw – Hill Higher Education . 2001.

101. Hugh Honour , John Fleming . The Visual Arts : AHistory［M］. New Jersey : Upper Saddler River .

102. Paul Zelanski , Mary Pat Fisher . The Art of Seeing［M］.New Jersey : Upper Saddler River .1991.

103. James Steel. Architecture Today［M］.Landon : Phaidon Press Limited Regent's Wharf All Saints Street London , 1997.

104. Robert Cameron . Above New York［M］.U.S.A.: Cameron and Company San Francisco , California U.S.A. 1988.

105. Robert Cameron . Above Washingtion［M］.U.S.A.: Cameron and Company San Francisco , California U.S.A. 1980.

106. Robert Cameron . Above Chicago［M］.U.S.A.: Cameron and Company San Francisco , California U.S.A. 1992.

107. Robert Cameron and Pierre Salinger.Above Paris［M］.U.S.A.: Cameron and Company San Francisco , California U.S.A. 1984.

108. Robert Cameron and Alistair cooke.AboveLandon［M］.U.S.A. : Cameron and Company San Francisco , California U.S.A. 1980.

109. Peter Gössel / Gabriele Leuthäuser.Architecture in the 20th century.［M］.Berlin:Taschen.2005.

110. Louna Lahti.Alvar Aalto 1898—1976.［M］.Berlin:Taschen.2009.

111. Hasan–Uddin Khan.International Style.［M］.Berlin:Taschen.2008.

112. ArchitecturalRecord［J］.U.S.2005.05

113. The ArchitecturalReview［J］.UK.

114. ProgressiveArchitecture［J］.1991.02.

115. 谷歌地球（Google earth）

后　　记

　　写书的过程也是一个学习和提高的过程，虽然有时会很疲惫，但却是充实和快乐的，特别是外出考察时，每当找到一个经典建筑实例时都会有很大的成就感和满足感，这也是驱使我完成这本书的不竭动力，希望这本书也给喜欢建筑历史的读者带来快乐。

　　本书既有自己走过世界多地的亲身感悟，同时还引用了一些专家学者的图片、研究成果与精彩论述，正是众多成果的汇集，使本书具有更高的学术价值和权威性，在此对这些文献资料的原作者表示感谢与敬意。由于中外建筑史的时间与地域跨度都非常大，加上个人的学识所限，难免存在不准确甚至错误的地方，敬请广大读者提出宝贵意见，以便及时修正。

　　哈尔滨工业大学建筑学院的刘大平教授、刘松茯教授、刘洋副教授对本书提出了宝贵的修改意见；王烟雨、莫畏、张俊峰、韩东洙先生为本书提供了珍贵的照片；尹贞淑、魏海兰等友人在国外考察期间给予了很多帮助；我的家人、同事和学生在实地考察、资料收集和文字校对方面都做了大量细致和艰苦的工作，在此表示衷心的谢意。

　　感谢中国建筑工业出版社的王莉慧副总编和这本书的责编李鸽女士，她们对本书从编写框架到排版形式都提出了许多宝贵的意见。最后对本书在资料收集、审核校对、编辑出版工作中给予帮助的所有人表示深深的谢意。